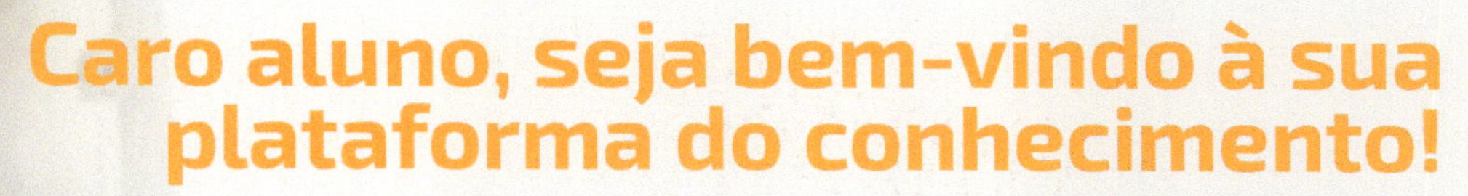

Caro aluno, seja bem-vindo à sua plataforma do conhecimento!

A partir de agora, está à sua disposição uma plataforma que reúne, em um só lugar, recursos educacionais digitais que complementam os livros impressos e foram desenvolvidos especialmente para auxiliar você em seus estudos. Veja como é fácil e rápido acessar os recursos deste projeto.

1 Faça a ativação dos códigos dos seus livros.

Se você NÃO tem cadastro na plataforma:

- acesse o endereço <**login.smaprendizagem.com**>;
- na parte inferior da tela, clique em "Registre-se" e depois no botão "Alunos";
- escolha o país;
- preencha o formulário com os dados do tutor, do aluno e de acesso.

O seu tutor receberá um *e-mail* para validação da conta. Atenção: sem essa validação, não é possível acessar a plataforma.

Se você JÁ tem cadastro na plataforma:

- em seu computador, acesse a plataforma pelo endereço <**login.smaprendizagem.com**>;
- em seguida, você visualizará os livros que já estão ativados em seu perfil. Clique no botão "Códigos ou licenças", insira o código abaixo e clique no botão "Validar".

Este é o seu código de ativação! →

DKUQN-22PBR-A2VRP

2 Acesse os recursos

usando um computador.

No seu navegador de internet, digite o endereço <**login.smaprendizagem.com**> e acesse sua conta. Você visualizará todos os livros que tem cadastrados. Para escolher um livro, basta clicar na sua capa.

usando um dispositivo móvel.

Instale o aplicativo **SM Aprendizagem**, que está disponível gratuitamente na loja de aplicativos do dispositivo. Utilize o mesmo *login* e a mesma senha que você cadastrou na plataforma.

Geração Alpha Geografia 9º Ano. - Ensino Fundamental: Anos Finais - Livro Digital do Aluno - 5ª Edição 2024

Importante! Não se esqueça de sempre cadastrar seus livros da SM em seu perfil. Assim, você garante a visualização dos seus conteúdos, seja no computador, seja no dispositivo móvel. Em caso de dúvida, entre em contato com nosso canal de atendimento pelo **telefone 0800 72 54876** ou pelo ***e-mail* atendimento@grupo-sm.com**.

BRA215324_4140

GEOGRAFIA

GERAÇÃO ALPHA

FERNANDO DOS SANTOS SAMPAIO

Bacharel em Geografia pela Faculdade de Filosofia, Letras e Ciências Humanas (FFLCH) da Universidade de São Paulo (USP).

Doutor em Geografia Humana pela USP.

Professor de Geografia em escolas da rede pública e particular e na Universidade Estadual do Oeste do Paraná (Unioeste).

MARLON CLOVIS MEDEIROS

Licenciado em Geografia pelo Centro de Ciências da Educação (Faed) da Universidade do Estado de Santa Catarina (Udesc).

Mestre em Desenvolvimento Regional e Planejamento Ambiental pela Universidade Estadual Paulista "Júlio de Mesquita Filho" (Unesp).

Doutor em Geografia Humana pela USP.

Professor do curso de graduação e do Programa de Pós-Graduação em Geografia da Unioeste.

São Paulo, 5ª edição, 2023

Geração Alpha Geografia 9

Direção editorial André Monteiro
Gerência editorial Lia Monguilhott Bezerra
Edição executiva Gisele Manoel
Colaboração técnico-pedagógica: Ana Carolina F. Muniz, Ananda Maria Garcia Veduvoto
Edição: Ananda Maria Garcia Veduvoto, Aroldo Gomes Araujo, Cláudio Junior Mattiuzzi, Felipe Khouri Barrionuevo, Hugo Alexandre de Araujo Maria, Marina Bianchi Nurchis
Assistência de edição: Tiago Rego Gomes
Suporte editorial: Camila Alves Batista, Fernanda de Araújo Fortunato
Coordenação de preparação e revisão Cláudia Rodrigues do Espírito Santo
Preparação: Berenice Baeder, Eliane de Abreu Santoro
Revisão: Beatriz Nascimento, Fátima Valentina Cezare Pasculli, Fernanda Almeida, Luiza Emrich, Mariana Masotti
Coordenação de *design* Gilciane Munhoz
***Design*:** Camila N. Ueki, Lissa Sakajiri, Paula Maestro
Coordenação de arte Vitor Trevelin
Edição de arte: Eduardo Sokei, João Negreiros
Assistência de arte: Bruno Cesar Guimarães, Renata Lopes Toscano
Assistência de produção: Júlia Stacciarini Teixeira
Coordenação de iconografia Josiane Laurentino
Pesquisa iconográfica: Beatriz Micsik
Tratamento de imagem: Marcelo Casaro
Capa Megalo | identidade, comunicação e design
Ilustração da capa: Thiago Limón
Projeto gráfico Megalo | identidade, comunicação e design; Camila N. Ueki, Lissa Sakajiri, Paula Maestro
Ilustrações que acompanham o projeto: Laura Nunes
Editoração eletrônica Estúdio Anexo
Cartografia João Miguel A. Moreira
Pré-impressão Américo Jesus
Fabricação Alexander Maeda
Impressão Gráfica Santa Marta

Dados Internacionais de Catalogação na Publicação (CIP)
(Câmara Brasileira do Livro, SP, Brasil)

Sampaio, Fernando dos Santos
Geração alpha geografia, 9 / Fernando dos Santos Sampaio, Marlon Clovis Medeiros. -- 5. ed. -- São Paulo : Edições SM, 2023.

ISBN 978-85-418-3041-6 (aluno)
ISBN 978-85-418-3042-3 (professor)

1. Geografia (Ensino fundamental) I. Medeiros, Marlon Clovis. II. Título.

22-154217 CDD-372.891

Índices para catálogo sistemático:
1. Geografia : Ensino fundamental 372.891

Cibele Maria Dias - Bibliotecária - CRB-8/9427

5ª edição, 2023
3ª reimpressão, julho 2024

SM Educação
Avenida Paulista, 1842 – 18º andar, cj. 185, 186 e 187 – Condomínio Cetenco Plaza
Bela Vista 01310-945 São Paulo SP Brasil
Tel. 11 2111-7400
atendimento@grupo-sm.com
www.grupo-sm.com/br

APRESENTAÇÃO

OLÁ, ESTUDANTE!

Ser jovem no século XXI significa estar em contato constante com múltiplas formas de linguagem, uma imensa quantidade de informações e inúmeras ferramentas tecnológicas. Isso ocorre em um cenário mundial de grandes desafios sociais, econômicos e ambientais.

Diante dessa realidade, esta coleção foi cuidadosamente pensada tendo como principal objetivo ajudar você a enfrentar esses desafios com autonomia e espírito crítico.

Atendendo a esse propósito, os textos, as imagens e as atividades nela propostos oferecem oportunidades para que você reflita sobre o que aprende, expresse suas ideias e desenvolva habilidades de comunicação nas mais diversas situações de interação em sociedade.

Vinculados aos conhecimentos próprios da Geografia, também são explorados aspectos dos Objetivos de Desenvolvimento Sustentável (ODS), da Organização das Nações Unidas (ONU). Com isso, esperamos contribuir para que você compartilhe dos conhecimentos construídos pela Geografia e os utilize para fazer escolhas responsáveis e transformadoras em sua comunidade e em sua vida.

Desejamos também que esta coleção contribua para que você se torne um jovem atuante na sociedade do século XXI e seja capaz de questionar a realidade em que vive e de buscar respostas e soluções para os desafios presentes e para os que estão por vir.

Equipe editorial

O QUE SÃO OS

OBJETIVOS DE DESENVOLVIMENTO SUSTENTÁVEL

Em 2015, representantes dos Estados-membros da Organização das Nações Unidas (ONU) se reuniram durante a Cúpula das Nações Unidas sobre o Desenvolvimento Sustentável e adotaram uma agenda socioambiental mundial composta de 17 Objetivos de Desenvolvimento Sustentável (ODS).

Os ODS constituem desafios e metas para erradicar a pobreza, diminuir as desigualdades sociais e proteger o meio ambiente, incorporando uma ampla variedade de tópicos das áreas econômica, social e ambiental. Trata-se de temas humanitários atrelados à sustentabilidade que devem nortear políticas públicas nacionais e internacionais até o ano de 2030.

Nesta coleção, você trabalhará com diferentes aspectos dos ODS e perceberá que, juntos e também como indivíduos, todos podemos contribuir para que esses objetivos sejam alcançados. Conheça aqui cada um dos 17 objetivos e suas metas gerais.

1 ERRADICAÇÃO DA POBREZA

Erradicar a pobreza em todas as formas e em todos os lugares

2 FOME ZERO E AGRICULTURA SUSTENTÁVEL

Erradicar a fome, alcançar a segurança alimentar, melhorar a nutrição e promover a agricultura sustentável

11 CIDADES E COMUNIDADES SUSTENTÁVEIS

Tornar as cidades e comunidades mais inclusivas, seguras, resilientes e sustentáveis

10 REDUÇÃO DAS DESIGUALDADES

Reduzir as desigualdades no interior dos países e entre países

9 INDÚSTRIA, INOVAÇÃO E INFRAESTRUTURA

Construir infraestruturas resilientes, promover a industrialização inclusiva e sustentável e fomentar a inovação

12 CONSUMO E PRODUÇÃO RESPONSÁVEIS

Garantir padrões de consumo e de produção sustentáveis

13 AÇÃO CONTRA A MUDANÇA GLOBAL DO CLIMA

Adotar medidas urgentes para combater as alterações climáticas e os seus impactos

14 VIDA NA ÁGUA

Conservar e usar de forma sustentável os oceanos, mares e os recursos marinhos para o desenvolvimento sustentável

3 SAÚDE E BEM-ESTAR

Garantir o acesso à saúde de qualidade e promover o bem-estar para todos, em todas as idades

4 EDUCAÇÃO DE QUALIDADE

Garantir o acesso à educação inclusiva, de qualidade e equitativa, e promover oportunidades de aprendizagem ao longo da vida para todos

5 IGUALDADE DE GÊNERO

Alcançar a igualdade de gênero e empoderar todas as mulheres e meninas

8 TRABALHO DECENTE E CRESCIMENTO ECONÔMICO

Promover o crescimento econômico inclusivo e sustentável, o emprego pleno e produtivo e o trabalho digno para todos

7 ENERGIA LIMPA E ACESSÍVEL

Garantir o acesso a fontes de energia fiáveis, sustentáveis e modernas para todos

6 ÁGUA POTÁVEL E SANEAMENTO

Garantir a disponibilidade e a gestão sustentável da água potável e do saneamento para todos

15 VIDA TERRESTRE

Proteger, restaurar e promover o uso sustentável dos ecossistemas terrestres, gerir de forma sustentável as florestas, combater a desertificação, travar e reverter a degradação dos solos e travar a perda da biodiversidade

16 PAZ, JUSTIÇA E INSTITUIÇÕES EFICAZES

Promover sociedades pacíficas e inclusivas para o desenvolvimento sustentável, proporcionar o acesso à justiça para todos e construir instituições eficazes, responsáveis e inclusivas a todos os níveis

17 PARCERIAS E MEIOS DE IMPLEMENTAÇÃO

Reforçar os meios de implementação e revitalizar a parceria global para o desenvolvimento sustentável

Nações Unidas Brasil. Objetivos de Desenvolvimento Sustentável. Disponível em: https://brasil.un.org/pt-br/sdgs. Acesso em: 2 maio 2023.

Abertura de unidade

Nesta unidade, eu vou...

Nesta trilha, você conhecerá os objetivos de aprendizagem da unidade. Eles estão organizados por capítulos e seções, e podem ser utilizados como um guia para os seus estudos.

Primeiras ideias

As questões vão incentivar você a contar o que sabe do tema da unidade.

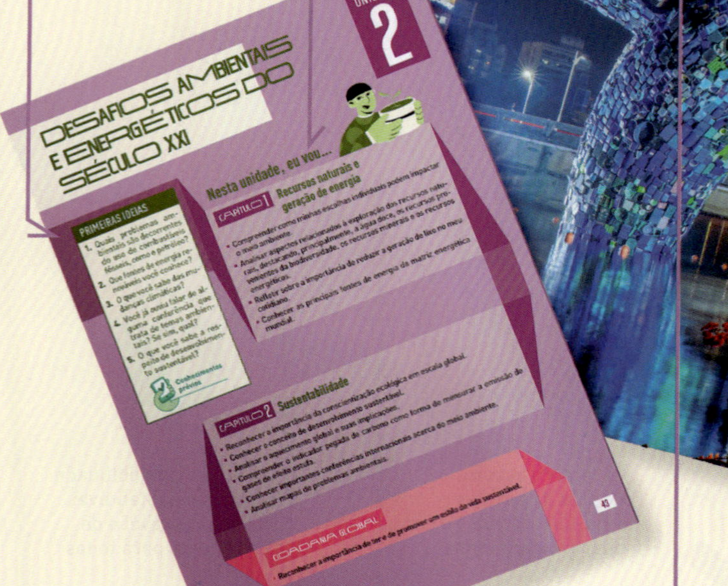

Leitura da imagem

Uma imagem vai instigar sua curiosidade! As questões orientam a leitura da imagem e permitem estabelecer relações entre o que é mostrado nela e o que será trabalhado na unidade.

Cidadania global

Nesse boxe, você inicia as reflexões sobre um dos ODS da ONU. Ao percorrer a unidade, você terá contato com outras informações sobre o tema, relacionando-as aos conhecimentos abordados na unidade.

Capítulos

Abertura de capítulo e Para começar

Logo após o título do capítulo, o boxe *Para começar* apresenta questionamentos que direcionam o estudo do tema proposto. Na sequência, textos, imagens, mapas ou esquemas introduzem o conteúdo que será estudado.

Atividades

As atividades vão ajudá-lo a desenvolver habilidades e competências com base no que você estudou no capítulo.

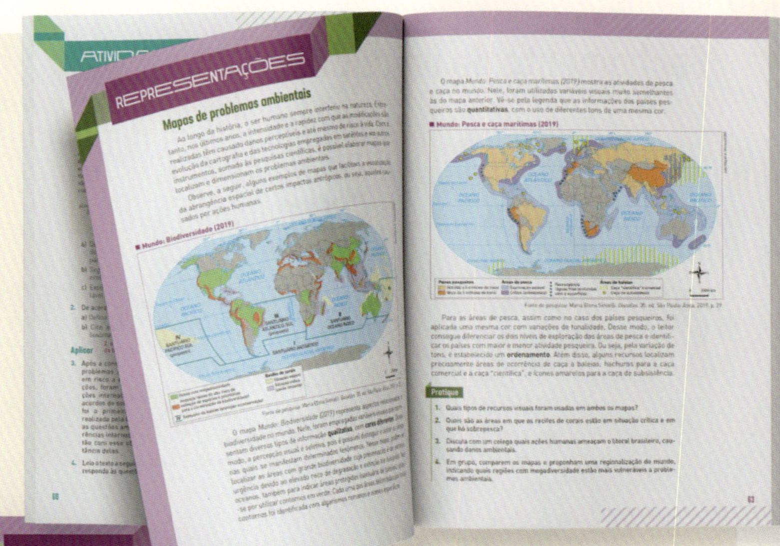

Contexto Diversidade

Essa seção apresenta textos de diferentes gêneros e fontes que abordam a pluralidade étnica e cultural e o respeito à diversidade.

Geografia dinâmica

Nessa seção, você é convidado a estudar as transformações do espaço geográfico por meio da leitura de textos autorais ou de diferentes fontes, como jornais, livros e *sites*.

Representações

A seção auxilia você a desenvolver habilidades, competências e o raciocínio geográfico por meio do aprofundamento da cartografia, relacionada aos conteúdos do capítulo.

Saber ser

O selo *Saber ser* indica momentos em que você vai refletir sobre temas diversos que estimulem o conhecimento de suas emoções, pensamentos e formas de agir e de tomar decisões.

Boxes

Cidadania global

Esse boxe dá continuidade ao trabalho com o ODS iniciado na abertura da unidade. Ele apresenta informações e atividades para que você possa refletir e se posicionar sobre o assunto.

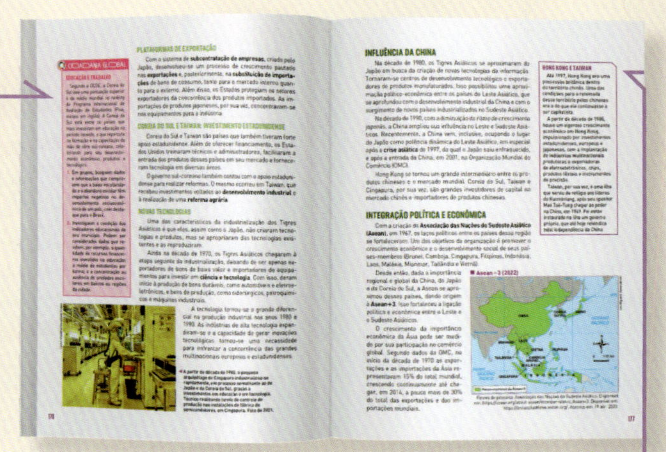

Para explorar

Oferece sugestões de livros, *sites*, filmes, jogos, *podcasts* e locais relacionados ao assunto em estudo.

Ampliação

Traz informações complementares sobre os assuntos explorados na página.

Glossário

Explicação de expressões e palavras que talvez você desconheça.

Fechamento de unidade

Investigar

Nessa seção, você e os colegas vão experimentar diferentes práticas de pesquisa, como entrevista, revisão bibliográfica, etc. Também vão desenvolver diferentes formas de comunicação para compartilhar os resultados de suas investigações.

Atividades integradas

Essas atividades integram os assuntos desenvolvidos ao longo da unidade. São uma oportunidade para você relacionar o que aprendeu e refletir sobre os temas estudados.

Cidadania global

Essa é a seção que fecha o trabalho da unidade com o ODS. Ela está organizada em duas partes: *Retomando o tema* e *Geração da mudança*. Na primeira parte, você vai rever as discussões iniciadas na abertura e nos boxes ao longo da unidade e terá a oportunidade de ampliar as reflexões feitas. Na segunda, você será convidado a realizar uma proposta de intervenção que busque contribuir para o desenvolvimento do ODS.

No final do livro, você também vai encontrar:

Interação

Seção que propõe um projeto coletivo cujo resultado será um produto que pode ser usufruído pela comunidade escolar.

Prepare-se!

Dois blocos de questões com formato semelhante ao de provas e exames oficiais estarão disponíveis para que você possa verificar os seus conhecimentos e se preparar.

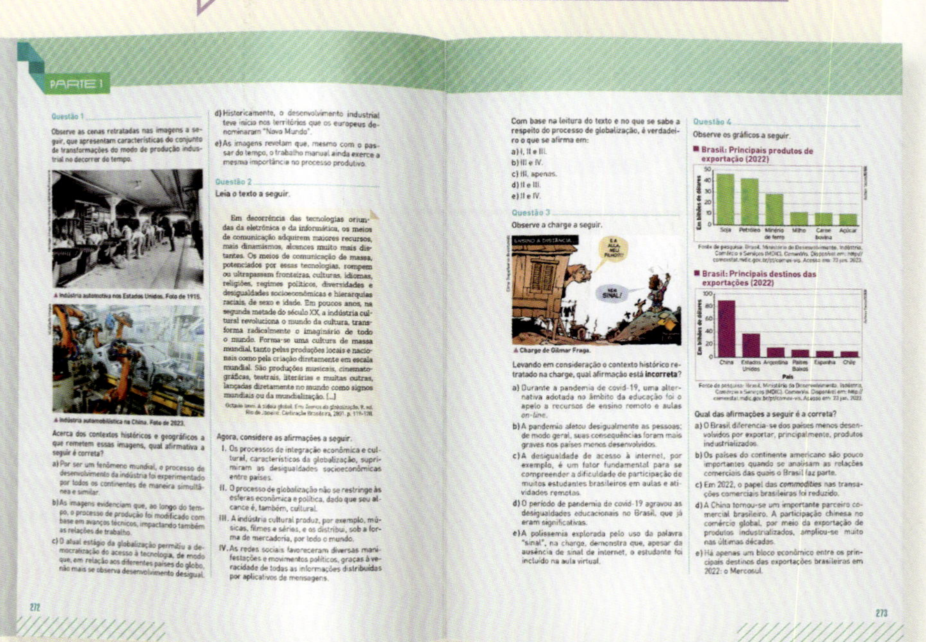

GERAÇÃO ALPHA DIGITAL

O livro digital oferece uma série de recursos para interação e aprendizagem. Esses recursos estão indicados no livro impresso com os ícones a seguir.

Atividades interativas

Estes ícones indicam que, no livro digital, você encontrará atividades interativas que compõem um ciclo avaliativo ao longo de toda a unidade.

No início da unidade, poderá verificar seus conhecimentos prévios.

Ao final dos capítulos e da unidade, encontrará conjuntos de atividades para realizar o acompanhamento da aprendizagem. Por fim, terá a oportunidade de realizar a autoavaliação.

Recursos digitais

Este ícone indica que, no livro digital, você encontrará galerias de imagens, áudios, animações, vídeos, entre outros.

Você sabe como deve ser feito o descarte do **lixo eletrônico**? É possível reciclar esses materiais?

SUMÁRIO

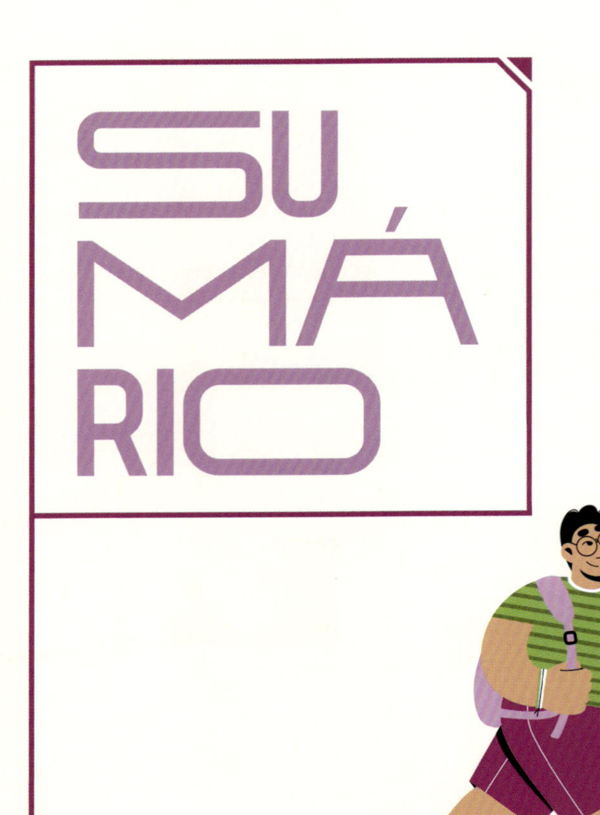

UNIDADE 1

UNIDADE 2

UNIDADE 3

UNIDADE 4

EUROPA OCIDENTAL, RÚSSIA E LESTE EUROPEU 101

UNIDADE 5

ÁSIA: ASPECTOS GERAIS 133

UNIDADE 6

LESTE E SUDESTE ASIÁTICOS 157

UNIDADE 7

ÁSIA CENTRAL E ÁSIA MERIDIONAL 187

UNIDADE 8

ORIENTE MÉDIO 217

UNIDADE 9

OCEANIA 249

INDUSTRIALIZAÇÃO E GLOBALIZAÇÃO

UNIDADE 1

PRIMEIRAS IDEIAS

1. Como o avanço tecnológico pode modificar as condições de vida de uma população?
2. Como o fato de estarmos cada vez mais conectados globalmente influencia as relações internacionais?
3. Em sua opinião, a economia de um país pode ser beneficiada ou prejudicada em um ambiente de competitividade global?

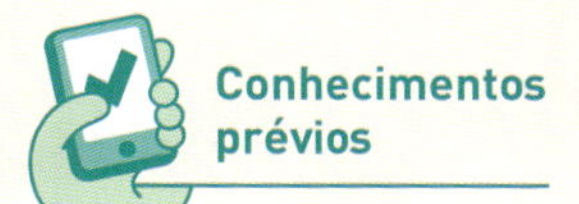

Nesta unidade, eu vou...

CAPÍTULO 1 Transformação do espaço geográfico mundial

- Compreender o processo de mundialização e analisar a hegemonia europeia, adquirida por meio do sistema colonial, no continente americano.
- Associar a colonização e o imperialismo europeu à divisão do mundo em Ocidente e Oriente.
- Compreender e caracterizar o processo de industrialização analisando o papel das inovações tecnológicas, as transformações no espaço geográfico e as etapas de desenvolvimento do capitalismo.
- Compreender e caracterizar a Terceira Revolução Industrial e a globalização, analisando as transformações no modo de vida das sociedades urbano-industriais e no espaço geográfico.
- Analisar disparidades no mercado de trabalho global e entender como as empresas procuram se instalar em países que oferecem incentivos para que elas possam lucrar mais.

CAPÍTULO 2 Efeitos da globalização

- Compreender os efeitos diversos da globalização sobre as economias de países desenvolvidos e em desenvolvimento.
- Entender as transformações e os desafios na atividade agropecuária e nas relações de trabalho no mundo globalizado.
- Identificar os impactos da globalização nas culturas de diferentes países, relacionando-a às transformações nas propagandas e nos padrões de consumo.
- Conhecer o conceito de economia solidária.
- Compreender como a globalização potencializou a disseminação do coronavírus, acelerando o alcance do estágio de pandemia de covid-19.

CAPÍTULO 3 Comércio mundial

- Identificar e entender as características do comércio mundial, bem como as relações entre os países desenvolvidos e em desenvolvimento.
- Compreender aspectos dos principais blocos econômicos e acordos bilaterais.
- Compreender o uso da cartografia para representar espacialmente fenômenos relacionados à saúde, analisando dados referentes à covid-19.

CIDADANIA GLOBAL

- Compreender como meus hábitos de consumo afetam as condições de trabalho de outros indivíduos em escalas local e global.

Cesar Lima/Shutterstock.com/ID/BR

LEITURA DA IMAGEM

1. O que a foto retrata?
2. Esse tipo de evento costuma ocorrer no bairro ou no município em que você mora?
3. Você acha que é possível organizar um evento parecido com esse no ambiente escolar, envolvendo a comunidade e os comerciantes locais?

CIDADANIA GLOBAL

8 TRABALHO DECENTE E CRESCIMENTO ECONÔMICO

O desenvolvimento técnico e científico possibilitou o crescimento das trocas comerciais, culturais e de informações entre diferentes regiões do mundo. A integração econômica potencializada pelo processo de globalização criou vantagens para as economias nacionais, mas também acarretou desvantagens do ponto de vista socioeconômico, como a falência de pequenos negócios (enfraquecidos pela forte concorrência comercial com grandes empresas internacionais) e a dependência em relação aos demais países.

1. Na comunidade em que você vive, há lojas, fábricas e prestadores de serviços conhecidos dos habitantes pelo trabalho que executam?
2. Em sua opinião, como trabalhadores e pequenos empresários podem se fortalecer em uma situação de competitividade global?

Ao longo desta unidade, você e seus colegas vão conhecer movimentos que fortalecem a economia local e propor iniciativas que sejam interessantes para a comunidade em que vivem.

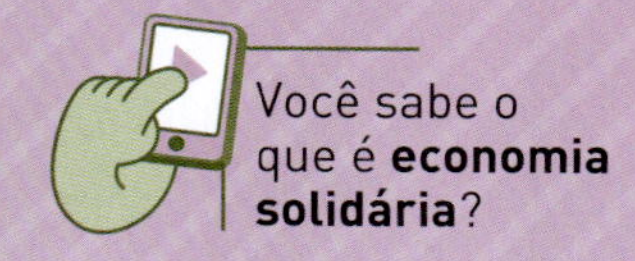
Você sabe o que é **economia solidária**?

Feira de artesanato no centro do município do Rio de Janeiro (RJ). Foto de 2022.

CAPÍTULO

1 TRANSFORMAÇÃO DO ESPAÇO GEOGRÁFICO MUNDIAL

PARA COMEÇAR

O que você entende pelo termo globalização? Como a globalização afeta sua vida cotidiana?

ROTAS COMERCIAIS E GRANDES NAVEGAÇÕES

No final da Idade Média, o comércio entre regiões da Ásia, da África e da Europa se expandiu. Para abastecer o crescente mercado, diferentes povos disputavam **rotas comerciais** para obter mercadorias como o marfim, na África, e as especiarias, no Oriente (Ásia). Essa expansão do comércio marcou também o crescimento das cidades europeias, nas quais ocorriam grande parte das atividades comerciais.

As rotas comerciais terrestres e as rotas pelo mar Mediterrâneo entre a Europa e a Ásia eram monopolizadas pelos italianos. Em 1453, os turcos otomanos tomaram a cidade de Constantinopla e impediram o acesso europeu a essas rotas. Esse cenário levou Portugal, Espanha, França, Reino Unido e Países Baixos a buscar novos caminhos, sobretudo por meio da navegação marítima, dando origem às **Grandes Navegações**. Essa expansão marítima possibilitou aos europeus chegar à América, além de impulsionar o comércio europeu com regiões da Ásia e da África. A procura de rotas comerciais marítimas envolvia exploradores financiados pela burguesia comercial e pelos reis.

▼ Nos séculos XV e XVI, muitos exploradores se lançaram ao mar em busca de novas rotas comerciais. Portugal e Espanha foram pioneiros nesse processo. Monumento Padrão dos Descobrimentos, em Lisboa, Portugal, que simboliza uma caravela, embarcação usada nas Grandes Navegações. Foto de 2022.

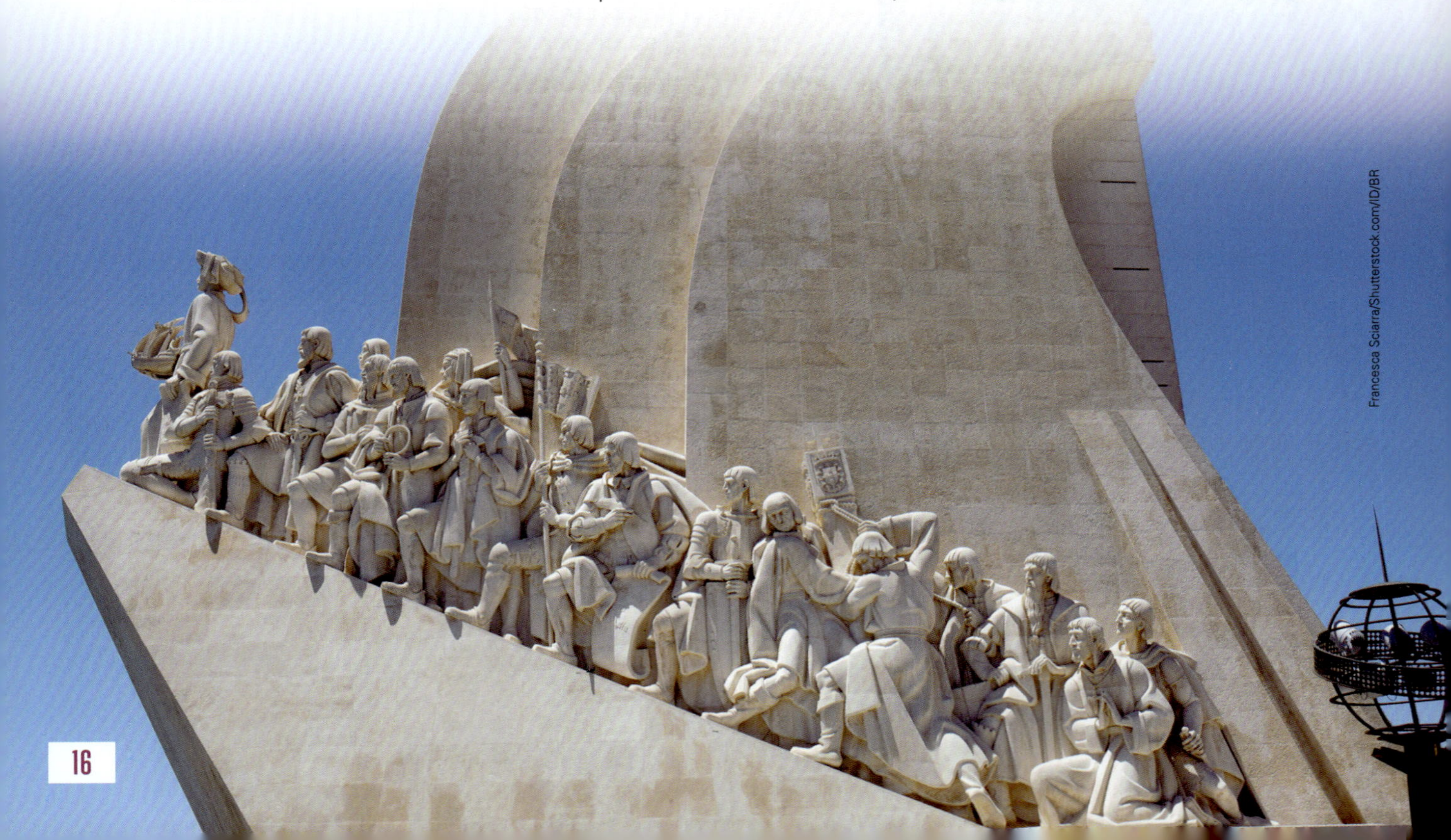

Francesca Sciarra/Shutterstock.com/ID/BR

HEGEMONIA EUROPEIA SOBRE AS COLÔNIAS

Portugal e Espanha foram os Estados pioneiros nas navegações ultramarinas. Posteriormente, outras potências econômicas europeias, como a Inglaterra, a França e os Países Baixos, seguiram o mesmo empreendimento.

As incursões além-mar transformaram essas nações em impérios comerciais, com colônias, possessões e entrepostos comerciais espalhados nos demais continentes. O processo de **colonização** levou à dominação cultural e à imposição religiosa e linguística sobre os povos nativos das colônias. Muitos países que são ex-colônias europeias, por exemplo, têm como língua oficial o idioma dos colonizadores. Além disso, a colonização ocorreu à custa da **escravização de povos indígenas nativos** e de **africanos**, para servirem de mão de obra, e da exploração dos recursos naturais e da devastação de florestas nativas.

A exploração colonial baseava-se na interação entre colônias e metrópoles: a metrópole realizava o estabelecimento de portos e feitorias, com funções comercial e militar, em suas colônias; as colônias eram fornecedoras de matérias-primas e de metais preciosos para a sua metrópole e tinham de cumprir as determinações desta, como a obrigatoriedade de consumir somente os produtos vendidos por ela.

Nesse período, as atividades econômicas na Europa estavam atreladas, sobretudo, ao comércio. Essa fase, considerada a fase inicial do capitalismo e chamada de **capitalismo comercial**, mudou completamente a organização do espaço geográfico mundial, possibilitando as condições necessárias para as revoluções industriais e, posteriormente, para a revolução técnico-científico-informacional.

A ampliação do conhecimento dos territórios e povos do mundo, bem como das atividades comerciais estabelecidas entre as regiões do globo, principalmente a partir do século XV, levou ao início do processo conhecido como **mundialização**.

DIVISÃO DO MUNDO EM ORIENTE E OCIDENTE

A dominação econômica e cultural dos europeus sobre os continentes americano, africano, asiático e, mais tarde, sobre a Oceania acabou por definir o chamado **mundo ocidental**. Do ponto de vista histórico-cultural, o Ocidente não pode ser compreendido apenas como as terras que se localizam a oeste do meridiano de Greenwich, mas como as áreas que fazem parte desse referencial cultural.

Assim, a definição de Oriente e Ocidente tem como referencial a visão europeia. Porém, há diversas classificações para Oriente e Ocidente, conforme os diferentes critérios adotados pelos teóricos do assunto.

No Brasil, a colonização portuguesa utilizou os conhecimentos dos povos indígenas nativos para promover a exploração dos recursos naturais da Colônia. Muitos indígenas, no entanto, foram escravizados e mortos. A pintura mostra caravelas, europeus e indígenas na fundação da Vila de São Vicente, em 1532. Benedito Calixto. *Fundação de São Vicente*, 1900. Óleo sobre tela, 192 cm × 385 cm.

Museu Paulista da Universidade de São Paulo, São Paulo. Fotografia: ID/BR

TÉCNICA E TRANSFORMAÇÃO ESPACIAL

O processo de colonização possibilitou que as metrópoles enriquecessem à custa dos recursos retirados das colônias. Os europeus também adquiriram muitos saberes e experiências relacionados a formas de produção desenvolvidas em vários lugares do mundo. Esses fatores possibilitaram o investimento em inovações para a produção de mercadorias em **manufaturas**. Com o passar do tempo, os avanços técnicos foram aprimorando os modos de produção.

PRIMEIRA REVOLUÇÃO INDUSTRIAL

A partir de meados do século XVIII, teve início um intenso processo de **desenvolvimento tecnológico**. A invenção da máquina a vapor foi um marco nesse período e propiciou a Primeira Revolução Industrial, iniciada na Inglaterra.

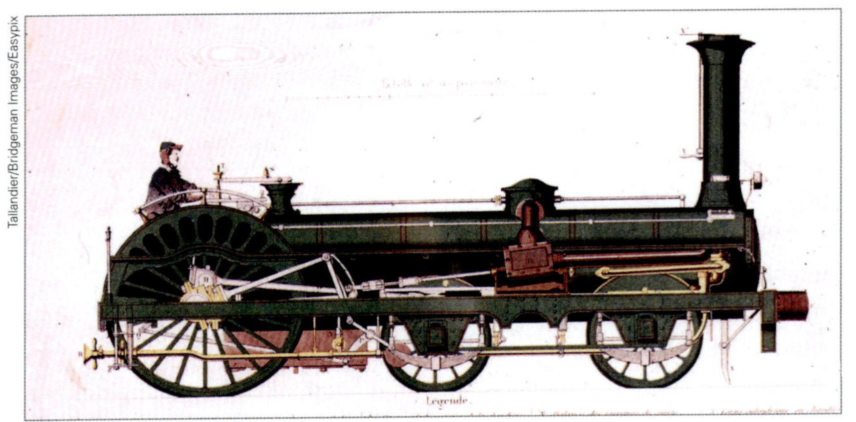

Tallandier/Bridgeman Images/Easypix

▲ A máquina a vapor, movida a carvão, impulsionou o transporte marítimo e fez surgir o transporte ferroviário, que tornou as viagens mais rápidas e aumentou a capacidade de carga. Nas tecelagens, a máquina a vapor acelerou intensamente a produção e, como consequência, o avanço da industrialização atraiu trabalhadores do campo para as cidades. A gravura mostra um projeto de trem movido a vapor, utilizado a partir de 1846.

O impulso dado pelos avanços técnicos, principalmente nos meios de transporte e na produção têxtil, alterou profundamente o modo de produção, que passou a ser realizado nas **indústrias**. Esse período se caracterizou pelo desenvolvimento do **capitalismo industrial** e pela dinamização das relações comerciais entre vários lugares do mundo, o que intensificou o processo de mundialização.

Nessa nova lógica de produção industrial, era necessário ampliar o mercado consumidor para aumentar as vendas e, consequentemente, produzir cada vez mais. Para isso, o trabalho escravizado deveria ser substituído por um novo tipo de relação de trabalho: o **trabalho assalariado**. Além disso, o aumento da produção industrial e, consequentemente, do número de fábricas fez crescer o fluxo de pessoas para as cidades, contribuindo para o processo de **urbanização**.

No início do século XIX, a Revolução Industrial difundiu-se da Inglaterra para outros países da Europa Ocidental, para os Estados Unidos e para o Japão. O aumento da produtividade das indústrias e da concorrência entre as empresas levou à busca por novas fontes de matérias-primas e de energia. Nesse contexto, inicia-se o processo de dominação da África e da Ásia pelos países europeus, denominado **imperialismo**, e o advento da **Divisão Internacional do Trabalho**.

SEGUNDA REVOLUÇÃO INDUSTRIAL

Em meados do século XIX, grandes invenções e descobertas científicas, como o telégrafo, o telefone, o cinema e o rádio, modificaram o cotidiano e os hábitos de consumo das pessoas. O aço passou a ser amplamente utilizado na fabricação de trens, navios e carros. Além disso, o uso da energia elétrica, do motor a explosão e do **petróleo** como fonte de energia foram grandes novidades.

O surgimento de novas tecnologias está diretamente relacionado às formas de ocupação do espaço geográfico. As inovações desse período estimularam a **expansão das indústrias**, pois permitiram a utilização de máquinas cada vez mais eficientes e promoveram uma nova fase de urbanização. Esse processo ficou conhecido como Segunda Revolução Industrial e ocorreu na Europa e nos Estados Unidos.

Nesse período, surgiram as grandes empresas industriais e comerciais e houve a inserção da pesquisa científica nas atividades produtivas como maneira de promover ainda mais o desenvolvimento tecnológico, aumentar a produtividade e criar produtos e mercadorias.

Na Segunda Revolução Industrial, os bancos se tornaram importantes financiadores das atividades industriais e comerciais, com influência na tomada de decisão e nos rumos da atividade produtiva. Esse fato impulsionou o surgimento de empresas de capital aberto, que negociam suas ações em bolsas de valores. Assim, a fase industrial deu lugar à fase do **capitalismo financeiro**, marcada pela formação de grandes corporações internacionais.

motor a explosão: motor que funciona por meio da explosão interna de combustíveis. Essa é a tecnologia amplamente utilizada nos automóveis atualmente.

bolsa de valores: local onde se negociam ações de empresas. Uma ação representa uma parte da empresa, que foi "dividida" entre vários acionistas (indivíduos ou empresas que adquirem as ações). A venda de ações visa à obtenção de recursos para a empresa realizar investimentos e melhorias.

Heinz Pollmann/United Archives/Pollmann/mauritius/AFP

A implementação da linha de produção barateou custos e ampliou a produção e a oferta de bens e mercadorias. A expansão da indústria automobilística contribuiu para o desenvolvimento desse sistema de produção em diferentes países. Na foto, linha de montagem de carros na Alemanha. Foto de 1930.

TERCEIRA REVOLUÇÃO INDUSTRIAL

A partir da segunda metade do século XX, após a Segunda Guerra Mundial, ocorreram novas transformações que intensificaram o comércio internacional e o fluxo de capitais entre os países.

Esse momento é caracterizado pelo processo de **globalização**, termo que se refere a um conjunto de ações que interligam e tornam interdependentes os países em termos econômicos, culturais, sociais e políticos. A globalização pode ser considerada uma nova fase do processo de mundialização, iniciado com as Grandes Navegações, no século XV. Desde então, ocorreu a integração política e econômica de praticamente todas as regiões do planeta, caracterizada pela intensificação das trocas comerciais, pela formação de um mercado global e pelos acordos internacionais entre os países. Além disso, observam-se, atualmente, uma expansão do capitalismo em escala planetária e a atuação de empresas multinacionais ou transnacionais, que estão presentes e produzindo em diversos países.

Toda essa integração observada no mundo globalizado é resultado de uma grande **revolução técnico-científica**, que marca a Terceira Revolução Industrial. Nesse contexto, destaca-se o desenvolvimento tecnológico da microeletrônica, da robótica, da microbiologia, do setor aeroespacial e, principalmente, do setor das telecomunicações, que possibilitou a comunicação em tempo real entre áreas distantes e conectou o planeta por meio da informática, da fibra óptica, dos satélites artificiais, etc.

O advento da internet, por exemplo, mudou o modo como as pessoas se relacionam e interagem, na vida social e no trabalho, ao facilitar a troca de informações, de arquivos eletrônicos, a difusão cultural (como de músicas e vídeos) e a realização de transações financeiras em tempo real, além de propiciar o surgimento do comércio *on-line*.

A aceleração dos **fluxos materiais** (envolvendo pessoas e produtos) e **imateriais** (referentes a informações) e a grande conexão estabelecida entre lugares distantes, levando à redução de barreiras para a comunicação, foram fundamentais para o processo de globalização. Todos esses avanços são característicos da nova e atual fase do capitalismo, o chamado **capitalismo informacional**.

PARA EXPLORAR

***Encontro com Milton Santos: o mundo global visto do lado de cá*. Direção: Silvio Tendler. Brasil, 2006 (90 min).**

Com base na obra *Por uma outra globalização*, do geógrafo Milton Santos, o documentário busca analisar as contradições da globalização e sua estrutura. O geógrafo discute questões como as desigualdades da globalização e as crises por ela geradas, a sociedade de consumo e o papel da mídia no mundo globalizado.

As grandes empresas passaram a fazer altos investimentos em pesquisas para a criação de bens e mercadorias, empregando tecnologia de ponta em sua produção. Diversas multinacionais se uniram a importantes universidades, dando origem aos tecnopolos. Robôs na Universidade de Kassel, Alemanha. Foto de 2020.

Regis Duvignau/Reuters/Fotoarena

TRANSFORMAÇÕES NO ESPAÇO E DESIGUALDADES SOCIOECONÔMICAS

A globalização promoveu grandes alterações no espaço geográfico, além de alterar o modo de vida de muitas sociedades. No mundo globalizado, diferentes locais estão cada vez mais interligados por modernos meios de transporte e de comunicação, permitindo intenso fluxo de pessoas, de mercadorias e de informações. É possível, por exemplo, saber instantaneamente de acontecimentos em locais distantes, como o resultado de eleições ou a ocorrência de desastres naturais.

A **internacionalização das atividades produtivas** levou a um reordenamento na estrutura produtiva e na localização das empresas no mundo, tornando os processos produtivos espacialmente fragmentados.

Para reduzir custos de produção e manter a competitividade, as empresas multinacionais instalam suas unidades fabris em países em desenvolvimento, onde, geralmente, os custos de mão de obra são mais baixos e elas recebem incentivos dos governos, como a redução de impostos. Desse modo, observa-se uma crescente competição entre os países para atrair empresas, capitais e investimentos estrangeiros.

Apesar do processo de integração econômica e cultural do mundo, as **desigualdades socioeconômicas** dentro dos países e entre os países não desapareceram.

Mesmo com a disseminação de polos industriais em países em desenvolvimento, os lucros das empresas multinacionais são direcionados aos países-sede, que, majoritariamente, são as potências econômicas hegemônicas. Isso ocorre de acordo com a função que cada país desempenha na lógica da Divisão Internacional do Trabalho.

Desse modo, a riqueza produzida não é distribuída de maneira igualitária, o que contribui para a manutenção e o aprofundamento das desigualdades existentes entre os países.

CIDADANIA GLOBAL

DISPARIDADES NO MERCADO DE TRABALHO GLOBAL

O baixo custo da mão de obra nos países menos desenvolvidos estimula as empresas multinacionais a levar suas produções para esses países. Entre os fatores que possibilitam essa situação, destacam-se: o pouco rigor das leis trabalhistas, a grande disponibilidade de força de trabalho e o trabalho informal sem a proteção das leis trabalhistas.

1. SABER SER Identifique produtos que você tenha ou consome com frequência e que são fabricados em outros países. Busque informações para saber se a empresa responsável pela produção atua corretamente com os trabalhadores envolvidos em seu processo produtivo.

Quais são os impactos da **produção globalizada** de mercadorias para o mundo do trabalho?

Wan shanchao/Imaginechina/AFP

Atualmente, é difícil identificar a origem de todos os componentes de produtos como computadores, automóveis e celulares. Um computador, por exemplo, pode ser projetado nos Estados Unidos, com base em componentes produzidos em diversos países, montado na China e ter seus programas desenvolvidos na Índia. Trabalhadores em fábrica de produtos elétricos na província de Guangdong, China. Foto de 2022.

NEOLIBERALISMO ECONÔMICO

O neoliberalismo econômico foi a base de sustentação do processo de globalização. Essa doutrina econômica se baseia no **livre-comércio** e na **livre concorrência**, práticas em que o mercado é regulado somente pela competição entre as empresas, sem a interferência do Estado. Segundo essa teoria, as economias nacionais devem ser abertas, com a livre circulação de capitais e com o fim do protecionismo, ou seja, com a eliminação das tarifas alfandegárias, que encarecem as importações para proteger a produção nacional.

Organismos reguladores

Na década de 1990, organizações financeiras internacionais, como o Banco Mundial e o Fundo Monetário Internacional (FMI), impuseram algumas medidas aos países em desenvolvimento, como cortes de gastos públicos e políticas de privatização de empresas estatais, em troca de empréstimos e de investimentos.

O resultado dessas medidas foi o endividamento dos países em desenvolvimento perante esses organismos, o que dificultou a realização de investimentos internos em infraestrutura e industrialização. A medida, no entanto, favoreceu a economia dos países desenvolvidos, que passaram a exportar ainda mais para os países em desenvolvimento, ampliando o mercado para seus produtos, principalmente os industrializados e os de alta tecnologia.

Crise econômica

Em 2008, iniciou-se uma grave crise econômica causada pela **falta de regulamentação** do mercado financeiro e da concessão de créditos. Muitos países foram atingidos por problemas decorrentes dessa crise, como o desemprego e os baixos índices de crescimento econômico. A crise, iniciada nos Estados Unidos, atingiu a economia de diversos países desenvolvidos, e foi necessária uma forte intervenção dos governos para evitar a falência de bancos e de empresas.

Alguns pesquisadores consideram que essa crise evidenciou as fraquezas do modelo econômico neoliberal, bem como sua incapacidade de regular a economia mundial globalizada.

▼ A crise iniciada em 2008 levou muitos países a adotar medidas de austeridade fiscal, diminuindo gastos com políticas públicas e direitos sociais. Na foto, manifestação contra medidas de austeridade aplicadas pelo governo, em Madri, Espanha. Foto de 2016.

Burak Akbulut/Anadolu Agency/AFP

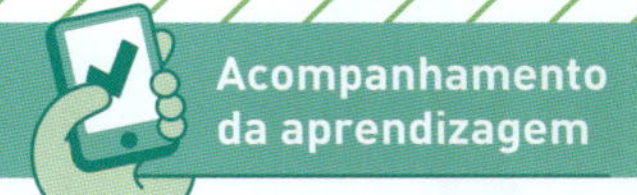

Retomar e compreender

1. Cite diferentes acontecimentos históricos que demonstram como a Europa exerceu dominação política e econômica sobre diversas regiões do mundo.
2. O que está relacionado com a divisão do mundo em Oriente e Ocidente?
3. Copie o diagrama a seguir e complete-o, identificando as inovações técnicas e listando as principais transformações sociais, econômicas e espaciais ocorridas em cada Revolução Industrial.

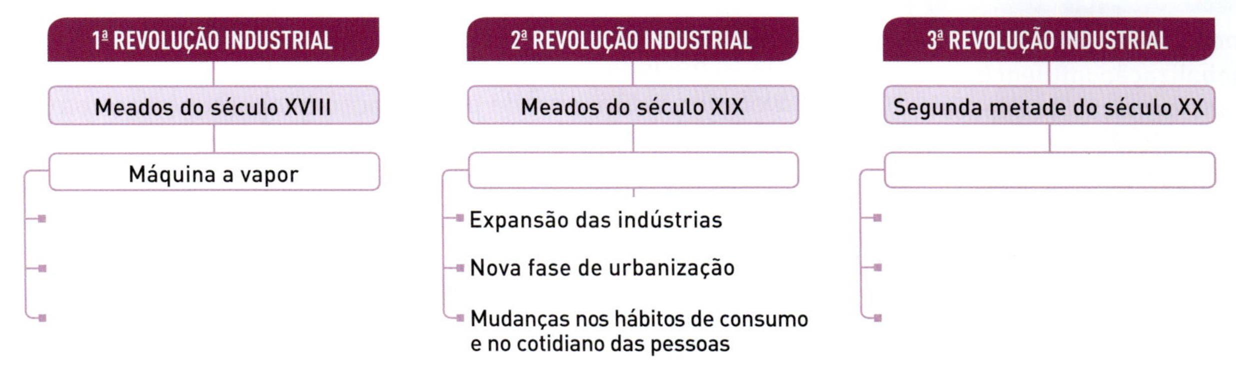

Aplicar

4. Sobre os processos de mundialização e globalização, faça o que se pede.
   a) Relacione as Grandes Navegações com a mundialização.
   b) Caracterize a globalização e cite as alterações que esse processo causou no espaço geográfico e no modo de vida das sociedades.
5. Cite as principais características do modelo econômico neoliberal e explique por que esse modelo é considerado a base do processo de globalização.
6. Observe o gráfico e, em seguida, responda às questões.

Mundo: Usuários de internet (2000-2020)

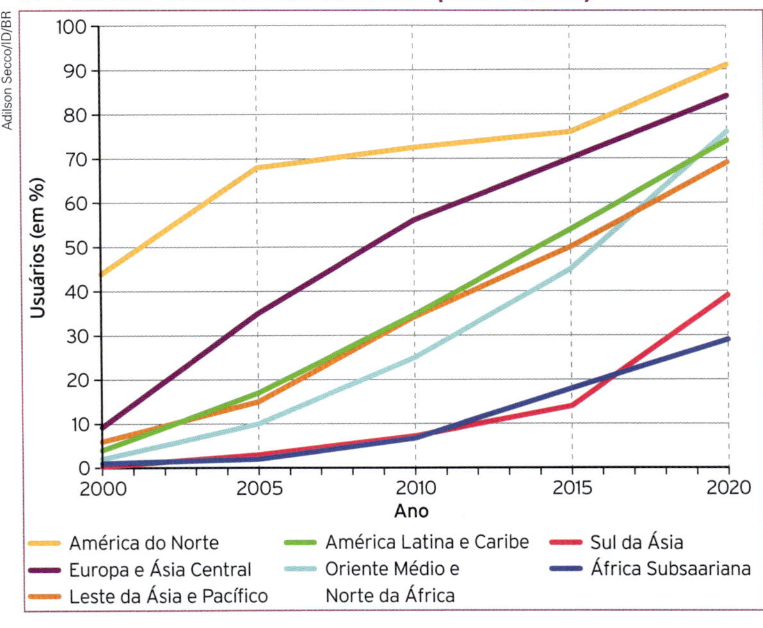

Fonte de pesquisa: Banco Mundial. Disponível em: https://data.worldbank.org/indicator/IT.NET.USER.ZS?locations=8S-ZG-Z4-ZQXU-ZJ-Z7. Acesso em: 3 maio 2023.

   a) Qual é o fenômeno representado no gráfico?
   b) Como esse fenômeno afetou a relação entre as pessoas e as empresas?
   c) Qual região do mundo tinha mais usuários de internet em 2000? E em 2020? Qual região apresentava menor quantidade de usuários em 2020?

CAPÍTULO

2 EFEITOS DA GLOBALIZAÇÃO

PARA COMEÇAR

Você sabe como a globalização influencia na transformação do espaço geográfico? Em que medida os impactos causados por ela são positivos ou negativos?

DESIGUALDADES INTERNACIONAIS E REGIONAIS

A globalização é um processo que, entre outros efeitos, perpetua as **desigualdades internacionais**. Enquanto os países desenvolvidos detêm grande participação geopolítica e no comércio mundial e suas populações têm melhor qualidade de vida, os menos desenvolvidos continuam à margem da geopolítica e da economia mundial, e suas populações enfrentam problemas como o aumento do desemprego e da desnutrição.

Com a globalização, ampliaram-se também as **desigualdades regionais dentro de países emergentes**, como ocorre na Índia. Nos últimos anos (apesar de um curto período de recessão devido à pandemia de covid-19), o crescimento econômico do país tem sido alto, mas desigualmente distribuído, concentrado nas áreas urbanas (nos setores industrial e de serviços). Desde meados da década de 1990, a região de Bangalore, por exemplo, uma das cidades mais importantes da Índia, cresce sustentada pela indústria de tecnologia de informação, em especial de *softwares*. Esse crescimento econômico é fruto de investimentos em educação, da especialização da mão de obra e de incentivos estatais para a instalação de empresas estrangeiras. Os resultados são a melhoria na oferta de empregos e na qualidade de vida da população local.

Alamy/Fotoarena

▼ **O crescimento econômico da Índia tem beneficiado algumas das maiores cidades do país. No entanto, as desigualdades socioeconômicas persistem, como é possível ver pelo contraste entre as habitações precárias e os modernos edifícios em Mumbai. Foto de 2021.**

MUDANÇAS NO MUNDO DO TRABALHO

No mundo globalizado, o desenvolvimento econômico e tecnológico dos países e o papel que eles desempenham na Divisão Internacional do Trabalho influenciam as características do **mercado de trabalho**, como a quantidade e os tipos de postos de trabalho disponíveis e os custos da mão de obra.

Com as tecnologias desenvolvidas na revolução técnico-científica e a importância da pesquisa científica nas atividades industriais, surgiram novas profissões e postos de trabalho que exigem alta qualificação e **mão de obra especializada**, principalmente nos países mais desenvolvidos.

Você conhece a história dos **direitos trabalhistas**?

Além disso, a internacionalização da produção industrial e a necessidade de aumentar a produtividade fizeram grande parte da mão de obra empregada na indústria e na agropecuária ser substituída por **máquinas e robôs de alta tecnologia** (mecanização da produção), causando o desemprego estrutural.

Nesse cenário, os trabalhadores não especializados têm mais dificuldade em encontrar colocação e obter melhorias nas condições de trabalho. Além disso, a acirrada competição entre os países motivou a redução de vagas em setores econômicos de alguns deles, até mesmo nos países desenvolvidos.

PARA EXPLORAR

***A corporação*. Direção: Mark Achbar e Jennifer Abbott. Canadá, 2003 (165 min).**

O documentário faz uma análise crítica do papel das grandes empresas na configuração do atual espaço mundial. As entrevistas com diretores corporativos e intelectuais nos levam a refletir sobre os interesses dessas corporações.

Paralelamente à diminuição dos postos de trabalho nos setores primário e secundário, houve grande aumento do setor terciário da economia, que engloba a prestação de serviços. Esse processo, conhecido como **terciarização**, é uma tendência mundial tanto em países mais desenvolvidos quanto nos menos desenvolvidos. Contudo, tal processo costuma ser acompanhado de uma precarização do trabalho e de uma ampliação do trabalho informal, já que o setor terciário acaba tendo uma grande oferta de mão de obra e surgem novas modalidades de prestação de serviços que não são regulamentadas por lei e, desse modo, os trabalhadores não têm seus direitos assegurados, como os entregadores por aplicativos.

Bruno Santos/Folhapress

No Brasil, as novas tecnologias provocaram a redução de muitos postos de trabalho tanto nas áreas urbanas, com a substituição da mão de obra humana por máquinas, quanto nas áreas rurais, com o processo de modernização do campo, a partir da década de 1960. Mais recentemente, a crise político-econômica que afeta o Brasil desde a segunda metade da década de 2010 aumentou o número de vagas de emprego sem garantias de direitos trabalhistas. Manifestação de entregadores por aplicativos em São Paulo (SP) por direitos e melhores condições de trabalho. Foto de 2021.

TRANSFORMAÇÕES NA PRODUÇÃO AGROPECUÁRIA

A globalização (por meio do comércio exterior) e o crescimento da população (principalmente no ambiente urbano), que resulta no aumento da demanda por alimentos e produtos, promoveram grandes modificações nas atividades agropecuárias. A mecanização do campo ocasionou diminuição dos postos de trabalho, intenso êxodo rural (contribuindo ainda mais para o processo de urbanização) e aumento da produtividade.

Dentro da nova lógica de comércio mundial, há uma priorização de tipos de cultivo e criações de animais voltadas para a exportação, como as *commodities*. Essas produções ocorrem, principalmente, em grandes propriedades monocultoras e com intenso uso de tecnologia.

Esse cenário de priorização de gêneros agropecuários para a exportação, em detrimento de gêneros destinados à alimentação da população nacional, diminui a oferta de alimentos e aumenta o custo dos produtos, o que gera uma desigualdade de acesso aos alimentos e coloca em risco a **segurança alimentar** do país, sobretudo da população mais pobre. De acordo com a Organização das Nações Unidas para a Alimentação e a Agricultura (FAO), aproximadamente 70% das culturas agrícolas mundiais não são nativas das regiões onde estão sendo cultivadas ou consumidas.

Além disso, para serem exportados, os produtos provenientes da atividade agropecuária devem atender a rígidos padrões internacionais sanitários e de produção. Desse modo, os grandes e pequenos produtores tiveram de adaptar suas produções, de modo a atender os requisitos exigidos. Os críticos desse processo argumentam que essa imposição de padrões de produção pode levar à extinção de práticas tradicionais locais e priorizar determinadas espécies vegetais, excluindo, assim, espécies que também são benéficas para o consumo humano.

No Brasil, ao longo das últimas décadas, houve um intenso processo de reestruturação da produção agropecuária visando ao comércio exterior, situação que levou à intensificação do processo de mecanização do campo, aumentando a concentração fundiária e o uso de tecnologia aplicada nas atividades do campo.

Mario Friedlander/Pulsar Imagens

▲ No Brasil, o agronegócio incentivou o desenvolvimento de muitas cidades onde são encontradas diversas empresas prestadoras de serviços para as atividades agrícolas. Sorriso (MT), por exemplo, conhecida como capital do agronegócio, é um município que teve sua expansão urbana ligada ao crescimento das atividades agrícolas. Foto de 2021.

PADRÃO E CONSUMO

A influência que os países exercem uns sobre os outros no mundo globalizado não é igualitária. Países mais influentes economicamente costumam ter seus costumes e padrões mais difundidos entre a população mundial. Desse modo, os padrões de consumo, os padrões culturais e o estilo de vida, por exemplo, dessas potências dominantes, acabam sendo replicados. Como exemplo, é possível citar a padronização do consumo de diversas naturezas, tanto de bens (produtos) quanto de serviços; essa padronização envolve, também, aspectos culturais, como vestimenta e a busca por adquirir produtos tecnológicos de marcas mundialmente conhecidas.

A atual fase do capitalismo se caracteriza pelo **consumo** cada vez mais intenso e mais rápido de mercadorias. As grandes corporações, para aumentar constantemente suas vendas, buscam diversificar seus produtos, expandindo e criando novas demandas. A velocidade na substituição dos produtos é favorecida por novas tecnologias que os torna obsoletos em períodos cada vez mais curtos, levando ao **descarte** rápido e ao **desperdício** de recursos.

A **propaganda** tem grande efeito sobre o consumo ao criar novas "necessidades" para a **sociedade de consumo**, ditadas pelos padrões das potências dominantes. Essas novas necessidades, por sua vez, estão cada vez mais padronizadas; assim, se um produto visa atender o mercado mundial, a propaganda também procurará atingir potenciais consumidores em diferentes cantos do planeta. Impõem-se, desse modo, a uniformização e a padronização de gostos e de necessidades, como se pode observar nos *shopping centers*, considerados símbolos do consumo globalizado.

SOPA Images/LightRocket via Getty Images

▲ **Uma das consequências do padrão atual de consumo é o aumento do descarte de lixo, especialmente o de lixo eletrônico, como celulares, baterias, monitores, entre outros. Esse tipo de lixo é muito poluente, pois contém substâncias tóxicas que podem contaminar o solo e os recursos hídricos. Descarte de televisores em Dacca, Bangladesh. Foto de 2020.**

CIDADANIA GLOBAL

INICIATIVAS DE CONSUMO LOCAL

Como resposta à elevada taxa de desemprego, um número crescente de comunidades vem se organizando para criar circuitos econômicos locais, conhecidos como economia solidária. Nessa proposta, prioriza-se o consumo de bens e serviços oferecidos por pessoas que vivem em uma mesma localidade, de modo a fortalecer a economia local, gerar emprego e suprir demandas muitas vezes ignoradas por grandes empresas ou pelo poder público.

Em vez de priorizar apenas o lucro, têm-se como meta manter a ocupação e a garantia de subsistência das pessoas, valorizando suas capacidades e necessidades.

1. Busquem informações sobre iniciativas de economia solidária no Brasil.
2. Identifiquem agentes que possam se envolver na criação de uma rede de economia solidária no bairro onde está a escola. Além dos estudantes e de seus familiares, considerem as empresas locais e os funcionários.

Você sabe como deve ser feito o descarte do **lixo eletrônico**? É possível reciclar esses materiais?

PARA EXPLORAR

Instituto Akatu

O Instituto Akatu é uma organização não governamental que trabalha pela conscientização e mobilização da sociedade para o consumo consciente. No *site* da organização, há dicas de compra, de economia de água e de energia, entre outras.

Disponível em: https://akatu.org.br/. Acesso em: 3 maio 2023.

GLOBALIZAÇÃO E PANDEMIA

Ao longo da história da humanidade, já ocorreram várias pandemias, como a de peste bubônica, na Idade Média, a de varíola, a de cólera e a de *influenza,* no início do século XX. No entanto, a pandemia de covid-19, iniciada em 2020, se deu em um mundo globalizado altamente conectado, fazendo com que a proliferação do vírus fosse muito mais rápida que em tempos anteriores.

Após o surgimento das primeiras ocorrências de covid-19, em pouco tempo a doença se espalhou pelo planeta devido a seu alto índice de contaminação e ao grande fluxo de pessoas se deslocando rapidamente. Mas essa grande conexão mundial também foi decisiva no compartilhamento de informações sobre modos de contágio, prevenção e tratamentos e na busca conjunta de soluções por vários países e empresas.

SAÚDE MENTAL NA PANDEMIA

O isolamento social, que impediu familiares e amigos de se encontrarem, a grande quantidade de óbitos causados pela covid-19, a insegurança diante do inesperado e as sequelas decorrentes da própria doença levaram ao aumento no diagnóstico de transtornos mentais durante a pandemia. Uma publicação da Organização Mundial da Saúde (OMS) de 2022 indicou que a pandemia aumentou em cerca de 27% os casos de depressão e em quase 26% os casos de ansiedade em todo o mundo em 2020.

USO DO ESPAÇO NA PANDEMIA

Ao longo de seus períodos mais críticos, a pandemia de covid-19 modificou, em todo o mundo, a maneira como as pessoas se deslocavam e como usavam os espaços, fossem esses públicos ou privados.

Com a proliferação da doença, foi necessário adotar uma série de restrições à circulação de pessoas entre os países (diminuindo ou mesmo suspendendo viagens entre eles) e também dentro de cada país para conter a contaminação. Foram as chamadas medidas de **isolamento social**.

Alguns países seguiram protocolos de isolamento bastante rigorosos, como foi o caso da China e da Coreia do Sul, em que as pessoas eram impedidas de sair às ruas e os contaminados tinham seus contatos mapeados para que fosse possível um isolamento mais eficaz. Nesses casos, foram usadas tecnologias de geolocalização, como o GPS, e técnicas avançadas de mapeamento.

▼ O isolamento social foi a medida, baseada em evidências científicas, considerada como mais eficaz por diversos especialistas na área de saúde para prevenir a proliferação do vírus causador da covid-19. Cartaz de conscientização sobre o isolamento social veiculado durante a pandemia no município de Eusébio (CE), em 2020.

Prefeitura de Eusébio/Governo do Estado do Ceará

Na maioria dos países foram estabelecidas restrições de circulação de pessoas, proibição de aglomerações, suspensão de aulas presenciais e ampliação de trabalho remoto. Contudo, nos países menos desenvolvidos, houve maior dificuldade de se implementar o isolamento social. As condições sociais das populações mais vulneráveis, como a situação de informalidade de grande parte dos trabalhadores, acabaram prejudicando um isolamento social efetivo. Essas populações foram as mais afetadas, com perda de trabalho e renda, aumentando, ainda mais, os casos de pobreza extrema e desigualdade social nesses países.

CIÊNCIA E TECNOLOGIA NA PANDEMIA

O desenvolvimento tecnológico e a ciência foram fundamentais na pandemia de covid-19. As tecnologias de comunicação possibilitaram a ampliação do **trabalho remoto** e o uso de sistemas de videoconferência para reuniões; além disso, os sistemas de ensino ofereceram **aulas *on-line*** em diversos segmentos educacionais. Contudo, o trabalho remoto não foi possível para todos os trabalhadores. Funcionários de atividades consideradas essenciais tiveram de continuar a trabalhar de modo presencial, sob maior risco de contaminação.

No campo educacional, a dificuldade de acesso dos estratos mais pobres da população às tecnologias da informação, resultado da desigualdade econômica, aprofundou a desigualdade social, já que muitos estudantes não tinham condições de acompanhar as aulas.

No campo científico, houve um grande esforço global para o desenvolvimento de técnicas e de medicamentos para o tratamento da doença e para a criação de **vacinas**. A primeira vacina contra covid-19 foi aprovada em tempo recorde, em dezembro de 2020 no Reino Unido, nove meses após a Organização Mundial da Saúde (OMS) decretar situação de pandemia.

FAKE NEWS

As notícias falsas sempre existiram, mas no mundo globalizado elas têm maior capacidade de alcance e de disseminação, graças à internet e às mídias sociais. Durante a pandemia de covid-19, houve uma grande propagação de notícias falsas sobre vacinas, sobre modos de prevenir e de tratar a doença e até sobre a origem do vírus.

Essas notícias geralmente são baseadas em falácias e utilizam dados manipulados ou fora de contexto e sem comprovação científica com o objetivo de desinformar a população e atingir determinados fins. Um aspecto importante das notícias falsas é sua linguagem opinativa (que expressa opiniões pessoais) e seu conteúdo emocional para gerar engajamento dos leitores.

DESIGUALDADE SOCIAL NA PANDEMIA

Muitas economias do mundo foram duramente afetadas pela pandemia de covid-19. De modo geral, a pandemia provocou um aumento da pobreza e da concentração de renda mundial. Essa piora foi refletida no Índice de Desenvolvimento Humano mundial, que apresentou uma queda brusca entre 2019 e 2020. Observe o gráfico a seguir.

Apesar de ter sido um fenômeno global a pandemia de covid-19 não impactou igualmente todas as pessoas. De modo geral, os países mais desenvolvidos puderam fornecer ajuda econômica à sua população. No Brasil, houve a adoção de um auxílio emergencial para a população de baixa renda, como maneira de minimizar os efeitos do isolamento sobre os mais pobres. Outro problema foi o acesso desigual à vacinação: países desenvolvidos tiveram oportunidade de vacinar suas populações primeiro, enquanto os países menos desenvolvidos tiveram mais dificuldade de implementar programas de vacinação.

Mundo: IDH médio (1990-2021)

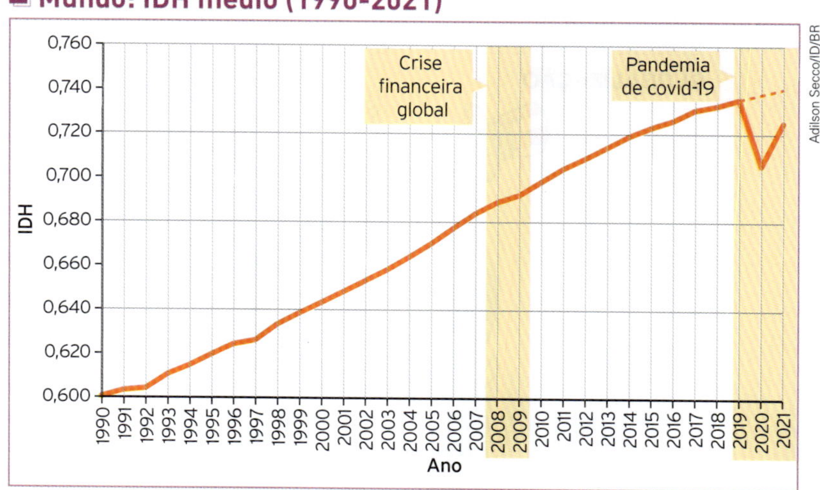

Fonte de pesquisa: ONU. *New threats to human security in the Anthropocene:* Demanding greater solidarity. Special report 2022. Disponível em: https://hs.hdr.undp.org/intro.html. Acesso em: 3 maio 2023.

ATIVIDADES

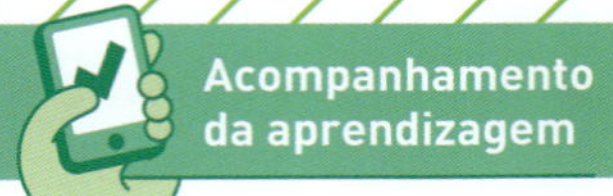

Retomar e compreender

1. Cite os principais efeitos da globalização no mundo do trabalho.
2. O texto a seguir aborda a saída de indústrias da China, resultado de questões geopolíticas e da internacionalização da produção no continente asiático. Leia-o para responder às questões.

> A China pode perder sua posição como principal fornecedora da cadeia de suprimentos global em breve, devido aos impactos da pandemia de COVID-19. [...]
>
> A Tailândia é a segunda maior economia do sudeste asiático e tem atraído empresas de diversos setores, como autopeças, veículos e eletrônicos. [...] A Tailândia tem atraído as empresas devido a seus baixos custos de mão de obra e ao crescimento de sua indústria de transformação, além de ter uma forte base de fornecedores e uma localização estratégica na região da Ásia-Pacífico.
>
> [...]
>
> O Vietnã é um dos destinos mais procurados pelos fornecedores de cadeias de suprimento que estão deixando a China. O país passou por uma grande reforma econômica nos anos 1980 e tem se tornado um destino atraente para as empresas devido a seus baixos custos de mão de obra e isenção de tarifas de importação para alguns produtos. Em 2021, o Vietnã recebeu promessas de investimentos estrangeiros de mais de US$ 31 bilhões, principalmente nos setores de manufatura e processamento. [...]
>
> Bangladesh, o segundo maior exportador de vestuário do mundo, tem atraído a atenção das indústrias do setor devido a seus baixos custos de mão de obra. O salário médio dos trabalhadores locais é quase cinco vezes menor do que o recebido pelos funcionários das indústrias chinesas, o que diminui os custos para as empresas.
>
> [...]

Ademilson Ramos. Tchau, China! 5 países para os quais as fábricas estão se mudando. *Engenharia é*, 7 jan. 2023. Disponível em: https://engenhariae.com.br/tecnologia/tchau-china-5-paises-para-os-quais-as-fabricas-estao-se-mudando. Acesso em: 3 maio 2023.

a) Quais fatores são apresentados como vantagem competitiva para os países mencionados no texto?

b) Com base nas informações fornecidas, explique como as empresas se beneficiam da estratégia espacial de produção tendo por base a internacionalização.

c) Qual é o efeito desse processo para os países que recebem as empresas multinacionais?

Aplicar

3. Observe o cartum e, depois, elabore um texto explicando os itens indicados a seguir.

Arionauro/Acervo do cartunista

Cartum do Arionauro, 2018.

- A relação entre as posições das personagens e os hemisférios.
- O que representa a moeda que a personagem do hemisfério Norte envia para a do hemisfério Sul e como isso se relaciona com o processo de internacionalização da produção industrial e a atuação das empresas multinacionais no mundo globalizado.
- As disparidades internacionais criadas pelo processo de globalização.

Fake news, notícias falsas

O avanço das tecnologias de comunicação permitiu o crescimento da troca de experiências e de conhecimentos entre as pessoas. Um exemplo disso é a aproximação e o fortalecimento de mobilizações e de movimentos sociais. A divulgação desses movimentos alcança um número cada vez maior de pessoas, por meio de redes sociais e aplicativos de mensagens. Contudo, essa facilidade de divulgação de informações também gera problemas, como a grande disseminação de notícias falsas (*fake news*, em inglês), promovendo a desinformação com poder de influenciar a opinião das pessoas e a política de países.

O perigo das *fake news*

[...] Empregado às notícias fraudulentas que circulam nas mídias sociais e na internet, o conceito [de *fake news*] é aplicado principalmente aos portais de comunicação *on-line*, como redes sociais, *sites* e *blogs*, que são plataformas de fácil acesso e, portanto, mais propícias à propagação de notícias falsas, visto que qualquer cidadão tem autonomia para publicar.

[...] O compartilhamento de informações fraudulentas tem grandes consequências, apesar de parecer inofensivo. [...] Outro caso famoso de disseminação de *fake news* é o do movimento antivacinação. Indivíduos contrários ao uso de vacinas espalharam conteúdos falsos, alegando que as composições químicas das vacinas eram prejudiciais à população. As informações afirmavam que os medicamentos contra febre amarela, poliomielite, sarampo, microcefalia e gripe poderiam ser um risco para a saúde, provocando as respectivas doenças nas pessoas, quando vacinadas.

Uma das consequências da propagação dessas falsas informações foi o crescimento alarmante no número de casos de sarampo no Brasil, em 2018, o que acarretou numa campanha intensa realizada pelo Ministério da Saúde. [...]

Como escapar de notícias falsas?

[...]

- Títulos sensacionalistas ou milagrosos? Tenha dúvida, geralmente são feitos para acumular cliques e não necessariamente passar veracidade. Procure as informações em outros veículos, especialmente aqueles que você já conhece e [nos quais] confia.
- Confira a data da publicação. Uma notícia real, porém antiga, pode causar pânico ou criar expectativas sobre alguma situação já resolvida ou controlada.
- A fonte realmente existe? É um canal com credibilidade? Há outras publicações duvidosas nesta plataforma? É sempre interessante investigar mais a respeito do *site* em questão.
- Consulte *sites* de verificação gratuitos. [...]

O perigo das *fake news*. Tribunal de Justiça do Estado do Paraná. Disponível em: https://www.tjpr.jus.br/noticias-2-vice/-/asset_publisher/sTrhoYRKnlQe/content/o-perigo-das-fake-news/14797?inheritRedirect=false. Acesso em: 3 maio 2023.

Em discussão

1. Após a leitura do texto, converse com os colegas obre as perguntas a seguir.
   a) As *fake news* podem trazer consequências perigosas para a saúde das pessoas?
   b) Vocês checam as informações que recebem em mídias sociais? Se sim, como?

CAPÍTULO

3 COMÉRCIO MUNDIAL

PARA COMEÇAR

Um dos aspectos mais afetados pela globalização é o comércio mundial. Você sabe como se organiza o comércio no mundo globalizado?

CONCENTRAÇÃO DO COMÉRCIO

Em 1948, o comércio internacional movimentava cerca de 58 milhões de dólares em todo o mundo. Em 2015, esse montante era de cerca de 16 trilhões de dólares. Esse comércio, porém, é muito concentrado: em 2015, 50% de todo o comércio mundial era controlado por cerca de dez países, sendo que três deles – os Estados Unidos, a China e a Alemanha – respondiam juntos por mais de 30% desse total.

Atualmente, o maior valor das trocas comerciais é de produtos industrializados, e a participação de produtos primários no comércio mundial foi reduzida. Os países desenvolvidos concentram as exportações de bens industrializados, que apresentam maior valor agregado. Para defender seus interesses em um mundo altamente competitivo, diversos países passaram a formar **blocos econômicos** e **associações internacionais**.

Nos últimos anos, a China tem se destacado no comércio mundial, principalmente na exportação de produtos industrializados com preços baixos. Isso se deve, entre outros fatores, ao baixo custo da mão de obra nesse país e aos incentivos governamentais. A China também inseriu mais de 200 milhões de consumidores no mercado internacional – número aproximado de chineses que ampliaram seu poder de compra nos últimos anos.

▼ Para realizar viagens marítimas de longa distância, são utilizados navios que transportam grande quantidade de pessoas e de mercadorias, o que barateia os custos de transporte. Em 1968, foi criado o contêiner, grande recipiente com medidas padronizadas internacionalmente, para transportar mercadorias. Nos portos, os contêineres são descarregados dos navios cargueiros e embarcados em outros meios de transporte, como caminhões, trens e aviões. Navios com contêineres em porto nos Estados Unidos. Foto de 2021.

ORGANIZAÇÃO MUNDIAL DO COMÉRCIO

O aumento da competitividade comercial entre os países levou à criação, em 1995, da Organização Mundial do Comércio (OMC), que atua na regulação do comércio mundial. Atualmente, 164 países participam dessa organização, cuja sede fica em Genebra, na Suíça. A atuação da OMC tem sido fundamental na busca de equilíbrio e na resolução de conflitos geopolíticos no comércio internacional, evitando o acirramento das disputas comerciais entre os países, em especial entre os desenvolvidos (que contam com melhores condições de negociação) e os menos desenvolvidos.

PREDOMÍNIO DOS PAÍSES DESENVOLVIDOS

As **medidas protecionistas** dos países desenvolvidos aumentaram nas últimas décadas, enquanto os países menos desenvolvidos foram levados a abrir suas economias às importações.

Com a globalização, os países desenvolvidos ampliaram seus mercados e dificultaram que os países menos desenvolvidos pudessem fazer o mesmo. Isso se deu, entre outros fatores, por meio de medidas protecionistas, como subsídios agrícolas aos produtores nacionais dos países desenvolvidos (o que barateia a produção interna) e barreiras alfandegárias à importação de produtos estrangeiros (o que encarece a importação). Tais medidas favorecem os produtores nacionais, mas afetam a oferta e a diversidade de produtos disponíveis para a população. Contudo, devido à desigualdade nas condições de produção, há produtos importados que acabam sendo mais baratos que seus equivalentes nacionais. Assim, a indústria nacional é enfraquecida por não conseguir baratear sua produção para concorrer com os preços dos produtos importados.

RODADAS DE NEGOCIAÇÃO

Em 2000, 135 países reuniram-se nos Estados Unidos em um evento organizado pela OMC conhecido como Rodada do Milênio, para negociar a regularização do comércio mundial. O centro das discussões foram as exportações agrícolas.

A reunião terminou em impasse por causa de divergências em relação às políticas protecionistas adotados pelos países desenvolvidos, como os subsídios aos produtores nacionais.

Em 2001, as negociações foram retomadas em Doha, no Catar, mas não houve progressos significativos.

Em dezembro de 2013, a OMC conseguiu reunir todos os países-membros em Bali, na Indonésia, e firmar o primeiro acordo global para simplificar os procedimentos comerciais internacionais e ampliar a exportação dos bens produzidos nos países em desenvolvimento.

Brittany Murray/ MediaNews Group/Long Beach Press-Telegram/ Getty Images

BLOCOS ECONÔMICOS

Com a intensificação das trocas comerciais, impulsionadas pelo avanço tecnológico da Terceira Revolução Industrial, começaram a surgir muitos blocos regionais com o objetivo de proteger os interesses dos países-membros, ampliar suas forças de negociação no cenário geopolítico internacional e cooperar para o crescimento econômico mútuo.

Após a Segunda Guerra Mundial, os Estados Unidos e a União das Repúblicas Socialistas Soviéticas (URSS) tornaram-se as grandes potências econômicas do mundo. A Europa Ocidental, arrasada pela guerra, recuperou-se com a ajuda econômica estadunidense, mas não tinha condições de concorrer com as duas superpotências. Diante disso, alguns países decidiram se unir em termos econômicos e fiscais e criar, em 1957, pelo Tratado de Roma, o **Mercado Comum Europeu** (**MCE**), que reunia Itália, França, Bélgica, Países Baixos, Alemanha e Luxemburgo.

O sucesso do Mercado Comum Europeu fez com que ele se ampliasse e desse origem, em 1993, à **União Europeia** (**UE**), formada, atualmente, por 27 países, como é possível observar no mapa ao lado. Os países-membros uniram-se em termos alfandegários e de livre circulação de mercadorias e pessoas. A UE tem, entre seus objetivos, reduzir as desigualdades socioeconômicas entre os países-membros, fortalecendo as economias menos industrializadas, e, apesar dessas desigualdades, o bloco se tornou uma força econômica e política internacional.

Europa: União Europeia (2022)

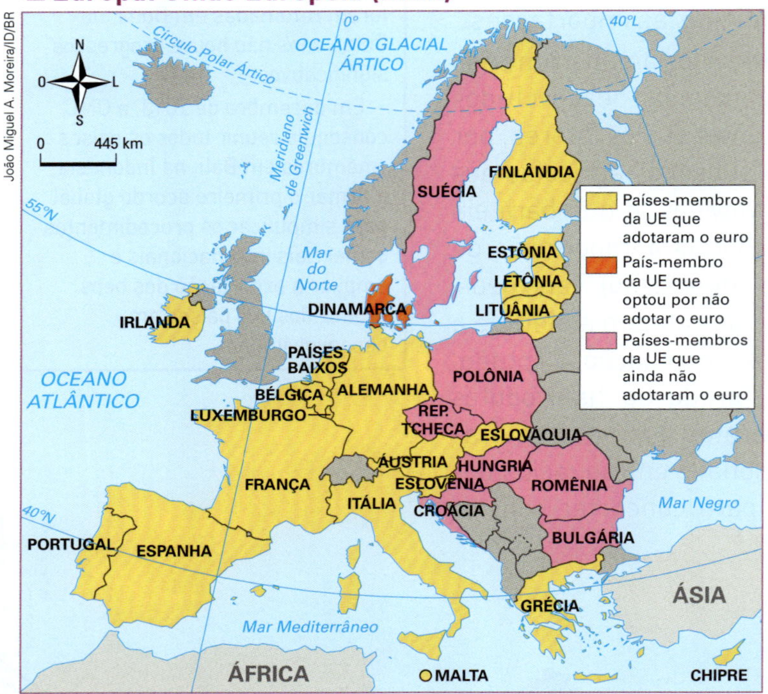

▲ **A implementação de uma moeda única exige que o controle financeiro do bloco europeu seja centralizado. Em situações de crise financeira, como a que atingiu a Grécia em 2010, são realizadas reuniões do Banco Central Europeu para o planejamento de pacotes de ajuda e medidas de controle de gastos nos países economicamente mais vulneráveis, como Grécia, Portugal, Irlanda, Itália e Espanha.**

Fonte de pesquisa: União Europeia. Disponível em: https://european-union.europa.eu/institutions-law-budget/euro/countries-using-euro_pt. Acesso em: 3 maio 2023.

Em 1999, criou-se uma moeda única, o **euro**, adotada, atualmente, por 20 países do bloco. A implementação da moeda única exige que o controle financeiro do bloco seja centralizado pelo Banco Central Europeu. Em situações de crise financeira em algum de seus países-membros, há um planejamento conjunto de ajuda e medidas de controle de gastos nesses países.

Em 2016, houve um referendo que consultou a população do Reino Unido quanto ao interesse em permanecer na União Europeia, e a população, motivada por questões nacionalistas e até xenofóbicas, optou pela saída do bloco. O Reino Unido iniciou, então, as negociações para essa saída, processo que ficou conhecido como Brexit, concretizado em 2020.

Com o fortalecimento da União Europeia, outros blocos regionais se formaram para assegurar vantagens competitivas e fortalecer as economias de seus países-membros.

A **Cooperação Econômica da Ásia e do Pacífico** (**Apec**, na sigla em inglês) é uma organização formada por países da Ásia, Oceania e América que se comprometeram a formar uma zona de livre-comércio. Teve início como um fórum para consulta e cooperação econômica, oficializando-se como bloco econômico em 1993.

Em 1994, os Estados Unidos uniram-se ao Canadá e ao México para assinar o Acordo de Livre-Comércio da América do Norte (ou Nafta, na sigla em inglês). Em 2018, no entanto, por pressão dos Estados Unidos e do então presidente Donald Trump, decidiu-se pela substituição do Nafta pelo **Acordo Estados Unidos-México-Canadá** (**USMCA**, na sigla em inglês), que entrou em vigor em meados de 2020.

Em 2016, doze países banhados pelo oceano Pacífico assinaram um acordo para a criação de um bloco de livre-comércio, nomeado como **Parceria Transpacífico** (**TPP**, na sigla em inglês). A parceria visava enfrentar o poderio econômico da China. Em 2017, os Estados Unidos deixaram oficialmente o acordo, e, posteriormente, o tratado foi reformulado e rebatizado como **Acordo Progressivo e Compreensivo Tratado Transpacífico** (**TPP11**, sigla em inglês) com a assinatura dos onze países restantes.

Mundo: Apec, USMCA e TPP11 (2022)

▲ **Nas últimas décadas, houve intensificação das rotas comerciais no oceano Pacífico, estimulando a formação de blocos econômicos. Isso se deve à industrialização de muitos países asiáticos e à ampliação do comércio internacional.**

Fontes de pesquisa: Apec. Disponível em: http://statistics.apec.org/index.php/apec_psu/index_noflash; USMCA. Disponível em: https://can-mex-usa-sec.org/; Trans-Pacific Partnership – Organização dos Estados Americanos (OEA). Disponível em: http://www.sice.oas.org/tpd/CHL_Asia/CHL_Asia_e.ASP. Acessos em: 3 maio 2023.

Outros importantes blocos econômicos, representados no mapa a seguir, são o **Mercado Comum do Sul** (Mercosul), a **Associação das Nações do Sudeste Asiático** (Asean), a **Comunidade Econômica dos Estados da África Ocidental** (Cedeao) e a **Comunidade de Desenvolvimento da África Austral** (SADC).

Mundo: Mercosul, Asean, Cedeao, SADC (2022)

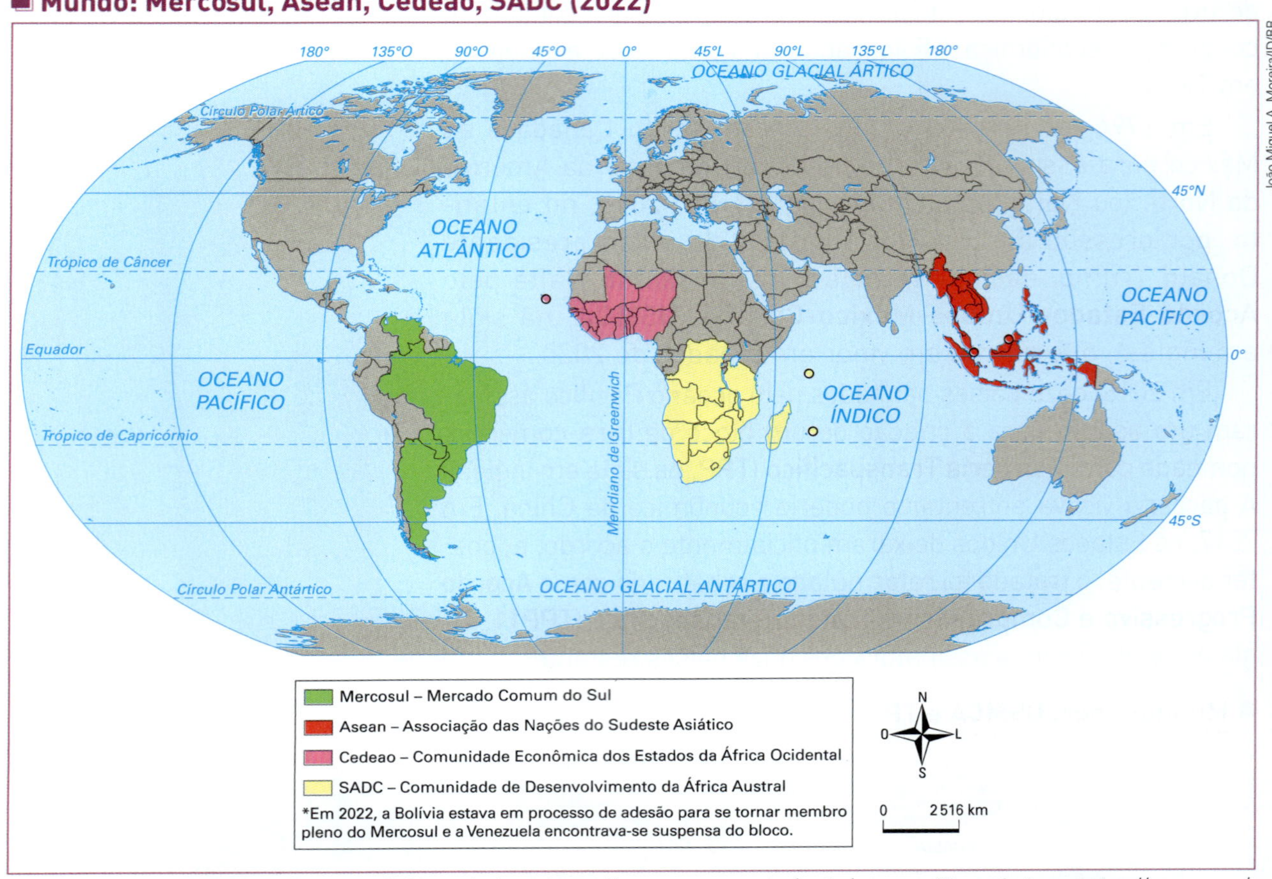

Fontes de pesquisa: Mercosul. Disponível em: https://www.mercosur.int/pt-br/; Asean. Disponível em: https://asean.org/; Cedeao. Disponível em: http://www.ecowas.int/; SADC. Disponível em: https://www.sadc.int/. Acessos em: 3 maio 2023.

ACORDOS BILATERAIS

Nos últimos anos, diante de um ambiente global de crescente integração econômica, diversos países vêm buscando estabelecer parcerias bilaterais diretas que envolvem, por exemplo, a redução de barreiras e tarifas alfandegárias para produtos e serviços específicos entre os países signatários dos acordos.

O Brasil, por exemplo, possui acordos bilaterais com diversos países: Argentina, Suriname, Venezuela, Uruguai, México, China e Noruega. Esses acordos estabelecem parcerias em campos específicos (como econômico, científico, tecnológico, educacional, cultural, entre outros) e podem ser firmados independentemente da presença dos países em um mesmo bloco regional.

ATIVIDADES

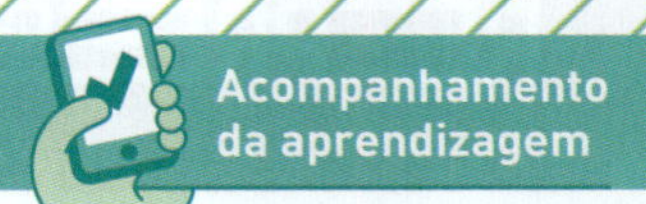

Retomar e compreender

1. Descreva o contexto de criação da Organização Mundial do Comércio e seus principais objetivos.
2. Cite consequências da globalização para os países desenvolvidos e para os menos desenvolvidos.
3. Qual é a atual participação da China no comércio internacional? Cite algumas características econômicas chinesas que justifiquem sua resposta.
4. Recentemente, a população e os governantes de alguns países têm se manifestado contrários aos blocos econômicos regionais. Quais fatores explicam esse posicionamento? Dê exemplos.

Aplicar

5. Observe o mapa e responda às questões.

Mundo: Comércio mundial (2018)

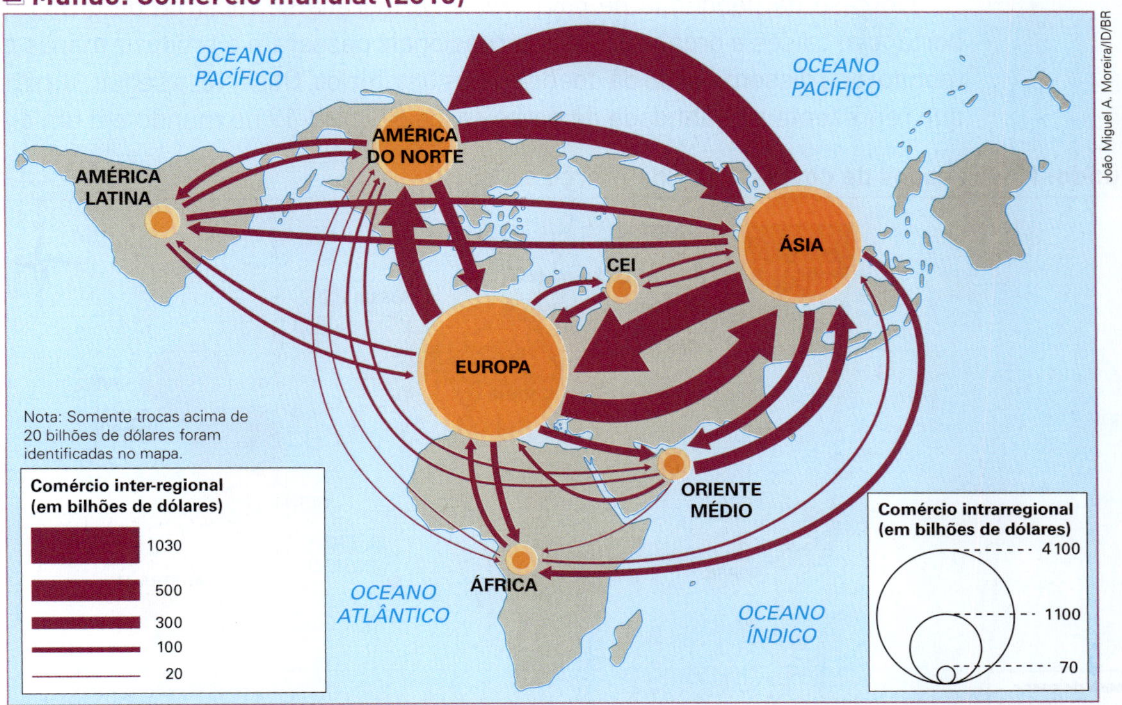

Nota: Em mapas nesta projeção, não é possível indicar a orientação e a escala.

Fontes de pesquisa: SciencesPo. *Atelier de Cartographie*. Disponível em: http://cartotheque.sciences-po.fr/media/Commerce_de_marchandises_2016/2810/; Organização Mundial do Comércio (OMC). *World Trade Statistical Review 2019*. Switzerland: WTO, 2019. Disponível em: https://www.wto.org/english/res_e/statis_e/wts2019_e/wts2019_e.pdf. Acessos em: 3 maio 2023.

a) De acordo com o mapa, a distribuição do comércio mundial é equilibrada entre as regiões?

b) Em quais regiões há maior intercâmbio intrarregional (dentro da mesma região)? Como você chegou a essa conclusão?

c) Quais são os maiores fluxos do comércio inter-regional (entre as regiões)? Justifique.

d) Com base no que você estudou e nas informações fornecidas pelo mapa, cite dois blocos econômicos regionais que têm grande relevância no comércio internacional.

6. Busque por notícias sobre negociações comerciais mediadas recentemente pela OMC. Escolha uma negociação entre dois países e elabore um mapa esquemático que informe os países envolvidos e as principais questões que cada um apresentou. Em sala de aula, exponha as informações obtidas e compare-as com as dos colegas.

Cartografia e saúde: a pandemia de covid-19

Em diversas áreas do conhecimento, é comum que os cientistas procurem encontrar padrões para os eventos investigados. A maneira como um fenômeno está distribuído no espaço pode contribuir para a observação desses padrões, favorecendo uma análise crítica deles. Assim, a cartografia se apresenta como uma ferramenta estratégica para a construção de interpretações científicas: muitas vezes, a comparação de mapas representativos de fenômenos distintos permite que o pesquisador encontre uma relação entre esses fenômenos, sobretudo quando se observam padrões de distribuição espacial. Desse modo, a cartografia pode ser muito útil, por exemplo, para o estudo de doenças.

No caso da pandemia de covid-19, a cartografia se mostrou de grande importância: países e organizações internacionais passaram a produzir mapas para monitorar a disseminação da doença pelos territórios. Observe, a seguir, um mapa que representa a quantidade de novos casos de covid-19 no mundo em um dia.

Mundo: Novos casos de covid-19 (19 de março de 2022)

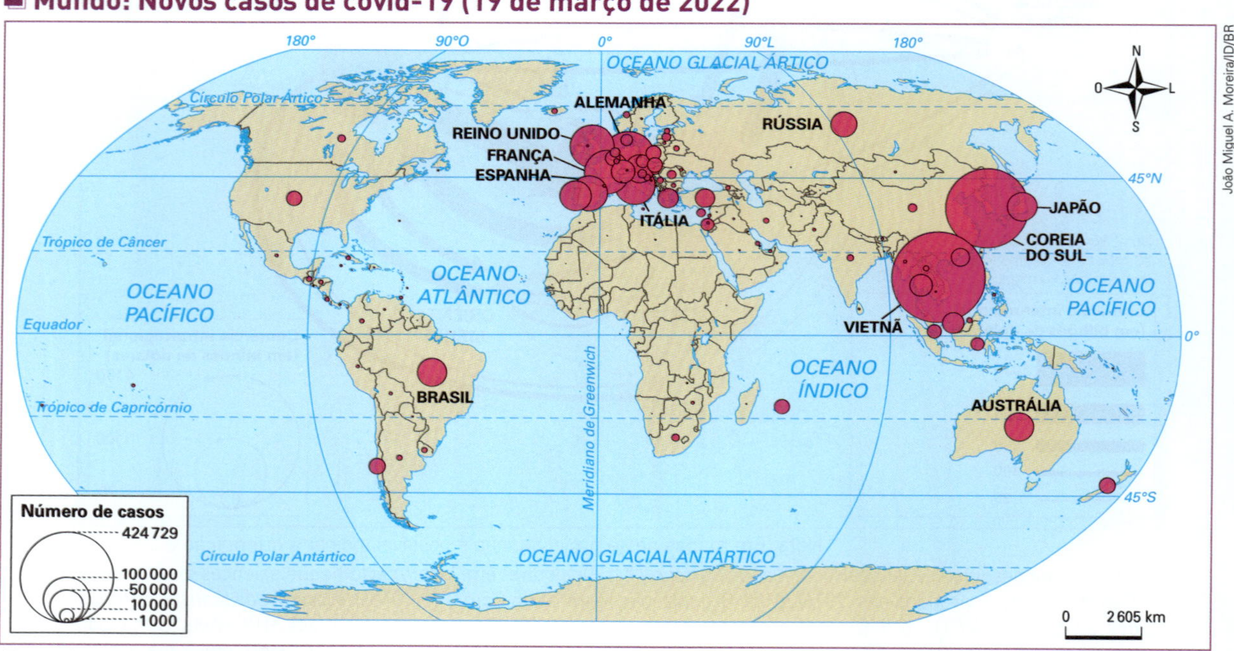

Fonte de pesquisa: Our World in Data, 19 mar. 2022. Disponível em: https://ourworldindata.org/explorers/coronavirus-data-explorer?tab=table&zoomToSelection=true&time=latest&facet=none&pickerSort=asc&pickerMetric=location&Metric=Confirmed+cases&Interval=New+per+day&Relative+to+Population=false&Color+by+test+positivity=true&country=USA~GBR~CAN~DEU~ITA~IND. Acesso em: 4 maio 2023.

Nesse mapa, foi utilizado o método dos **círculos proporcionais**. Eles indicam, para cada país, o total de novos registros de pessoas contaminadas pela covid-19 na data analisada. A legenda revela que o tamanho dos círculos é proporcional à quantidade de novos casos de covid-19. Essa representação permite identificar as nações com maior número de casos de covid-19, para as quais devem ser dedicados maiores esforços para a contenção da doença.

Também é possível representar a manifestação de novos casos de covid-19 no território por meio de **áreas coloridas**. A tonalidade de uma cor é utilizada para indicar a intensidade da variável representada: quanto mais escura a tonalidade da cor atribuída a uma área do mapa, maior é a intensidade do fenômeno observado. Assim, o uso de uma sequência de tonalidades permite a rápida identificação e hierarquização das porções do território mais ou menos associadas a um fenômeno.

Observe o mapa a seguir. Nessa representação, foram utilizadas diferentes tonalidades de uma mesma cor para indicar a variação das quantidades de novos casos registrados de covid-19 no território brasileiro em determinado dia.

A representação permite verificar que os estados de Minas Gerais, São Paulo e Rio Grande do Sul foram aqueles em que houve maior quantidade de novos casos da doença na data observada. Um dado como esse pode ser utilizado pelos agentes públicos de saúde brasileiros para orientar a elaboração de planos e medidas de controle da covid-19.

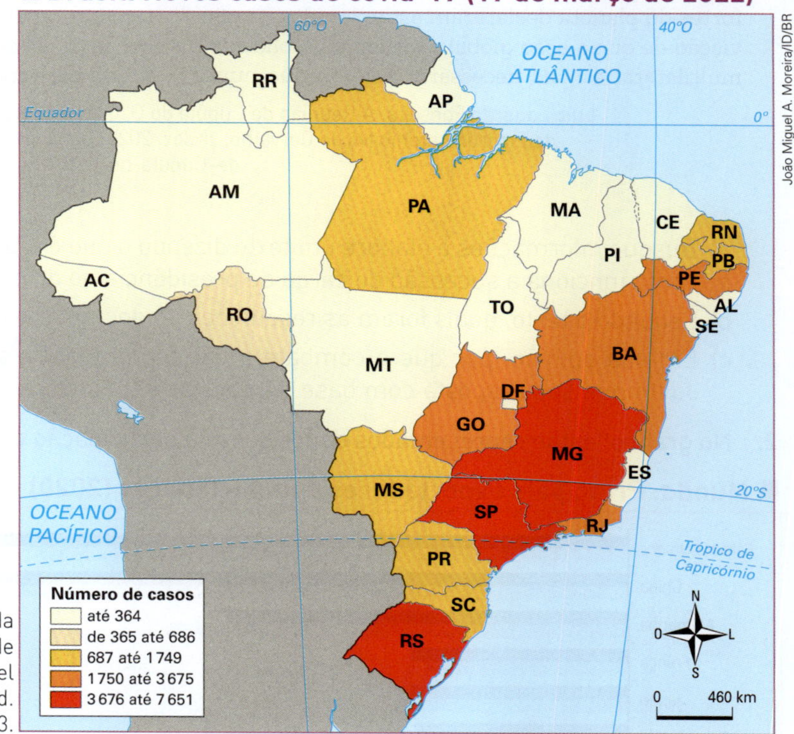

Fonte de pesquisa: BRASIL. Ministério da Saúde. Secretaria de Vigilância em Saúde e Ambiente. Coronavírus Brasil. Painel coronavírus. Disponível em: https://covid.saude.gov.br/. Acesso em: 2 jun. 2023.

Pratique

1. Observe os mapas desta seção e responda às questões.
   a) Quais tipos de representação foram utilizados nesses mapas?
   b) No dia observado, quais países registraram mais novos casos de covid-19? No Brasil, cite três estados que registraram menos casos novos da doença.
   c) No dia representado no mapa, o estado em que você mora esteve entre os que registraram mais ou menos casos de covid-19?

2. Imagine que você faça parte de uma equipe cujo objetivo é pensar em estratégias para o controle da covid-19. Para quais tipos de ações e medidas as informações contidas nos mapas seriam mais relevantes? Utilize exemplos para justificar sua resposta.

ATIVIDADES INTEGRADAS

Analisar e verificar

1. Quando uma doença epidêmica atinge um grande número de pessoas, em uma extensa área, recebe o nome de pandemia. Leia o texto a seguir sobre o assunto e faça o que se pede.

> Se, em 2008, na presidência australiana, o posicionamento do G20 frente ao surto de Ebola na África foi muito frágil, em 2020, na presidência da Arábia Saudita, frente à pandemia Covid-19, o grupo se mobilizou enfaticamente [...].
>
> [...]
>
> Na Declaração Final da Reunião de Cúpula do G20, em Riyadh, os líderes das economias mais fortes do planeta declararam estar "unidos na convicção de que a ação global coordenada, solidária e multilateral é mais necessária hoje do que nunca para superar os desafios atuais e perceber oportunidades do século 21 para todos [...]".
>
> [...]
>
> O documento ressalta que foram mobilizados recursos para atender às necessidades imediatas de financiamento na saúde global para apoiar a pesquisa, desenvolvimento, fabricação e distribuição de equipamentos de segurança e diagnósticos, terapêuticas e vacinas e se compromete a garantir esses insumos de forma acessível e equitativa para todos [...].
>
> Luiz Eduardo Fonseca. A Reunião de Cúpula do G20 e a era pós-covid-19. Centro de Estudos Estratégicos da Fiocruz Antonio Ivo de Carvalho, 1º dez. 2020. Disponível em: https://cee.fiocruz.br/?q=A-Reuniao-de-Cupula-do-G20-e-a-era-pos-Covid-19. Acesso em: 4 maio 2023.

a) Busque informações e elabore um texto dizendo o que é o G20, quais são seus países-membros e como funciona a sucessão do cargo de presidência no grupo.

b) Segundo o texto, quais foram as resoluções do documento final da Cúpula do G20 em Riyadh?

c) Em sua opinião, por que o combate à pandemia tornou-se um tema importante para o G20? Justifique sua resposta com base no que você estudou nesta unidade.

2. No gráfico, estão representados dados sobre a participação de países no mercado internacional.

Mundo: Principais exportadores e importadores (2020)

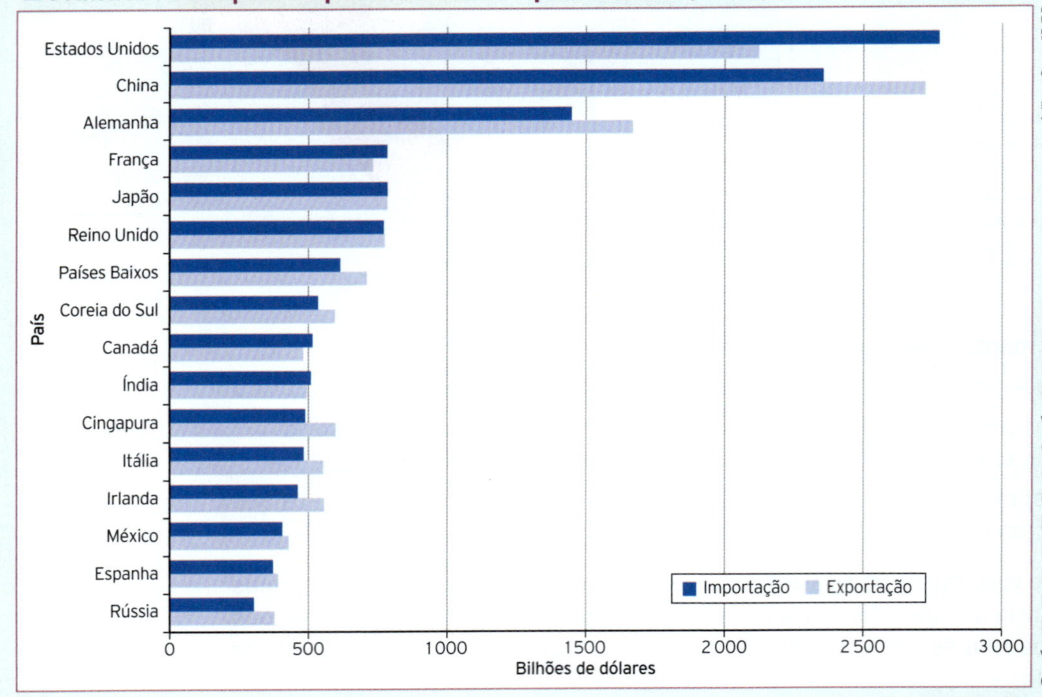

Fonte de pesquisa: Banco Mundial. Disponível em: https://data.worldbank.org/indicator/NE.IMP.GNFS.CD?end=2020&locations=CN-US-DE-JP-FR-GB-NL-KR-SG-IT-CA-IN-RU-ES-MX-IE&start=2020&view=bar. Acesso em: 4 maio 2023.

Com base nas informações do gráfico, responda às questões.

a) Em quais continentes se localizam os países com maior volume de negócios internacionais?

b) Identifique os três países que são os maiores importadores mundiais. O que isso representa?

c) Que relação é possível estabelecer entre o desempenho econômico da China e as intenções comerciais dos países participantes do acordo Transpacífico?

3. Com a ajuda de um planisfério político, identifique, no mapa a seguir, alguns dos principais parceiros econômicos de cada país da legenda. Em seguida, elabore um texto comentando a relevância dos blocos econômicos na atualidade e indicando quais acordos econômicos explicam o desempenho comercial dos Estados Unidos e da Alemanha, de acordo com o mapa.

Mundo: Principais parceiros comerciais de países selecionados (2020)

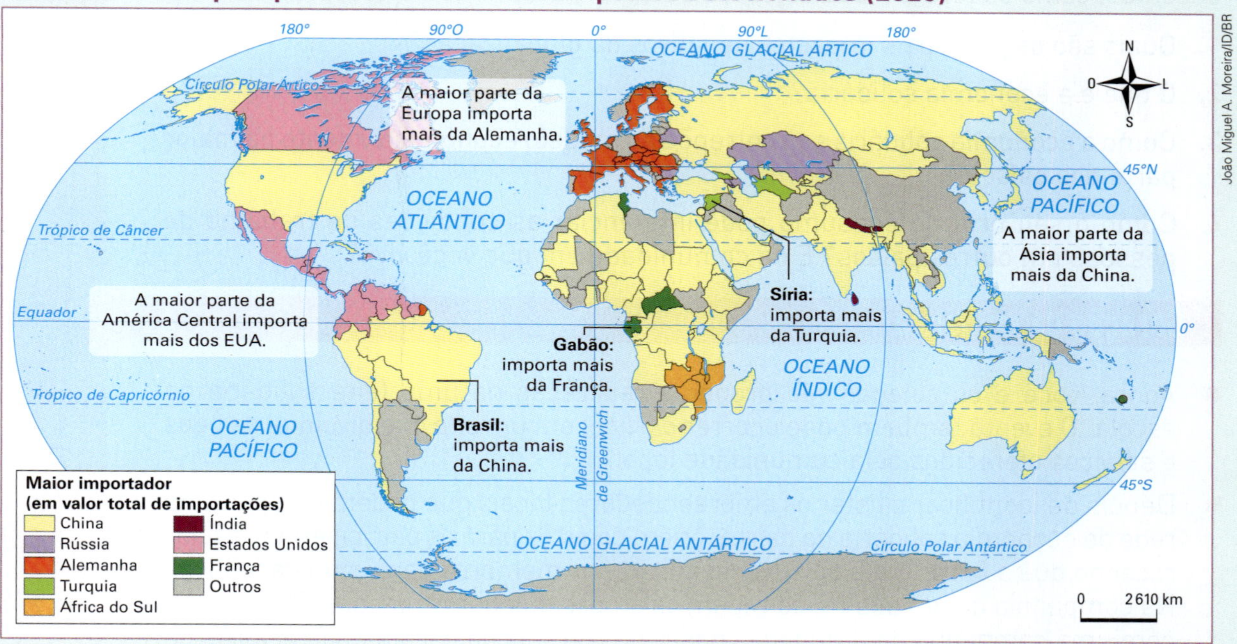

Fontes de pesquisa: Daniel Mariani; Rodolfo Almeida; Vitória Ostetti. De qual país as nações mais importam seus produtos. *Nexo Jornal*, 22 set. 2017. Disponível em: https://www.nexojornal.com.br/grafico/2017/04/14/De-qual-país-as-nações-mais-importam-seus-produtos; The Observatory of Economic Complexity (OEC). Disponível em: https://oec.world/. Acessos em: 4 maio 2023.

Criar

4. Em geral, os avanços tecnológicos ocorrem nos países desenvolvidos que detêm tecnologias e investem em pesquisas necessárias para a inovação. Nos últimos anos, os países em desenvolvimento têm apresentado avanços significativos nessa área, incentivando a criação de tecnopolos. Busque informações e elabore um mapa localizando pelo menos seis tecnopolos em diferentes países do mundo.

5. Ao analisar os efeitos da globalização, muitos estudiosos afirmam que esse processo resultou em uma padronização do consumo, contribuindo, assim, para um processo de homogeneização cultural. Por outro lado, há estudiosos que consideram que a globalização, ao conectar um número maior de pessoas, permite que culturas locais sejam mais divulgadas e tenham mais visibilidade, o que contribui para sua preservação. Com a ajuda do professor, organizem um júri simulado abordando diferentes perspectivas sobre a globalização. Vocês devem argumentar com base na seguinte questão: A globalização extermina ou preserva as identidades culturais locais?

Retomando o tema

Ao longo desta unidade, você viu que a industrialização e a implantação de redes globais de comunicação, de transporte e de comércio transformaram o cotidiano das pessoas, a estratégia de funcionamento de grandes empresas, as relações geopolíticas e, até mesmo, as condições de trabalho em diferentes países. Em contrapartida, surgiram iniciativas econômicas que privilegiam a produção e o consumo locais como maneira de promover o crescimento econômico e formas de trabalho decentes, como sugere um dos Objetivos de Desenvolvimento Sustentável, o ODS 8.

1. Quais são os principais impactos negativos da globalização?
2. O que é a economia solidária?
3. Como a economia solidária se contrapõe ao modelo econômico vigente na maior parte dos países?
4. Como o seu próprio consumo pode influenciar as condições de trabalho de pessoas em outros países? E na comunidade em que você vive?

Geração da mudança

- Agora, você e os colegas vão propor a realização de uma feira solidária na escola. O evento também pode ocorrer *on-line*, em um *site* que divulgue os bens e serviços oferecidos pela comunidade local.
- Depois de identificar e listar os empreendedores locais que podem compor uma rede de economia solidária no bairro, criem convites para os participantes, esclarecendo que a feira tem o objetivo de aproximar membros da comunidade local. Na companhia de um adulto, convidem os empreendedores listados. Criem também uma campanha de divulgação nas redes sociais da escola e, na ocasião da feira, incentivem o contato e a troca de experiências entre os participantes. Isso propiciará a formação de uma rede de economia solidária na comunidade.

Yasmin Ayumi/ID/BR

DESAFIOS AMBIENTAIS E ENERGÉTICOS DO SÉCULO XXI

UNIDADE 2

PRIMEIRAS IDEIAS

1. Quais problemas ambientais são decorrentes do uso de combustíveis fósseis, como o petróleo?
2. Que fontes de energia renováveis você conhece?
3. O que você sabe das mudanças climáticas?
4. Você já ouviu falar de alguma conferência que trata de temas ambientais? Se sim, qual?
5. O que você sabe a respeito de desenvolvimento sustentável?

Nesta unidade, eu vou...

CAPÍTULO 1 Recursos naturais e geração de energia

- Compreender como minhas escolhas individuais podem impactar o meio ambiente.
- Analisar aspectos relacionados à exploração dos recursos naturais, destacando, principalmente, a água doce, os recursos provenientes da biodiversidade, os recursos minerais e os recursos energéticos.
- Refletir sobre a importância de reduzir a geração de lixo no meu cotidiano.
- Conhecer as principais fontes de energia da matriz energética mundial.

CAPÍTULO 2 Sustentabilidade

- Reconhecer a importância da conscientização ecológica em escala global.
- Conhecer o conceito de desenvolvimento sustentável.
- Analisar o aquecimento global e suas implicações.
- Compreender o indicador pegada de carbono como forma de mensurar a emissão de gases de efeito estufa.
- Conhecer importantes conferências internacionais acerca do meio ambiente.
- Analisar mapas de problemas ambientais.

CIDADANIA GLOBAL

- Reconhecer a importância de ter e de promover um estilo de vida sustentável.

wenliou/Shutterstock.com/ID/BR

LEITURA DA IMAGEM

1. A escultura representa qual animal? É comum encontrar esse animal no local em que a escultura está?
2. Qual é o principal material utilizado na escultura?
3. Em sua opinião, qual é a mensagem transmitida por meio dessa obra?

CIDADANIA GLOBAL

12 CONSUMO E PRODUÇÃO RESPONSÁVEIS

Todas as atividades que realizamos envolvem o uso de energia. Até mesmo pensar consome calorias, que são obtidas por nosso corpo por meio da alimentação. Imagine, então, a quantidade de energia necessária para a realização de todas as atividades humanas que ocorrem no mundo ao longo de um dia.

1. É possível estimar os impactos que cada pessoa causa ao meio ambiente? Quais dados e informações você considera importantes para fazer essa estimativa?
2. O que você faria caso a coleta de resíduos fosse interrompida por tempo indeterminado em seu município?

Nesta unidade, você fará o registro de suas atividades de consumo cotidianas em forma de um diário. O objetivo é identificar os recursos naturais e as fontes de energia que você consome e assim refletir se há maneiras mais eficientes e sustentáveis de realizar suas atividades. Além disso, você vai comparar seus registros com os dos colegas para conhecer outras iniciativas.

Reduzir o consumo de recursos naturais, diminuir a produção de resíduos e garantir a reciclagem de materiais são ações importantes para o desenvolvimento sustentável. Que estratégias você utiliza para tornar sua **rotina sustentável**?

Escultura feita de plástico reciclado em rio de Kaohsiung, Taiwan. Foto de 2020.

CAPÍTULO

1 RECURSOS NATURAIS E GERAÇÃO DE ENERGIA

PARA COMEÇAR

Você sabe quais recursos naturais foram necessários para a produção dos objetos que estão ao seu redor?
O que são fontes de energia?
Quais você conhece?

EXPLORAÇÃO DOS RECURSOS NATURAIS

Os recursos naturais são elementos provenientes da natureza explorados economicamente pelas sociedades. Eles podem ser utilizados como matérias-primas ou como fontes de energia.

A exploração dos recursos naturais tem se intensificado nos últimos séculos, sobretudo com o desenvolvimento industrial e tecnológico. A quantidade e a diversidade de produtos industrializados, aliadas à **cultura de consumo intenso**, levaram à superexploração de recursos naturais. Isso gerou sérios **problemas ambientais** globais, como a possibilidade de esgotamento de alguns recursos.

A distribuição dos recursos naturais é desigual no planeta. Por essa razão, alguns deles, como a água e o petróleo, são estratégicos e disputados entre as grandes potências.

O comércio internacional depende dos recursos naturais, mas não envolve apenas os produtos primários. Os países desenvolvidos costumam ser grandes exportadores de produtos industrializados, mas, para produzi-los, importam recursos naturais de países menos desenvolvidos.

produto primário: produto originado das atividades do setor primário da economia (agricultura, pecuária e extrativismo), geralmente utilizado como matéria-prima.

▼ O petróleo é um dos principais recursos naturais explorados pelo ser humano para a obtenção de energia. Os campos de extração de petróleo localizam-se nos continentes e oceanos. Plataforma de exploração de petróleo na Noruega. Foto de 2022.

Ole Berg-Rusten/NTB/AFP

RECURSOS NATURAIS RENOVÁVEIS E NÃO RENOVÁVEIS

Recursos naturais **renováveis** são aqueles repostos pela natureza em um período compatível com a vida humana, ou seja, a renovação desses recursos é maior que o ritmo de exploração. Entre os recursos naturais renováveis, destacam-se o vento, a energia solar, os recursos vegetais e a água.

Já os recursos naturais **não renováveis** são aqueles que se renovam em um tempo muito longo, muito maior que o tempo da vida do ser humano. Portanto, são considerados finitos: a formação do petróleo, por exemplo, leva milhões de anos. O solo e os minérios são outros exemplos de recursos naturais não renováveis.

ÁGUA DOCE

A água doce em estado líquido é um recurso natural estratégico por ser essencial à existência e à manutenção da vida e para praticamente todas as atividades humanas, desde atividades de produção e de transporte até modalidades de lazer. Mas esse recurso encontra-se distribuído de maneira desigual no planeta. O Brasil, por exemplo, concentra a maior reserva mundial desse recurso: cerca de 12% de toda a água doce superficial da Terra.

O controle das nascentes dos rios é fundamental para garantir a segurança hídrica de um país, pois significa acesso garantido à água doce sem depender de outros países. Atualmente, há cerca de 260 bacias hidrográficas que atravessam fronteiras entre diferentes países. Isso torna necessária a criação de políticas de **gestão compartilhada** das águas internacionais pelos países em que elas passam.

O aumento da demanda por água potável, ocasionado pelo crescimento da população mundial e das atividades produtivas, sobretudo da agropecuária, tem diminuído a disponibilidade desse recurso. Aliado a isso, a poluição hídrica também compromete o acesso à água para o consumo, podendo levar à sua **escassez**. Por isso, é muito importante a adoção de políticas públicas nacionais e acordos internacionais que promovam o uso sustentável e a preservação da água.

BIODIVERSIDADE

A biodiversidade representa toda variedade de espécies animais e vegetais. Essas espécies, principalmente as vegetais, são exploradas para consumo, alimentação e como matéria-prima para inúmeros produtos, além de serem uma rica fonte para o desenvolvimento científico (biotecnologia).

A biodiversidade mundial é muito grande, principalmente nas áreas florestais. Contudo, está em declínio devido à degradação dos ambientes naturais e pela ação dos seres humanos, como a **biopirataria**, prática que explora ilegalmente os recursos naturais e os conhecimentos e saberes dos povos tradicionais.

CIDADANIA GLOBAL

OS 5 Rs

A proposta dos 5 Rs sugere: **repensar** formas de consumo e descarte de resíduos, **recusar** produtos e atividades poluidoras, **reduzir** o consumo, **reutilizar** objetos e materiais e, por fim, **reciclar** os resíduos resultantes de nossas atividades. Você já aplica esses princípios em seu cotidiano? Reflita sobre isso respondendo às questões a seguir.

1. Em sua rotina, há hábitos que geram muitos resíduos ou consomem grande quantidade de recursos naturais? Se sim, quais?
2. Você utiliza produtos descartáveis? Se sim, com qual finalidade e frequência?
3. Você considera possível reduzir seu consumo e reutilizar objetos que já possui? Como?
4. Em sua residência, os resíduos orgânicos são separados dos recicláveis?

Como você colabora para o **uso racional da água**?

Mundo: Consumo de água por atividade (2020)

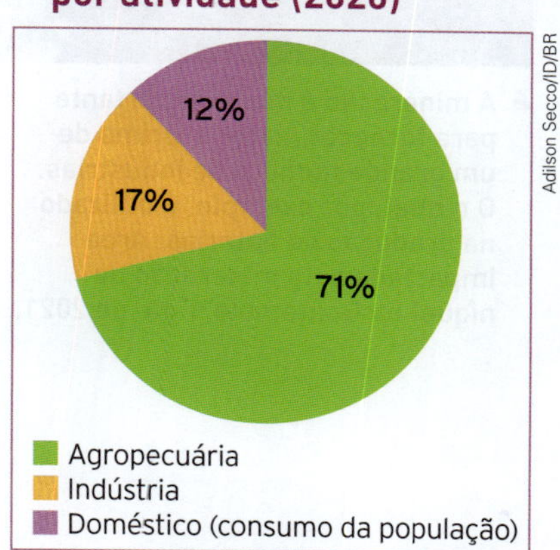

Fonte de pesquisa: Organização das Nações Unidas para a Alimentação e a Agricultura (FAO). *The State of Food and Agriculture*. Roma, 2020. Disponível em: http://www.fao.org/documents/card/en/c/cb1447en. Acesso em: 31 jan. 2023.

RECURSOS MINERAIS

Os recursos minerais são os minérios extraídos pelos seres humanos para utilização e comercialização. Eles são matéria-prima de diversas cadeias produtivas, e estão presentes em muitos objetos de nosso cotidiano: desde a areia usada na construção civil e o cobre das fiações elétricas até o calcário utilizado na fabricação de vidros.

Você sabe qual é o potencial de **redução de emissões de gases poluentes com a reciclagem de materiais**?

Recentemente, as atividades mineradoras têm se diversificado para atender à demanda por minérios empregados na **indústria de alta tecnologia**, como o silício e o estanho, utilizados na produção de componentes eletrônicos, como placas de computadores.

Contudo, apesar de ter grande relevância econômica e de ser fundamental para todo o setor produtivo, seja industrial, seja agropecuário, o extrativismo mineral é uma atividade que gera enormes **impactos ambientais**. A extração de minérios provoca danos irreversíveis na paisagem e no relevo, por retirar grandes quantidades de solo e gerar muitos rejeitos. Além de mudar a paisagem, causa poluição do solo e dos recursos hídricos e impacta a flora e a fauna dos locais de exploração. Diante disso, para se estabelecer uma área de mineração são necessários estudos prévios dos prováveis impactos ambientais e a elaboração de um plano de recuperação da área onde será implementado o projeto, com o objetivo de diminuir os impactos ao meio ambiente.

Carlos Alonzo/AFP

▲ A mineração é muito importante para fornecer matéria-prima de um grande número de indústrias. O níquel, por exemplo, é utilizado na produção de baterias. Área impactada pela mineração de níquel na Guatemala. Foto de 2021.

RECURSOS ENERGÉTICOS

Há também os recursos energéticos, utilizados na geração de energia. Esses recursos provêm de variadas fontes: de origem mineral, como o petróleo e o carvão mineral; de origem vegetal, no caso dos biocombustíveis; ou de outras fontes naturais, como a água, o vento e a luz solar. Os recursos energéticos podem ser classificados como renováveis ou não renováveis, de acordo com o recurso natural utilizado como fonte de energia.

Na atual fase do mercado globalizado, a demanda por energia e, consequentemente, por recursos energéticos, é alta, uma vez que ela é fundamental para as atividades econômicas, como produção industrial, atividades extrativistas, agropecuária, comércio, transporte e serviços.

PRODUÇÃO DE ENERGIA

Nas atividades produtivas ou em atividades cotidianas, como no preparo de alimentos e no transporte, constantemente há grande demanda de energia.

A produção de energia tem como fontes os recursos energéticos. Os impactos ambientais dessa produção dependem do tipo de fonte utilizada. Atualmente, as principais fontes de energia são os combustíveis fósseis, como é possível observar no gráfico desta página, que são recursos não renováveis. Contudo, os problemas ambientais causados pelo uso de combustíveis fósseis têm levado muitos países e empresas a investir cada vez mais na pesquisa e no desenvolvimento de fontes energéticas renováveis, sustentáveis e que diminuam a dependência do petróleo.

Mundo: Matriz energética (2019)

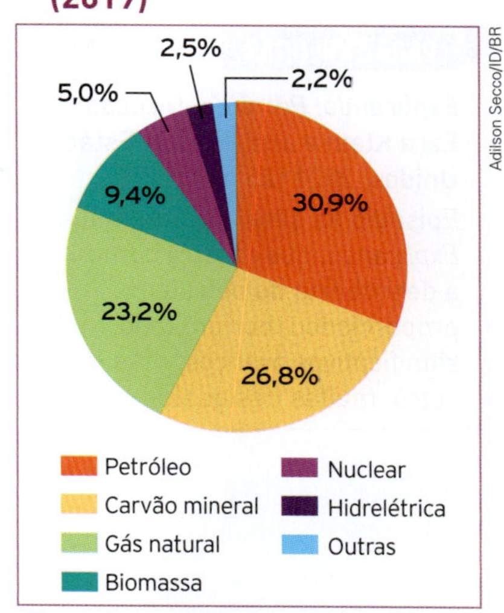

Fonte de pesquisa: International Energy Agency (IEA). Disponível em: https://www.iea.org/reports/key-world-energy-statistics-2021/supply. Acesso em: 2 fev. 2023.

COMBUSTÍVEIS FÓSSEIS

Os principais combustíveis fósseis são: o petróleo, o gás natural e o carvão mineral. Eles são formados pela decomposição de material orgânico (restos de plantas, de animais e de microrganismos), que sofrem, ao longo do tempo, a ação de bactérias, da pressão e do calor. O petróleo e o gás natural são produtos da decomposição de material orgânico depositado no fundo dos mares e dos oceanos. As jazidas mais antigas de petróleo têm aproximadamente 500 milhões de anos, e as mais recentes, cerca de 2 milhões de anos. Já o carvão mineral formou-se em um longo processo de soterramento de florestas localizadas em regiões lacustres e pantanosas há mais de 250 milhões de anos.

A obtenção de energia com uso dos combustíveis fósseis ocorre a partir de sua queima. Esse processo libera o gás carbônico (CO_2), principal responsável pela intensificação do efeito estufa, contribuindo para o aquecimento global.

Formação do petróleo e do gás natural

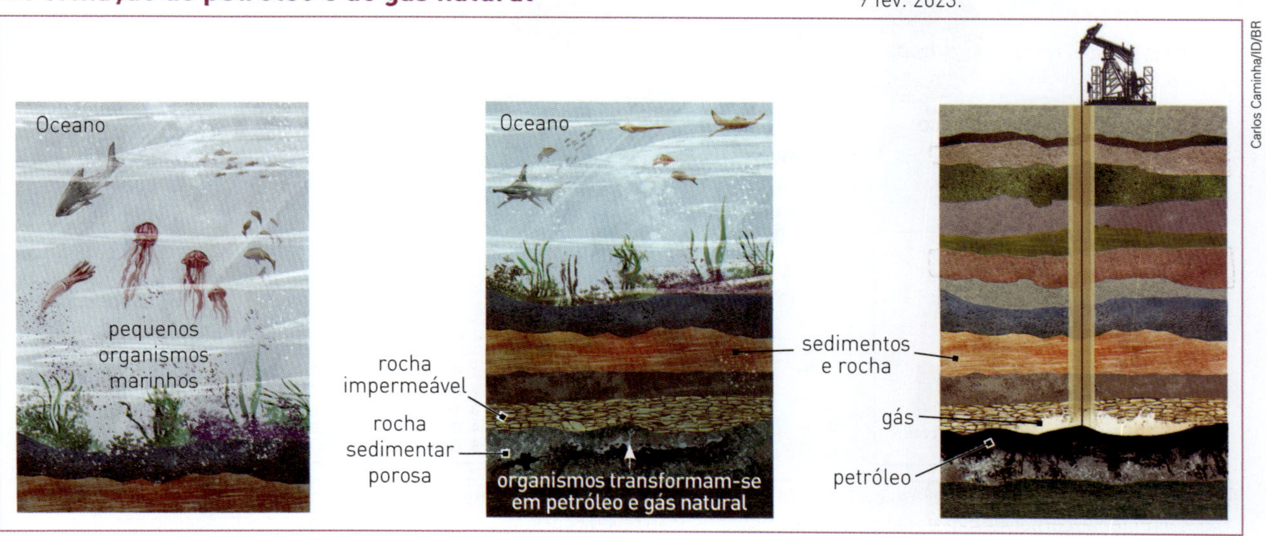

Nota: Esquema em cores-fantasia e sem proporção de tamanho.

Fontes de pesquisa: U.S. Energy Information Administration. Disponível em: https://www.eia.gov/energyexplained/oil-and-petroleum-products/. Earth Science Australia. Disponível em: http://earthsci.org/mineral/energy/oil/oil.html. Acessos em: 9 fev. 2023.

Petróleo

O petróleo tem diversos usos. Seus derivados são utilizados como combustíveis em veículos e em usinas termelétricas e também servem de matéria-prima para a fabricação de inúmeros materiais, como lubrificantes, produtos de limpeza, plásticos, borrachas e tecidos sintéticos.

Por ser a fonte de energia mais utilizada no mundo, o petróleo é um recurso de grande importância, por isso é estratégico para a economia e para a geopolítica mundiais. Contudo, as reservas desse combustível fóssil estão concentradas em poucos países, sobretudo na região do Oriente Médio, que detém quase 50% de todas as reservas mundiais. Em 2021, Estados Unidos e China, as duas maiores economias do mundo, consumiram, somados, cerca de 35% de todo o petróleo produzido no mundo.

PARA EXPLORAR

***Explicando: Petróleo*. Direção: Ezra Klein e Joe Posner. Estados Unidos, 2021 (25 min).**
Episódio da série documental *Explicando*, que mostra como a descoberta do petróleo proporcionou, por um lado, significativos avanços, mas, por outro, muitas desigualdades.

Carvão

O carvão mineral foi uma importante fonte de energia durante a Primeira Revolução Industrial. Ele era a principal fonte de energia das máquinas a vapor, inventadas no período, e que revolucionaram a produção industrial e o setor de transporte. No final do século XIX, no entanto, foi desenvolvido o motor a explosão, e o petróleo ganhou importância como fonte de energia.

Atualmente, o carvão mineral é utilizado na produção industrial, mas também é amplamente consumido nas usinas termelétricas para a geração de energia elétrica. Essa geração ocorre por meio da queima do carvão mineral, um processo nocivo ao meio ambiente. Observe, no mapa a seguir, onde estavam localizadas as reservas desse combustível fóssil no mundo em 2020.

Mundo: Reservas de carvão mineral (2020)

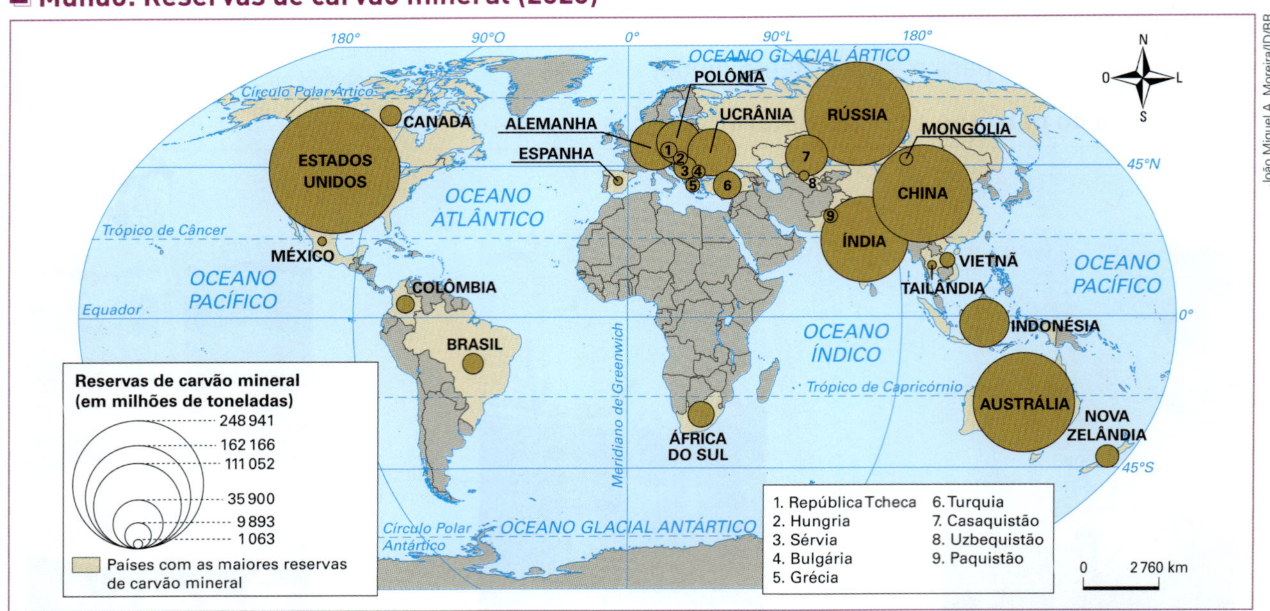

Fonte de pesquisa: BP. *Statistical Review of World Energy*: 2021. Disponível em: https://www.bp.com/content/dam/bp/business-sites/en/global/corporate/pdfs/energy-economics/statistical-review/bp-stats-review-2021-full-report.pdf. Acesso em: 8 fev. 2023.

NUCLEAR

A energia de origem nuclear é obtida por meio da fissão nuclear de alguns recursos minerais, como o urânio, dentro de reatores nucleares. As usinas nucleares, geralmente, são instaladas perto de corpos d'água, como mares e rios, pois utilizam uma grande quantidade de água para o resfriamento de seus reatores. A construção desse tipo de usina requer alto investimento e rigorosos protocolos de segurança.

fissão nuclear: processo de divisão do núcleo do átomo, no qual há grande liberação de energia.

A fonte nuclear é muito utilizada em diversos países, porque é considerada uma fonte não poluente e diminui a dependência em relação aos combustíveis fósseis. Em 2019, segundo a Agência Internacional de Energia (AIE), os Estados Unidos, a França e a China concentravam quase 60% da produção mundial de energia nuclear.

Embora não provoque poluição atmosférica, a geração de energia nas usinas nucleares causa problemas ambientais relacionados ao seu funcionamento. Por exemplo, quando o descarte da água utilizada nos reatores ocorre de maneira imprópria, pode haver desequilíbrio nos ambientes aquáticos ao redor da usina, resultante da diferença de temperatura.

No entanto, a principal questão que envolve a geração de energia a partir das usinas nucleares são os riscos de acidentes ou de vazamentos de material radioativo. Esse material é extremamente nocivo ao meio ambiente e pode causar diversas doenças e até a morte de seres vivos. Já ocorreram graves acidentes em usinas nucleares, como em Chernobyl, na Ucrânia, em 1986, e em Fukushima, no Japão, em 2011. O manejo do lixo radioativo também é um ponto de atenção e deve ser feito com muito rigor. Esse lixo radioativo pode emitir radiação por séculos e, para que não ofereça risco, deve ser armazenado em locais específicos, que isolem essa radiação.

material radioativo: material que emite radiação.

▼ **Usina nuclear em Golfech, França. Foto de 2023.**

Matthieu Rondel/AFP

BIOMASSA

Jens Buttner/dpa Picture-Alliance/AFP

▲ Depósito de biomassa, utilizada para a produção de energia elétrica a partir da queima de matéria orgânica em usina (ao fundo), em Neustrelitz, Alemanha. Foto de 2022.

A energia gerada a partir da biomassa é obtida pela queima de matéria orgânica, sobretudo de origem vegetal, como carvão vegetal, lenha, bagaço, cascas de diversas árvores, frutos, sementes, etc. A biomassa pode ser usada em usinas termelétricas, para a obtenção de energia elétrica; na produção de biocombustíveis, como o etanol e o biodiesel; e, em menor escala, é utilizada em indústrias, para gerar calor e aquecer materiais.

Por se valer de recursos que podem ser cultivados, a biomassa é uma fonte de energia renovável. Além disso, é uma fonte mais limpa que os combustíveis fósseis, pois, além de emitir menos poluentes, durante seu processo, envolve o cultivo de espécies vegetais, retirando gás carbônico da atmosfera. Por isso, os biocombustíveis são misturados aos combustíveis de origem fóssil: o etanol é misturado à gasolina, e o biodiesel, ao *diesel*. No entanto, ao priorizar a atividade agrícola para a produção de biocombustíveis, pode haver diminuição da plantação de gêneros alimentícios e, consequentemente, menos alimentos são disponibilizados à população.

Os Estados Unidos são o maior produtor mundial de biocombustíveis, seguidos pelo Brasil. Em 2020, esses dois países foram responsáveis por quase 60% da produção global de biocombustíveis.

SOLAR

O aproveitamento da luz solar é uma das formas mais sustentáveis de produção de eletricidade, mas também é uma das que apresentam maior custo de instalação. A produção de energia solar ocorre por meio da incidência de luz solar em células fotovoltaicas, dispositivos elétricos que transformam a radiação da luz do Sol em energia elétrica.

▼ Instalação de painéis fotovoltaicos em reservatório em Liaocheng, China. Foto de 2022.

Zhang Zhenxiang/VCG/Getty Images

Como a captação não ocorre durante a noite e com menor intensidade em dias nublados, sua eficiência está na capacidade de armazenamento e distribuição de energia. Além disso, a instalação de usinas de energia solar deve ser feita em áreas com grande incidência de radiação da luz do Sol, que, geralmente, é maior quanto mais próximo à linha do equador.

Em 2019, os maiores produtores mundiais de energia solar foram China, Estados Unidos, Japão, Índia, Alemanha, Itália e Austrália. O Brasil é o maior país localizado na faixa intertropical, o que lhe confere um enorme potencial de geração de energia solar. Apesar de o país ter aumentado a produção desse tipo de energia nos últimos anos, essa fonte ainda é pouco explorada.

HIDRELÉTRICA

O aproveitamento da força das águas é uma das principais fontes de geração de energia no mundo. Nas usinas hidrelétricas, a energia fornecida pela água dos rios faz girar as turbinas, que geram a energia elétrica. Em 2019, a China era o maior produtor de energia hidrelétrica do mundo, seguida pelo Brasil.

Alejandro Granadillo/Bloomberg/Getty Images

▲ Usina hidrelétrica em Utuado, Porto Rico. Foto de 2022.

Essa fonte de energia é renovável e pouco poluente; contudo, a instalação das usinas pode causar sérios impactos sociais e ambientais: para armazenar água e assim manter a produção nos períodos de estiagem, são construídas barragens, que formam represas que podem inundar grandes áreas de florestas e cidades inteiras, forçando o deslocamento de pessoas e causando a morte de espécies animais e vegetais da área. A interrupção do fluxo natural dos rios também pode prejudicar o ciclo de reprodução de algumas espécies de peixe.

Com o objetivo de reduzir os impactos causados pelo represamento de água, tem crescido o uso de usinas hidrelétricas a fio d'água. Nelas, não há construção de barragens, pois utilizam apenas o fluxo natural do rio para girar as turbinas e produzir a energia. Entretanto, sem o armazenamento de água, a produção pode ficar comprometida nos períodos de estiagem.

EÓLICA

A palavra eólico significa algo que se move, vibra ou é desenvolvido a partir da ação do vento. Portanto, energia eólica é aquela obtida pela força dos ventos, que movimentam geradores, os quais produzem energia elétrica. Trata-se de uma fonte de energia renovável que não consome combustíveis, portanto, não emite gases poluentes na atmosfera. Entretanto, as usinas eólicas causam ruídos e impactam diretamente a fauna local, podendo levar à morte de aves (ao bater nas hélices dos geradores enquanto voam). Além disso, essa fonte de energia fica sujeita à inconstância da duração e da velocidade dos ventos para poder produzir energia elétrica.

A instalação de usinas eólicas exige estudos no sentido de diminuir os impactos ao ambiente (sobretudo aos seres humanos e às aves) e potencializar a geração de energia com base na escolha de áreas com padrões propícios de vento.

A utilização da energia dos ventos tem crescido mundialmente nas últimas décadas. Em 2019, os principais produtores de energia eólica foram China, Estados Unidos, Alemanha, Índia, Reino Unido, Brasil e Espanha.

Mundo: Geração de energia eólica (2005-2019)

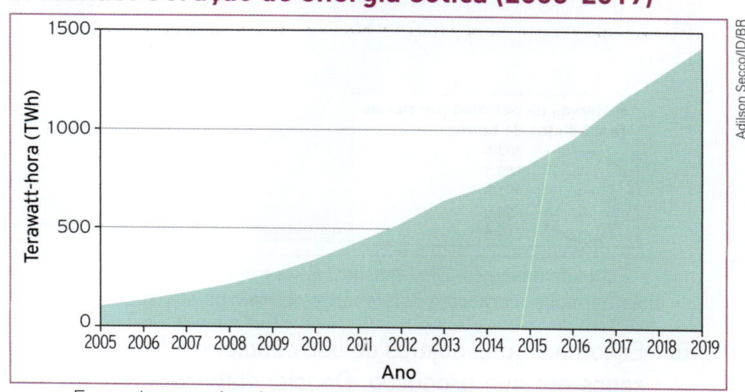

Fonte de pesquisa: International Energy Agency (IEA). Disponível em: https://www.iea.org/reports/keyworldenergystatistics2021/supply. Acesso em: 9 fev. 2023.

ATIVIDADES

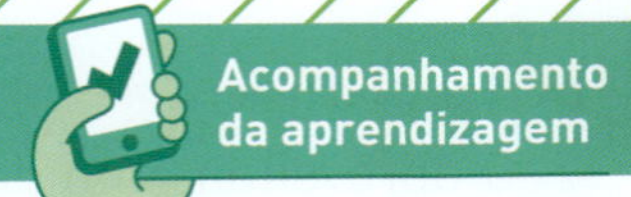

Retomar e compreender

1. Quais problemas estão relacionados ao uso intenso dos recursos naturais?
2. Em relação à produção de energia a partir da biomassa, responda às perguntas.
   a) De quais maneiras a biomassa pode ser utilizada como fonte de energia?
   b) O que é biocombustível? Quais são os maiores produtores mundiais?

Aplicar

3. Observe novamente o gráfico *Mundo: Matriz energética (2019)*, na página 49, e compare-o com o gráfico a seguir. Depois, responda às questões.

Mundo: Matriz energética (1973)

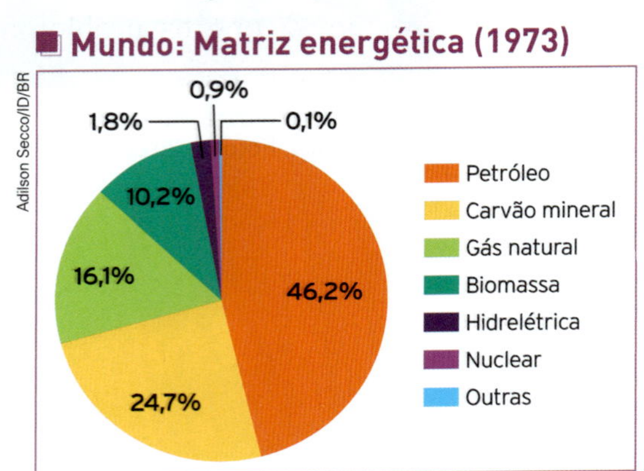

a) Analise a participação dos combustíveis fósseis na matriz energética mundial em 1973 e em 2019. Houve aumento ou diminuição? E cada combustível fóssil, separadamente, aumentou ou diminuiu sua participação?

b) O que levou à diminuição da participação do petróleo na matriz energética mundial?

c) Comparando ambos os gráficos, o que é possível dizer sobre a participação das fontes de energia renováveis na matriz energética mundial?

Fonte de pesquisa: International Energy Agency (IEA). Disponível em: https://www.iea.org/reports/key-world-energy-statistics-2021/supply. Acesso em: 6 fev. 2023.

4. Com base no mapa, explique a importância geopolítica do petróleo como fonte de energia e de matéria-prima para outros produtos. Fale sobre a distribuição global das reservas desse recurso.

Mundo: Reservas de petróleo (2020)

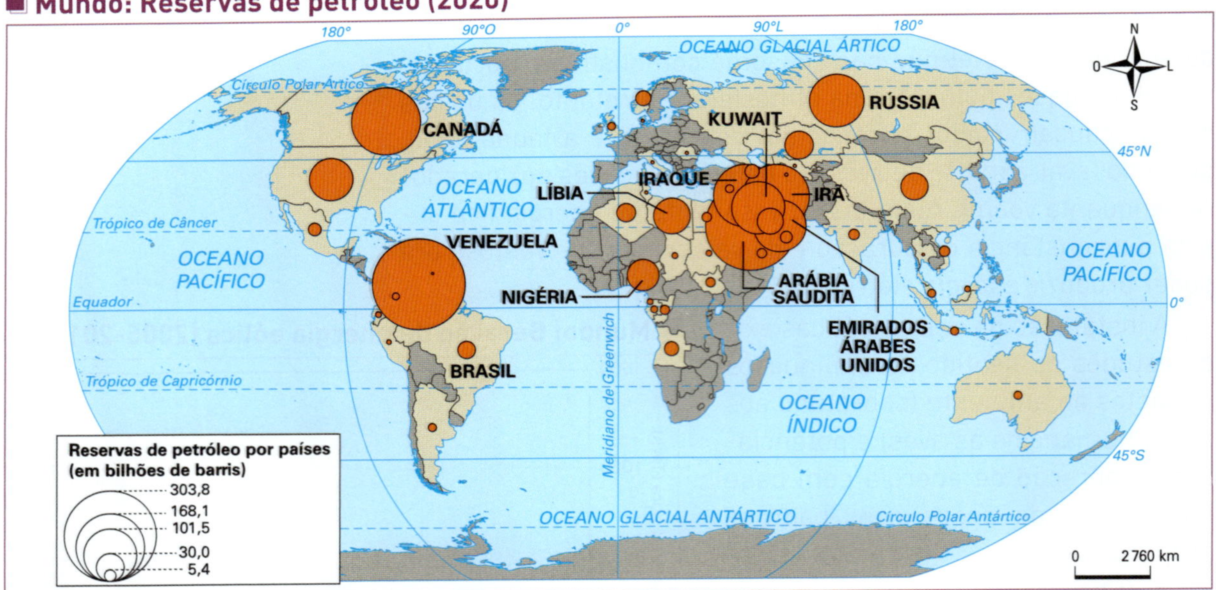

Fonte de pesquisa: BP. *Statistical Review of World Energy*: 2021. Disponível em: https://www.bp.com/content/dam/bp/business-sites/en/global/corporate/pdfs/energy-economics/statistical-review/bp-stats-review-2021-full-report.pdf. Acesso em: 6 fev. 2023.

5. Escolha alguns objetos de uso cotidiano e faça um levantamento de quais recursos naturais foram utilizados em sua produção. Depois, elabore um texto abordando a importância da atividade mineradora para as atividades produtivas e quais problemas estão relacionados ao consumo intenso de produtos.

CAPÍTULO

2 SUSTENTABILIDADE

PARA COMEÇAR

Organizar o espaço geográfico de maneira sustentável é um desafio para o século XXI. Você sabe o que é sustentabilidade? Quais problemas a ocupação inadequada do espaço geográfico pode causar?

CONSCIÊNCIA ECOLÓGICA E SUSTENTABILIDADE

Até a década de 1970, não havia uma consciência global dos impactos que as sociedades causavam ao meio ambiente. Foi a partir das últimas décadas do século XX que os problemas ambientais ganharam maior visibilidade e atenção.

A população mundial passou a discutir a **degradação dos ambientes naturais** provocada pelo desenvolvimento social e econômico e o fato de os recursos naturais serem finitos. Atualmente, o alto nível de consumo alcançado pela sociedade – que é ainda mais acentuado em países ricos – gera preocupação. Esse contexto torna necessária a conscientização da sociedade urbano-industrial para a prática do **consumo racional**, visando à sustentabilidade do planeta.

A **consciência ecológica** fez com que as pessoas passassem a questionar a capacidade das sociedades de manter as condições de manutenção da vida humana na Terra e a promover a ideia de **desenvolvimento sustentável**, ou seja, a conciliação do crescimento econômico com a conservação ambiental, minimizando os custos ambientais e sociais. Atualmente, as organizações não governamentais são importantes agentes sociais que atuam em prol das questões ambientais.

▼ **Resíduos industriais jogados em rios sem o devido tratamento podem contaminar as águas pluviais. A imagem evidencia a presença de tinta na água despejada no rio Buriganga, em Bangladesh, proveniente de indústrias têxteis. A indústria da moda é considerada a segunda mais poluente do mundo, perdendo apenas para a petroquímica. Foto de 2023.**

Zakir Hossain Chowdhury/Anadolu Agency/Getty Images

MUDANÇAS CLIMÁTICAS

O **aquecimento global** consiste na elevação da temperatura média do planeta e é uma das grandes preocupações ambientais do século XXI. Muitos cientistas afirmam que essa elevação está relacionada à intensificação do efeito estufa, decorrente do aumento da emissão de **gases poluentes**, como o gás carbônico (CO_2) e o gás metano (CH_4), pelos seres humanos na atmosfera.

Assim, o aquecimento global é uma consequência das atividades humanas, especialmente após a Revolução Industrial, quando se ampliou o uso de combustíveis fósseis, como o petróleo e o carvão mineral. Depois desse período, o aumento da temperatura intensificou o derretimento de gelo das calotas polares, elevando o nível dos oceanos e colocando em risco as populações das cidades litorâneas, por exemplo.

Segundo a Organização Meteorológica Mundial (OMM), vinculada à ONU, em 2021, a temperatura média global apresentou aumento de 1,1 °C em comparação com o período pré-industrial. Essa elevação gera desequilíbrios no clima e pode causar diversos impactos na natureza, como a destruição de hábitats e a extinção de diferentes espécies. Além disso, contribui para a intensificação de eventos extremos, como chuvas muito fortes, deslizamentos de terra, ciclones e longos períodos de estiagem ou de chuva. Esse cenário leva muitas pessoas a abandonar (mesmo que temporariamente) seus locais de origem, refugiando-se em outros países. Essas pessoas são chamadas de refugiadas do clima.

Embora a maioria dos cientistas considere que a ação humana seja um dos principais fatores do aquecimento global, há pesquisadores que refutam a ideia de que este seja causado pelo aumento da concentração dos gases de efeito estufa. No entanto, são muitos os estudos científicos que evidenciam essa relação.

CIDADANIA GLOBAL

PEGADA DE CARBONO

Ao contrário do que se possa acreditar, a emissão de gases de efeito estufa não é provocada apenas por indústrias ou pela enorme quantidade de veículos existente no mundo. Diversas atividades de nosso cotidiano também contribuem para a emissão desses gases.

A pegada de carbono é um indicador que tem como objetivo estimar a quantidade de gases de efeito estufa resultante de cadeias produtivas ou de outras atividades humanas. Os meios de transporte utilizados no dia a dia são exemplos de informações consideradas no cálculo da pegada de carbono individual.

1. Cite atividades humanas que emitam CO_2 ou outros gases de efeito estufa.
2. Busque na internet uma calculadora da pegada de carbono e realize o cálculo referente a seus hábitos. Em seguida, liste medidas que você poderia adotar para reduzir esse valor e compartilhe-as com colegas e familiares.

De que modo as **mudanças climáticas** vão impactar nossas vidas?

Gerald Anderson/Anadolu Agency/Getty Images

Pessoas migrando para escapar de um longo período de seca que atinge a região de Mandera, Quênia. Foto de 2022.

REGIÕES POLARES E QUESTÃO AMBIENTAL

As regiões polares compreendem os polos Norte (Ártico) e Sul (Antártida). As temperaturas são extremamente baixas durante todo o ano nessas regiões, pois a radiação solar atinge a superfície de maneira oblíqua devido à inclinação da Terra. O inverno é bastante rigoroso, e os raios solares chegam com inclinações ainda maiores; por um período, o Sol não aparece no horizonte polar, fenômeno conhecido como noite polar. A vegetação é praticamente inexistente, exceto ao sul do Ártico, onde se encontra a tundra.

Nas áreas mais frias, as águas dos oceanos Glacial Ártico e Glacial Antártico são congeladas, formando as **banquisas polares**. Outra característica dos oceanos próximos às regiões polares é a presença de ***icebergs***, que são enormes blocos de gelo que se soltam das geleiras e flutuam pelos mares.

Além dessas condições ambientais, as regiões polares são fundamentais para manter o equilíbrio do clima e a circulação dos ventos e das correntes marinhas. Por isso, ocupam o centro das preocupações ambientais ligadas ao debate sobre o aquecimento global. Como você já viu, o degelo das regiões polares eleva o nível dos oceanos, ameaçando as áreas litorâneas de todos os continentes. Contudo, os impactos ambientais do degelo envolvem, também, o aumento da absorção de radiação solar (o gelo é responsável por refletir parte significativa dessa radiação) e a liberação de gases presentes na água congelada, como o metano. Esses dois fatores acentuam ainda mais o efeito estufa e, consequentemente, a elevação da temperatura da Terra. Todo esse cenário agrava o risco de perda de hábitats, de terras agricultáveis e da biodiversidade, por exemplo.

Outra questão importante envolve as **atividades tradicionais** dos povos que habitam o Ártico e que vivem da caça e da pesca. O degelo ocorrido nas últimas décadas tem provocado alterações no ecossistema local e dificultado a prática dessas atividades. Por isso, os povos locais, especialmente os inuítes, passaram a se dedicar a outras atividades, como a exploração mineral e a extração de madeira nas terras menos frias, mais ao sul, ou se mudaram para as cidades, adotando um modo de vida urbano.

PARA EXPLORAR

***A marcha dos pinguins*. Direção: Luc Jacquet. França, 2004 (80 min).**

O filme narra a jornada dos pinguins imperadores – espécie animal mais conhecida da Antártida –, que precisam percorrer milhares de quilômetros durante o inverno em busca de um local seguro para se reproduzir.

Alamy/Fotoarena

Derretimento de geleira no Canal Sarmiento, na Patagônia, Chile. Foto de 2020.

CONFERÊNCIAS INTERNACIONAIS E TRATADOS AMBIENTAIS

Desde que a degradação ambiental ganhou visibilidade e a comunidade internacional percebeu a necessidade de preservar a natureza para garantir que as gerações futuras usufruam dos recursos naturais necessários à sobrevivência, diversas conferências internacionais foram organizadas para discutir os desafios ambientais e propor alternativas que conciliassem as necessidades de desenvolvimento com a sustentabilidade.

O primeiro grande encontro da ONU para tratar dos problemas ambientais aconteceu em Estocolmo, na Suécia, em 1972. Na **Conferência de Estocolmo**, foram analisados temas como a poluição atmosférica e a chuva ácida. Foi a partir dessa conferência que os assuntos ambientais começaram a entrar na pauta das discussões internacionais.

Em 1992, ocorreu no Rio de Janeiro a Conferência das Nações Unidas sobre Meio Ambiente e Desenvolvimento. Conhecida como **Rio-92** ou **Eco-92**, essa conferência teve a presença de governantes de 172 países, que reconheceram a necessidade de estabelecer metas buscando o desenvolvimento sustentável. Foram discutidas questões relacionadas às mudanças climáticas e à biodiversidade e assinados tratados que firmavam o compromisso de reduzir as emissões de poluentes, entre outros. Nesse encontro, também foi elaborada a Agenda 21, um documento que serviria para orientar e planejar o desenvolvimento de sociedades sustentáveis com base em pilares como proteção ambiental, justiça social e crescimento econômico.

A partir de 1995, a ONU passou a realizar a **Conferência das Partes da Convenção-Quadro das Nações Unidas sobre Mudança do Clima**, conhecida como **COP**. A primeira ocorreu na cidade de Berlim, na Alemanha. A cidade de Kyoto, no Japão, sediou a COP-3, em 1997. Nesse encontro, foi estabelecido o **Protocolo de Kyoto**, que visava à redução da emissão de gases de efeito estufa, principalmente pelos países desenvolvidos. Contudo, há grande dificuldade para viabilizar o cumprimento das metas do acordo: os Estados Unidos, um dos maiores emissores de gases de efeito estufa, abandonaram o acordo, alegando que suas metas prejudicariam o desenvolvimento econômico nacional.

PARA EXPLORAR

Seremos História? Direção: Fisher Stevens. Estados Unidos, 2016 (96 min).

Segundo o documentário, as mudanças climáticas estão tornando fenômenos como secas, inundações e furacões cada vez mais severos, e cabe a todos, governantes e população em geral, tomar atitudes sustentáveis que busquem solucionar o problema.

Meio ambiente e sociedade, de Marcelo Leite. São Paulo: Ática (De Olho na Ciência).

O livro aborda temas importantes relacionados ao meio ambiente e à sustentabilidade, discutindo o que é meio ambiente, ecossistema e biodiversidade, bem como práticas que podem ser adotadas para minimizar o impacto das atividades humanas sobre a natureza.

▼ Sessão de abertura da Eco-92, no Rio de Janeiro (RJ). Foto de 1992.

Daniel Garcia/AFP

Dez anos após a Eco-92, foi organizada, na cidade de Joanesburgo, na África do Sul, a **Cúpula Mundial sobre o Desenvolvimento Sustentável** (ou **Rio+10**), que tinha como objetivo avaliar os resultados alcançados pelas medidas propostas na conferência do Rio de Janeiro.

Em 2015, realizou-se em Paris, na França, a **COP-21**, que buscava um novo acordo para combater as mudanças climáticas. Nessa conferência, foi aprovado o **Acordo de Paris**, que substituiu o Protocolo de Kyoto e no qual foram propostas metas para diminuir as emissões de gases de efeito estufa e, consequentemente, reduzir o aquecimento global e seus efeitos para o meio ambiente e a sociedade. O acordo se baseia na cooperação entre as nações para alcançar os objetivos estabelecidos. As ações concretas de cooperação envolvem, por exemplo, suporte tecnológico e financeiro aos países menos desenvolvidos. Inicialmente, o acordo foi ratificado pelos 195 países participantes da conferência, inclusive os Estados Unidos. Porém, em 2017, o país se retirou do acordo por iniciativa do então presidente Donald Trump. No início de 2021, o país se reintegrou oficialmente ao acordo, após a posse do presidente estadunidense Joe Biden.

Realizou-se em Glasgow, na Escócia, em 2021, a **COP-26**. Nessa conferência, houve a participação de 197 países, que firmaram acordos para reduzir o desmatamento e as emissões de gases de efeito estufa, entre outros. A conferência tinha ainda o objetivo de ratificar o que foi definido no Acordo de Paris: manter o aumento da temperatura média da Terra bem abaixo de 2 °C em comparação ao período pré-industrial.

No ano de 2022, ocorreu a **COP-27**, na cidade de Sharm el-Sheikh, no Egito. Esse encontro estabeleceu o Programa de Trabalho de Mitigação, que propõe acelerar a redução das emissões de gases de efeito estufa. Outro resultado importante alcançado na COP-27 foi a criação de um fundo financeiro para dar suporte aos países mais vulneráveis impactados pelas mudanças climáticas.

▼ **Líderes nacionais na abertura da COP-21, em Paris, França. Foto de 2015.**

Pascal Le Segretain/Getty Images/AFP

ATIVIDADES

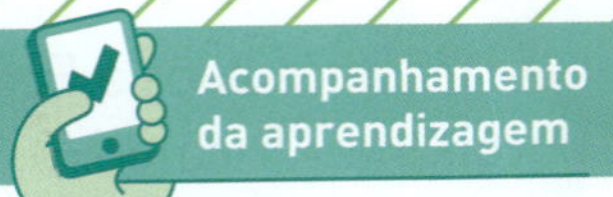

Retomar e compreender

1. Leia o texto a seguir e responda às questões.

> Pode-se dizer que, até o início da década de 1970, o pensamento dominante era o de que o meio ambiente seria fonte inesgotável de recursos e que qualquer ação de aproveitamento da natureza fosse infinita. Mas fenômenos como secas que afetaram lagos e rios, a chuva ácida e a inversão térmica fizeram com que essa visão do mundo começasse a ser questionada, com base em estudos científicos que identificavam problemas especialmente por conta da poluição atmosférica.
>
> Rio-92 lançou as bases para nova relação com o planeta. Revista *Em discussão!*, ano 3, n. 11, p. 14, jun. 2012. Disponível em: https://www12.senado.leg.br/noticias/acervo-historico/em-discussao#/. Acesso em: 5 abr. 2023.

a) Qual mudança de pensamento da sociedade ocorreu em relação ao meio ambiente a partir das últimas décadas do século XX?

b) Segundo o texto, o que levou à consciência ecológica mundial?

c) Explique o que é desenvolvimento sustentável e qual é a importância desse conceito.

2. De acordo com o que você estudou:

a) Defina o que é aquecimento global.

b) Cite as possíveis consequências desse fenômeno.

Aplicar

3. Após a conscientização mundial dos graves problemas ambientais que podem colocar em risco a manutenção das futuras gerações, foram organizadas diversas convenções internacionais para discutir e propor acordos de solução desses problemas. Qual foi a primeira conferência internacional realizada pela ONU com o intuito de discutir as questões ambientais? Cite outras conferências internacionais realizadas desde então com esse objetivo e comente a importância delas.

4. Leia o texto a seguir e observe o gráfico. Depois, responda às questões.

> Apesar de variados compromissos governamentais para cortes de emissões de carbono na Conferência das Nações Unidas sobre Mudanças Climáticas, a COP-26, o mundo está no caminho de níveis desastrosos de aquecimento global, ultrapassando os limites do acordo climático de Paris [COP-21].
>
> Segundo uma pesquisa apresentada [em] 9 [nov. 2021], em Glasgow, onde a cúpula [COP-26] está acontecendo, o aumento de temperatura irá ultrapassar 2,4 graus Celsius, com base nos objetivos de curto prazo estabelecidos pelos países. O valor ultrapassa o limite de 2 graus [do qual] o Acordo de Paris afirma que o mundo precisa estar "bem abaixo", e o limite de 1,5 grau almejado nas negociações da COP-26.
>
> Apesar de metas da COP-26, mundo segue para aquecimento de 2,4 °C. *Veja*, 10 nov. 2021. Disponível em: https://veja.abril.com.br/mundo/apesar-de-metas-da-cop26-mundo-segue-para-aquecimento-de-24c/. Acesso em: 8 fev. 2023.

Mundo: Maiores emissores de gás carbônico (2020)

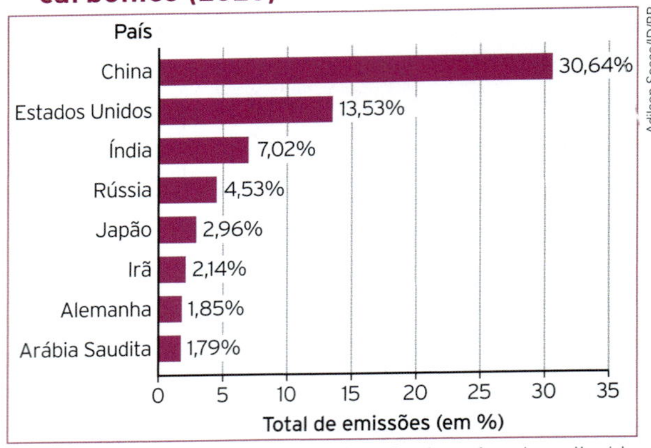

Fonte de pesquisa: Statista. Distribution of carbon dioxide emissions worldwide in 2021. Disponível em: https://www.statista.com/statistics/271748/the-largest-emitters-of-co2-in-the-world/. Acesso em: 8 fev. 2023.

a) Quais são os dois países que mais emitiram gás carbônico em 2020?

b) Qual é a relação entre a emissão de gás carbônico e as mudanças climáticas?

c) Segundo o texto, a que conclusão chegou uma pesquisa apresentada na COP-26?

d) Explique a importância de países como os Estados Unidos e a China ratificarem acordos internacionais relativos à preservação ambiental.

Povos tradicionais e preservação

Nos últimos anos, tem crescido a presença de lideranças indígenas de diversas nações e países nos encontros internacionais sobre as mudanças climáticas, principalmente na COP. Ianukula Kaiabi Suitá, liderança indígena e presidente da Associação Terra Indígena Xingu em 2022, ano em que ocorreu a COP-27, participou do evento. Leia uma entrevista que ele deu sobre essa participação.

Não dá para discutir papel das florestas no clima sem ouvir quem mora lá, diz liderança do Xingu

[...]

O desequilíbrio do clima afeta diretamente os povos indígenas. Afeta nosso dia a dia, o nosso modo de vida, a nossa cultura. Somos integrados ao meio ambiente. Nós vivemos da caça e da pesca. A estiagem, o ressecamento da floresta e dos rios são ameaças a nossa segurança alimentar.

Não dá para fazer uma conversa sobre preservação das florestas dentro dessa discussão climática sem incluir quem mora lá, sem a presença dos povos indígenas.

E não estou falando apenas dos povos indígenas do Brasil, mas de todos os povos indígenas tradicionais do mundo inteiro. Por isso fomos à COP.

Mas também porque, no âmbito das negociações mundiais para deter o aumento da temperatura global, agora se fala muito em mecanismos de compensação para a redução ou a estabilização da temperatura. Os povos indígenas querem entender e participar dessas discussões.

Fayez Nureldine/AFP

▲ Ninawa Inu Pereira Nunes (à direita), líder dos huni kuin, em discurso na COP-27, no Egito. Foto de 2022.

Por que o mecanismo de compensação é voltado apenas para quem degrada? Por que não destinar parte das compensações para quem vive pela preservação?"

[...]

Dentro da estrutura da COP agora tem uma plataforma, fruto do Acordo de Paris, que funciona como um canal de comunicação oficial para que povos locais e comunidades indígenas possam apresentar contribuições para a convenção do clima.

[...]

Alexa Salomão; Lalo de Almeida. Não dá para discutir papel das florestas no clima sem ouvir quem mora lá, diz liderança do Xingu. *Folha de S.Paulo*, 15 nov. 2022. Disponível em: https://www1.folha.uol.com.br/ambiente/2022/11/nao-da-para-discutir-papel-das-florestas-no-clima-sem-ouvir-quem-mora-la-diz-lideranca-do-xingu.shtml. Acesso em: 9 fev. 2023.

Para refletir

1. Qual é a importância da participação dos povos tradicionais em eventos como a COP?
2. Com base no texto, faça um levantamento sobre o modo de vida das populações indígenas brasileiras e responda: Como esses povos e seus modos de viver podem ensinar a conter as mudanças climáticas?
3. SABER SER Com base no levantamento realizado, avalie seu modo de vida e liste comportamentos que você pode adotar para diminuir seus danos ao ambiente.

Mapas de problemas ambientais

Ao longo da história, o ser humano sempre interferiu na natureza. Entretanto, nos últimos anos, a intensidade e a rapidez com que as modificações são realizadas têm causado danos perceptíveis e até mesmo de risco à vida. Com a evolução da cartografia e das tecnologias empregadas em satélites e em outros instrumentos, somada às pesquisas científicas, é possível elaborar mapas que localizam e dimensionam os problemas ambientais.

Observe, a seguir, alguns exemplos de mapas que facilitam a visualização da abrangência espacial de certos impactos antrópicos, ou seja, aqueles causados por ações humanas.

Mundo: Biodiversidade (2019)

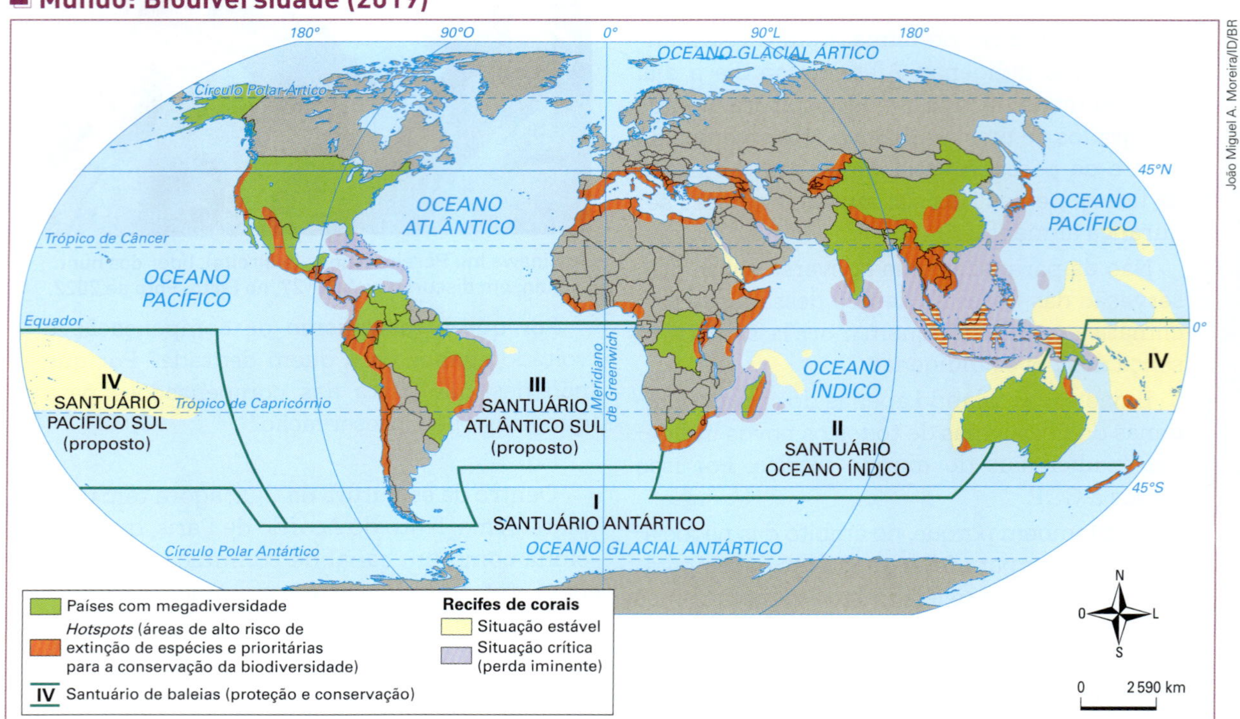

Fonte de pesquisa: Maria Elena Simielli. *Geoatlas*. 35. ed. São Paulo: Ática, 2019. p. 27.

O mapa *Mundo: Biodiversidade (2019)* representa aspectos relacionados à biodiversidade no mundo. Nele, foram empregadas variáveis visuais que representam diversos tipos de informação **qualitativa**, com **cores diferentes**. Desse modo, a percepção visual é seletiva, pois é possível distinguir e isolar as áreas nas quais se manifestam determinados fenômenos. Nesse mapa, podem-se localizar as áreas com grande biodiversidade cuja preservação é de extrema urgência devido ao elevado risco de degradação e extinção (os *hotspots*). Nos oceanos, também para indicar áreas protegidas (santuário de baleias), optou-se por utilizar contornos em verde. Cada uma das áreas delimitadas por esses contornos foi identificada com algarismos romanos e nomes específicos.

O mapa *Mundo: Pesca e caça marítimas (2019)* mostra as atividades de pesca e caça no mundo. Nele, foram utilizadas variáveis visuais muito semelhantes às do mapa anterior. Vê-se pela legenda que as informações dos países pesqueiros são **quantitativas**, com o uso de diferentes tons de uma mesma cor.

Mundo: Pesca e caça marítimas (2019)

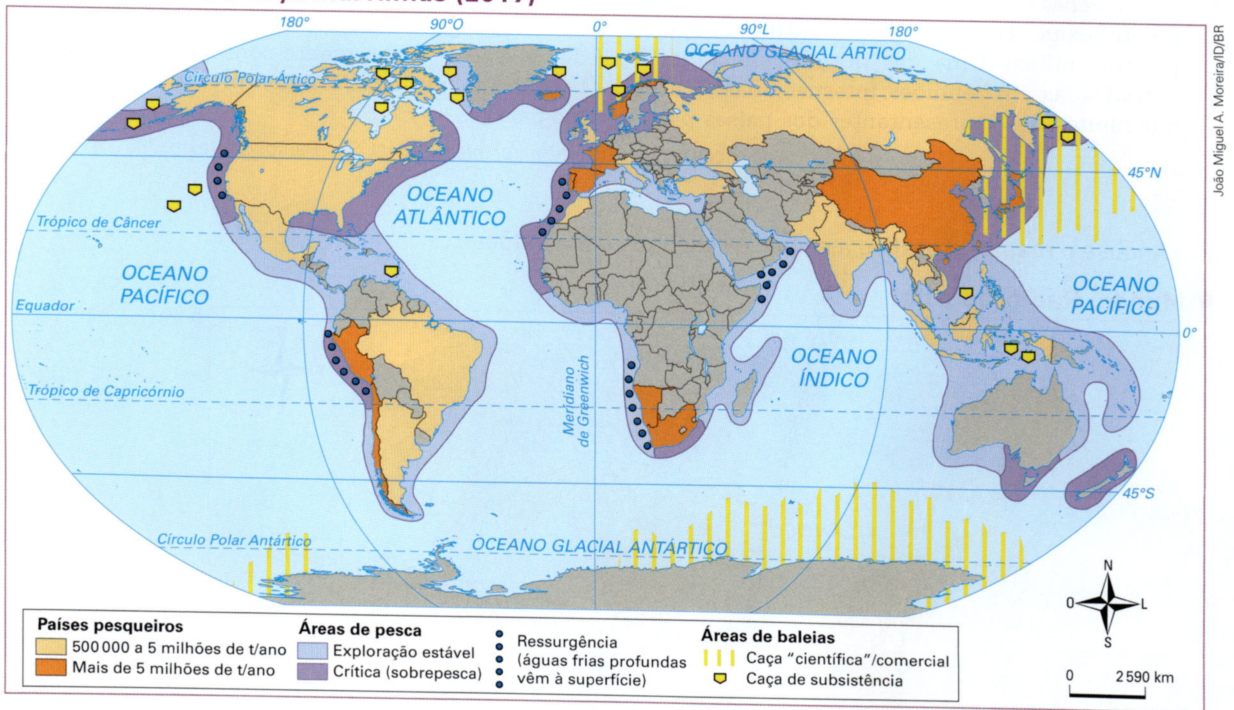

Fonte de pesquisa: Maria Elena Simielli. *Geoatlas*. 35. ed. São Paulo: Ática, 2019. p. 29.

Para as áreas de pesca, assim como no caso dos países pesqueiros, foi aplicada uma mesma cor com variações de tonalidade. Desse modo, o leitor consegue diferenciar os dois níveis de exploração das áreas de pesca e identificar os países com maior e menor atividade pesqueira. Ou seja, pela variação de tons, é estabelecido um **ordenamento**. Além disso, alguns recursos localizam precisamente áreas de ocorrência de caça a baleias: hachuras para a caça comercial e a caça "científica", e ícones amarelos para a caça de subsistência.

Pratique

1. Quais tipos de recursos visuais foram usados em ambos os mapas?
2. Quais são as áreas em que os recifes de corais estão em situação crítica e em que há sobrepesca?
3. Discuta com um colega quais ações humanas ameaçam o litoral brasileiro, causando danos ambientais.
4. Em grupo, comparem os mapas e proponham uma regionalização do mundo, indicando quais regiões com megadiversidade estão mais vulneráveis a problemas ambientais.

ATIVIDADES INTEGRADAS

Analisar e verificar

1. Leia o texto a seguir. Depois, formule hipóteses para explicar por que os dois grupos de personagens citados raramente conseguem "chegar a bom termo" sobre as questões ambientais.

> [...] Pensar os problemas ambientais globalmente exige conhecimento científico e perspicácia política. Uma das grandes dificuldades encontradas em reuniões internacionais é a de que muitos dos representantes dos países participantes ficam divididos entre estes dois grupos de personagens – os cientistas e os tomadores de decisões – e raramente conseguem chegar a bom termo, mesmo quando representam o mesmo país. [...]
>
> Wagner Costa Ribeiro. *A ordem ambiental internacional*. São Paulo: Contexto, 2001. p. 114.

2. Analise o mapa e o gráfico a seguir e responda às questões.

Mundo: Radiação solar

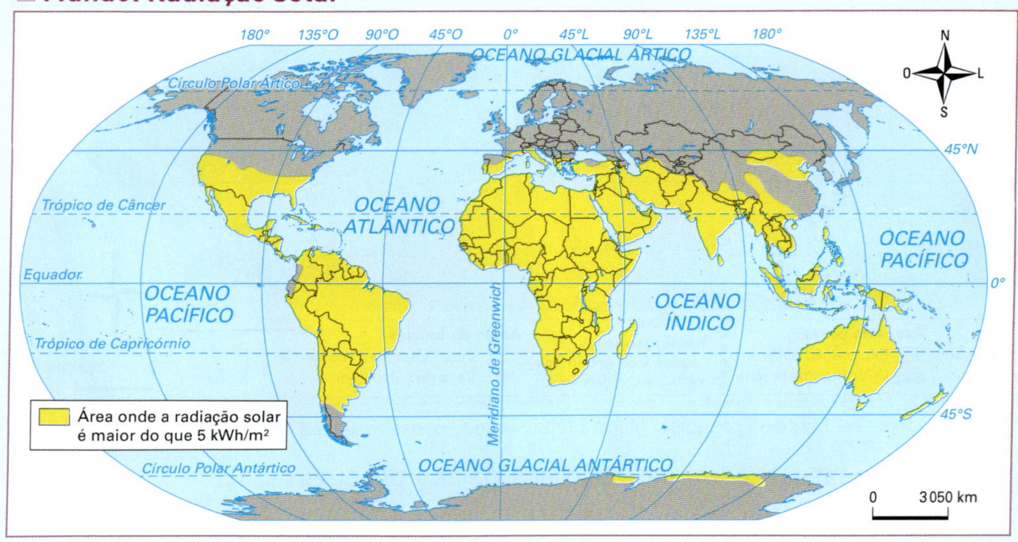

Fonte de pesquisa: Graça M. L. Ferreira. *Atlas geográfico: espaço mundial*. São Paulo: Moderna, 2013. p. 49.

Países selecionados: Capacidade instalada de geração de energia solar (2010-2020)

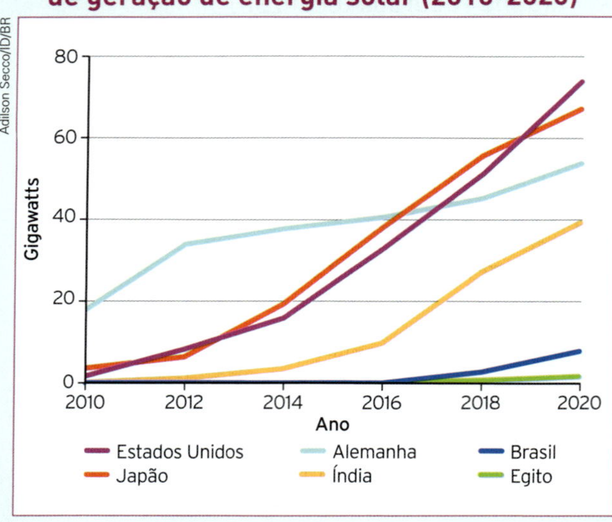

Fonte de pesquisa: BP. *Statistical Review of World Energy*, 2021. Disponível em: https://www.bp.com/content/dam/bp/business-sites/en/global/corporate/pdfs/energy-economics/statistical-review/bp-stats-review-2021-full-report.pdf. Acesso em: 28 fev. 2023.

a) Entre os países apresentados no gráfico, quais eram os três com maior capacidade instalada para geração de energia solar em 2020? Eles estão entre os países que se destacam pela maior incidência de radiação solar?

b) Analise a relação entre a radiação solar recebida pelo Brasil e a capacidade instalada de geração de energia solar no país.

c) Com base no mapa, o que é possível afirmar sobre o potencial de exploração da energia solar no mundo?

3. Leia o texto a seguir e faça o que se pede.

> [...] Em Pediatorkope, uma ilha no sudeste de Gana, crianças produzem energia para as suas escolas e comunidade, enquanto brincam na hora do recreio.
>
> [...]
>
> Em Pediatorkope, há um balanço e um carrossel onde mais de 400 crianças podem brincar e gerar energia. [...]
>
> Para cada 30, 40 minutos de brincadeira, a criança pode gerar cerca de 700 watts de potência, o que faz com que um gerador de moinho de vento produza eletricidade [...].
>
> Natalia da Luz. Energia para o futuro em Gana: crianças geram eletricidade enquanto brincam. *Por dentro da África*, 27 jun. 2015. Disponível em: https://www.pordentrodaafrica.com/ciencia/energia-para-o-futuro-em-gana-criancas-geram-eletricidade-enquanto-brincam. Acesso em: 8 fev. 2023.

a) De acordo com o texto, como é gerada a energia elétrica em algumas escolas de Gana?

b) Busque informações sobre outras formas criativas e alternativas de gerar energia que não poluam ou que gerem pouca poluição.

Criar

4. Observe o mapa *Mundo: Ameaças do aquecimento global*. Com base no que você estudou, elabore um texto explicando por que há maior ocorrência de locais críticos próximos à região do Ártico.

Mundo: Ameaças do aquecimento global

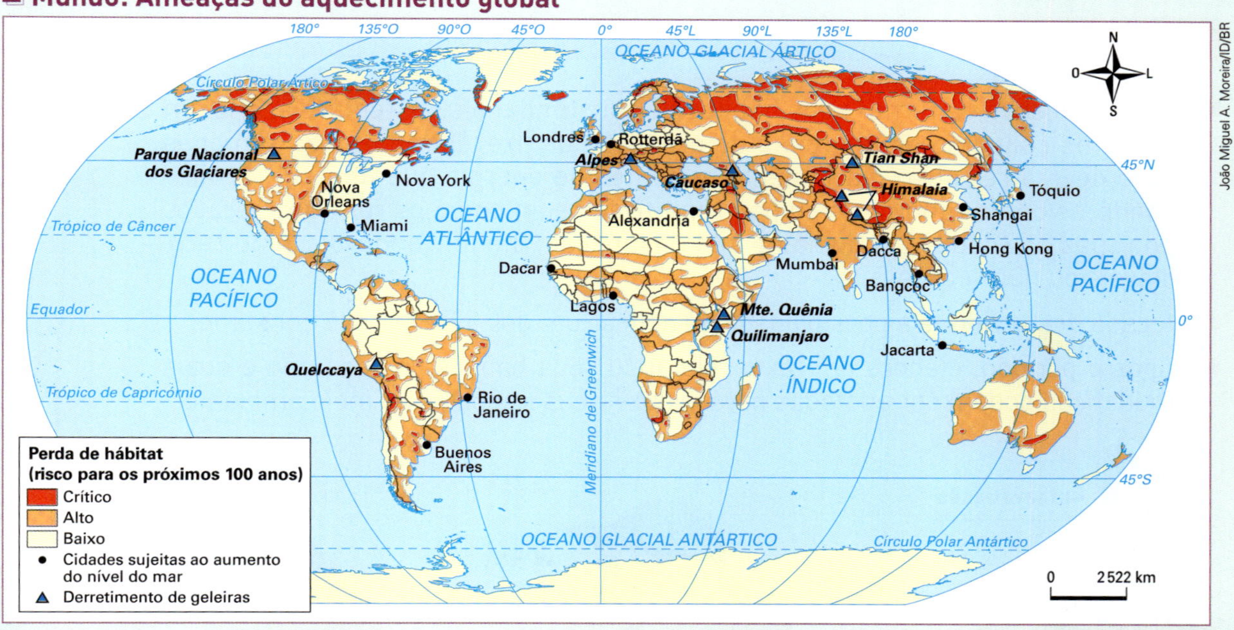

Fonte de pesquisa: *Student atlas of the world*: third edition. Washington: National Geographic, 2009. p. 29.

5. A biomassa é uma fonte de energia renovável, que pode ser utilizada para a geração de energia elétrica ou para a produção de biocombustíveis. Apesar disso, recebe críticas de ambientalistas. Informe-se a respeito das vantagens e das desvantagens da biomassa. Depois, compare as informações levantadas e escreva um texto expondo seu ponto de vista.

6. Você sabe quais são os recursos naturais do município onde vive? Há atividades extrativistas relacionadas a eles? Para responder a essas questões, com a orientação do professor, vocês realizarão um trabalho de campo no município da escola. Durante o trabalho, façam registros visuais (fotos e desenhos), descrições da paisagem e outras observações pertinentes. Com base nesses registros, elaborem um relatório de campo e um cartaz para expor os dados mais relevantes e as imagens registradas.

CIDADANIA GLOBAL

UNIDADE 2

12 CONSUMO E PRODUÇÃO RESPONSÁVEIS

Retomando o tema

A demanda por energia tende a continuar crescendo nos próximos anos, tanto pelas atividades produtivas e cotidianas (uso de eletroeletrônicos, transporte, etc.) quanto pela tendência de crescimento populacional, sobretudo em cidades. Os padrões atuais de consumo não são considerados sustentáveis; por essa razão, governos, empresas e cidadãos devem se esforçar para rever hábitos e desenvolver formas de consumo e de produção responsáveis.

1. Por que é importante ampliar o uso de fontes de energia limpas e renováveis?
2. Em sua opinião, é possível viver sem gerar lixo?
3. Quais iniciativas devem ser adotadas pelos governos para garantir o suprimento de energia e, simultaneamente, reduzir a emissão de gases de efeito estufa?
4. Em seu dia a dia, você utiliza mais energia proveniente de recursos renováveis ou de não renováveis? Com base nessa resposta, você considera que seus hábitos são sustentáveis do ponto de vista ambiental?

Geração da mudança

- Com o objetivo de tornar seus hábitos de consumo mais sustentáveis, crie um diário de consumo de energia e de produção de lixo. Durante duas semanas você deverá registrar diariamente as fontes de energia que utilizou, identificando-as como renováveis ou não renováveis, bem como os resíduos gerados por suas atividades cotidianas e sua destinação, identificando-os como recicláveis ou não recicláveis.
- A cada dia, verifique a possibilidade de aplicar um dos 5 Rs em seu consumo.
- Após o período, elabore um texto relatando seus hábitos de consumo e quais mudanças podem ser adotadas para reduzir seus impactos ao meio ambiente.

Autoavaliação

Yasmin Ayumi/ID/BR

UNIDADE 3

EUROPA: ASPECTOS GERAIS

PRIMEIRAS IDEIAS

1. Quais paisagens do continente europeu você conhece?
2. Você sabe o que é a União Europeia e quais problemas ela vem enfrentando?
3. Em vários países europeus, há um grande número de imigrantes. O que leva tantas pessoas a migrar para a Europa?
4. O que você sabe das condições de vida nas cidades europeias?

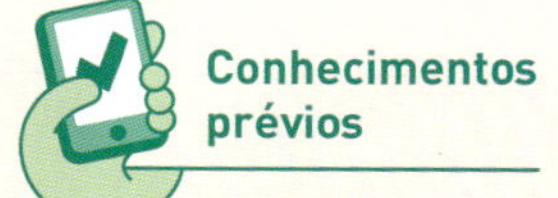

Conhecimentos prévios

Nesta unidade, eu vou...

CAPÍTULO 1 Europa: características naturais

- Conhecer aspectos físicos do continente europeu.
- Relacionar as características físicas da Europa ao processo de ocupação do continente.
- Conhecer e analisar parcerias voltadas à preservação florestal.
- Apreender a relação entre as condições naturais do continente europeu e seu aproveitamento econômico.
- Conhecer aspectos do uso da rede hídrica europeia.

CAPÍTULO 2 Europa contemporânea

- Compreender a formação territorial europeia com base em uma análise geopolítica.
- Analisar a organização da União Europeia e da Zona do Euro e os atuais problemas enfrentados por esse bloco.
- Examinar parcerias científicas entre países de níveis de desenvolvimento distintos, no contexto da pandemia de covid-19, para a criação de vacinas contra a doença.

CAPÍTULO 3 Europa: população e urbanização

- Entender os principais aspectos da dinâmica demográfica, da urbanização e dos processos migratórios na Europa.
- Analisar aspectos relacionados a movimentos separatistas na Europa.
- Compreender as inter-relações entre industrialização e urbanização da Europa.
- Identificar relações de parceria e cooperação entre cidades visando ao desenvolvimento urbano.
- Verificar a configuração espacial urbana com base em plantas.

CIDADANIA GLOBAL

- Conhecer parcerias entre diversos agentes que contribuíram e/ou contribuem para a implementação de práticas sustentáveis.
- Apresentar propostas de cooperação para melhorar a qualidade de vida da população no meu lugar de vivência.

INVESTIGAR

- Analisar, por meio de uma pesquisa bibliográfica, movimentos separatistas europeus.

Chris J Ratcliffe/Getty Images/AFP

LEITURA DA IMAGEM

1. Quais elementos retratados na imagem chamam a sua atenção?
2. O que as pessoas da imagem estão fazendo?
3. SABER SER Converse com os colegas sobre os sentimentos que a imagem desperta em vocês.

CIDADANIA GLOBAL

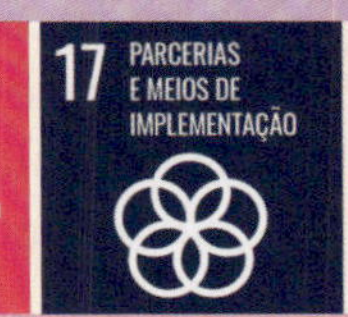

Durante sua trajetória de estudos, você e sua turma já tiveram oportunidade de conhecer tratados e acordos envolvendo Estados e organizações, realizados com o intuito de resolver problemas que afetam a população mundial e de promover o desenvolvimento sustentável.

Suponha que vocês tenham notado a necessidade de organizar ações para combater ou prevenir determinados impactos ambientais e/ou melhorar a qualidade de vida da população da localidade onde vivem.

1. Conhecer as atividades e estabelecer parcerias com outros grupos de jovens que tenham o mesmo objetivo de vocês poderia aumentar as chances de êxito de ações organizadas pela turma? Por quê?
2. Nas últimas décadas, muitas parcerias e acordos de cooperação foram firmados entre governos, instituições, grupos de cidadãos e o setor privado para promover a sustentabilidade socioeconômica e ambiental. Para você, essas práticas são importantes? Por quê?

Nesta unidade, você e os colegas vão conhecer e apresentar exemplos de iniciativas de integração socioeconômica e parcerias para o desenvolvimento sustentável.

Você conhece alguma **parceria entre países e entidades multissetoriais** com foco no desenvolvimento sustentável?

Manifestantes reivindicando que governos e empresas se comprometam com soluções em relação às mudanças climáticas. Londres, Reino Unido. Foto de 2021.

CAPÍTULO

1 EUROPA: CARACTERÍSTICAS NATURAIS

PARA COMEÇAR

De que modo as características naturais do continente europeu, como a presença de rios navegáveis e de extensas áreas com relevo plano, favoreceram seu povoamento? Quais atividades humanas transformaram florestas, pradarias e outras formações vegetais originais da Europa?

CONTINENTE EUROPEU

A Europa faz parte de uma extensa faixa contínua de terra que compõe um grande bloco continental com a Ásia: a Eurásia. Os continentes europeu e asiático, no entanto, são considerados distintos por motivos histórico-culturais. Até hoje, a delimitação entre eles é imprecisa, alterando-se conforme o critério utilizado: ou o limite natural ou a proximidade cultural.

Os montes Urais, o rio Ural, o mar Cáspio, as montanhas do Cáucaso e o mar Negro são considerados os limites naturais da Europa e da Ásia. Desse modo, Turquia e Rússia apresentam territórios tanto na Europa quanto na Ásia e, por isso, são considerados países transcontinentais.

Países como Armênia, Azerbaijão, Chipre e Geórgia podem pertencer tanto à Ásia como à Europa, conforme o critério adotado. Pela delimitação física, não são considerados parte da Europa, mas, se for usado o critério de proximidade cultural, eles podem ser classificados como países europeus.

O continente europeu é banhado principalmente pelo oceano Atlântico a oeste e pelo mar Mediterrâneo ao sul. Seu litoral recortado é formado por muitas penínsulas e ilhas e por muitos cabos e estreitos, além de vários mares, golfos e canais.

▼ **Cadeia montanhosa de formação antiga, os montes Urais têm cerca de 2 500 km de extensão e são tradicionalmente considerados o limite natural entre a Europa e a Ásia, dividindo também o território da Rússia em duas partes: europeia e asiática. Vista para os montes Urais, Rússia. Foto de 2022.**

Elena Belykh/iStock/Getty Images

RELEVO

Entre as formas de relevo do continente europeu estão os **baixos planaltos**, as **planícies** e as **cadeias montanhosas**. A estrutura geológica é formada tanto por dobramentos modernos (formações rochosas recentes) quanto por maciços antigos (os primeiros blocos rochosos formados na Terra).

Ao longo da história, as planícies europeias – que apresentam altitudes médias inferiores a 200 metros – foram intensamente ocupadas, sobretudo aquelas localizadas nas áreas próximas a rios. As áreas planas, com solos de grande fertilidade natural, eram favoráveis à prática da agricultura, e as cidades cresceram no entorno delas.

Atualmente, as planícies são ocupadas pela agricultura mecanizada, o que ocorre em toda a faixa central plana do continente, desde a Espanha e a França até a Rússia e a Ucrânia.

As cadeias montanhosas concentram-se ao sul da Europa. As principais são os Alpes, os Pireneus, os Cárpatos, os Apeninos e o Cáucaso, formadas por dobramentos modernos.

No norte do continente, encontram-se os Alpes escandinavos, localizados na Noruega e na Suécia, e os montes Urais, localizados na Rússia. Ambos são constituídos de maciços antigos. Observe o mapa a seguir.

Aleksander Murzyak/Anadolu Agency/AFP

▲ **Colheita mecanizada de trigo em área de planície na região de Oremburgo, Rússia. Foto de 2022.**

Europa: Físico

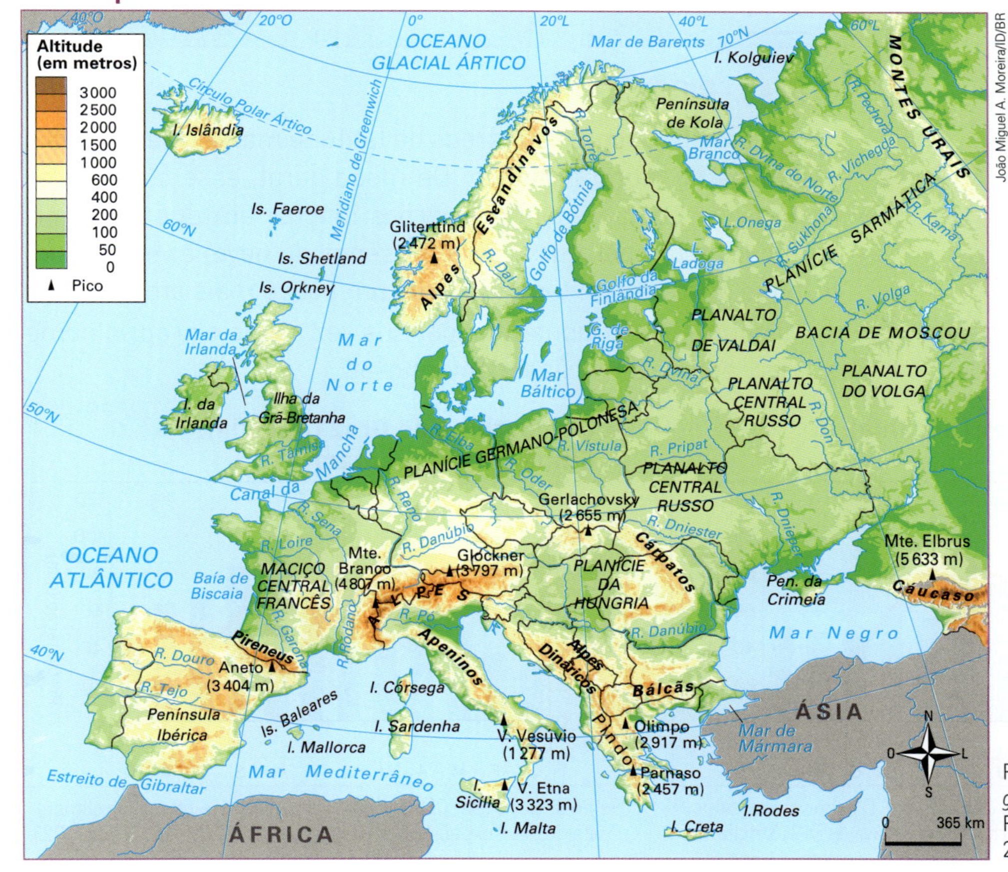

João Miguel A. Moreira/ID/BR

Fonte de pesquisa: *Atlas geográfico escolar*. 8. ed. Rio de Janeiro: IBGE, 2018. p. 42.

CLIMAS

No continente europeu, as características do clima são muito marcantes. A localização de grande parte de seu território em zona temperada e a influência das **correntes marítimas**, além das características do **relevo** – muito plano nas áreas centrais e montanhoso ao norte e ao sul –, são os principais fatores que influenciam o clima do continente europeu.

Europa: Clima

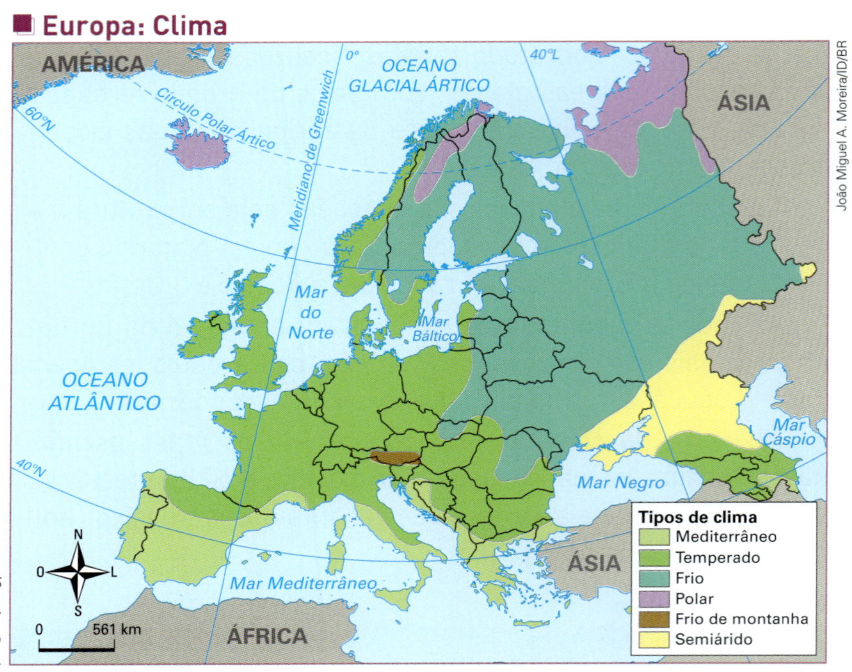

Fonte de pesquisa: *Atlas geográfico escolar*. 8. ed. Rio de Janeiro: IBGE, 2018. p. 58.

CLIMAS FRIOS

O clima frio ocorre em áreas de latitude mais elevada e mais afastadas do litoral atlântico. De modo geral, esse clima é caracterizado por apresentar invernos longos, em que predominam baixas temperaturas e há presença de neve, e verões curtos, que apresentam temperaturas um pouco mais amenas.

O clima frio de montanha, por sua vez, como o próprio nome sugere, ocorre em áreas montanhosas.

Climograma de Kiev (Ucrânia): Clima frio

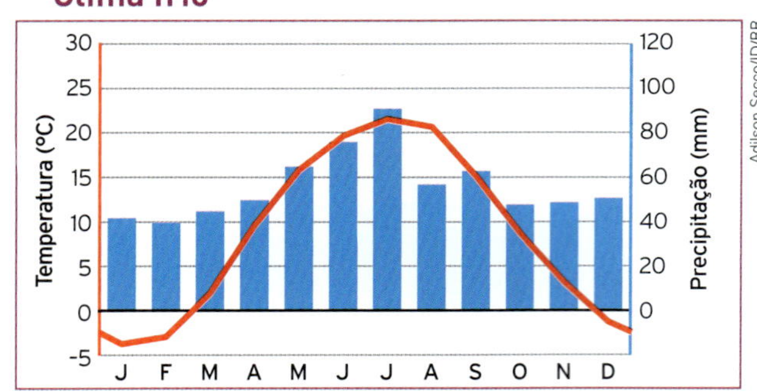

Fonte de pesquisa: *Climate data*. Disponível em: https://en.climate-data.org/europe/ukraine/kyiv/kyiv-218/#climate-graph. Acesso em: 11 abr. 2023.

Climograma de Graz (Áustria): Clima frio de montanha

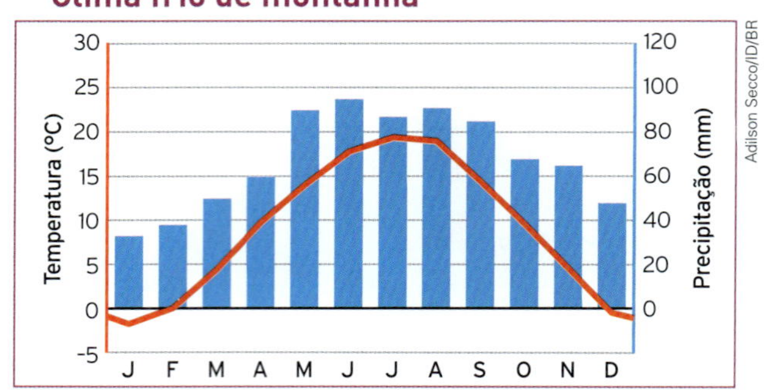

Fonte de pesquisa: *Climate data*. Disponível em: https://en.climate-data.org/europe/austria/styria/graz-83/. Acesso em: 11 abr. 2023.

CLIMA TEMPERADO

No clima temperado, as **estações do ano** são **bem definidas**. De modo geral, o verão é quente e úmido; no outono, as folhas das árvores caducifólias, que perdem a folhagem, ficam amareladas, depois avermelhadas e, por fim, caem. No inverno, há precipitação de neve e, na primavera, as árvores florescem.

As áreas com esse clima que estão distantes do oceano são menos influenciadas pelas massas de ar oceânicas. Assim, nesses locais, os invernos são mais longos e frios e menos úmidos; por isso, são maiores as diferenças entre as temperaturas no verão e no inverno, favorecendo o cultivo de cereais.

As áreas de clima temperado próximas ao oceano são influenciadas pelas águas aquecidas da corrente do golfo do México. Com invernos pouco rigorosos e verões amenos, a umidade é elevada em boa parte do ano.

CLIMA MEDITERRÂNEO

Na porção sul do continente europeu, ocorre o clima mediterrâneo, que se caracteriza por apresentar verões quentes e secos e invernos amenos e chuvosos.

O verão é influenciado por massas de ar quente e seco vindas do deserto do Saara, na África. No inverno, há maior influência da maritimidade proporcionada pelo mar Mediterrâneo, tornando o ar mais úmido e as temperaturas mais amenas.

CLIMA SEMIÁRIDO

Caracterizado pela baixa precipitação ao longo do ano, esse clima apresenta verões quentes e invernos frios na Europa. É predominante, por exemplo, na região sudoeste da Rússia.

CLIMA POLAR

Esse clima está presente em **regiões de altas latitudes**, como a Islândia e o norte da península escandinava e da Rússia, e se caracteriza por apresentar temperaturas muito baixas praticamente o ano inteiro. De modo geral, no clima polar, os verões são curtos e os invernos se prolongam pela maior parte do ano, com baixas temperaturas e ocorrência de neve.

Climograma de Varsóvia (Polônia): Clima temperado

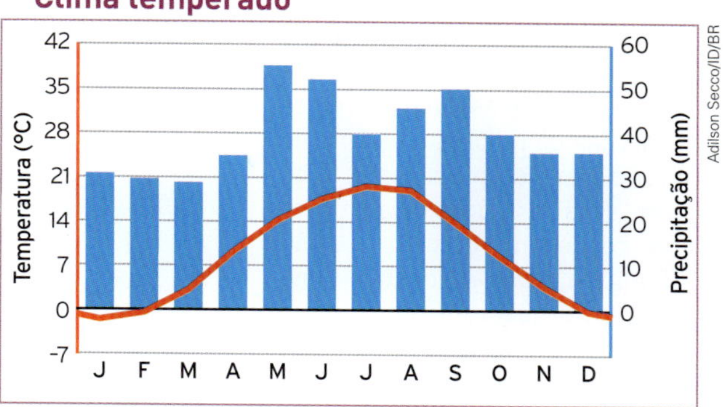

Fonte de pesquisa: *Instytut Meteorologii i Gospodarki Wodnej*. Disponível em: https://klimat.imgw.pl/pl/climate-normals/TSR_AVE. Acesso em: 11 abr. 2023.

Climograma de Atenas (Grécia): Clima mediterrâneo

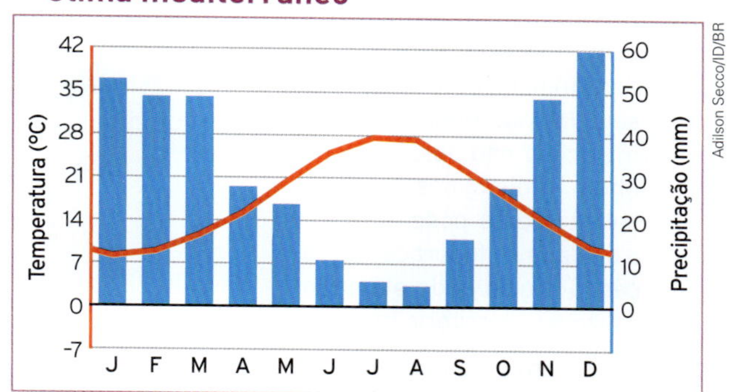

Fonte de pesquisa: *Climate data*. Disponível em: https://pt.climate-data.org/europa/grecia/atenas/atenas-7/#climate-table. Acesso em: 11 abr. 2023.

Climograma de Reykjavik (Islândia): Clima polar

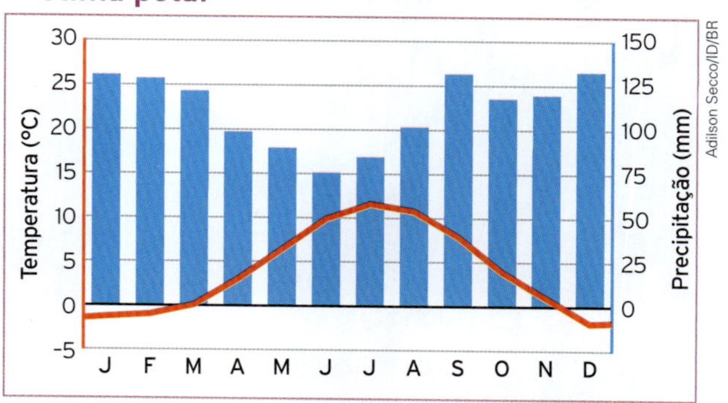

Fonte de pesquisa: *Climate data*. Disponível em: https://en.climate-data.org/europe/iceland/reykjavik/reykjavik-764736/. Acesso em: 11 abr. 2023.

CIDADANIA GLOBAL

PARCERIAS FLORESTAIS E COMBATE AO DESMATAMENTO

Países da Europa, em parceria, têm implementado diferentes políticas de reflorestamento e de combate ao desmatamento, tanto em seus territórios quanto fora do continente europeu. A União Europeia, bloco a ser estudado no capítulo seguinte, oferece suporte técnico e fundos econômicos a países parceiros da América Latina e da África, por exemplo.

Para conhecer possíveis parcerias que visem ao manejo florestal sustentável no local onde você vive, reúna-se com seu grupo e busquem as informações a seguir.

1. No município onde vocês vivem, há parcerias ou organizações cooperativas que buscam reflorestar ou preservar determinada área, impedindo seu desmatamento? Caso o município não apresente nenhum projeto desse tipo, o levantamento pode abranger a unidade da federação de vocês, a região onde ela se localiza ou o território nacional.
2. Escolham uma parceria voltada para a área ambiental e busquem: os objetivos, os agentes envolvidos e que meios e estratégias são utilizados para colocar o projeto em prática.

FORMAÇÕES VEGETAIS

As principais formações vegetais encontradas no continente europeu são as florestas temperadas, as pradarias e as estepes temperadas, as florestas mediterrâneas, a taiga e a tundra. Observe o mapa a seguir.

Europa: Vegetação nativa

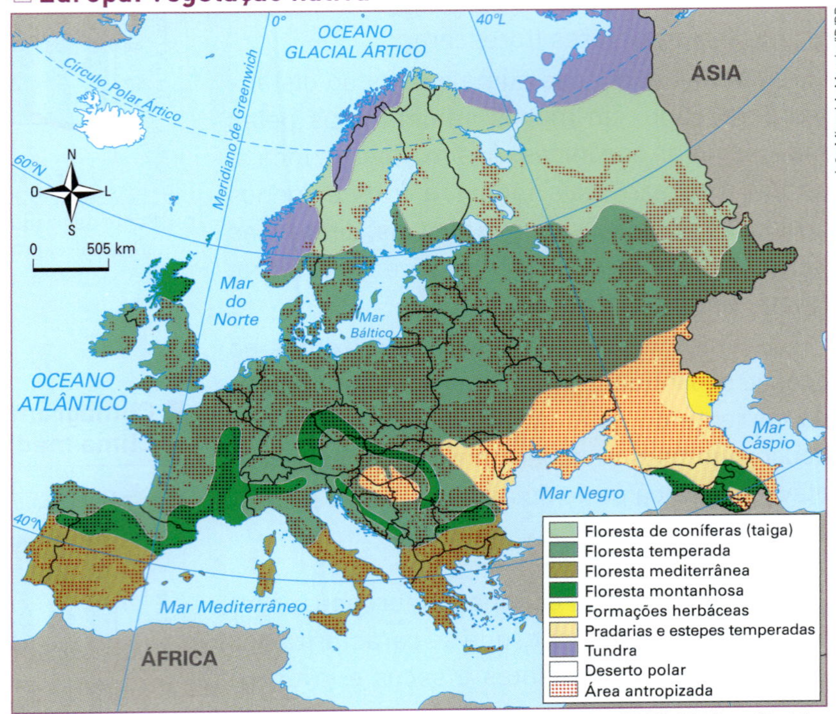

Fontes de pesquisa: *Atlas geográfico escolar*. 8. ed. Rio de Janeiro: IBGE, 2018. p. 61; *Atlas geográfico escolar*: Ensino Fundamental do 6º ao 9º ano. Rio de Janeiro: IBGE, 2015. p. 106; *Atlante geografico De Agostini*. Novara: Istituto Geografico De Agostini, 2018. p. 136.

FLORESTA TEMPERADA

As florestas temperadas são típicas do **clima temperado**. As espécies de árvores mais comuns são as caducifólias, como castanheiras e carvalhos, e as perenifólias – que mantêm as folhas o ano todo –, como os pinheiros.

Ao longo da história, essas florestas sofreram intensa devastação para a formação de campos agrícolas e de pastagens, bem como para a instalação de núcleos urbanos.

Atualmente, há poucas áreas remanescentes desse tipo de vegetação, que estão protegidas em reservas ambientais.

Alpineguide/Alamy/Fotoarena

Floresta temperada na Itália. Foto de 2021.

FLORESTA MEDITERRÂNEA

A floresta mediterrânea, típica do **clima mediterrâneo**, em que os verões são quentes e secos, caracteriza-se por áreas de formação arbustiva esparsa e plantas de baixo porte. As plantas são resistentes à aridez durante o verão. Grande parte dessa vegetação foi desmatada para dar lugar à ocupação humana.

Perry van Munster/Alamy/Fotoarena

▲ Vegetação mediterrânea na Espanha. Foto de 2021.

TAIGA OU FLORESTA DE CONÍFERAS

A taiga, ou floresta de coníferas, ocorre ao sul da região polar, onde predominam **baixas temperaturas**. No entanto, no verão, as temperaturas são amenas, perpetuando o verde da taiga. A vegetação natural foi amplamente devastada e, atualmente, a taiga é bastante explorada pela indústria madeireira e de papel e celulose, que utiliza o sistema de reflorestamento.

Alamy/Fotoarena

▲ Taiga na Finlândia. Foto de 2022.

PRADARIAS E ESTEPES TEMPERADAS

As pradarias e as estepes temperadas são típicas do **clima temperado**. As áreas mais úmidas favorecem a formação dos férteis campos das pradarias. As estepes temperadas são vegetações arbustivas e herbáceas de locais com clima mais seco e elevada amplitude térmica, característico do clima temperado do interior do continente. Devido ao curto ciclo de vida das espécies vegetais, há acúmulo de material orgânico no solo, tornando-o fértil.

Beatriz Micsik/ID/BR

▲ Estepe na Hungria. Foto de 2021.

TUNDRA

A tundra é um tipo de vegetação encontrada nas regiões de altas latitudes, de **clima polar** e solo coberto por uma camada de gelo, denominada ***permafrost***, durante mais da metade do ano. É formada por poucos arbustos baixos e por vegetação herbácea, composta de gramíneas, liquens e juncos, que surgem durante o verão, quando ocorre o degelo parcial. A tundra é fundamental para a fauna herbívora, como lebres e renas.

Arterra Picture Library/Alamy/Fotoarena

▲ Tundra na Noruega. Foto de 2021.

OUTRAS FORMAÇÕES VEGETAIS

Além dessas formações na Europa, há as **florestas montanhosas**, formadas por densas aglomerações de coníferas, e as áreas de **deserto polar**, com presença de solos rochosos e de rochas expostas, com pouca água e matéria orgânica, localizadas predominantemente em ilhas no oceano Ártico, como a Islândia.

Entre os atuais desafios ambientais enfrentados pelos países europeus, que afetam suas dinâmicas climáticas e hidrológicas, estão a preservação da biodiversidade (tendo em vista o intenso desmatamento e a fauna ameaçada de extinção), a perda e a contaminação de solo (em decorrência de práticas agrícolas inadequadas) e a redução da disponibilidade da captação de água.

O que você sabe a respeito dos **incêndios florestais** que vêm ocorrendo nos países europeus nos últimos anos?

GRANDES RIOS

Você sabia que o **rio Reno** já foi um dos rios mais poluídos da Europa?

O relevo e o clima europeus favorecem a existência de muitos **rios caudalosos** e **navegáveis**. Embora a maioria desses rios não seja muito extensa, esse recurso constitui um fator geográfico fundamental para o abastecimento e o desenvolvimento econômico dos países do continente.

Desde a Antiguidade, grandes cidades do continente europeu se desenvolveram às margens de rios, que, além de proporcionarem a fertilidade das terras, serviram para a comunicação entre mares e oceanos.

Ao longo do tempo, como forma de melhorar o aproveitamento econômico dos rios, foram feitas diversas obras de interligação entre eles, ampliando, assim, os trechos navegáveis e as possibilidades de integração econômica entre os países.

Muitos rios servem de fronteira natural entre os países e integram territórios, permitindo a navegação e o escoamento de mercadorias para diversas regiões da Europa. É o caso do rio **Danúbio**, que nasce na floresta Negra, no sul da Alemanha, e deságua no mar Negro, na Romênia. Ele corta praticamente todo o continente europeu no sentido oeste-leste, em sua porção mais meridional, passando por importantes cidades, entre as quais estão quatro capitais: Viena (Áustria), Bratislava (Eslováquia), Budapeste (Hungria) e Belgrado (Sérvia). Esse rio é essencial para a economia do continente e é bastante utilizado para o transporte e a irrigação.

Outro importante rio europeu é o **Reno**, que nasce nos Alpes suíços e deságua no mar do Norte. Em seu curso, delimita parte da fronteira da França com a Alemanha. Pela localização privilegiada e por ser navegável em toda a sua extensão, o rio Reno é a principal ligação fluvial entre o centro da Europa e o porto de Rotterdã (Países Baixos), o mais importante do continente, além de atravessar importantes regiões industriais alemãs e neerlandesas. É também muito utilizado para o turismo.

neerlandês: relativo aos Países Baixos.

Inna G/Shutterstock.com/ID/BR

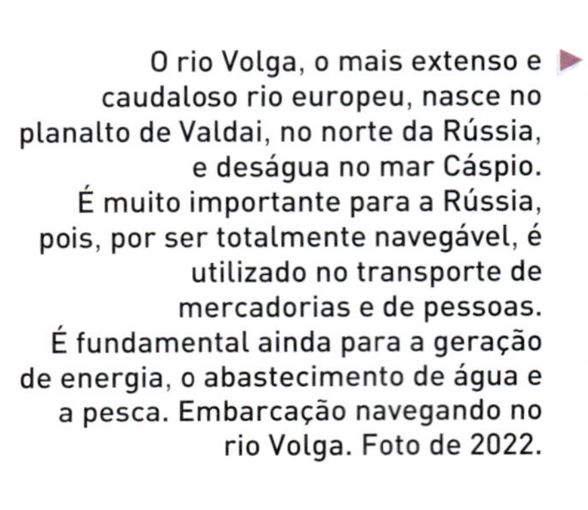
O rio Volga, o mais extenso e caudaloso rio europeu, nasce no planalto de Valdai, no norte da Rússia, e deságua no mar Cáspio. É muito importante para a Rússia, pois, por ser totalmente navegável, é utilizado no transporte de mercadorias e de pessoas. É fundamental ainda para a geração de energia, o abastecimento de água e a pesca. Embarcação navegando no rio Volga. Foto de 2022.

ATIVIDADES

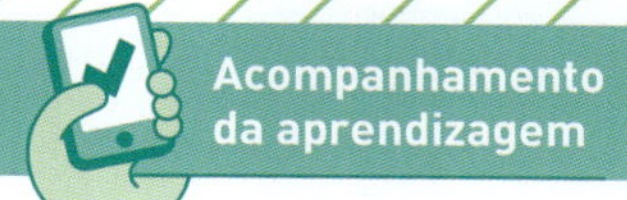

Retomar e compreender

1. Sobre os limites do continente europeu, responda às questões.

a) Embora façam parte de um mesmo bloco continental, a Ásia e a Europa são considerados dois continentes distintos. Qual é o motivo dessa diferenciação?

b) Quais são os limites naturais entre a Europa e a Ásia?

2. Quais são as principais formas de relevo europeu? De que modo elas influenciaram a ocupação humana da Europa?

3. Quais são as características gerais e os principais usos econômicos dos rios europeus?

4. Observe a foto a seguir e responda às questões.

Christoph Lischetzki/Alamy/Fotoarena

Foto de vegetação na Suécia, 2021.

a) Identifique o tipo de formação vegetal mostrado na foto.

b) Essa vegetação está associada a temperaturas altas ou baixas?

c) Qual é a situação dessa vegetação atualmente?

Aplicar

5. Observe o mapa a seguir para responder às questões.

Europa: Agropecuária (2018)

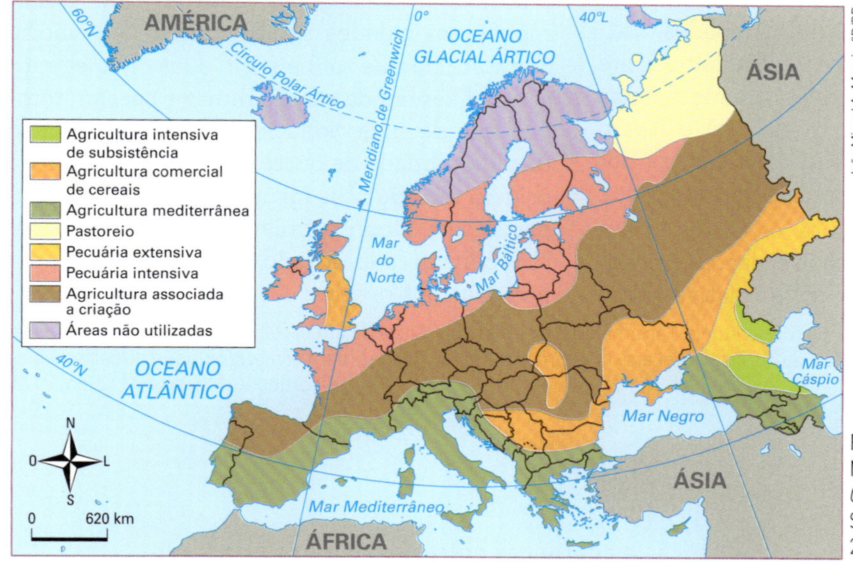

João Miguel A. Moreira/ID/BR

Fonte de pesquisa: Maria Elena Simielli. *Geoatlas*. 35. ed. São Paulo: Ática, 2019. p. 30.

a) Em que parte do continente europeu há o predomínio da agricultura mediterrânea?

b) Quais tipos de clima, que ocorrem na Europa, favorecem o cultivo de cereais?

c) Compare esse mapa com o mapa *Europa: Vegetação nativa* e responda: Que atividades são praticadas nas áreas menos antropizadas da Europa?

CONTEXTO

DIVERSIDADE

Sami, um povo tradicional da Europa

Nas paisagens no norte da Europa predominam as baixas temperaturas, típicas dos climas frio e polar, as florestas de coníferas e a tundra. Na região da Lapônia, localizada no norte da península Escandinava, vivem os Sami, povo originário cujo modo de vida está intimamente ligado ao inverno rigoroso e ao pastoreio de renas. Saiba mais desse povo no texto a seguir.

Os Samis (pejorativamente chamados de Lapões, termo atualmente abolido em toda Noruega) são um grupo étnico nativo da região da Escandinávia.

Com diferentes grupos linguísticos, há muitos séculos ocupam regiões setentrionais da Noruega, Suécia, Finlândia e Rússia e contam, hoje em dia, com cerca de 70 000 pessoas – quase a metade delas no norte da Noruega. Ainda não há estudos definitivos mas alguns indícios demonstram que teriam convivido em relativa harmonia com os *Vikings* [...].

Inicialmente nômades, viviam da pesca, caça, coleta, e eram tradicionais criadores de renas – delas tiravam alimento, roupas, sapatos, utensílios domésticos. Viviam em tendas e se locomoviam em seus trenós puxados pelas renas.

Como se pode imaginar, por muito tempo os Sami foram perseguidos e discriminados. Vítimas de racismo e extrema violência cultural até meados do século passado, tiveram seus idiomas e manifestações culturais [proibidos] e foram obrigados a assimilar, pela força, a cultura norueguesa, integrando-se à sociedade dominante.

Após muito tempo de luta, os Samis foram aos poucos conquistando seus espaços e garantindo direitos. Hoje é um povo relativamente protegido pelo governo norueguês. Têm suas próprias escolas, onde aprendem seu idioma, sua cultura, seu artesanato. Além dos vários representantes desse grupo étnico integrados à sociedade norueguesa, muitos vivem atualmente em cidades setentrionais, de maioria Sami. Ainda que tenham em suas cidades moradias fixas, ainda viajam muito e passam tempos fora de suas cidades, recriando um pouco da vida nômade de outrora. O idioma Sami, de origem fino-úgricas (grupo linguístico ao qual pertencem ainda o finlandês e o húngaro), é hoje considerado, ao lado do norueguês, idioma nacional da Noruega.

Hemis/Alamy/Fotoarena

▲ Vestida com roupas tradicionais, mulher Sami pastoreia grupo de renas na Suécia. Foto de 2022.

Cristina Saraiva; Hedda Smedheim Bjerklund. Parlamento Sami – A experiência de um parlamento indígena na Noruega. Congresso em foco. *Uol*, 11 dez. 2021. Disponível em: https://congressoemfoco.uol.com.br/area/mundo-cat/parlamento-sami-na-noruega/. Acesso em: 12 jan. 2023.

Para refletir

1. Com base no texto, aponte semelhanças e diferenças entre os modos de vida tradicional e atual do povo Sami.
2. A perseguição e a discriminação sofridas pelo povo Sami ocasionaram transformações em sua cultura. Explique como isso ocorreu e de que forma os Sami garantiram seus direitos.

CAPÍTULO

2 EUROPA CONTEMPORÂNEA

PARA COMEÇAR

A configuração dos territórios dos países europeus permaneceu a mesma ao longo dos séculos? O que você sabe da União Europeia?

FORMAÇÃO TERRITORIAL

A Europa é formada por muitos povos e culturas diferentes. Ao longo da história, as grandes ondas de migração, as conquistas territoriais e a fusão dessas culturas foram fundamentais para a formação da ampla **diversidade cultural europeia**.

A primeira grande unidade política na Europa se deu com o Império Romano, que teve sua maior extensão no século II, ocupando não apenas regiões europeias, mas também o norte da África e parte do Oriente Médio.

Durante a Idade Média, povos **asiáticos**, como os mongóis, invadiram a Europa. A partir do século VIII, os **muçulmanos** conquistaram a península Ibérica, trazendo parte da cultura árabe e do norte da África para o continente europeu. No século XV, foram os **turcos otomanos** que tomaram o Império Bizantino e conquistaram boa parte do sudeste europeu. Ao final desse século, o mapa do continente começou a ser redesenhado com o surgimento dos primeiros **Estados nacionais**, chefiados por monarcas absolutistas, a exemplo dos portugueses, espanhóis e franceses.

Europa antes da Primeira Guerra Mundial

O mapa mostra a configuração territorial da Europa antes de 1914. Alguns países foram muito alterados, como a Alemanha, enquanto outros deixaram de existir, como a Áustria-Hungria.

Fontes de pesquisa: Claudio Vicentino. *Atlas histórico*: geral e Brasil. São Paulo: Scipione, 2011. p. 139; José Jobson de A. Arruda. *Atlas histórico*. São Paulo: Ática, 2007. p. 27.

Nos séculos seguintes, o crescimento do nacionalismo e do colonialismo levou a disputas territoriais que acirraram as tensões internacionais e conduziram o continente a uma guerra no início do século XX: a **Primeira Guerra Mundial**.

A Primeira Guerra Mundial reconfigurou as fronteiras europeias: os impérios Russo, Alemão, Austro-Húngaro e Otomano, por exemplo, deixaram de existir. Muitos países se tornaram independentes e outros conquistaram territórios.

A **Revolução Russa**, que enfraqueceu o regime monárquico russo e conduziu os bolcheviques ao poder, originou a **União das Repúblicas Socialistas Soviéticas (URSS)** em 1922.

O expansionismo alemão (que gerou agressivas anexações territoriais de países vizinhos) e as rivalidades político-econômicas conduziram a Europa à **Segunda Guerra Mundial**, que redesenhou novamente o mapa político desse continente. Esse conflito é sucedido pela **Guerra Fria**, momento de polarização ideológica e econômica no mundo.

Europa após a Segunda Guerra Mundial

Fonte de pesquisa: José Jobson de A. Arruda. *Atlas histórico*. São Paulo: Ática, 2007. p. 32.

Após a Segunda Guerra Mundial, também ocorreu o processo de descolonização da África, da Ásia e do Caribe, colocando fim à dominação da Europa sobre o restante do mundo, além de provocar alterações territoriais ligadas à lógica de polarização do comunismo e do capitalismo, sob a liderança da URSS e dos Estados Unidos, respectivamente.

A Alemanha foi dividida entre as duas potências, originando a Alemanha Ocidental e a Alemanha Oriental. Além disso, a Polônia, a Hungria, a Tchecoslováquia, a Romênia, a Bulgária, a Iugoslávia e a Albânia se tornaram países comunistas, sob o domínio político e econômico da URSS.

Com o fim da Guerra Fria, nos anos 1990, a URSS se dividiu em 15 repúblicas. As repúblicas bálticas (Lituânia, Letônia e Estônia) foram as primeiras a retomar a soberania de seus antigos territórios. Além delas, Belarus, Ucrânia, Moldávia, Geórgia, Armênia e Azerbaijão tornaram-se independentes.

A Tchecoslováquia desmembrou-se em República Tcheca e República da Eslováquia. A Iugoslávia, de modo bastante tenso e conflituoso, fragmentou-se em seis países: Bósnia-Herzegovina, Croácia, Eslovênia, Macedônia do Norte, Montenegro e Sérvia. Kosovo declarou independência em 2008, mas ainda não obteve amplo reconhecimento internacional.

Na Europa Ocidental, após a queda do Muro de Berlim, em 1989, a Alemanha Ocidental e a Alemanha Oriental se reunificaram. Esse processo de reunificação gerou desafios para equilibrar o desenvolvimento socioeconômico e as condições de vida da população em cada porção do território alemão.

Quais foram as principais **transformações territoriais na Europa** nos séculos XX e XXI?

LESTE E OESTE EUROPEU

Em sua fase final, o Império Romano foi dividido em dois: Império Romano do Ocidente e Império Romano do Oriente (Império Bizantino). Essa divisão foi importante para que a formação social do **Leste** e do **Oeste** da Europa tivesse características bastante diferenciadas.

Após a Segunda Guerra Mundial, as diferenças entre o Leste e o Oeste Europeu se acentuaram ainda mais. Como você viu, os países do Leste Europeu passaram a fazer parte do **bloco socialista**, aliado à União Soviética, enquanto os países do Oeste Europeu integraram o **bloco capitalista**, liderado pelos Estados Unidos.

Com o fim da Guerra Fria, os países do Leste Europeu enfrentaram uma grave **crise econômica**, devido principalmente à transição de uma economia centralizada e controlada pelo Estado – que caracterizava os países socialistas – para uma economia de mercado. Além disso, passaram por um processo de **fragmentação política** e por mudanças de fronteiras. Ao longo dos anos 1990, foram marcantes o desemprego, as migrações e o aumento da pobreza nesses países. Por isso, eles apresentam economia mais frágil e menos desenvolvida, baseada, sobretudo, na agricultura e em uma indústria pouco avançada, tornando-os mais pobres que os países do Oeste Europeu. A Rússia é o único país do Leste Europeu que apresenta economia forte e ainda exerce grande influência sobre alguns países dessa região.

Europa: Político e divisão regional (2022)

Fontes de pesquisa: *Atlas geográfico escolar*. 8. ed. Rio de Janeiro: IBGE, 2018. p. 43; Jeremy Black (org.). *World history atlas*. London: Dorling Kindersley, 2005. p. 212; IBGE. Países. Disponível em: https://paises.ibge.gov.br/. Acesso em: 17 abr. 2023.

FORMAÇÃO DA UNIÃO EUROPEIA

Shutterstock.com/ID/BR

▲ As 12 estrelas na bandeira da União Europeia simbolizam os ideais de unidade, solidariedade e harmonia entre os povos da Europa. O lema do bloco – "Unida na diversidade" – refere-se às grandes diferenças históricas, culturais, linguísticas e econômicas entre os países que o compõem.

Muitos países da Europa estavam devastados após a Segunda Guerra Mundial. Faltava mão de obra e a economia estava praticamente paralisada no continente. Assim, o estabelecimento de acordos e a formação de blocos econômicos e políticos foram uma maneira de contornar os problemas decorrentes do pós-guerra.

Em 1951, a França, a Alemanha Ocidental e a Itália juntaram-se ao **Benelux**, união aduaneira entre Bélgica, Países Baixos e Luxemburgo que entrou em vigor em 1948, e formaram a **Comunidade Europeia do Carvão e do Aço (Ceca)**. Essa organização deu origem à **Comunidade Econômica Europeia (CEE)**, criada em 1957, com a assinatura do Tratado de Roma.

união aduaneira: associação de países com os objetivos de estipular a livre circulação de mercadorias entre os membros do grupo e adotar uma Tarifa Externa Comum (TEC), o que significa que todos os países da associação devem aplicar a mesma taxação a produtos importados de países que não compõem o grupo.

A possibilidade real da formação de um mercado único entre os países da Comunidade Econômica Europeia ocorreu nos anos 1990, com o fim do bloco socialista. Em 1992, foi assinado o **Tratado de Maastricht**, que deu início à **União Europeia**, tendo por base a livre circulação de pessoas, de serviços, de mercadorias e de capitais. Nesse momento, 12 países compunham o bloco.

Em 1995, três países se juntaram à União Europeia. Em 2004, mais dez países ingressaram no bloco e, em 2007, outros dois. A Croácia tornou-se membro em 2013. Em 2022, Albânia, Macedônia do Norte, Montenegro, Sérvia e Turquia eram candidatas a entrar nesse bloco econômico. Veja o mapa a seguir.

O Reino Unido, em 2017, deu início ao processo de saída do bloco, o que será tratado mais adiante.

PARA EXPLORAR

União Europeia

O *site* da União Europeia oferece, além de notícias e publicações, diversas informações de variados temas sobre o bloco econômico, como agricultura, indústria, meio ambiente, cultura e migrações. Disponível em: https://european-union.europa.eu/index_pt. Acesso em: 12 abr. 2023.

Europa: Formação da União Europeia

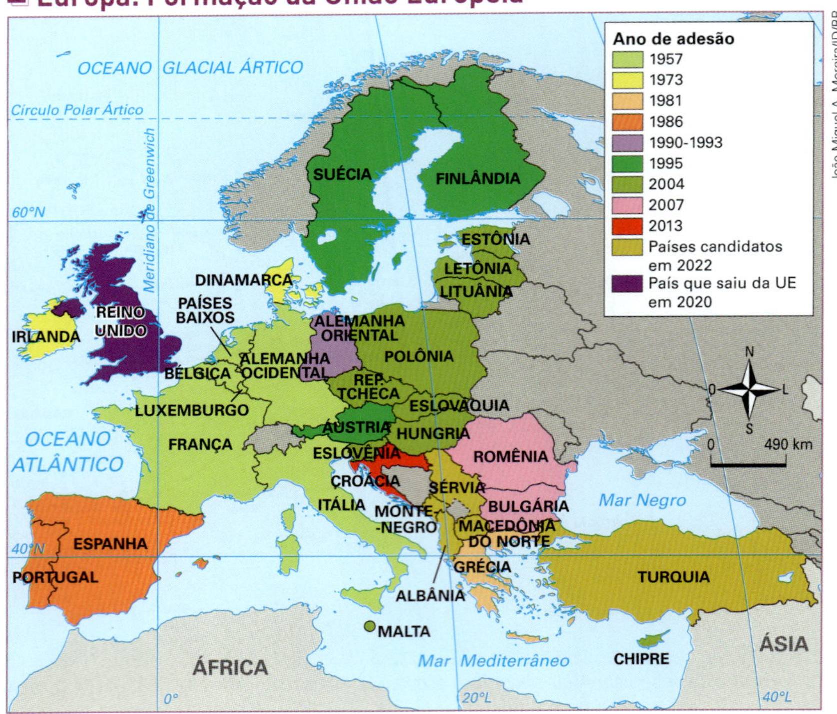

No início dos anos 1990, alguns países do Leste Europeu aderiram à União Europeia; outros ainda pleiteiam a entrada no grupo. A Rússia optou por não fazer parte dessa união, a fim de preservar seus interesses e ter liberdade para elaborar suas estratégias econômicas e políticas.

Fontes de pesquisa: União Europeia. Disponível em: http://europa.eu/about-eu/countries/index_pt.htm; Comissão Europeia. Disponível em: https://commission.europa.eu/index_pt. Acessos em: 12 abr. 2023.

ZONA DO EURO

Com o objetivo de facilitar e de fortalecer os negócios e a circulação de capitais e de mercadorias entre os países-membros da União Europeia, foi proposta a adoção de uma **moeda comum**, o **euro**, que entrou em vigor em 2002. No entanto, alguns países do bloco, como a Dinamarca, recusaram essa proposta, mantendo sua moeda local.

Em 2022, dos 27 países que formavam a União Europeia, 19 faziam parte da chamada Zona do Euro, ou seja, estavam entre os países que adotaram a moeda comum.

ESPAÇO SCHENGEN

Em 1995, em Luxemburgo, foi criado o Espaço Schengen com o objetivo de promover a integração da segurança e a livre circulação, tanto de pessoas naturais de países que compõem a União Europeia (com algumas exceções) como de cidadãos da Islândia, Noruega, Liechtenstein e Suíça (que não fazem parte da União Europeia), abolindo fronteiras internas entre os países signatários. Observe o mapa.

Europa: Espaço Schengen (2022)

Fonte de pesquisa: Comissão Europeia. Disponível em: https://commission.europa.eu/index_pt. Acesso em: 12 abr. 2023.

INSTITUIÇÕES POLÍTICAS DA UNIÃO EUROPEIA

Uma das principais características da unificação europeia é a combinação de processos políticos e econômicos. Nessa unificação, os países cedem parte de sua soberania nacional para a construção de um espaço supranacional.

A União Europeia é dirigida pelo **Conselho Europeu**, importante instituição que reúne os chefes de Estado dos 27 países-membros e realiza reuniões trimestrais ordinárias.

O órgão legislativo da União Europeia é o **Parlamento Europeu**, outra importante instituição do bloco, formada por representantes dos 27 países-membros, eleitos diretamente pelos cidadãos dos países associados.

Há ainda o **Conselho da União Europeia**, composto de ministros de Estado dos países-membros, cuja função é adotar as legislações específicas e planejar a coordenação política da União Europeia.

O **Banco Central Europeu** tem a função de manter a estabilidade de preços e do sistema financeiro da União Europeia, além de cuidar da emissão de euros.

CIDADANIA GLOBAL

PARCERIAS EM PERÍODOS DE CRISE

Além da crise financeira nos países europeus no início do século XXI, o mundo todo enfrentou uma crise sanitária e humanitária a partir de 2019, com o início da pandemia de covid-19. É preciso considerar, contudo, que, de forma geral, os países menos desenvolvidos e as populações economicamente mais vulneráveis foram os mais afetados.

1. Busque informações acerca de parcerias científicas que foram estabelecidas entre os países menos desenvolvidos e deles com os países mais desenvolvidos para a criação de vacinas durante a pandemia de covid-19 e identifique: quem foram os integrantes dessa iniciativa (procure descobrir se eles representavam instituições públicas, privadas ou de outro tipo); a nacionalidade dos agentes envolvidos; conquistas ou objetivos alcançados.

▲ **Parte da população do Reino Unido reprovou a saída do país da União Europeia. Manifestação contrária ao Brexit, nas ruas de Londres, Reino Unido. Foto de 2017.**

referendo: consulta pública, por meio de votação do eleitorado, sobre medidas propostas ou aprovadas por um órgão legislativo. A aprovação ou a rejeição de medidas votadas varia de acordo com o resultado do referendo.

PROBLEMAS ATUAIS DA UNIÃO EUROPEIA

Nos últimos anos, a unidade política da União Europeia tem sido ameaçada por muitas dificuldades que se agravaram após a **crise financeira** iniciada em 2008.

Ao atingir os países europeus, a crise causou uma série de dificuldades para a adoção de medidas conjuntas entre os países-membros. Vários deles sofreram ainda mais por terem de aceitar as medidas tomadas pela União Europeia. Como o nível de desenvolvimento econômico entre os membros do bloco é bem diferente, essas medidas acabaram por não atender aos interesses específicos de cada um deles. O desemprego, a instabilidade econômica e os cortes em gastos públicos tornaram a situação ainda pior para os países mais atingidos pela crise, como Portugal e Espanha.

Nesse cenário, outros fatores contribuíram para o descrédito de parte da população com a União Europeia. Um deles é a crise migratória enfrentada pelo continente, que recebe um grande fluxo de refugiados vindos principalmente da Ásia e da África, fugindo de conflitos como a guerra civil na Síria. Essa situação resultou no crescimento do sentimento de intolerância contra os imigrantes na Europa, notadamente contra os muçulmanos. Houve, então, o fortalecimento de grupos políticos com discurso nacionalista e muitas vezes xenófobo, que questionam a livre circulação de cidadãos europeus e defendem políticas anti-imigração e a saída de seus respectivos países do bloco.

Recentemente, um grande problema enfrentado pela União Europeia foi a decisão de o Reino Unido retirar-se do bloco, movimento que ficou conhecido como **Brexit**. O aumento do descrédito na União Europeia levou o país a realizar, em 2016, um referendo sobre a permanência ou não no bloco. Pouco mais da metade da população britânica votou pela saída. Em 2020, o país deixou a União Europeia, mas assinou o "Acordo de Comércio e Cooperação", o qual prevê uma série de vantagens comerciais com o bloco, como isenção de tarifas de importação em uma série de produtos, e cooperação na área de segurança e de transportes.

Desde 2020, outras duas graves crises impactaram a União Europeia: a pandemia de covid-19 e a guerra na Ucrânia. A pandemia resultou em uma grande crise sanitária, restringindo a circulação de pessoas e abalando fortemente a economia. O desemprego aumentou, e o setor de turismo, que em 2019 representava quase 10% do PIB do bloco, ficou praticamente paralisado. A situação começou a melhorar com o avanço da vacinação, em 2021 e 2022. No entanto, em 2022, a Rússia invadiu a Ucrânia – fato que será abordado na unidade seguinte –, resultando no deslocamento forçado de milhões de refugiados ucranianos para países como França e Polônia e em uma nova crise econômica com impactos não só na União Europeia, mas no mundo.

ATIVIDADES

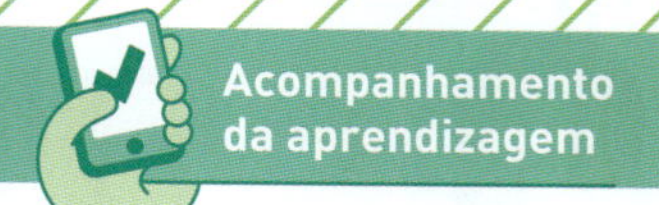

Retomar e compreender

1. Qual é a importância dos grandes fluxos migratórios ocorridos ao longo do tempo para a formação territorial e a diversidade cultural da Europa?
2. Que fatores explicam as diferenças na formação social e econômica entre os países do Leste e os do Oeste Europeu?
3. O que levou os países europeus a estabelecer os acordos e os blocos econômicos que deram origem à União Europeia?
4. Explique o que é a União Europeia e cite suas principais instituições políticas.
5. O que é a Zona do Euro? Todos os países que fazem parte da União Europeia também utilizam o euro como moeda? Explique.
6. Quais fatores estão relacionados ao recente aumento do sentimento de descrédito de parte da população com a União Europeia? De que modo esses fatores ameaçam a integridade desse bloco?

Aplicar

7. Observe o gráfico da balança comercial da União Europeia, que mostra a diferença entre as importações e as exportações realizadas nesse bloco, para responder às questões a seguir.

União Europeia: Balança comercial (2005-2020)

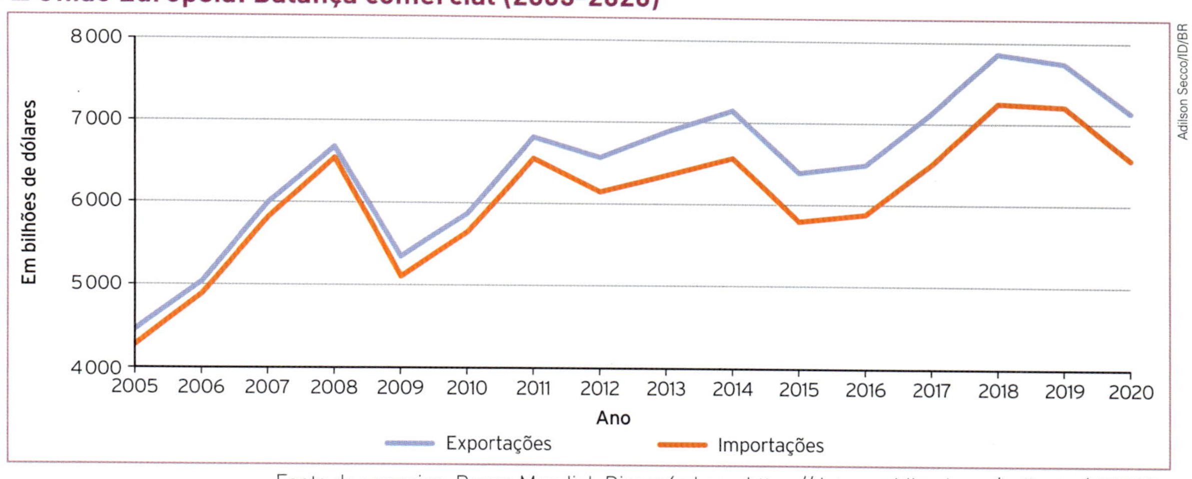

Fonte de pesquisa: Banco Mundial. Disponível em: https://data.worldbank.org/indicator/NE.EXP.GNFS.CD?end=2020&locations=EU&start=2005; https://data.worldbank.org/indicator/NE.IMP.GNFS.CD?end=2020&locations=EU&start=2005. Acessos em: 12 abr. 2023.

a) Considerando que o superávit comercial ocorre quando o valor total das exportações de bens e serviços é maior que o das importações e que o déficit comercial ocorre quando as importações superam as exportações, houve algum período de superávit na balança comercial da União Europeia? E de déficit?

b) Qual é o comportamento geral da balança comercial no período retratado? É possível identificar algum impacto da crise econômica de 2008? Explique.

8. Compare os mapas das páginas 79, 80 e 81 e faça uma lista das principais transformações territoriais ocorridas no continente europeu e representadas nos mapas. Em seguida, converse com os colegas sobre essas mudanças nas fronteiras e o significado da União Europeia no processo de unificação dos países europeus.

CAPÍTULO

3 EUROPA: POPULAÇÃO E URBANIZAÇÃO

PARA COMEÇAR

Quais são as características demográficas e as condições de vida da população europeia? Qual é o papel das migrações na composição da população nesse continente? De que modo a industrialização e a urbanização influenciam as questões demográficas na Europa?

POPULAÇÃO

A população europeia encontra-se distribuída de forma desigual pelo continente: há áreas densamente povoadas e áreas com baixa densidade demográfica. Segundo estimativas da Organização das Nações Unidas (ONU), em 2019, a Europa apresentava cerca de 750 milhões de habitantes.

O **envelhecimento da população** é uma forte tendência demográfica dos países europeus e está associado ao baixo crescimento vegetativo e à alta expectativa de vida. Essa é uma situação demográfica desafiadora para esses países, pois o desequilíbrio entre o contingente de população jovem e o de população idosa pode levar a sérios problemas nas contas públicas que impactam a manutenção dos direitos de aposentadoria e o bem-estar social dos mais velhos.

Vários países europeus apresentam taxas de natalidade bem inferiores às de mortalidade. Para evitar a diminuição da população, alguns deles adotam **políticas de incentivo à natalidade**. Os **imigrantes** também contribuem para a reposição populacional. Por outro lado, há países, principalmente do Leste Europeu, que, além do crescimento vegetativo negativo, ainda perdem população com a emigração de seus habitantes.

▼ A Comissão Europeia, órgão executivo da União Europeia, estima que, em 2021, 20% da população do bloco tinha idade superior a 65 anos. Pessoas idosas passeiam de bicicleta em Zaandam, Países Baixos. Foto de 2021.

Makasana Photo/Shutterstock.com/ID/BR

TRABALHO E CONDIÇÕES DE VIDA

Os países da Europa Ocidental apresentam **alta qualidade de vida**, o que está relacionado a bons indicadores sociais, como baixos índices de mortalidade infantil e alta expectativa de vida. Os países do Leste Europeu, no entanto, de modo geral, revelam indicadores sociais inferiores aos dos países da Europa Ocidental.

O continente europeu também apresenta **alta taxa de urbanização**, e a maioria da População Economicamente Ativa (PEA) está empregada tanto no setor industrial quanto no setor de comércio e de serviços. Há grandes diferenças entre os países europeus quanto à distribuição da PEA nos setores da economia: alguns apresentam mais de 80% da PEA trabalhando no setor terciário, e outros, menos de 45%.

As condições de trabalho no continente europeu estão entre as melhores do mundo. No entanto, há diferenças significativas entre os países da Europa Ocidental, que oferecem salários mais elevados e garantem direitos sociais aos cidadãos, e os da Europa Oriental, em que as condições de trabalho são piores e o nível de industrialização é menor.

A globalização resultou na saída de muitas indústrias da Europa para países com mão de obra mais barata. No entanto, os principais centros de decisão e de pesquisa e desenvolvimento tecnológico das empresas multinacionais ainda estão localizados na Europa.

DIVERSIDADE LINGUÍSTICA E RELIGIOSA

A grande diversidade cultural europeia se reflete em sua multiplicidade linguística e religiosa. Na formação linguística europeia, destacam-se três grandes grupos: o **germânico** (ao qual pertencem os idiomas alemão, inglês, sueco, holandês, dinamarquês, entre outros), o **latino** (português, espanhol, italiano, entre outros) e o **eslavo** (russo, esloveno, croata, polonês, tcheco, sérvio, entre outros).

Além desses, há outros grupos linguísticos com menor representatividade numérica, mas com grande importância em algumas regiões, como o celta, o báltico e o grego.

No que se refere às religiões, atualmente, destacam-se no continente europeu o **catolicismo**, muito presente na porção oeste; o **cristianismo ortodoxo**, herdado em grande parte do Império Bizantino, na parte leste do continente; o **protestantismo**; e o **islamismo**. Outras religiões estão presentes em menor escala, como o **budismo** e o **judaísmo**.

Europa: Grupos linguísticos (2021)

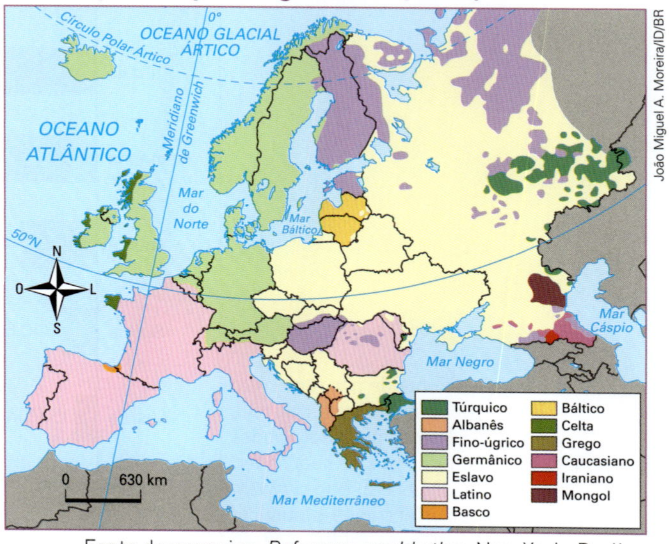

Fonte de pesquisa: *Reference world atlas*. New York: Dorling Kindersley, 2021. p. 89.

PARA EXPLORAR

Samba. **Direção: Eric Toledano e Olivier Nakache. França, 2014 (118 min).**

O filme conta a história de um imigrante senegalês que vive há dez anos na França e não tem documentos que lhe permitam conseguir um emprego formal, mostrando as condições de vida de parte dos imigrantes na Europa e as dificuldades para alcançar uma vida plena e ter direitos assegurados.

MIGRANTES E REFUGIADOS

A Europa apresentou intensos fluxos migratórios e de refugiados ao longo do último século. Conflitos étnicos, perseguições políticas ou religiosas e busca por melhores condições de vida intensificaram esses deslocamentos populacionais.

Após a Segunda Guerra Mundial, as migrações ocorreram em virtude da reconstrução do continente, que se encontrava devastado pelo conflito. Grande parte dos imigrantes se originava de ex-colônias europeias, em especial da Ásia e da África.

A partir de 1990, o fim do bloco socialista levou grande número de trabalhadores do Leste Europeu a se deslocar para os países da Europa Ocidental em busca de emprego, de salários mais dignos e de melhores condições de vida.

Nas últimas décadas, a Europa continua recebendo grande quantidade de imigrantes de várias partes do mundo. Recentemente, tem havido um aumento expressivo no número de **refugiados** que chegam aos países europeus, vindos principalmente de zonas de conflito, como Síria, Iraque e Afeganistão. Em 2022, conforme mencionado no capítulo anterior, o conflito entre a Rússia e a Ucrânia gerou milhões de refugiados que se deslocaram para outros países europeus, ampliando a crise social no continente.

O grande fluxo de imigrantes e refugiados tem preocupado os países europeus. Muitos deles criaram políticas de restrição à entrada de imigrantes e de refugiados e têm adotado medidas para conter esse fluxo, como maior controle de entrada e saída nas fronteiras externas, criação de muros nas áreas fronteiriças e estabelecimento de cotas para refugiados.

Europa: Países com mais refugiados (2021)

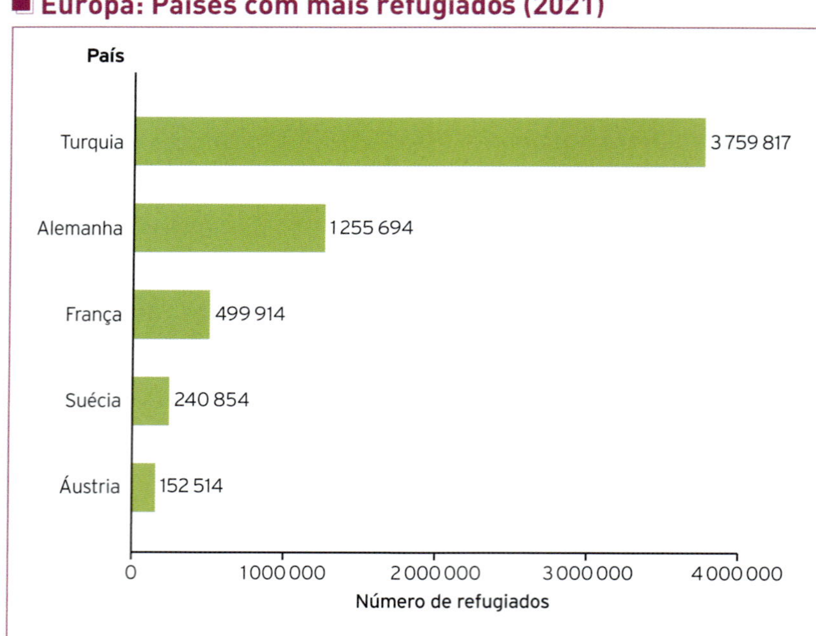

Fonte de pesquisa: Alto Comissariado das Nações Unidas para Refugiados (Acnur). *Refugee data finder.* Disponível em: https://www.unhcr.org/refugee-statistics/download/?url=i35MvQ. Acesso em: 13 abr. 2023.

MOVIMENTOS SEPARATISTAS

Em várias partes da Europa, podem ser encontrados movimentos separatistas que buscam a independência de suas respectivas regiões, como é o caso de Flandres (na Bélgica), de parte do norte da Itália, das repúblicas do Cáucaso, da Escócia (no Reino Unido) e das regiões da Catalunha e do País Basco, na Espanha.

Esses movimentos geram conflitos e tensões regionais no continente e resultam da diversidade étnica e das identidades culturais da Europa.

O **separatismo basco** é um dos que mais se destacam, pois foi o que mais radicalizou suas ações, criando, em 1959, o grupo Euskadi Ta Askatasuna **(ETA)**, que significa "Pátria Basca e Liberdade" em euscaro, o idioma basco. A organização, sustentada por fortes ideais nacionalistas e separatistas, promoveu muitos atentados como forma de pressionar o governo espanhol pela independência.

Em 2011, o ETA anunciou o fim da luta armada e, em 2018, o fim de sua trajetória como organização política militante. A maioria da população basca vive na região conhecida como País Basco, no norte da Espanha, que, apesar de não constituir um Estado, reúne pessoas que compartilham uma cultura, uma história e uma língua comuns.

A **Catalunha** é um dos exemplos mais significativos e antigos de separatismo dentro da Europa. Desde 1930, muitos catalães reivindicam sua independência. Assim como o País Basco, a Catalunha é uma região autônoma da Espanha e conta, inclusive, com Parlamento, polícia e líder político próprios. Desde a crise econômica que atingiu fortemente a Espanha em 2008, a onda de separatismo cresceu, apoiada pela importância econômica da região.

Os catalães chegaram recentemente a se declarar independentes após um referendo realizado em 2017, mas, diante da reação de Madri, capital da Espanha, foram obrigados a recuar.

A **Escócia** integra o Reino Unido desde 1707, mas há um sentimento separatista bastante forte entre muitos dos cidadãos escoceses.

Em 2014, com a autorização do governo britânico, foi feito um plebiscito para se decidir pela separação ou não. Na ocasião, 55% dos votos dos escoceses foram favoráveis pela permanência no Reino Unido.

Josep Lago/AFP

▲ **Catalães protestam, na Espanha, em favor da independência da Catalunha. Foto de 2022.**

INDUSTRIALIZAÇÃO E URBANIZAÇÃO

O processo de urbanização da Europa Ocidental é mais antigo que o da Europa Oriental, principalmente nos países pioneiros da Revolução Industrial: Inglaterra, França e Alemanha. Nos países da Europa Oriental, a aceleração da urbanização ocorreu sobretudo na segunda metade do século XX, e ainda hoje eles são menos urbanizados que os países da Europa Ocidental.

A urbanização europeia se intensificou no século XIX com a **Revolução Industrial** e com o surgimento de grandes cidades industriais, com muitos trabalhadores. Os processos de industrialização e de urbanização passaram, então, a caminhar juntos.

No início do século XX, a ampliação da rede de transportes, principalmente as ferrovias, e inovações como a energia elétrica, o fornecimento de água e a coleta de esgoto **melhoraram as condições de vida nas cidades**, atraindo mais pessoas vindas do campo. O intenso **êxodo rural** proporcionou elevado crescimento da população urbana.

Na segunda metade do século XX, marcadamente entre os anos 1960 e 1970, o desenvolvimento das redes de comunicação e de transporte, o avanço tecnológico e a automatização da produção diminuíram a necessidade de mão de obra na indústria, ocasionando o enfraquecimento de vários centros industriais europeus. Assim, grande parte da atividade industrial foi substituída por atividades de **prestação de serviços**, fazendo surgir novos empregos nesse setor.

PARA EXPLORAR

Ticket to Ride – Europa, jogo de tabuleiro

Nesse jogo, cada jogador assume o papel de um magnata, que receberá contratos para construir malhas férreas ou balsas ao longo do continente europeu na virada do século XX, encontrando desafios de como construir túneis em regiões montanhosas e ligar as maiores cidades por linhas de transporte. Esse jogo também está disponível em versão digital.

Europa: Urbanização (início do século XX)

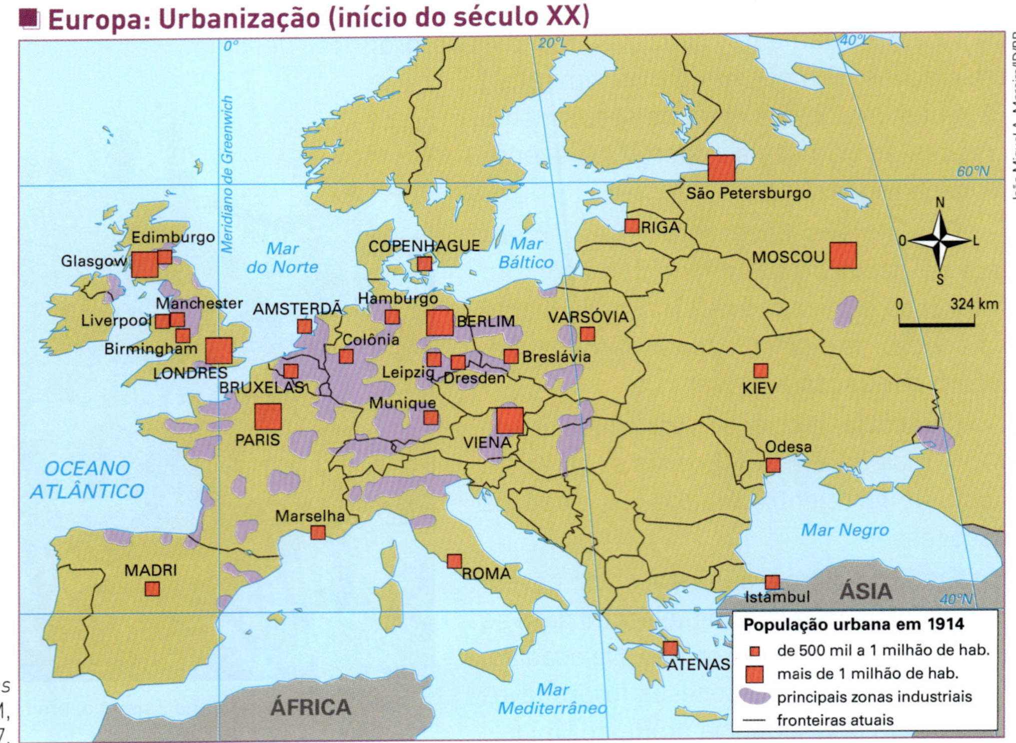

Fonte de pesquisa: *Atlas histórico*. Madrid: SM, 2005. p. 107.

GRANDES CIDADES

O processo de industrialização europeu facilitou o surgimento das primeiras **metrópoles mundiais**, ou seja, cidades que apresentam forte concentração de atividades e exercem influência, principalmente econômica, sobre várias outras cidades. Londres, Paris, Moscou e Frankfurt são exemplos de metrópoles europeias. Muitas dessas metrópoles concentram escritórios de grandes empresas ou a sede de importantes bancos, além de bolsas de valores e os principais ramos do setor de serviços, sendo então chamadas de **cidades globais**.

Diferentemente de outros continentes, a Europa apresenta poucas **megacidades**, ou seja, cidades com mais de 10 milhões de habitantes. Em 2020, apenas Moscou e Paris faziam parte dessa classificação. Outras grandes cidades se localizam, sobretudo, na Europa Ocidental, com destaque para Londres, Madri, Berlim e Roma.

CIDADES GLOBAIS

São chamadas de cidades globais as que se tornam centros de decisão política e financeira e que, por isso, exercem grande influência sobre várias cidades do mundo. Entre as cidades globais europeias, podem ser citadas: Londres, Paris, Frankfurt, Zurique, Milão e Amsterdã.

ESPECIALIZAÇÃO URBANA

Algumas cidades se especializaram na prestação de determinados serviços ou no desenvolvimento de certas atividades industriais. Mas essa especialização não é permanente e pode passar por transformações significativas. Uma cidade industrial, por exemplo, pode transformar-se em uma cidade tecnológica ou turística. Às vezes, um centro político torna-se um centro financeiro. Assim, é necessário considerar o processo de transformação das sociedades para entender a especialização das cidades.

As cidades que concentram empresas de alta tecnologia integradas a universidades e a centros tecnológicos são conhecidas como **tecnopolos**. Na Europa, são exemplos de tecnopolos as cidades de Estocolmo, Paris, Londres, Milão e Munique.

A Europa também concentra grande número de **cidades turísticas**. São exemplos delas os centros religiosos (como o Vaticano), as cidades litorâneas do Mediterrâneo (com destaque para as da Grécia) e as várias cidades com arquitetura medieval, como Praga e Budapeste.

O incremento do turismo proporciona a melhoria da infraestrutura urbana, com o aumento do número de hotéis, de aeroportos e de restaurantes, entre outras atividades especializadas do setor de serviços.

GiulianiBruno/Shutterstock.com/ID/BR

▲ Em 2021, a Espanha foi o segundo país do mundo que mais recebeu turistas: foram quase 83 milhões de visitantes. Catedral da Sagrada Família, em Barcelona, Espanha. Foto de 2022.

INFRAESTRUTURA URBANA

Na Europa, destaca-se na infraestrutura urbana a **ampla rede de transportes**, principalmente na região ocidental. As ferrovias desempenham o importante papel de interligar o continente. O transporte aéreo também é relevante, possibilitando interligação rápida entre as principais cidades europeias.

As redes de metrô são amplas nas grandes cidades europeias e, em conjunto com bondes e ônibus, possibilitam o uso mais intenso do transporte público, como é o caso de Budapeste (Hungria) e Bratislava (Eslováquia), onde grande parte da população utiliza esse tipo de transporte para ir ao trabalho.

Os equipamentos de **lazer** e os de **cultura** são comuns na Europa. A existência de vários museus, cinemas e bibliotecas permite que grande parte da população tenha acesso à cultura.

PROBLEMAS URBANOS

A Europa também apresenta problemas urbanos. A **segregação espacial** é um deles. Com a urbanização, as áreas centrais passaram a ser muito valorizadas, ficando menos acessíveis às pessoas de renda mais baixa, que tiveram de ir morar em áreas mais afastadas. A periferia de algumas cidades europeias apresenta grande concentração de imigrantes e, de modo geral, oferece menos equipamentos urbanos e infraestrutura precária.

Outro problema urbano é o **congestionamento de automóveis**, apesar de o continente europeu ser um dos mais avançados em mobilidade urbana. A isso se soma a emissão de poluentes pelos veículos, aumentando a **poluição atmosférica**.

CIDADANIA GLOBAL

COOPERAÇÃO ENTRE CIDADES E DESENVOLVIMENTO LOCAL

Diferentes regiões do mundo enfrentam problemas urbanos semelhantes aos observados em países europeus. Com o intuito de trocar experiências e criar estratégias para o enfrentamento de desafios comuns, muitas cidades participam de programas de cooperação para o desenvolvimento urbano sustentável.

1. Sua cidade está inserida em algum programa de cooperação com outras cidades? Em caso positivo, informe-se a respeito das outras cidades envolvidas no projeto, objetivos da cooperação e resultados esperados. Em caso negativo, ou se você não vive em uma área urbana, busque informações a respeito de cidades brasileiras que participam de grupos de cooperação. Compartilhe com a turma suas descobertas.
2. Depois de analisar as informações obtidas sobre os programas de cooperação entre cidades, reúna-se com o seu grupo e conversem sobre como as cidades podem se beneficiar com essas parcerias. Procurem considerar aspectos ambientais, sociais, científicos, tecnológicos, etc.

Europa: Rede de transportes (2021)

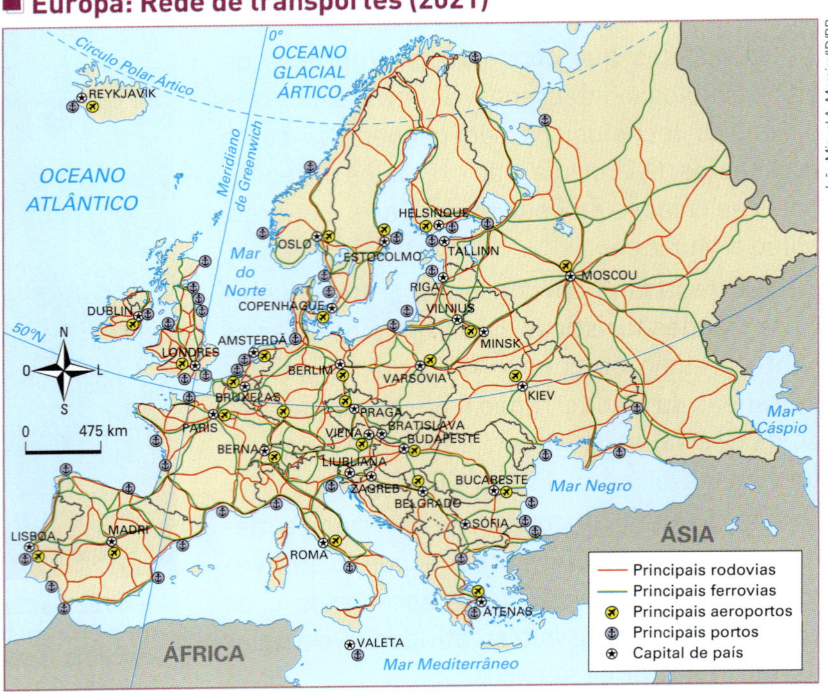

Fonte de pesquisa: *Reference world atlas*. New York: Dorling Kindersley, 2021. p. 89.

ATIVIDADES

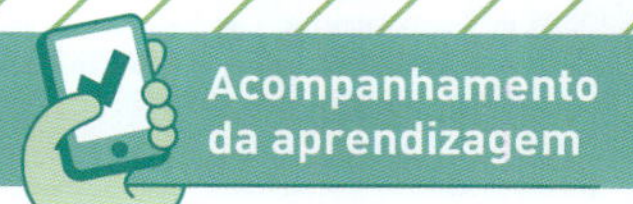

Retomar e compreender

1. Quais são as principais características da estrutura demográfica da Europa?
2. Por que o envelhecimento da população tem sido uma preocupação para os países europeus?
3. Sobre as migrações no continente europeu, responda:
   a) Quais foram os principais fluxos de migração no continente europeu no século XX?
   b) Por que alguns países do continente europeu são destino de milhares de imigrantes?
   c) Como os países europeus têm reagido ao grande fluxo de imigrantes e refugiados?
4. O que são grupos separatistas?
5. Qual é a relação entre o processo de industrialização e o fenômeno da urbanização ocorrido na Europa no final do século XIX e o início do século XX?

Aplicar

6. Observe a foto a seguir e responda às questões.

Agencja Fotograficzna Caro/Alamy/Fotoarena

▲ Berlim, Alemanha. Foto de 2021.

   a) Qual problema urbano encontrado em muitas grandes cidades do mundo é retratado na foto?
   b) De modo geral, as cidades da Europa apresentam boas condições de transporte público. Apesar disso, o problema mostrado na foto é muito comum em grandes cidades desse continente. Em sua opinião, por que isso acontece?
   c) Escreva um texto apontando as principais características da infraestrutura de transportes na Europa.

7. Observe o gráfico a seguir e responda às questões.

Países selecionados: Distribuição da População Economicamente Ativa (PEA) por setores da economia (2021)

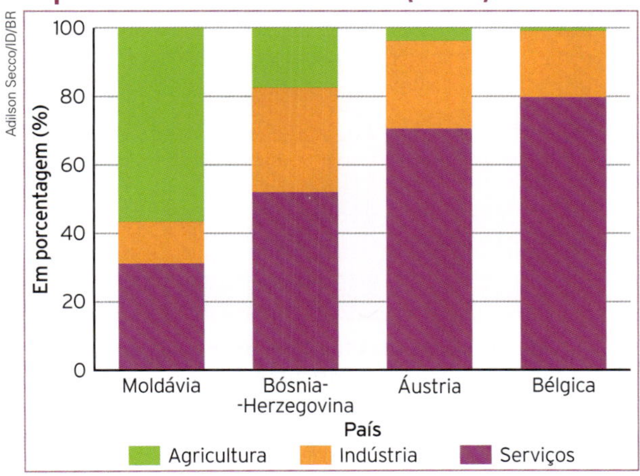

Fonte de pesquisa: International Labour Organization (ILO). *ILOSTAT – Country profiles*. Disponível em: https://ilostat.ilo.org/data/country-profiles/. Acesso em: 8 dez. 2022.

   a) A qual região pertencem cada um dos países mencionados no gráfico: Leste ou Oeste Europeu?
   b) Quais são as principais diferenças entre a distribuição da População Economicamente Ativa por setores da economia nos países selecionados? Que fatores explicam essas diferenças?

Plantas e análise da configuração espacial urbana

A configuração espacial de uma cidade pode ser influenciada pelas características físicas do local, como a hidrografia e o relevo. Contudo, o crescimento e o desenvolvimento das cidades também resultam de decisões políticas e de características econômicas, sociais e culturais de cada momento histórico.

As cidades podem se desenvolver de forma ordenada e planejada ou sem nenhum planejamento urbano. A seguir, estão alguns exemplos de traçados que podem ser encontrados em áreas urbanas. Uma mesma cidade pode ter em sua extensão vários desses tipos de traçado.

Irregular

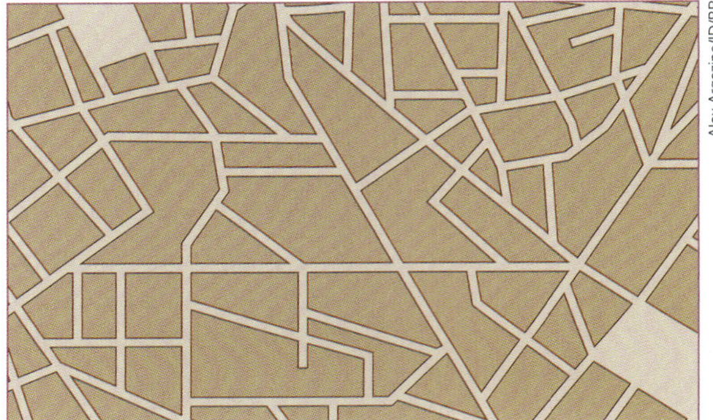

Alex Argozino/ID/BR

▲ As cidades de traçado urbano irregular não apresentam ordenação clara. Em muitos casos, isso reflete o modo desordenado como ocorreu o crescimento da população e da área ocupada. No entanto, o relevo acidentado também influencia o traçado irregular.

Linear

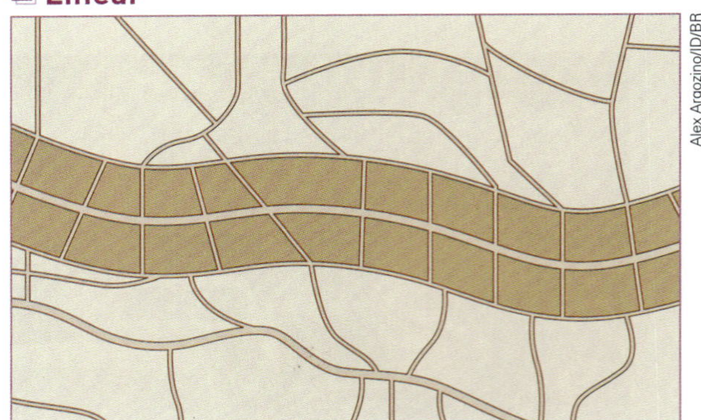

Alex Argozino/ID/BR

▲ O traçado urbano linear tem como característica marcante o desenvolvimento em linha: geralmente apresenta uma via central que funciona como estrutura principal em torno da qual se abrem ramos secundários. Um exemplo desse tipo de traçado urbano no Brasil é encontrado na cidade de Brasília (DF).

Radiocêntrico

Alex Argozino/ID/BR

▲ Em geral, a configuração radiocêntrica é comum em cidades que foram planejadas. Esse tipo de traçado é caracterizado por um conjunto de várias vias que divergem de um núcleo central, uma característica própria de cidades medievais.

Quadricular

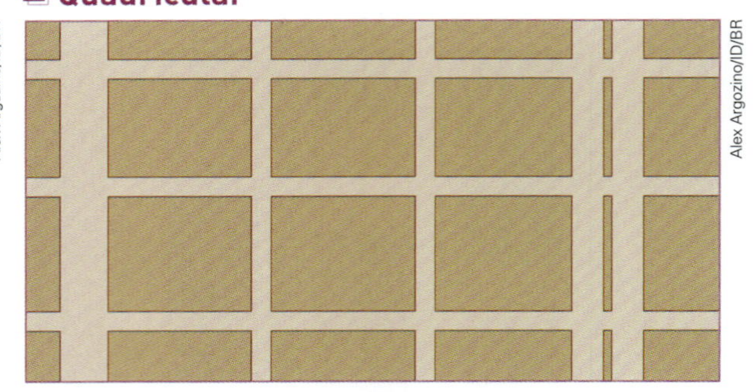

Alex Argozino/ID/BR

▲ Cidades planejadas também podem apresentar configuração em quadrículas. Nesse caso, o traçado é regular, com vias paralelas e perpendiculares.

As **plantas** são representações cartográficas com escala grande que permitem a visualização de detalhes do espaço. Elas constituem uma importante ferramenta para a análise da configuração espacial das cidades. A observação atenta dessa representação pode revelar informações sobre o processo de desenvolvimento e as transformações ocorridas no espaço geográfico de uma cidade.

Observe, a seguir, a planta da cidade de Palmanova, na província de Udine, Itália, e a planta de parte da cidade de Barcelona, na Espanha.

Planta de Palmanova (Itália)

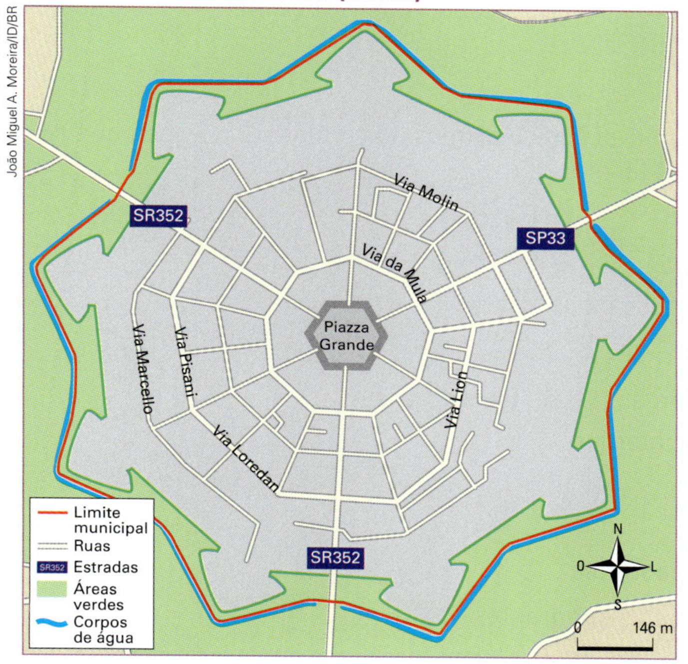

▲ Por volta de 1500, Palmanova foi planejada com o formato de uma estrela de nove pontas. A cidade conserva até hoje as características do traçado urbano da época em que foi construída.

Fonte de pesquisa das plantas: Google Maps. Disponível em: https://www.google.com.br/maps. Acesso em: 13 abr. 2023.

Trecho da planta de Barcelona (Espanha)

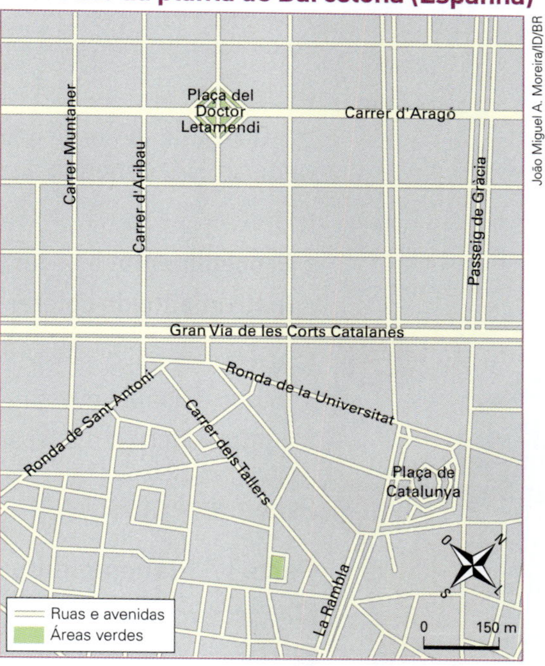

▲ O planejamento urbano de Barcelona alterou a configuração medieval da cidade na década de 1970. Para sediar os jogos olímpicos em 1992, novos planos viários foram implementados na cidade, o que reduziu os congestionamentos e melhorou a mobilidade urbana.

Pratique

1. Em relação à planta da cidade de Palmanova e à planta de parte da cidade de Barcelona, responda às questões.

a) Que tipo de configuração urbana apresenta a cidade de Palmanova? Descreva-a.

b) Que tipos de traçado urbano são encontrados na parte da cidade de Barcelona representada na planta?

c) Elabore hipóteses para explicar por que a cidade de Barcelona apresenta diferentes tipos de traçado urbano.

2. Com um colega, reflita sobre as vantagens e as desvantagens de cidades estruturadas em quadrículas e de cidades com traçado radiocêntrico.

INVESTIGAR

Separatismo na Europa

Para começar

Ao longo da história, a grande diversidade etnocultural no continente europeu levou a guerras e a conflitos internos que resultaram em diversos movimentos fronteiriços pela anexação e/ou pela fragmentação de territórios.

Mas essas alterações nas fronteiras europeias não ficaram no passado, pois ainda hoje grupos separatistas lutam para que os territórios onde vivem se tornem independentes dos países de que atualmente fazem parte. Para entender melhor esse cenário, você vai fazer uma pesquisa sobre alguns movimentos separatistas do continente europeu.

O problema

Quais são as principais motivações de grupos no continente europeu que reivindicam a autonomia de seus territórios?

A investigação

- **Procedimento:** bibliográfica.
- **Instrumento de coleta:** análise bibliográfica.

Material

- folhas de papel avulsas para anotação, lápis e caneta;
- computador com acesso à internet.

Yasmin Ayumi/ID/BR

Procedimentos

Parte I – Planejamento e pesquisa

1. Formem grupos de até quatro integrantes.
2. Com a ajuda do professor, cada grupo deverá fazer uma pesquisa sobre um dos movimentos separatistas europeus referentes aos lugares listados a seguir.
   - Baviera
   - Catalunha
   - Córsega
   - Crimeia
   - Escócia
   - Flandres
   - Irlanda do Norte
   - Kosovo
   - Padânia
   - País Basco
   - Tirol do Sul
3. Inicialmente, cada estudante deve fazer uma breve pesquisa preliminar para entender um pouco sobre o movimento e depois, em conjunto com o grupo, definir os principais tópicos a serem pesquisados e distribuí-los entre os integrantes. O levantamento de informações deve abordar os tópicos a seguir, mas pode conter outros que o grupo considerar importantes:
   - histórico e origem do conflito;
   - povos, etnias e territórios envolvidos;
   - pontos de vista de cada uma das partes envolvidas;
   - situação atual do conflito.

4. A pesquisa poderá ser feita em livros, jornais e revistas (impressos ou digitais) e em *sites*.
5. Definam o dia, o local e o horário para organizar o material pesquisado.

Parte II – Análise das informações pesquisadas

1. Na data combinada, apresentem aos colegas dos demais grupos os resultados da pesquisa que fizeram, compartilhando as informações levantadas. Analisem todo o histórico do caso de separatismo. As questões a seguir podem auxiliar nesse processo: Esse conflito é recente? Esse território já foi de outro país ou já foi um país independente? Quais são as origens do conflito? Quais povos e etnias estão envolvidos nesse caso? Quais povos estão pedindo a separação do território? Que motivos os separatistas apresentam para justificar a independência do território? Toda a população concorda? Houve conflito armado?
2. Elaborem uma linha do tempo para organizar os acontecimentos históricos relacionados ao conflito e confeccionem mapas esquemáticos (croquis) que apresentem a localização ou outras informações do território disputado. Outra opção é montar um dossiê com notícias históricas sobre o conflito.

Parte III – Organização dos resultados

1. Elaborem um resumo com as informações sobre o movimento separatista que obtiveram na pesquisa. Esse resumo deve conter o histórico desse movimento, os motivos de seus integrantes e, se possível, os argumentos daqueles que discordam do separatismo. Ilustrem o resumo com a linha do tempo confeccionada na etapa anterior, além de mapas, fotos, ilustrações e esquemas sobre o tema.

Questões para discussão

1. Quais foram as dificuldades que o grupo enfrentou ao trabalhar esse tema?
2. A atividade ajudou a compreender as reivindicações do grupo separatista pesquisado?

Comunicação dos resultados

Apresentação oral e debate

Apresentem à turma a pesquisa realizada pelo grupo. Expliquem o contexto do movimento separatista pesquisado e apresentem todo o material compilado e elaborado (mapas, linha do tempo, fotos, etc.).

Após todos os grupos terem compartilhado seus trabalhos, realizem um debate sobre as diferentes motivações dos movimentos separatistas europeus, discutindo as distintas regionalidades na Europa, bem como as tensões e os conflitos que influenciam suas transformações territoriais.

Yasmin Ayumi/ID/BR

ATIVIDADES INTEGRADAS

Analisar e verificar

1. De que maneira o conhecimento do relevo e da hidrografia do continente europeu influenciou, no passado, os locais de edificação de castelos e de estabelecimento de cidades?

2. O que são megacidades, cidades globais e tecnopolos? Dê exemplos de cidades europeias com essas classificações. Depois, relacione esse fato com o alto nível econômico e de qualidade de vida dos países europeus.

3. Observe a foto a seguir, leia a legenda e faça o que se pede.

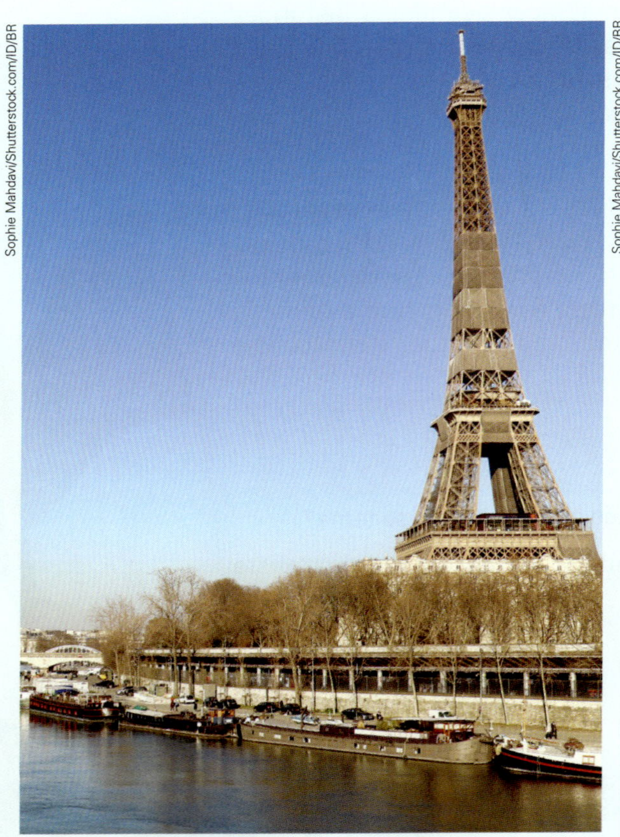
Sophie Mahdavi/Shutterstock.com/ID/BR

▲ **Trecho do rio Sena, próximo à Torre Eiffel, em Paris, na França. Foto de 2021.**

a) Que uso do rio Sena, um dos mais importates da França e da Europa, é retratado nessa foto?

b) Observe a ocupação nas margens desse rio. Elabore hipóteses dos usos econômicos desse rio para a cidade e para o país em que ele se encontra.

4. Observe o gráfico a seguir e responda às questões.

União Europeia: Estrutura etária (2011-2021)

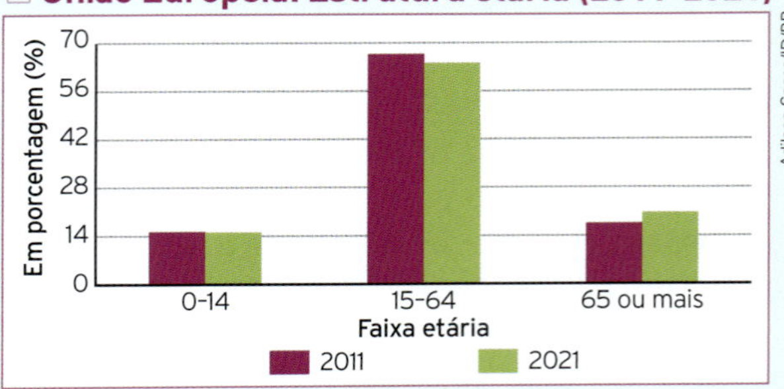

Fonte de pesquisa: Eurostat. Disponível em: https://ec.europa.eu/eurostat/web/products-datasets/-/tps00010. Acesso em: 13 abr. 2023.

a) Qual tendência se evidencia no gráfico em relação à proporção da população da União Europeia em cada faixa etária?

b) Que fatores estão relacionados à tendência mostrada nesse gráfico?

5. Analise o gráfico e responda às questões a seguir.

União Europeia e países selecionados: PIB (1995-2020)

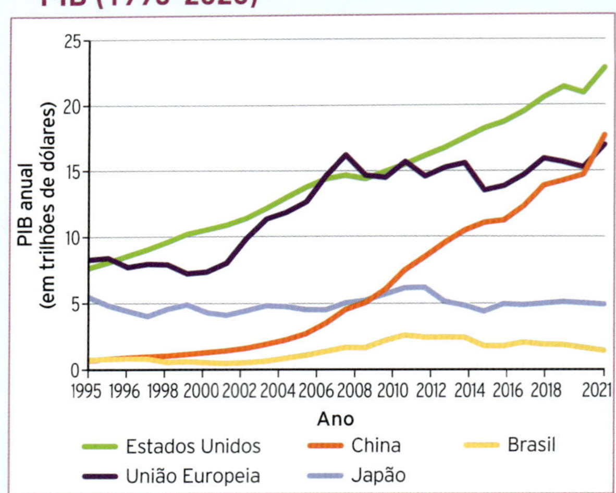

Fonte de pesquisa: Banco Mundial. Disponível em: https://data.worldbank.org/indicator/NY.GDP.MKTP.CD. Acesso em: 13 abr. 2023.

a) Compare o desempenho do PIB do Brasil com os da União Europeia e demais países.

b) Descreva a evolução do PIB da União Europeia no período representado no gráfico.

c) Como se comportou a economia da União Europeia após a crise que se iniciou em 2008?

Criar

6. Observe o mapa a seguir e, com o auxílio de um atlas geográfico, faça o que se pede.

Europa: PIB *per capita* (2020)

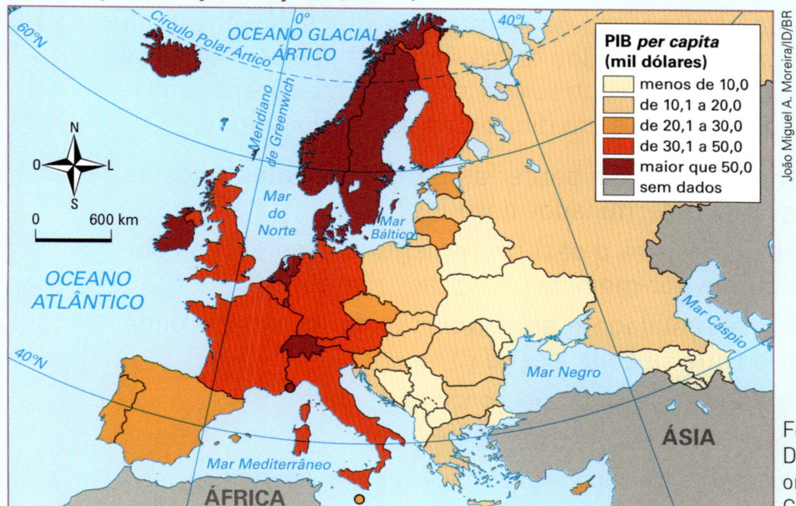

Fonte de pesquisa: Banco Mundial. Disponível em: https://data.worldbank.org/indicator/NY.GDP.PCAP.CD?view=map. Acesso em: 13 abr. 2023.

a) Cite três países na categoria de maior PIB *per capita*. A que região europeia esses e os demais países dessa categoria pertencem?

b) Escreva um texto explicando os principais fatores que originaram as diferenças mostradas.

c) Que relação é possível estabelecer entre os dados de PIB *per capita* dos países do Oeste Europeu e o gráfico apresentado na página 88?

7. Reúna-se com um colega para elaborar uma linha do tempo da formação da União Europeia. A cronologia deve iniciar-se com a fundação da Comunidade Europeia do Carvão e do Aço (Ceca), em 1951. Depois, construam uma linha do tempo paralela compilando informações sobre o processo de saída do Reino Unido da União Europeia.

8. Leia o texto a seguir e responda às questões.

Entre janeiro e junho deste ano [2021], pelo menos 1 146 pessoas morreram afogadas no Mar Mediterrâneo, enquanto faziam a travessia rumo à Europa. [...] Segundo a OIM [Organização Internacional para Migrações], o levantamento mostra a situação atual em algumas das rotas marítimas mais perigosas do mundo. No primeiro semestre do ano, houve ainda subida de 58% no total de migrantes que tentaram chegar à Europa pelo mar. [...] A maioria das vítimas, 741 pessoas, morreram na rota do Mediterrâneo Central, enquanto 149 afogaram-se ao atravessar o Mediterrâneo Ocidental. No primeiro semestre, houve também 250 mortes de migrantes que tentavam chegar às Ilhas Canárias espanholas por meio da rota da África Ocidental/Atlântico.

Mortes por afogamento no Mediterrâneo subiram mais de 50% em meio ano. *Nações Unidas*, 14 jul. 2021. Disponível em: https://news.un.org/pt/story/2021/07/1756692. Acesso em: 13 abr. 2023.

a) Quais rotas de chegada de refugiados aos países europeus foram citadas no texto?

b) SABER SER Discuta com um colega sobre os perigos a que os refugiados estão expostos nas travessias do mar Mediterrâneo. Qual é seu sentimento em relação a essa situação?

c) Busque informações sobre a atuação dos governos europeus no resgate de refugiados. Escreva um texto com suas conclusões e compartilhe-o com os colegas.

CIDADANIA GLOBAL

UNIDADE 3

Retomando o tema

Nesta unidade, você conheceu o processo de formação e de consolidação da União Europeia. Além de compreender acordos feitos entre os países-membros desse bloco político e econômico, investigou outras parcerias que buscaram contribuir para a resolução de problemas variados em diferentes partes do mundo.

1. O que você aprendeu da importância das parcerias entre diferentes tipos de organização para a superação de determinados desafios?
2. É possível afirmar que os objetivos para o desenvolvimento sustentável só poderão ser atingidos integralmente por meio de parcerias? Por quê?
3. Com seu grupo, reflita sobre a realidade e as demandas da localidade onde vocês vivem para responder ao que se pede a seguir.
   a) Selecionem três problemas presentes no município onde vocês vivem.
   b) Apontem possíveis meios para solucionar esses problemas.
   c) Quais agentes poderiam cooperar entre si para a resolução desses problemas?
   d) Descrevam quais seriam as possíveis funções dos agentes citados no item anterior, como fornecimento de apoio técnico e de assistência profissional, entre outras.
   e) Justifiquem a importância das parcerias para a solução dos problemas indicados.

Geração da mudança

- Com seu grupo, retome as informações coletadas e as conversas realizadas ao longo desta unidade para, juntos, produzirem um episódio de *podcast* cujo tema será: **Vamos fazer juntos: parcerias que podem mudar o mundo!**
- O objetivo é possibilitar o compartilhamento de parcerias que contribuem e/ou contribuíram para a implementação de práticas sustentáveis. Combinem um tema de interesse do grupo, busquem casos de parcerias nessa área e finalizem o episódio com propostas de cooperação que poderiam melhorar a qualidade de vida da população e/ou solucionar problemas ambientais na localidade onde vocês vivem.
- Por fim, divulguem o *podcast* nas redes sociais da escola.

Autoavaliação

Yasmin Ayumi/ID/BR

UNIDADE 4

EUROPA OCIDENTAL, RÚSSIA E LESTE EUROPEU

PRIMEIRAS IDEIAS

1. Você sabe quais são hoje os países europeus mais desenvolvidos economicamente?
2. Levante hipóteses sobre fatores que levaram esses países à posição de grandes potências econômicas mundiais.
3. O que você sabe a respeito da Rússia?
4. Você sabe quais fatores históricos impactaram o desenvolvimento econômico dos países do Leste Europeu?

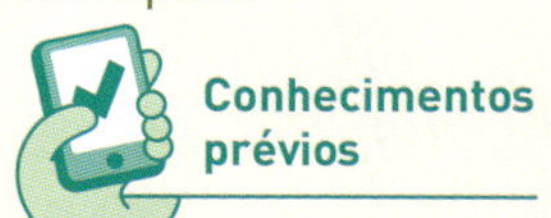

Nesta unidade, eu vou...

CAPÍTULO 1 Europa Ocidental

- Compreender processo de industrialização clássica no continente e características da indústria europeia na atualidade.
- Refletir sobre questões de gênero relacionadas à intolerância religiosa.
- Conhecer as características socioeconômicas dos principais países da Europa Ocidental.
- Compreender as questões ambientais e geopolíticas do continente relacionadas ao consumo de recursos energéticos.

CAPÍTULO 2 Rússia

- Compreender os processos de formação e dissolução da União Soviética (URSS) e a formação da Comunidade de Estados Independentes (CEI).
- Conhecer características da economia da Rússia com base na análise de mapas.
- Conhecer questões geopolíticas que envolvem a Rússia.
- Refletir e buscar informações sobre violência contra mulheres em situações de guerra e de conflitos internacionais.

CAPÍTULO 3 Leste Europeu

- Compreender as principais características da formação territorial do Leste Europeu, com destaque para os eventos que levaram à fragmentação da Iugoslávia.
- Analisar aspectos da economia e geopolítica do Leste Europeu, por meio da análise de gráfico e de mapa.
- Analisar aspectos da desigualdade de gênero no mundo do trabalho.
- Conhecer diferentes projeções cartográficas.

CIDADANIA GLOBAL

- Valorizar a participação das mulheres em centros políticos de poder e de decisão.
- Relacionar gênero com aspectos socioculturais, como raça.
- Reconhecer a desigualdade de gênero constituída com base em estereótipos e em preconceitos veiculados na mídia.

Daniel Mihailescu/AFP/Getty Images

LEITURA DA IMAGEM

1. Descreva a cena retratada na imagem.
2. O que você acha que as mulheres mostradas na imagem estão fazendo?
3. Com base na legenda, comente: Em sua opinião, qual é a importância de movimentos como esse?

CIDADANIA GLOBAL

Imagine que sua escola foi selecionada para participar de um projeto mundial voltado à promoção da igualdade de gênero. A tarefa de sua turma será identificar possíveis preconceitos de gênero que ocorrem no município onde vocês vivem, dialogar sobre eles e propor ações para combatê-los. Para isso, é preciso estudar e analisar essa questão e comparar situações de discriminação e de combate a violências de gênero no Brasil e em outros países.

1. SABER SER O que você sabe da igualdade e da desigualdade de gênero? Cite exemplos de formas de discriminação contra mulheres e meninas sobre as quais você tenha estudado ou que você tenha presenciado.
2. De que maneira os estereótipos associados a pessoas do sexo masculino e do sexo feminino podem gerar preconceitos e causar violências contra as mulheres e as meninas no Brasil e em outras partes do mundo?

Ao longo desta unidade, você e os colegas vão identificar e discutir as discriminações de gênero, em especial, as relacionadas a mulheres e a meninas. Em seguida, vocês vão trabalhar como agentes de transformação social e analisar a desigualdade de gênero retratada na mídia, identificando e combatendo preconceitos por meio da correção ou da reescrita de textos ou de peças publicitárias, por exemplo.

Que mulheres você conhece que atuaram na **luta pelos direitos das mulheres** ao longo da história?

Protesto contra violência de gênero em Bucareste, na Romênia. Foto de 2020.

CAPÍTULO

1 EUROPA OCIDENTAL

PARA COMEÇAR

Quais são as características socioeconômicas dos países da Europa Ocidental? Que desafios ambientais e energéticos são enfrentados nessa porção do continente?

PAÍSES DE INDUSTRIALIZAÇÃO CLÁSSICA

A industrialização clássica abrange os países que foram pioneiros na Primeira e na Segunda Revolução Industrial, respectivamente no fim do século XVIII e no fim do século XIX. Na Europa, são países de industrialização clássica a **Inglaterra**, a **França** e a **Alemanha**.

INGLATERRA (REINO UNIDO)

A **Primeira Revolução Industrial** iniciou Inglaterra, no século XVIII. Por mais de um século, esse país foi a maior potência mundial, mas no fim do século XIX a produção industrial inglesa foi superada pela de países como Alemanha e Estados Unidos. Diante disso, a Inglaterra, procurando expandir sua economia, liderou a exploração de novas **colônias** na África e na Ásia.

A Primeira Guerra Mundial (1914-1918) marcou o fim da Inglaterra como principal potência econômico-militar, posição que passou a ser ocupada principalmente pelos Estados Unidos, pela Alemanha e pela França. Só após a Segunda Guerra Mundial (1939-1945) a Inglaterra retomou o crescimento econômico, com o desenvolvimento de setores da **indústria de base**.

Ao longo das décadas seguintes, a Inglaterra se tornou cada vez menos industrial, e sua economia passou a ser movimentada, principalmente, pelos serviços financeiros e pelo turismo. Em 2020, a indústria representava 17% do PIB do Reino Unido, segundo o Banco Mundial.

▼ Londres, no Reino Unido, é um dos principais centros financeiros do mundo e uma das cidades que mais movimenta serviços financeiros em escala global. Vista para região de Londres conhecida como centro financeiro da cidade. Foto de 2022.

RAW-films/Shutterstock.com/ID/BR

FRANÇA

A França tem uma das maiores e mais diversificadas economias da Europa e, ao lado da Inglaterra, ocupou o lugar de grande **potência mundial** no fim do século XIX. Embora seu grau de industrialização tenha sido inferior ao inglês, constituiu-se em uma **potência militar**, que atingiu seu auge com Napoleão Bonaparte. Nesse período, o país também expandiu seus **domínios coloniais** sobre grandes áreas da África e da Ásia.

Na Primeira Guerra Mundial, a França foi seriamente confrontada pela Alemanha. Por isso, após o fim do conflito, por volta da década de 1920, procurou ampliar o desenvolvimento industrial, buscando recuperar sua posição.

Na segunda metade do século XX, a França passou por grande **desenvolvimento econômico**, impulsionado pela agricultura e por vários setores industriais, principalmente pelas indústrias aeronáutica, automobilística e armamentista.

Em 2020, a indústria representava 21% do PIB francês, enquanto o setor de serviços, base de sua economia, representava 77%. As atividades ligadas ao setor agropecuário, embora representassem apenas 2% do PIB, têm grande tradição no país, especialmente o cultivo de trigo, a produção de queijos e de vinhos e a criação de aves.

Em razão da colonização empreendida no norte da África, entre os séculos XIX e XX, a França é um dos países que mais recebem **imigrantes** africanos (nem sempre legalizados). Em geral, eles são atraídos por melhores condições de vida e de trabalho, mas frequentemente enfrentam condições sociais e de trabalho precárias.

A partir dos anos 2000, a redução do crescimento econômico francês, acompanhada da diminuição dos benefícios destinados aos imigrantes, vem piorando as condições de vida dessa população e ocasionando vários conflitos. Com a crise econômica de 2008 e, mais recentemente, com a pandemia de covid-19, essa situação se agravou. Em 2020, primeiro ano da crise sanitária, o PIB francês teve uma redução de 8%.

INTOLERÂNCIA RELIGIOSA E QUESTÕES DE GÊNERO

Desde 2011, a França e outros países europeus proibiram o uso de vestimentas que encubram o rosto e a cabeça nos espaços públicos. Essa determinação afetou, principalmente, as mulheres e as meninas que se autoproclamam muçulmanas (praticantes da religião islâmica) e, assim, usam vestimentas religiosas, como o *hijab* (véu ao redor da cabeça) e o *niqab* (tipo de amarração do véu que deixa apenas os olhos à mostra).

1. Em sua opinião, impedir que mulheres e meninas expressem suas convicções religiosas por meio de suas vestimentas é uma forma de discriminação? Justifique.
2. Faça uma busca e apresente quais são os posicionamentos da ONU em relação a essa questão.
3. Mulheres muçulmanas de diferentes países lançaram a campanha: “Tire as mãos do meu véu!”. Qual é a importância desse tipo de movimento?
4. No Brasil, mulheres e meninas também sofrem preconceitos em razão de suas práticas ou determinações religiosas? Dê exemplos.

Stefano Rellandini/AFP

O turismo é uma importante fonte de renda na França. Turistas em frente ao Museu do Louvre, em Paris, França. Foto de 2022.

ALEMANHA

Após a Segunda Guerra Mundial, a Alemanha passou por profundas transformações, a começar pela divisão do país em **Alemanha Ocidental** e **Alemanha Oriental**, fato que marcou o início da Guerra Fria.

Alemanha Ocidental, Inglaterra e França receberam investimentos e apoio dos Estados Unidos por meio do Plano Marshall. Já a Alemanha Oriental ficou vinculada à União Soviética, da qual recebeu ajuda para sua reconstrução e para a implementação da indústria de base.

Plano Marshall: auxílio financeiro estadunidense para a reconstrução dos países da Europa Ocidental, após a Segunda Guerra Mundial, com o objetivo de ampliar a influência dos Estados Unidos nessa região.

A Alemanha Ocidental adotou um programa diversificado de industrialização, com base na ciência e na tecnologia de ponta, o que possibilitou um acelerado crescimento econômico nas décadas de 1950 a 1970, que ficou conhecido como **milagre alemão**. Nesse momento, o país já era uma das principais potências desenvolvidas, apresentava elevado PIB *per capita* e oferecia boas condições de vida à população.

Em 1989, os alemães derrubaram o muro de Berlim, acontecimento que deu início ao processo de **reunificação da Alemanha**, concretizado em 1990. Os custos da reunificação prejudicaram consideravelmente a economia alemã. Contudo, no final da década de 1990, o país retomou o crescimento, assumindo o lugar de maior potência econômica e industrial da Europa.

A reunificação da Alemanha foi fundamental para o avanço da União Europeia (UE), pois o crescimento do país fortaleceu a economia desse bloco econômico diante dos demais blocos que se formavam pelo mundo.

Atualmente, a economia da Alemanha é considerada a mais sólida da Europa, e o país é uma das maiores potências econômicas mundiais, com o quarto maior PIB do mundo (2020). O desempenho econômico alemão é um importante fator de atração de imigrantes ao país. A Alemanha permanece como uma grande potência industrial, com forte participação nas exportações mundiais de automóveis, máquinas industriais avançadas e produtos químicos.

PARA EXPLORAR

***A vida dos outros*. Direção: Florian Henckel von Donnersmarck. Alemanha, 2006 (137 min).**

O filme se passa na Alemanha, durante os anos 1980, quando o país era dividido pelas principais potências hegemônicas da Guerra Fria. Um capitão do serviço secreto soviético tem a função de vigiar um casal suspeito de infidelidade ao regime comunista instaurado no lado oriental.

Rupert Oberhäuser/Alamy/Fotoarena

▲ **Aprendiz em centro de formação profissional voltado às indústrias metalúrgica e elétrica em Remscheid, Alemanha. Foto de 2020.**

ALEMANHA, FRANÇA E REINO UNIDO: INDICADORES SOCIOECONÔMICOS (2020)

País	PIB (trilhões de dólares)	IDH (2019)	Taxa de desemprego (%)
Alemanha	3,846	0,947	3,8
França	2,630	0,901	8,0
Reino Unido	2,760	0,932	4,5

Fontes de pesquisa: Banco Mundial. Disponível em: https://data.worldbank.org/indicator/SL.UEM.TOTL.NE.ZS?locations=DE-FR-GB; https://data.worldbank.org/indicator/NY.GDP.MKTP.CD?locations=DE-FR-GB; Pnud. Disponível em: http://hdr.undp.org/en/data. Acessos em: 3 jan. 2023.

SETORES INDUSTRIAIS DE ALTO VALOR

Desde a década de 1970, a Europa Ocidental tem se concentrado nos setores industriais de mais alto valor, ou seja, ligados às **inovações tecnológicas** surgidas nas últimas décadas do século XX, deixando em segundo plano os setores industriais de menor valor – como o têxtil e o de calçados –, cuja produção foi transferida para outros países, especialmente os do Leste Asiático.

Morris MacMatzen/AFP

Galpão de indústria aeronáutica em Hamburgo, Alemanha. Foto de 2022.

Diversos países europeus, como Alemanha, França, Inglaterra, Suécia e Espanha, montaram ou aperfeiçoaram universidades e estruturas de **pesquisa científica** ligadas às atividades dos setores industriais de alto valor. Os principais setores são: aeronáutico, naval, farmacêutico, automobilístico, o de aparelhamento industrial, o de equipamentos médicos, o de equipamentos para a produção de energia e o de robótica.

Nesses setores industriais há poucos fabricantes que, além de absorver grandes volumes de investimentos, de tecnologia e de mão de obra altamente qualificada, produzem artigos de alto valor no mercado. Geralmente, nesses setores, há a presença de grandes empresas **multinacionais** e estatais que atuam no **comércio mundial**.

Além dos setores de alta tecnologia, está presente em praticamente toda a Europa a indústria alimentícia, com a importação de matérias-primas como carne e grãos. Assim, devido à presença de sua indústria em âmbito mundial, a Europa absorve a lucratividade desse setor e mantém abastecidos seus mercados internos.

A Alemanha aprofundou o desenvolvimento tanto do setor de equipamentos hidráulicos pesados utilizados na indústria quanto das indústrias farmacêutica, naval, automobilística e química. O país é um dos grandes fabricantes e exportadores mundiais desses setores.

A França se sobressai com as indústrias automobilística, armamentista e aeronáutica, com destaque para os aviões de grande porte.

Nos Países Baixos, distingue-se a indústria de equipamentos para a produção de energia eólica, além das indústrias química, siderúrgica e naval.

Na Suécia, destaca-se a fabricação de robôs utilizados na indústria, de equipamentos para a energia elétrica e a nuclear e de caminhões de grande porte.

O Reino Unido é um dos grandes fabricantes de produtos farmacêuticos e químicos.

DO ESTADO DE BEM-ESTAR SOCIAL À CRISE ECONÔMICA

A CRISE ECONÔMICA E OS IMIGRANTES NA EUROPA

Os primeiros a serem atingidos com os programas de corte de gastos públicos durante crises econômicas são os imigrantes de diferentes nacionalidades que vivem nos países europeus. Em geral, essas pessoas têm menos direitos, o que provoca diversos conflitos.

Nos momentos de crise, os empregos de menor remuneração passam a interessar mais à população de origem europeia, agravando as disputas com os imigrantes.

O Estado de bem-estar social pode ser entendido como um conjunto de políticas que visa tornar a economia mais planejada e menos sujeita a crises, bem como garantir amplos **direitos sociais** à população. Entre esses direitos estão saúde e educação pública de qualidade, seguro contra o desemprego e auxílios referentes à moradia, à alimentação e ao consumo.

Na década de 1980, a crise do petróleo atingiu a Europa de modo intenso, levando vários países do continente a reduzir os benefícios sociais, especialmente os do sistema previdenciário. Nesse período, o Reino Unido, governado pela então primeira-ministra Margaret Thatcher, foi o país em que houve o maior corte dos benefícios proporcionados pelo Estado de bem-estar social, com a privatização da previdência e a redução de gastos com educação e saúde.

Nos anos 1990, com a criação da União Europeia, houve reforço do Estado de bem-estar social na maioria dos países desse bloco. Alguns benefícios foram até ampliados, à medida que a União Europeia crescia. É o caso, por exemplo, da Política Agrícola Comum (PAC), cujo objetivo é proteger os agricultores europeus da concorrência externa, taxando as importações e subsidiando a produção com garantia de preços competitivos e crédito a juros baixos.

A crise econômica mundial de 2008 fez ressurgir o debate sobre as conquistas proporcionadas pelo Estado de bem-estar social na Europa Ocidental, uma vez que houve aumento do **desemprego** e cortes de investimentos em **programas sociais**, saúde e educação. Em vários países, como França, Espanha, Grécia, Itália e Inglaterra, ocorrem conflitos por causa da tentativa dos governos de reformular a legislação trabalhista e previdenciária, entre outras medidas.

REGIÕES DO MUNDO SELECIONADAS: INDICADORES SOCIOECONÔMICOS (2019)

Regiões selecionadas	Gastos públicos com saúde, em % do PIB	PIB *per capita*, em dólares	Expectativa de vida, em anos
África Subsaariana	4,95	1 589,6	62
América do Norte	16,32	63 981,1	79
Américas do Sul e Central	7,96	8 747,2	76
Leste Asiático	6,68	11 686,1	76
Oriente Médio e norte da África	5,52	7 417,4	74
Sul da Ásia	3,10	1 996,1	70
União Europeia	9,92	35 969,7	81

Os indicadores sociais da União Europeia estão entre os melhores do mundo. Segundo a tabela, o PIB *per capita* da UE só é menor que o da América do Norte, ao passo que a expectativa de vida no bloco europeu é de 81 anos, a maior entre as regiões analisadas. Essa situação foi influenciada pela política do Estado de bem-estar social e atrai imigrantes que chegam à Europa em busca de melhores condições de vida.

Fonte de pesquisa: Banco Mundial. Disponível em: https://data.worldbank.org/indicator/NY.GDP.MKTP.CD; https://data.worldbank.org/indicator/SH.XPD.CHEX.GD.ZS; https://data.worldbank.org/indicator/SP.DYN.LE00.IN. Acessos em: 27 mar. 2023.

CRISE ECONÔMICA NA EUROPA OCIDENTAL

A principal causa da crise econômica enfrentada pela Europa Ocidental nos últimos anos é o excessivo **endividamento** (de famílias, empresas e governos), aliado ao **baixo crescimento econômico** e a **déficits comerciais** externos. Esses déficits estão relacionados à elevada importação de produtos energéticos, principalmente petróleo e gás natural, e ao crescimento das importações de alimentos, minerais, aço e produtos industrializados de todo tipo. Essa situação pode ser observada em países como Reino Unido, França, Portugal, Espanha e Grécia.

O desenvolvimento econômico dos países da Europa Ocidental está atrelado ao setor de serviços, deixando para outras regiões do mundo a produção agrícola, a extrativista e a industrial. A região passou pela chamada **especialização virtuosa**, na qual são realizados serviços de alta remuneração e as produções agrícola e industrial ficam concentradas em artigos de valor elevado, de baixo consumo energético, com pouca utilização de mão de obra e com menores impactos ambientais.

Esse modelo funcionou bem durante décadas, pois gerava rendas elevadas que garantiam os recursos para as importações do que não era produzido na região. No entanto, esse cenário foi alterado por vários fatores: a queda do valor dos investimentos realizados no continente; a redução das atividades industriais diante da concorrência chinesa; a crise da agricultura, provocada pela produção da América Latina, que ocasionou o aumento dos subsídios a esse setor nos países da UE; a elevação do custo de vida e dos preços de produtos básicos.

A crise financeira reflete, na realidade, uma crise mais profunda, relacionada ao modelo de desenvolvimento europeu. Para garantir a continuidade desse modelo, que favorece o setor financeiro, os governos nacionais se endividaram excessivamente.

Nos últimos anos, os países europeus têm se recuperado da crise econômica. Os índices de desemprego também estão caindo. No entanto, a instabilidade financeira tem abalado a confiança dos países da União Europeia. Em 2016, como você viu na unidade anterior, o Reino Unido aprovou, em votação popular, sua saída da UE. Esse processo ocorreu em 2020 e é um fato recente que marcou uma ruptura importante no bloco europeu.

PARA EXPLORAR

***Eu, Daniel Blake*. Direção: Ken Loach. Reino Unido/França/Bélgica, 2016 (101 min).**

O filme conta a história de Daniel Blake, um marceneiro inglês que busca benefícios concedidos pelo governo após um problema de saúde. A burocracia, no entanto, se torna um grande problema.

Wiktor Szymanowicz/Anadolu Agency/AFP

▲ Parte da população considera que o Brexit exacerbou a crise econômica no Reino Unido. Manifestação pela volta do país à UE em Londres, Reino Unido. Foto de 2022.

EUROPA MEDITERRÂNEA

A **Europa Mediterrânea** abrange alguns países europeus com o litoral voltado para o mar Mediterrâneo, no sul do continente.

PORTUGAL

Apesar de não ser banhado pelo mar Mediterrâneo, Portugal possui características geográficas comuns aos países com o litoral voltado para esse mar. Até recentemente, a economia portuguesa permaneceu ligada às **atividades agrícolas**, com grande parcela da população ocupada e residente nas áreas rurais. Somente na década de 1990 é que a população urbana superou a população rural.

Com a entrada na Comunidade Econômica Europeia (CEE), em 1986, Portugal se modernizou, reduzindo as atividades industriais e agrícolas de baixo valor e ampliando as atividades de maior valor e as relacionadas ao **setor de serviços**.

Portugal foi um dos países mais atingidos pela crise de 2008, pois já apresentava baixo crescimento econômico. Desde 2014 o país realiza investimentos em educação e em infraestrutura, implementa programas sociais e incentiva atividades como o turismo, o que tem levado à melhoria das condições de renda e beneficiado o crescimento da economia portuguesa.

ITÁLIA

A Itália priorizou o desenvolvimento industrial nas décadas de 1950 e 1960, momento em que a renda média da população foi duplicada. Porém, mais recentemente, o setor industrial vem perdendo espaço na economia do país. No início da década de 1990, esse setor representava um terço do PIB e, em 2020, menos de um quarto (21,6%). Em contrapartida, o setor de comércio e serviços teve crescimento significativo e respondia, em 2020, por quase 67% do PIB, de acordo com o Banco Mundial.

O **patrimônio histórico**, tanto do período do Império Romano quanto dos períodos medieval e renascentista, possibilitou à Itália transformar-se em um dos principais destinos turísticos internacionais.

Nos últimos 20 anos, o crescimento da economia italiana tem sido baixo, e as condições de vida da população têm se agravado. Somada a isso, a pandemia de covid-19 acentuou a crise econômica.

▼ O turismo é uma das atividades econômicas mais importantes da Itália. Muitos visitantes buscam conhecer monumentos e aspectos da cultura do país. Vista da fonte Fontana di Trevi, em Roma, Itália. Foto de 2022.

Aphotog/Shutterstock.com/ID/BR

ESPANHA

A Espanha iniciou, na década de 1980, um processo de modernização e de integração à antiga CEE. Nesse período houve crescimento econômico, industrialização e melhoria da renda e das condições de vida da população.

Após a década de 1990, o crescimento espanhol atraiu muitos **imigrantes**, que, em geral, realizam trabalhos de menor remuneração. Com o aumento do desemprego provocado pela crise de 2008, o governo espanhol passou a recusar imigrantes e até mesmo a pagar passagens para o retorno deles ao país de origem.

A Espanha foi um dos países mais atingidos pela crise econômica, acumulando a mais alta taxa de desemprego da Europa. Entre os jovens (até 25 anos), por exemplo, essa taxa chegou a 55,7% em 2012. Nos últimos anos, a economia espanhola estava se recuperando. Porém, a pandemia de covid-19 levou à paralisação do turismo, uma das principais atividades econômicas do país.

GRÉCIA

Foi apenas a partir da década de 1980 que a Grécia passou por relativa estabilidade política. Após tornar-se membro da União Europeia, em 1981, seu setor de serviços cresceu de modo acelerado, chegando a compor cerca de 67% do PIB em 2020. As atividades agropecuárias correspondem a apenas 4,2% do PIB, e a indústria responde por 15% (2020).

No entanto, para viabilizar a entrada na União Europeia, o país contraiu **enormes dívidas**, e sua frágil estrutura econômica não garantiu crescimento. A crise econômica iniciada em 2008 ampliou ainda mais essas dívidas e levou o governou a cortar benefícios sociais.

Com o agravamento da situação econômica, o índice de desemprego ultrapassou os 24% em 2012. Os jovens foram os principais atingidos e os que mais realizaram manifestações contra essa situação. O déficit comercial externo é outro grande problema da economia grega, pois as importações aumentaram muito mais que as exportações desde a entrada do país no bloco europeu.

ARIS MESSINIS/AFP

Para se recuperar da crise econômica de 2008, a Grécia contraiu dívidas bilionárias em órgãos como o FMI e em bancos europeus. Anos mais tarde (em 2015), houve um referendo, em que os gregos votaram aprovando ou não as condições que os bancos credores estavam estipulando. A campanha pelo "não", como está retratado na foto (*OXI* significa "não" em grego), ganhou a votação, e a Grécia correu o risco de sair da União Europeia. Manifestantes em Atenas, Grécia. Foto de 2015.

TURQUIA

Uma parte do território turco localiza-se na Ásia (Oriente Médio), e a outra, na Europa. Em termos econômicos e políticos, a Turquia busca aproximar-se do Ocidente e fazer parte da União Europeia; em termos culturais, com uma população de **maioria muçulmana**, identifica-se mais com o Oriente Médio.

Esse fato acaba refletindo-se nos países da União Europeia, que, ao longo dos anos, vêm impondo inúmeras condições para aceitar a Turquia como membro.

Com uma população de 84,3 milhões de habitantes (2020), a Turquia é um dos maiores países do Mediterrâneo (o que justifica seu estudo entre os países da Europa Mediterrânea) e apresenta bom potencial de crescimento econômico. No entanto, sua renda é inferior à de países europeus, o que sempre foi um dos impedimentos à aceitação do país pela UE.

Em 2016, diante dos milhares de migrantes e refugiados que recorrem aos países europeus em busca de melhores condições de vida ou de segurança, a União Europeia e a Turquia estabeleceram um acordo sobre a **acolhida de refugiados sírios**. A União Europeia concede visto aos turcos que já estão em países europeus e destina ajuda financeira ao país para a assistência dos refugiados, caso os imigrantes ilegais que entraram na Grécia voltem à Turquia. Com esse acordo, a Turquia espera que as negociações de entrada no bloco sejam aceleradas.

A **indústria** é o setor que mais vem crescendo na economia turca, com metade de suas exportações voltadas para a União Europeia. A Turquia também está em uma **posição estratégica** fundamental na geopolítica do petróleo, devido à sua localização entre a Europa e a Ásia.

Nikolay Doychinov/AFP

Com o objetivo de barrar a grande quantidade de migrantes e de refugiados que tentam chegar principalmente aos países da Europa Ocidental, em 2013 a Bulgária iniciou a construção de uma cerca na fronteira com a Turquia. Trecho da cerca nas proximidades da vila de Matochina, Bulgária. Foto de 2021.

RECURSOS ENERGÉTICOS E A GEOPOLÍTICA

O modelo de desenvolvimento econômico da Europa baseia-se no consumo de **recursos naturais importados**, especialmente os **energéticos**.

A preocupação das potências europeias com a disponibilidade desses recursos naturais leva esses países a ampliar seu papel **político-militar** para defender seus interesses nos países produtores de fontes de energia do Oriente Médio, do norte da África e da América Latina. Além disso, o crescimento do poderio militar da Rússia, também interessada nas fontes de energia, é motivo de preocupação na Europa Ocidental.

Entre as grandes áreas produtoras de petróleo e de gás natural, apenas o norte da África mantinha uma política autônoma, sem necessitar do apoio de outros países para impedir intervenções estrangeiras. No início de 2011, as revoltas ocorridas nessa região foram usadas como justificativa para a intervenção europeia, ação que foi liderada pela França, principal país a bombardear a Líbia e a derrubar o governo de Muamar Kadafi.

A Otan (Organização do Tratado do Atlântico Norte), organismo militar liderado pelos Estados Unidos e pela União Europeia, se expandiu nos últimos anos para o Leste Europeu, aceitando como membros países vizinhos à Rússia e que faziam parte do antigo bloco soviético, visando conter o poder regional da Rússia. Em 2022, diante do conflito entre a Ucrânia e a Rússia e do apoio da Otan à Ucrânia, a Rússia ameaçou cortar o fornecimento de petróleo e gás para os países europeus, muito dependentes dos combustíveis fósseis russos.

Você conhece alguma iniciativa da União Europeia com o objetivo de diminuir as **emissões de gases do efeito estufa**?

QUESTÕES AMBIENTAL E ENERGÉTICA

O **esgotamento dos recursos naturais** é um problema central na Europa, decorrente da intensa exploração dos recursos minerais e energéticos, da intensa ocupação dos solos e da destruição de grande parte da cobertura vegetal original. A Europa atingiu elevado padrão de vida e de consumo, o que leva ao aumento da importação de recursos energéticos.

Durante décadas, a energia nuclear foi utilizada como alternativa, mas os riscos de acidentes e os elevados custos desestimularam o uso dessa fonte. O uso de **fontes renováveis de energia**, como a energia solar e a energia eólica, vem sendo incentivado, visando combater a poluição do ar e as mudanças climáticas.

O gasoduto Yamal-Europa tem 4 107 quilômetros de extensão e conecta os campos de gás natural da Península de Yamal, na Rússia, com a Polônia e a Alemanha, por meio de Belarus. Trecho do Yamal-Europa em Wloclawek, Polônia. Foto de 2022.

Omar Marques/AFP

ATIVIDADES

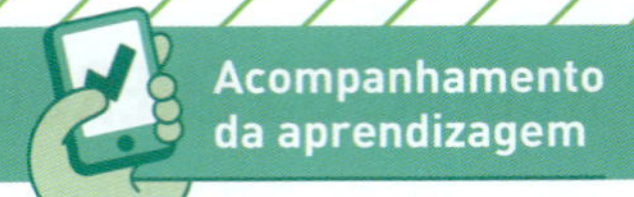

Retomar e compreender

1. O que significa a expressão "industrialização clássica"? Que países europeus foram os pioneiros nesse processo?
2. Alguns países europeus vêm gradativamente abandonando determinados setores industriais e fortalecendo outros. Com base nessa informação, responda:
   a) Que motivos levaram alguns países da Europa a abandonar determinados setores?
   b) Que setores vêm se fortalecendo atualmente na Europa? Por quê?
3. Quais são as relações entre o Estado de bem-estar social e as condições de vida na Europa Ocidental?
4. Cite países que fazem parte da Europa Mediterrânea.
5. Por que a Grécia foi um dos países mais afetados pela crise econômica iniciada em 2008?

Aplicar

6. Observe o mapa e, com o auxílio do mapa da página 81, responda às questões a seguir.

■ **Europa: Indústria, energia e finanças (2021)**

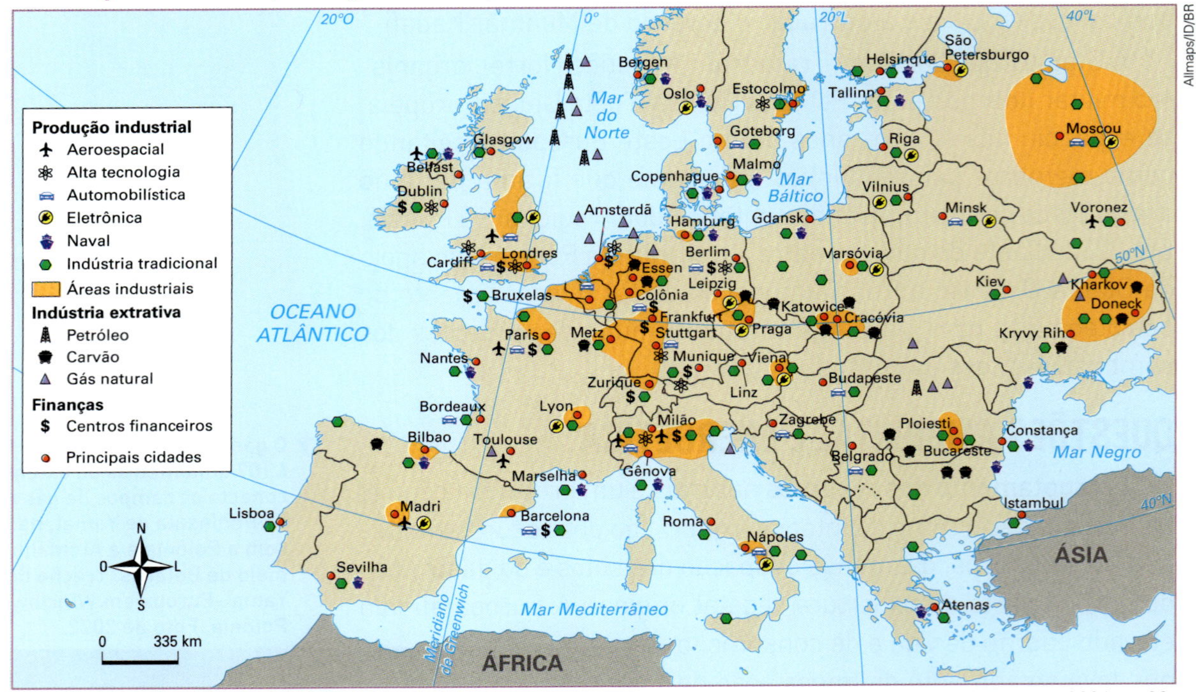

Fonte de pesquisa: *Reference world atlas*. New York: Dorling Kindersley, 2021. p. 90.

   a) Cite alguns países representados no mapa com áreas industriais.
   b) Descreva, com base no mapa e no que você estudou neste capítulo, a produção industrial do Reino Unido, da França e da Alemanha.
   c) Cite lugares representados no mapa que se destacam na extração de recursos energéticos.
   d) Qual é a situação dos recursos energéticos na Europa hoje?
7. Os países da União Europeia, de modo geral, foram afetados pela crise econômica que se iniciou em 2008. Escreva um texto a respeito dos fatores que explicam o impacto direto da crise econômica sobre a Europa, indicando quais países desse continente foram mais afetados. Depois, investigue e descreva a situação econômica atual desses países e anote as informações no caderno.

Questão energética entre União Europeia e Rússia

Para compreender as relações políticas entre a União Europeia e a Rússia, é preciso considerar a dependência do bloco em relação ao gás natural proveniente desse país. A União Europeia tem buscado outras fontes de energia, o que se intensificou com o conflito entre Rússia e Ucrânia em 2022. Sobre isso, leia o texto a seguir.

Guerra na Ucrânia pode mudar os rumos da transição energética na Europa?

A invasão da Ucrânia pela Rússia, ocorrida no fim de fevereiro [2022], tem trazido consequências humanitárias e econômicas para o continente europeu. No plano econômico, uma das preocupações centrais é a possível interrupção no fornecimento de gás natural russo, do qual muitas nações europeias dependem. Cerca de 40% do gás importado pela Europa vem da Rússia. Em função disso, a União Europeia apresentou na terça-feira [8 fev. 2022] um plano para reduzir sua dependência energética do país de Putin, buscando diversificar as ofertas de gás, substituir seu uso no aquecimento e na geração de energia e acelerar o uso de renováveis.

[...]

[...] O conflito entre Rússia e Ucrânia pode acelerar a transição para fontes de energia renovável na Europa? [...]

Diogo Lisbona Romeiro [pesquisador do Centro de Estudos em Regulação e Infraestrutura da FGV] – Há países europeus que já estão apostando nas fontes renováveis há algum tempo. A Alemanha é um dos que investiram pesado: [...] baniu [o uso de energia] nuclear e teve um custo elevado [para isso]. Apostou em solar com subsídio pesado para essa migração, tem muito incentivo para aquisição de veículos elétricos, muito investimento para eletropostos, para infraestrutura de recarga. Estão mirando para uma transição energética. [...] Em função disso, há um avanço já significativo para as renováveis e uma dependência enorme do gás. [...] O custo do gás é um problema para a indústria e para as residências também, que precisam de aquecimento.

Guido Paradisi/Alamy/Fotoarena

▲ **Painéis solares e turbina eólica para produção de energia renovável em Áquila, Itália. Foto de 2021.**

A guerra e as sanções à Rússia aumentaram a preocupação com a dependência energética, que já existia [...]. Mas, no curto prazo, a Europa não consegue abrir mão do gás da Rússia. [...]

Juliana Domingos de Lima. Guerra na Ucrânia pode mudar os rumos da transição energética na Europa? *UOL Ecoa*, São Paulo, 10 mar. 2022. Disponível em: https://www.uol.com.br/ecoa/ultimas-noticias/2022/03/10/guerra-na-ucrania-pode-mudar-os-rumos-da-transicao-energetica-na-europa.htm?. Acesso em: 3 jan. 2023.

Em discussão

1. Qual é a situação da União Europeia em relação às importações de petróleo e de gás natural da Rússia?
2. Quais são as estratégias da União Europeia para mudar essa situação?

CAPÍTULO

2 RÚSSIA

PARA COMEÇAR

Você sabe qual acontecimento político ocorrido na Rússia marcou o século XX? O que você sabe acerca das características socioeconômicas desse país?

FORMAÇÃO DA UNIÃO SOVIÉTICA E PLANEJAMENTO ECONÔMICO

Em 1917, na Rússia, o povo foi protagonista de uma **revolução social** que mudou os rumos do país. Liderada pelo Partido Bolchevique e sustentada por uma aliança entre o proletariado urbano e os camponeses, a revolução derrubou o czarismo (o regime monárquico russo) e implantou o primeiro **governo socialista** em uma nação. Em 1922, a união da Rússia com outras repúblicas fronteiriças deu início oficial à **União das Repúblicas Socialistas Soviéticas**, a URSS, ou simplesmente União Soviética.

Nesse período, houve uma ampla **reforma agrária** e a **estatização** de fábricas e de bancos. A economia passou a ser controlada de forma mais direta pelo Estado e buscou-se modificar radicalmente a condução do sistema mercantil. No entanto, logo após a revolução, teve início uma guerra civil entre os antigos detentores do poder e o governo comunista. Esse conflito provocou grande desorganização na economia russa, adotando-se no período o **comunismo de guerra**, em que o governo tomou o total controle do sistema produtivo e econômico do país.

Vista do Kremlin de Moscou (à esquerda) e da Catedral de São Basílio (à direita) na região central de Moscou, Rússia. O Kremlin é um complexo fortificado que, atualmente, é usado como a residência oficial do presidente russo. Foto de 2022.

NOVA POLÍTICA ECONÔMICA E PLANOS QUINQUENAIS

Com o fim da guerra civil e com a vitória dos comunistas, a União Soviética teve de adotar uma série de medidas para reorganizar a economia. Entre as principais delas estava a **Nova Política Econômica (NEP)**, que restabeleceu alguns princípios da economia de mercado e permitiu a entrada de capital estrangeiro para a reconstrução econômica do país. O Estado mantinha sob seu domínio os setores estratégicos, como os bancos e o comércio exterior. No final dos anos 1920, a NEP foi substituída pelos **planos quinquenais**, que buscavam planejar a produção industrial e agrícola durante os cinco anos seguintes. O planejamento central foi uma das principais características da organização social e econômica da União Soviética.

Sovfoto/UIG/Bridgeman Images/Easypix

▲ Operários em indústria de montagem de maquinário têxtil, em Leningrado (atual São Petersburgo), na antiga União Soviética. Foto de 1924.

URBANIZAÇÃO E INDUSTRIALIZAÇÃO

As transformações ocorridas na União Soviética com a instauração do **planejamento econômico estatal** levaram a uma intensa industrialização, principalmente relacionada ao setor de **bens de produção**.

A urbanização soviética foi uma das mais aceleradas do mundo, motivada, sobretudo, por esse intenso processo de industrialização. Nos anos 1930, o crescimento urbano foi superior a 90%, e, entre 1930 e 1980, a população urbana aumentou de 59 milhões para 180 milhões de pessoas.

Vyacheslav Lopatin/Alamy/Fotoarena

FIM DA UNIÃO SOVIÉTICA E FORMAÇÃO DA CEI

Como se deu a manutenção do **poder da Rússia** após a desagregação da URSS?

Durante a Guerra Fria, a União Soviética obteve muitos avanços tecnológicos e no setor bélico. No entanto, o país tinha problemas com a produção de bens de consumo. A agricultura também não atingia produtividade suficiente para suprir as necessidades internas e, a partir dos anos 1960, foi preciso importar, inclusive, grandes quantidades de grãos dos países capitalistas. Nos anos 1980, essa situação agravou-se. Além disso, as desigualdades internas contribuíram para o descontentamento da população soviética com a situação econômica, social e política do país.

A partir de 1985, no governo de Mikhail Gorbachev, adotou-se uma política de maior liberdade e transparência política, denominada ***glasnost***, e de reorganização econômica, chamada ***perestroika***, como tentativa de minimizar os efeitos da crise. No entanto, os problemas se aprofundaram.

Em 1991, foi reconhecida a independência das repúblicas que faziam parte da União Soviética, e a URSS se extinguiu, assim como o modelo socialista do antigo país. Foi feito um acordo para a formação da **Comunidade de Estados Independentes (CEI)**, da qual se tornaram membros as ex-repúblicas soviéticas, com exceção de Estônia, Letônia, Lituânia. Ficaria assegurada a independência política de cada Estado-membro desde que todos aceitassem participar de uma cooperação econômica sob a liderança da Rússia.

■ **URSS: Desagregação (dez.1991)**

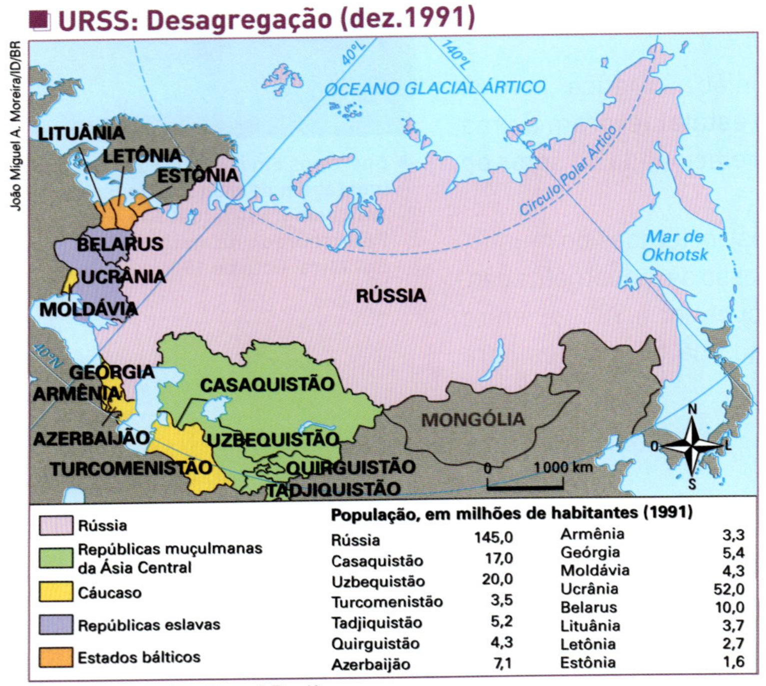

Fonte de pesquisa: Pascal Boniface; Hubert Védrine. *Atlas do mundo global*. São Paulo: Estação Liberdade, 2009. p. 95.

MUDANÇAS DO FINAL DOS ANOS 1990 E INÍCIO DO SÉCULO XXI

A transição da sociedade russa para uma **economia de mercado** e para a abertura do país ao capital estrangeiro foi permeada por profunda **crise**, com aumento da pobreza e do desemprego. A parcela da população que vivia abaixo da linha da pobreza (recebendo menos de 2 dólares diários) era de 3,9% em 1988 e chegou a 10,5% em 1999, ano em que a taxa de desemprego superou 13%.

Nesse período, a Rússia precisou mudar sua política econômica para superar a crise. Em 2000, com a eleição de Vladimir Putin, adotou-se no país uma política **nacionalista**, que, além de recuperar a economia, tornou-a uma das **economias emergentes** do mundo. Atualmente, o país compõe o grupo **Brics** e passou por grande recuperação, com queda dos índices de pobreza.

ECONOMIA E GEOPOLÍTICA

No final da década de 2000, para diminuir a dependência das exportações do petróleo, a Rússia realizou consideráveis investimentos nos setores de geração de energia e de tecnologia espacial e de informação. Mas as exportações de **petróleo** ainda são muito importantes para a economia russa. Em 2021, mais de 20% das exportações do país eram desse combustível fóssil.

O país detém a segunda maior reserva de gás natural do mundo, e até pouco tempo antes do início da guerra na Ucrânia, no começo de 2022, quase 50% das importações desse recurso pela União Europeia vinham da Rússia.

Em 2020, o setor agropecuário era responsável por cerca de 3,7% do PIB russo. O país busca atingir a autossuficiência alimentar, aproveitando melhor o potencial agrícola dos cerca de 220 milhões de hectares de terras agricultáveis.

A **indústria** russa é bem diversificada, respondendo em 2020 por aproximadamente 30% do PIB. A maior parte do parque industrial russo ainda é baseada na infraestrutura soviética e é composta de setores da **indústria pesada**, de **energia** e de **mineração**. Destacam-se a indústria metalúrgica, a siderúrgica, a naval, a de energia nuclear e a petroquímica. No setor de bens de consumo, têm destaque a indústria automobilística e a têxtil. A indústria armamentista também recebeu grandes investimentos.

Na geopolítica mundial, a Rússia persiste como uma potência, se opondo à influência político-militar dos Estados Unidos.

Rússia: Indústria (2021)

Fonte de pesquisa: *Reference world atlas*. New York: Dorling Kindersley, 2021. p. 123.

CRISE NA SÍRIA

Ao contrário dos Estados Unidos e de parte dos países da Europa Ocidental, a Rússia defende a permanência do atual presidente sírio Bashar al-Assad e é grande parceira comercial dos países do Oriente Médio.

Os russos são aliados históricos da Síria e estabeleceram uma **base militar permanente** nesse país. A atuação da Rússia foi fundamental para conter o avanço, na Síria, do grupo terrorista Estado Islâmico. A presença russa no Oriente Médio é uma estratégia de ambos os países contra interesses principalmente dos Estados Unidos e de Israel.

Além disso, com a intenção de ser um protagonista influente do ponto de vista econômico e geopolítico nas questões envolvendo essa região, o governo russo vem tentando se aproximar da Turquia e da Jordânia e dos países do norte da África.

CONFLITO COM A UCRÂNIA

As tensões entre a Rússia e a Ucrânia são antigas, mas se acirraram no início dos anos 2000, quando a **Organização do Tratado do Atlântico Norte (Otan)** se expandiu para o Leste Europeu, iniciando negociações com a Ucrânia. Na perspectiva russa, essa relação é uma ameaça à sua segurança.

Nos anos seguintes, uma grande crise econômica também abalou as relações ucranianas com a Rússia e levou a Ucrânia a se aproximar da União Europeia. O agravamento da crise gerou grande polarização política no país; parte dos ucranianos apoiava a manutenção dos acordos com a Rússia, a outra parte da população defendia uma maior aproximação com o Ocidente.

Em 2014, a Rússia incorporou a Crimeia ao seu controle; apesar de esse território pertencer à Ucrânia, havia movimentos pró-independência de parte da população desde 1992. Em 2022, a região de Donbass, com população de maioria russa, declarou independência, situação que transformou as tensões políticas em uma guerra com a Rússia no mesmo ano.

CIDADANIA GLOBAL

VIOLÊNCIA DE GÊNERO NOS CONFLITOS ARMADOS

Desde o início da guerra entre a Rússia e a Ucrânia, em 2022, a ONU registrou diversas denúncias de violências contra mulheres praticadas por militares russos na Ucrânia. Em geral, as mulheres, principalmente as pobres e não brancas, estão entre os integrantes da sociedade que mais sofrem as consequências dos conflitos e das guerras.

1. Em grupos, busquem informações, reflitam e conversem sobre a seguinte questão: Que ideias e princípios precisam ser eliminados nas sociedades para combater a violência praticada contra mulheres e meninas em todo o mundo?
2. Qual é a importância de haver representações de mulheres nos órgãos internacionais que deliberam e julgam as arbitrariedades cometidas em conflitos?
3. Façam um levantamento de dados brasileiros sobre a violência de gênero nos últimos cinco anos. Depois, compartilhem suas descobertas com os outros grupos.

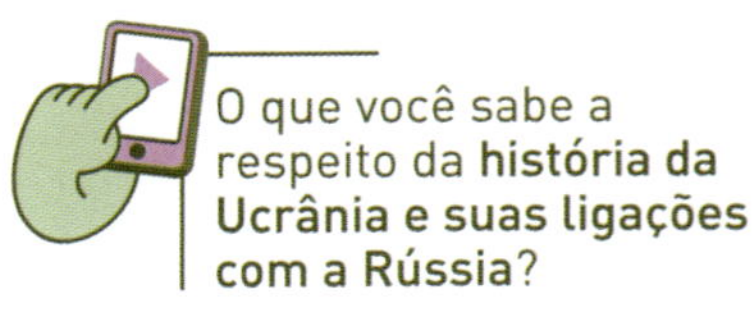
O que você sabe a respeito da **história da Ucrânia e suas ligações com a Rússia**?

Gints Ivuskans/Shutterstock.com/ID/BR

Manifestação contrária à guerra na Ucrânia em Riga, Letônia. Foto de 2022.

ATIVIDADES

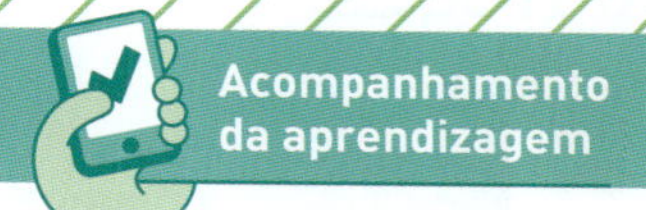

Retomar e compreender

1. Em 1917, a revolução social ocorrida na Rússia mudou a trajetória do país. Em 1922, formou-se a União das Repúblicas Socialistas Soviéticas (URSS), da qual participavam a Rússia e outras repúblicas fronteiriças. Explique as principais características da economia da URSS no período pós-revolução.
2. A partir de 1985, com o intuito de atenuar os efeitos da crise que abalava o sistema soviético, o governo de Mikhail Gorbachev adotou diversas políticas, que, em vez disso, acentuaram as contradições do regime socialista, ocasionando a dissolução da União Soviética em 1991. Explique como ocorreu o processo de adequação da Rússia à economia de mercado.
3. Quais foram os principais fatores que contribuíram para o fim da URSS?
4. Qual foi o objetivo da formação da Comunidade de Estados Independentes (CEI)?
5. Como se estruturou a política econômica russa a partir de 2000?
6. Caracterize a indústria russa.
7. Como é a atuação da Rússia no Oriente Médio?

Aplicar

8. Observe o mapa e responda às questões.

Rússia: Uso e cobertura do solo (2018)

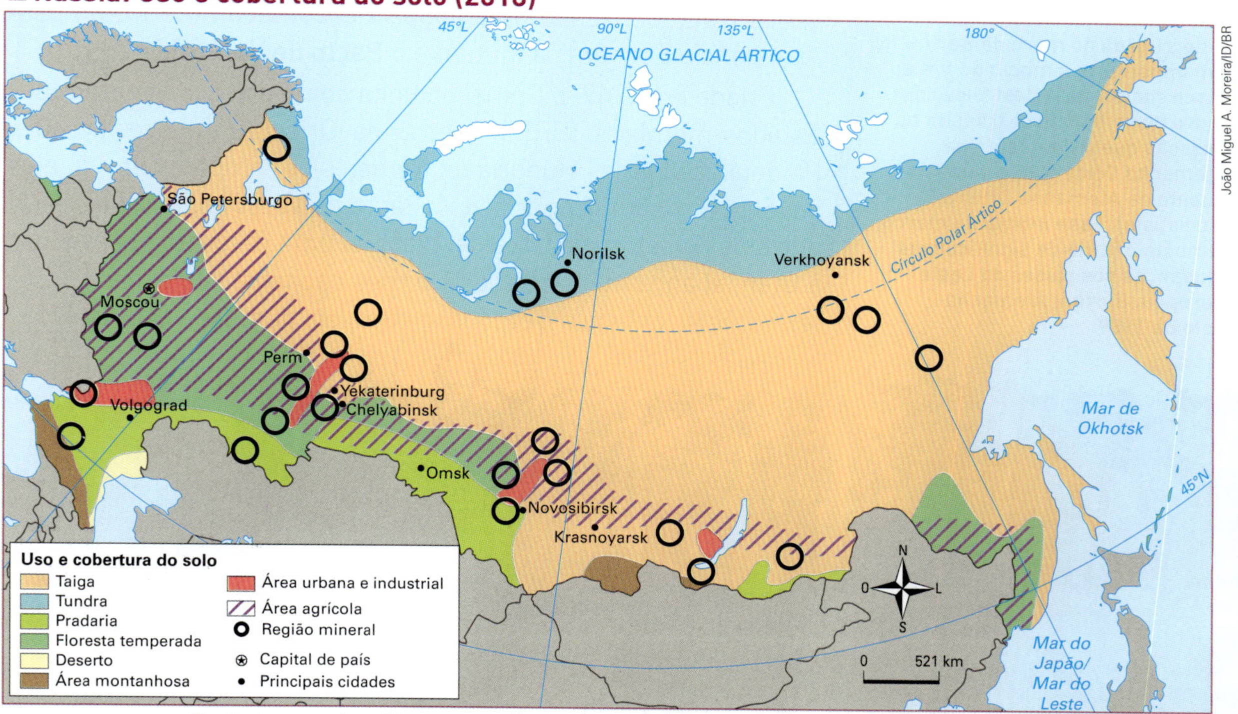

Fonte de pesquisa: *Atlante geografico De Agostini*. Novara: Istituto Geografico De Agostini, 2018. p.38-39; 169.

a) As atividades agrícolas na Rússia se desenvolvem em áreas com quais coberturas vegetais?

b) Nas áreas de ocorrência de tundra, quais são as atividades econômicas realizadas?

c) Há exploração econômica na área de deserto da Rússia?

d) É possível identificar no mapa áreas do país onde se concentram centros urbanos e industriais? Se sim, localize-as.

CAPÍTULO

3 LESTE EUROPEU

PARA COMEÇAR

Quais foram os principais fatores e acontecimentos históricos que marcaram a formação territorial do Leste Europeu? Como ocorreu a fragmentação da Iugoslávia?

FORMAÇÃO DO LESTE EUROPEU

Desde a Antiguidade, o Leste Europeu e a porção ocidental da Europa apresentam características diferentes. No início do século XX, a região leste da Europa era dominada pelos impérios Alemão, Austro-Húngaro, Otomano e Russo. A Primeira Guerra Mundial levou ao fim desses impérios, e a região se fragmentou em vários países.

Outras transformações importantes ocorreram no Leste Europeu após a Segunda Guerra Mundial, não apenas pelas mudanças ocorridas nas fronteiras entre os países dessa região, mas sobretudo pelo modelo político-econômico adotado: o **socialismo**. Os países aliados da URSS estavam associados por vários tratados, sendo os principais o **Comecon** (Conselho para Assistência Econômica Mútua) e o **Pacto de Varsóvia**.

Criado em 1949, o Comecon tinha como objetivo integrar seus Estados-membros (URSS, Alemanha Oriental, Tchecoslováquia, Polônia, Bulgária, Hungria e Romênia) e proporcionar a eles desenvolvimento econômico. O Pacto de Varsóvia, acordo militar entre os países socialistas de 1955, foi uma resposta desse bloco à Otan, aliança militar entre os países capitalistas. Foi nesse contexto que se definiu a geopolítica europeia durante a **Guerra Fria**.

▼ A derrubada do muro de Berlim foi um importante símbolo do fim do bloco socialista. A destruição do muro permitiu o livre trânsito às pessoas que viviam tanto na Alemanha Ocidental (capitalista) quanto na Alemanha Oriental (socialista). Esse momento marcou também o início de significativas mudanças nos países do Leste Europeu. Berlim, Alemanha. Foto de 1989.

FIM DO BLOCO SOCIALISTA E FRAGMENTAÇÃO POLÍTICA

A **queda do muro de Berlim**, em 1989, foi um dos marcos principais do fim do bloco socialista e da Guerra Fria. Nesse período, após uma série de mobilizações populares nos países do Leste Europeu, deu-se início à extinção dos vários regimes socialistas existentes na região.

A diversidade de nacionalidades em um mesmo território foi uma característica marcante dos países do Leste Europeu. Quando o bloco socialista chegou ao fim, os povos de diversas nacionalidades passaram a reivindicar autonomia nacional, o que levou a processos de fragmentação de países: a **dissolução da Iugoslávia**, que resultou em conflitos violentos nos anos 1990; a **independência das repúblicas soviéticas**, que no início ocorreu de forma pacífica, mas no final também foi conflituosa; e a **divisão da Tchecoslováquia** em República Tcheca e Eslováquia, que ocorreu de forma pacífica.

O atual Leste Europeu, entendido como os antigos países socialistas, é composto de países que estavam sob a influência da União Soviética (como Bulgária, Romênia e Hungria), as ex-repúblicas soviéticas e os países que surgiram com a fragmentação da Iugoslávia.

MINORIAS E DEMOCRACIA

A ideia de que haveria maior democracia nos países do Leste Europeu não se concretizou inteiramente, e muitos problemas permaneceram, como as fraudes eleitorais verificadas em vários desses países.

Como a região foi palco de mudanças de fronteira, a coexistência de povos diferentes em um mesmo país tornou-se algo comum. Quando ocorre uma mudança de fronteira, muitas vezes há a presença de minorias que passam a ser hostilizadas. É o caso de povos ciganos que, no final dos anos 1990, emigraram da Eslováquia e foram perseguidos e discriminados em outros países, como na República Tcheca.

CRISE DOS ANOS 1990

A transição do modelo socialista para o sistema capitalista causou profunda crise socioeconômica nos países do Leste Europeu. Apesar de haver melhorias no nível tecnológico e na competitividade das empresas, a maior integração comercial acabou provocando desemprego e levando grande número de pessoas a migrar desses países para outras áreas da Europa, em busca de melhores condições de vida.

Andreas von Lintel/Ullstein Bild/Getty Images

■ Leste Europeu: Fragmentações da ex-Iugoslávia e da ex-Tchecoslováquia

João Miguel A. Moreira/ID/BR

Fonte de pesquisa: Marie-Françoise Durand e outros. *Atlas de la mondialisation*. Paris: Presses de Sciences Po, 2009. p. 75.

FRAGMENTAÇÃO DA IUGOSLÁVIA

Formada em 1945, a **República Socialista Federativa da Iugoslávia** deu origem a seis países após sua dissolução, iniciada nos anos 1990: Eslovênia, Croácia, Bósnia-Herzegovina, Sérvia, Montenegro e Macedônia do Norte. Os vários **grupos étnicos** – sérvios, croatas, eslovenos, montenegrinos e macedônios – conviveram no mesmo Estado, com direitos iguais. No entanto, o desnível econômico entre o norte e o sul culminou em uma crise, na qual se manifestaram as tensões entre essas etnias.

Em 1991, a Croácia e a Eslovênia declararam independência, o que motivou a intervenção do exército iugoslavo, de maioria sérvia, iniciando uma guerra na região. Com o reconhecimento pela comunidade internacional da independência da Croácia e da Eslovênia, a guerra prosseguiu na Bósnia-Herzegovina. Entre 1992 e 1995, esse país foi palco de um dos mais terríveis conflitos étnicos das últimas décadas, que opunha os bósnios de etnia sérvia (em sua maioria, cristãos ortodoxos) e os bósnios muçulmanos.

Em 2003, a república iugoslava passou a chamar-se República da Sérvia e Montenegro, o que durou até 2006, quando Montenegro se declarou independente.

Com um passado de guerras étnicas que perduraram nos anos 1990, a região da ex-Iugoslávia hoje é marcada pela tentativa de reconstrução de suas repúblicas. Atualmente, apenas a Eslovênia e a Croácia pertencem à União Europeia. Esses países e a Sérvia são os mais desenvolvidos economicamente dessa região.

PARA EXPLORAR

***O diário de Zlata,* de Zlata Filipović. São Paulo: Companhia das Letras.**
Uma garota de 11 anos que vive em Sarajevo, capital da Bósnia-Herzegovina, registra seu cotidiano até o momento em que é deflagrada a guerra no país. O medo provocado pelos horrores da guerra fez a garota interromper seu diário.

KOSOVO

Em 1998, com o apoio albanês, iniciou-se a tentativa de independência da região autônoma de Kosovo, provocando uma guerra no começo de 1999. A Otan interveio, efetuando intensos bombardeios na Iugoslávia, como forma de pressionar o governo a negociar com o Exército de Libertação de Kosovo.

Kosovo declarou sua independência unilateralmente em 2008. No entanto, até meados de 2023, ela ainda não havia sido reconhecida por todos os países da ONU.

O que você conhece da **cultura dos povos do Leste Europeu**?

ECONOMIA DO LESTE EUROPEU

De modo geral, o Leste Europeu apresentou, ao longo do tempo, **menor desenvolvimento econômico** do que a parte ocidental do continente. Após a Segunda Guerra, houve grandes esforços para a industrialização, com ampliação dos investimentos no setor de bens de produção. Países como a Polônia, a Hungria e a então Tchecoslováquia apresentavam alto nível de industrialização.

No entanto, com a crise do regime socialista nos anos 1980, houve enorme **queda de investimentos estatais** no desenvolvimento tecnológico das indústrias. Assim, quando ocorreu a **abertura dos mercados** nos países do Leste Europeu, suas indústrias estavam obsoletas, eram pouco produtivas e apresentavam baixas condições de competitividade e de investimento em pesquisa e tecnologia, quando comparadas com as de países da Europa Ocidental.

Os países do Leste Europeu são bem **menos urbanizados** do que os da Europa Ocidental. Em 2020, apenas República Tcheca, Bulgária, Belarus e Hungria tinham mais de 70% de população urbana. Durante o período socialista, houve poucos investimentos nas pequenas e médias cidades, e muitas delas ainda apresentam construções antigas e mal conservadas. O processo de modernização urbana nesses países foi iniciado com o fim do socialismo. Novas construções foram erguidas e prédios antigos foram utilizados em empreendimentos ligados ao setor de serviços. Também houve grande expansão no mercado imobiliário, e o crescimento urbano tem ocorrido muitas vezes sem planejamento, o que causa uma série de problemas para as populações locais.

Mesmo com muitas semelhanças entre si, por seu passado socialista, os países do Leste Europeu têm diferentes graus de desenvolvimento. Os menos desenvolvidos são a Albânia e a Bulgária. Ao ingressar na UE, em 2004, a Bulgária teve um crescimento econômico mais intenso, mas a crise de 2008 piorou suas condições sociais e econômicas. Atualmente, os países com economia mais desenvolvida no Leste Europeu são Polônia, República Tcheca, Eslováquia e Hungria.

PAÍSES SELECIONADOS DO LESTE EUROPEU: DADOS SOCIOECONÔMICOS (2020)

Países	PIB (bilhões de dólares)	População urbana (%)
Albânia	14,887	62
Belarus	60,258	79
Bulgária	69,889	76
Eslováquia	105,172	54
Hungria	155,808	72
Polônia	596,624	60
República Tcheca	245,339	74

Fonte de pesquisa: Banco Mundial. Disponível em: https://data.worldbank.org/indicator/NY.GDP.MKTP.CD; https://data.worldbank.org/indicator/SP.URB.TOTL.IN.ZS. Acessos em: 3 jan. 2023.

Panther Media GmbH/Alamy/Fotoarena

A atividade turística constitui uma importante fonte de renda para os antigos países socialistas, pois, além da oferta de serviços a preços relativamente baixos, as construções históricas, os museus e as paisagens desses países atraem turistas de diversas partes do mundo. Além de ser um dos países mais industrializados do Leste Europeu, a República Tcheca apresenta boa infraestrutura turística. A cidade de Praga, capital do país, passou a ser um destino muito procurado, recebendo milhões de visitantes anualmente. Praga, República Tcheca. Foto de 2022.

CIDADANIA GLOBAL

MUNDO DO TRABALHO E DESIGUALDADE DE GÊNERO

Nos países europeus, verificou-se um aumento da taxa de emprego das mulheres nos últimos anos, mas essa taxa ainda é inferior à de homens empregados. Por exemplo, na Polônia, a taxa de emprego entre a população com idade entre 20 e 64 anos é de 79% entre os homens e 65% entre as mulheres; na Hungria, essa taxa é de 82% entre os homens e 67% entre as mulheres. Reúna-se em grupo para responder às questões.

1. Qual é a taxa de emprego entre os homens e as mulheres no Brasil? Faça uma busca para descobrir.
2. Que fatores estão ligados à desigualdade de participação entre mulheres e homens no mercado de trabalho?
3. No Brasil, há desigualdades entre as mulheres brancas e as pretas e pardas no mercado de trabalho. Apresentem dados e informações que justifiquem essa afirmação e expliquem por que isso ocorre.

LESTE EUROPEU ATUALMENTE

A adesão à União Europeia de grande parte dos países do Leste Europeu, em 2004 e 2007, prometia uma melhoria nas condições socioeconômicas da população desses países. Em geral, essa adesão ocorreu depois da realização de referendos populares com altas taxas de abstenção.

Os países dessa região que ingressaram na União Europeia – Bulgária, Croácia, Eslováquia, Eslovênia, Estônia, Hungria, Letônia, Lituânia, Polônia, República Tcheca e Romênia – obtiveram ajuda para a reestruturação de suas economias, apresentando uma situação um pouco melhor do que os que ficaram fora desse bloco econômico. Em contrapartida, os novos integrantes deveriam atrair novos capitais, adotando uma política de **privatizações**, e aproveitar sua vantagem de ter mão de obra mais barata e, portanto, atrativa para muitas indústrias.

Em geral, nos países do Leste Europeu que aderiram à UE houve aumento nas taxas de desemprego e elevação das tarifas de eletricidade, de transportes e de outros serviços públicos e nos aluguéis imobiliários. Por isso, alguns partidos políticos e movimentos sociais passaram a questionar as vantagens da adesão a esse bloco econômico. Ainda assim, outros países da região, como Albânia, Montenegro, Sérvia, Bósnia-Herzegovina e Kosovo, pleiteiam a entrada na União Europeia como forma de atingir um mercado maior e obter algum tipo de auxílio para sua **reestruturação econômica**.

Conforme apresentado, do ponto de vista geopolítico, o que chamou a atenção na região foi a adesão de alguns países do antigo bloco socialista à Otan, como se pode observar no mapa. Isso mostra o aumento da influência dos Estados Unidos na região, levando a Rússia a estabelecer acordos econômicos e políticos para evitar a hegemonia estadunidense.

Otan: Países-membros (2020)

Fonte de pesquisa: Otan. Disponível em: http://www.nato.int/cps/en/natohq/nato_countries.htm. Acesso em: 3 jan. 2023.

ATIVIDADES

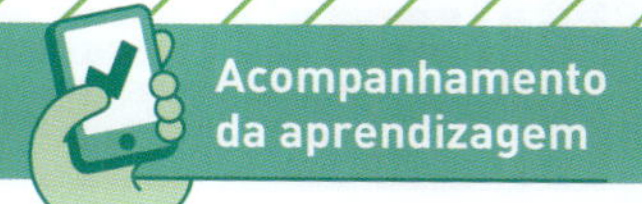

Retomar e compreender

1. Que mudanças ocorreram nos países do Leste Europeu após a Segunda Guerra Mundial?
2. Os países do Leste Europeu, em geral aliados à União Soviética, estavam associados por vários tratados, sendo os mais importantes o Comecon e o Pacto de Varsóvia. Explique o que foi cada um desses dois tratados.
3. Com a queda do regime socialista, houve a fragmentação de países e a formação de novas fronteiras no Leste Europeu. Cite os principais fatos relacionados a essas novas fronteiras.
4. Quais foram as consequências socioeconômicas para os países da porção leste da Europa da adoção da economia de mercado, a partir dos anos 1990?
5. Caracterize o processo de entrada na União Europeia de alguns países do Leste Europeu.
6. Descreva o processo de industrialização do Leste Europeu.

Aplicar

7. Analise o gráfico e responda às questões.

Países da ex-Iugoslávia: PIB (2020)

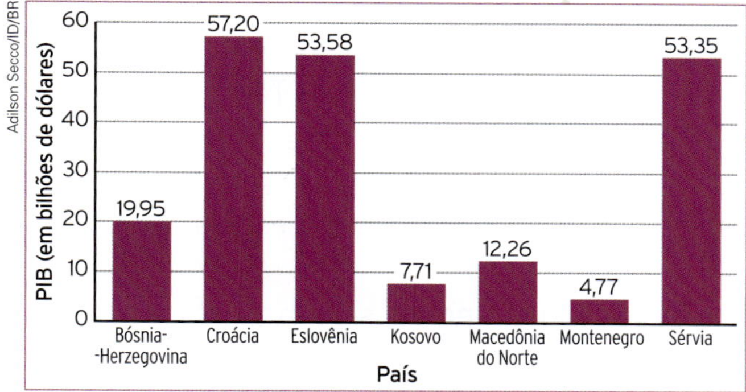

a) Qual país apresenta o maior PIB e qual apresenta o menor?

b) De que maneira o processo de formação dos países da ex-Iugoslávia se relaciona com sua situação econômica atual? Explique.

Nota: A independência de Kosovo, declarada em 2008, ainda não tinha sido reconhecida por todos os países da ONU até meados de 2023.

Fonte de pesquisa: Banco Mundial. Disponível em: https://data.worldbank.org/indicator/NY.GDP.MKTP.CD. Acesso em: 3 jan. 2023.

8. Observe o mapa e responda às questões.

Ex-Iugoslávia: Diversidade étnica e religiosa

a) Caracterize a diversidade étnica e religiosa da Sérvia e de Kosovo.

b) Explique de que forma as diferenças étnicas e religiosas na região da ex-Iugoslávia contribuíram para o processo de independência dos novos Estados.

Fonte de pesquisa: Yves Lacoste. *Géopolitique*: la longue histoire d'aujourd'hui. Paris: Larousse, 2006. p. 245.

Projeções cartográficas

As **projeções cartográficas** são formas de representar em um plano – ou seja, em um mapa – a superfície terrestre (continentes e oceanos) ou parte dela.

Elas foram desenvolvidas com o objetivo de **reduzir as distorções** que ocorrem na representação de uma **superfície esférica em uma superfície plana**. Por exemplo, a curvatura do planeta impossibilita que a superfície terrestre seja representada em um plano sem que ocorram extensões ou contrações.

Ao elaborar um mapa, é importante que a projeção escolhida seja adequada, ou seja, que a deformação seja a menor possível na área que se queira destacar.

Para mapear a superfície da Terra há diversos tipos de projeção cartográfica. Entre elas, destacam-se as projeções **plana**, **cônica** e **cilíndrica**.

Projeção plana

A projeção plana, também chamada de **azimutal**, utiliza um plano em cima de uma parte do globo terrestre e é empregada para destacar uma área específica dele. É como se um papel fosse colocado em cima de uma parte do globo e essa parte fosse representada omitindo o restante da superfície da Terra.

Nessa projeção, o centro da área mapeada não apresenta deformações; porém, quanto mais distante do centro do mapa, maior será a distorção da representação. Não é possível indicar a orientação e a escala em mapas nessa projeção.

A projeção plana pode ser classificada em **polar**, se o local representado corresponder aos polos; **equatorial**, se o local mapeado estiver ao longo da linha do Equador; ou **oblíqua**, caso esteja em um ponto intermediário entre a linha do Equador e os polos.

Observe as imagens a seguir.

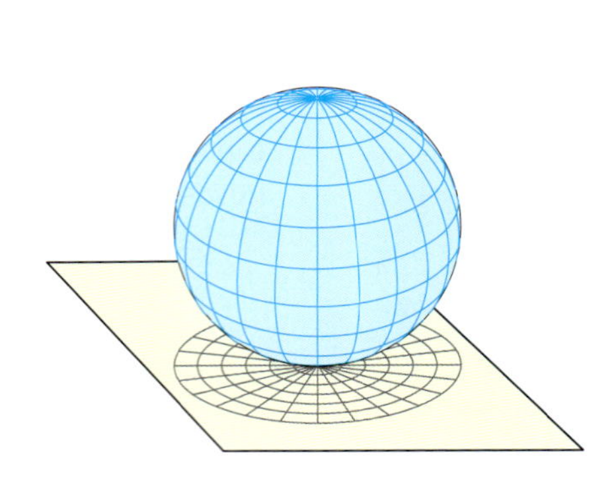

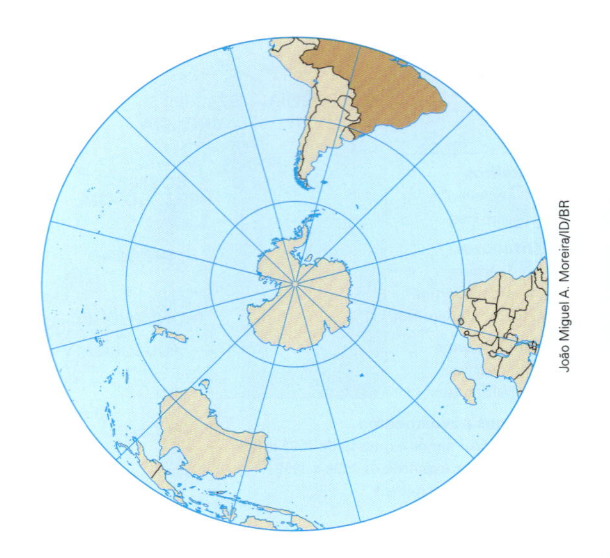

João Miguel A. Moreira/ID/BR

Fonte de pesquisa: *Atlas geográfico escolar*. 8. ed. Rio de Janeiro: IBGE, 2018. p. 21.

Projeção cônica

Na projeção cônica, a superfície terrestre é projetada em um cone envolvido em torno da Terra. Essa projeção é utilizada para mostrar um dos hemisférios – o Norte ou o Sul – com menos distorções nas áreas polares. No entanto, as áreas próximas à linha do Equador são representadas com maior deformação. Analise as imagens a seguir.

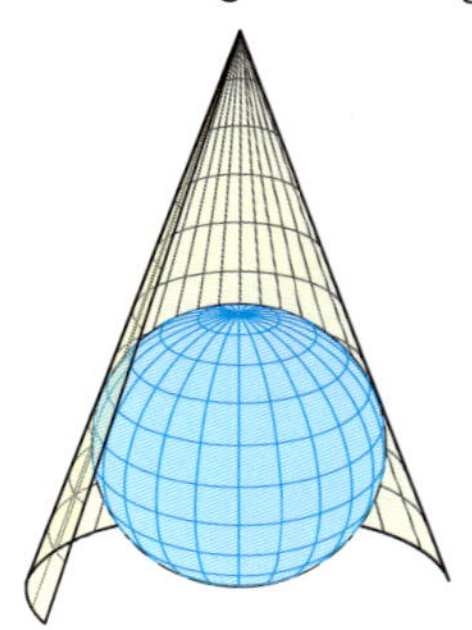

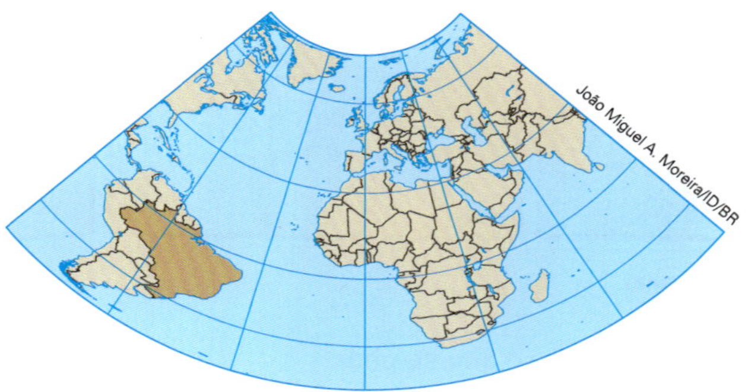

Fonte de pesquisa: *Atlas geográfico escolar*. 8. ed. Rio de Janeiro: IBGE, 2018. p. 21.

Projeção cilíndrica

A projeção cilíndrica é feita como se um plano cilíndrico envolvesse a Terra. É a mais utilizada para representar o planisfério, que é a representação do planeta todo em um plano. Na projeção cilíndrica, as áreas próximas à linha do Equador se mantêm sem deformações. As maiores distorções dessa projeção ocorrem na representação das áreas de altas latitudes, ou seja, as áreas próximas aos polos. Observe as imagens a seguir.

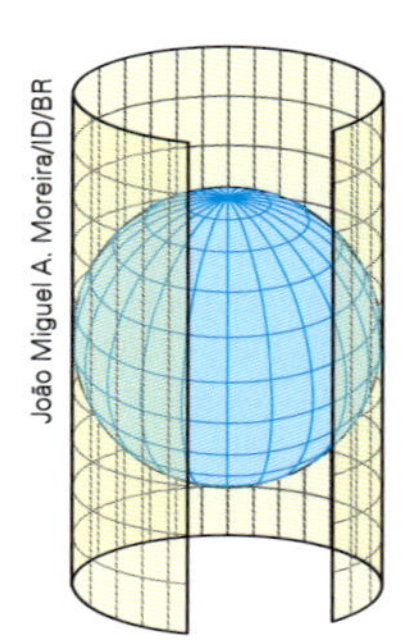

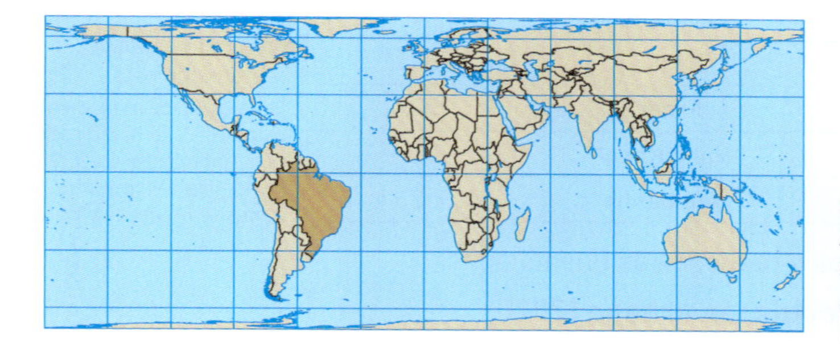

Fonte de pesquisa: *Atlas geográfico escolar*. 8. ed. Rio de Janeiro: IBGE, 2018. p. 21.

Pratique

1. Explique as diferenças entre as projeções plana, cônica e cilíndrica.
2. Observe novamente os mapas que representam os três diferentes tipos de projeção e responda: Há diferenças na área do Brasil em cada uma delas?
3. Se você fosse fazer um mapa mostrando o oceano glacial Ártico, qual projeção escolheria a fim de obter um mapa com menor distorção da área desse oceano?
4. Considerando a posição geográfica da Europa, quais tipos de projeção seriam mais adequados para representar as informações geográficas desse continente com menor distorção?

ATIVIDADES INTEGRADAS

Analisar e verificar

1. Leia a tira a seguir e responda: A qual contexto geopolítico do Leste Europeu ela faz referência?

▲ Tira de Adão Iturrusgarai.

2. Analise a tabela e, depois, faça o que se pede.

PAÍSES COM MAIOR NÚMERO DE EMPRESAS QUE ESTÃO ENTRE AS 2000 MAIORES DO MUNDO (2022)		
Ranking	País	Nº de empresas
1º	Estados Unidos	595
2º	China	297
3º	Japão	195
4º	Coreia do Sul	65
5º	Canadá	58
6º	Reino Unido	57
7º	Índia	55
8º	França	54
9º	Hong Kong*	54
10º	Alemanha	52

a) Elabore um gráfico de barras com os dados de cada país da tabela.

b) Quais países europeus estão entre os dez com o maior número de empresas entre as 2000 maiores do mundo?

c) Há alguma relação entre esses países e o processo de industrialização clássica? Explique.

*Hong Kong é um território pertencente à China, com regime político-econômico diferenciado do restante do país.

Fonte de pesquisa: Andrea Murphy; Isabel Contreras. The global 2000. Forbes. Disponível em: https://www.forbes.com/sites/isabelcontreras/2022/05/12/inside-the-global-2000-sales-and-profits-of-the-worlds-largest-companies-recovered-as-economies-reopened/?sh=41b537421141. Acesso em: 4 abr. 2023.

3. Analise o mapa e responda às questões.

■ **Europa: População urbana (2020)**

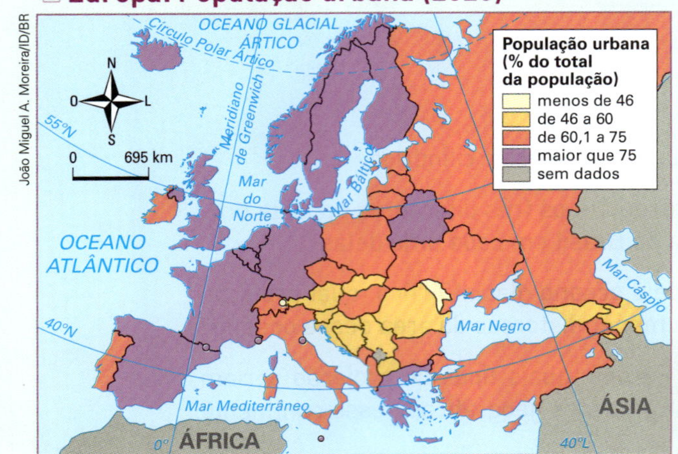

Fonte de pesquisa: Banco Mundial. Disponível em: https://data.worldbank.org/indicator/SP.URB.TOTL.IN.ZS. Acesso em: 3 jan. 2023.

a) Em que região da Europa se localizam quase todos os países que apresentam maior população urbana?

b) Explique as diferenças percentuais entre os países do Leste Europeu e os da Europa Ocidental. Relacione esses dados a fatores históricos e econômicos.

Criar

4. Observe a tabela e, utilizando os dados apresentados, elabore um gráfico de setores. Depois, escreva um texto curto caracterizando o processo de industrialização e de urbanização da União Soviética após o estabelecimento do planejamento econômico estatal.

RÚSSIA E URSS: SETORES DA ECONOMIA (1913, 1928 E 1940)			
Setores	1913 (Rússia)	1928 (URSS)	1940 (URSS)
Agrícola	75%	80%	54%
Industrial	9%	8%	23%
Comércio e serviços	16%	12%	23%

Fonte de pesquisa: Paulo F. Vizentini (org.). *A revolução soviética*: 1905-[19]45 – o socialismo num só país. Porto Alegre: Mercado Aberto, 1989. p. 86.

5. Observe a tabela e responda às questões.

UTILIZAÇÃO DE COMBUSTÍVEIS FÓSSEIS (% DO TOTAL DE ENERGIA)						
Região	1970	1980	1990	2000	2010	2015
União Europeia	94,2	91,8	80,9	77,4	73,2	69,9
Oriente Médio e norte da África	–	97,2	98	98,5	98,6	97,4
Leste da Ásia e Pacífico	95,5	76,2	77	79,2	85,2	87,9
América Latina e Caribe	–	73,6	70,8	74,5	73,5	87,9

Fonte de pesquisa: Banco Mundial. Disponível em: https://data.worldbank.org/indicator/EG.USE.COMM.FO.ZS. Acesso em: 3 jan. 2023.

a) Qual é o grau de dependência da União Europeia quanto à utilização das energias fósseis (petróleo, carvão e gás natural)?

b) A dependência da União Europeia em relação às fontes fósseis está aumentando ou está diminuindo?

c) Do ponto de vista ambiental e estratégico, levante hipóteses para explicar os fatores que levam a União Europeia a buscar diminuir o consumo de combustíveis fósseis.

6. Nas últimas décadas, a Europa vivenciou importantes fluxos migratórios. Os conflitos na Síria, em andamento desde 2011, levaram milhões de pessoas a cruzar fronteiras rumo à Europa em busca de abrigo e de proteção. Como resposta, foram estabelecidas no continente políticas anti-imigração. Por outro lado, os mais de 7 milhões de refugiados da guerra entre Rússia e Ucrânia, iniciada em 2022, foram acolhidos pelos países da União Europeia, que forneceram auxílio financeiro, moradia e assistência médica aos refugiados.

Sean Gallup/Getty Images

▲ **Refugiados da Ucrânia recebem auxílio em Cottbus, Alemanha. Foto de 2022.**

- Escreva um texto explicando a importância das políticas de acolhimento e de proteção aos refugiados e apresente hipóteses sobre os motivos pelos quais há diferença no tratamento de grupos de refugiados de outros continentes, como o africano e o asiático.

7. SABER SER Durante as crises econômicas, surgem em alguns países movimentos nacionalistas, que culpam as minorias pelos problemas econômicos locais. Alguns grupos em países europeus propagam ideias de hegemonia cultural e de intolerância religiosa, inclusive utilizando notícias falsas. Discuta com os colegas formas de combater essas ideias e de verificar a veracidade das notícias veiculadas por esses grupos.

CIDADANIA GLOBAL

UNIDADE 4

5 IGUALDADE DE GÊNERO

Retomando o tema

Nesta unidade, você estudou indicadores econômicos e sociais e aspectos geopolíticos aplicados aos países da Europa Ocidental, à Rússia e ao Leste Europeu. Paralelamente, analisou como a desigualdade de gênero está presente em diferentes esferas da vida em sociedade em alguns países da Europa e no Brasil. Agora, chegou o momento de discutir maneiras de fomentar a igualdade de gênero, empoderar mulheres e meninas e combater preconceitos. Esse é um dos Objetivos de Desenvolvimento Sustentável.

1. Qual é a taxa de representação de mulheres na Câmara Municipal de seu município? Por que é importante que as mulheres participem da política?
2. Na opinião de vocês, qual é o papel da educação no combate à violência e à discriminação de gênero?
3. Qual é o papel das pessoas do sexo masculino na promoção da igualdade de gênero?
4. Por que é importante que a luta contra o preconceito de gênero considere também a luta contra o racismo?

Geração da mudança

- A forma como as mulheres e as meninas são representadas em produtos da indústria cultural (novelas, séries, filmes, músicas, etc.), nos comerciais publicitários e nas campanhas governamentais tende a influenciar a construção de representações tanto negativas (como afirmação de estereótipos e desqualificação do papel das mulheres) como positivas (por exemplo, representatividade das potencialidades e capacidades das pessoas do sexo feminino e evidenciação de mulheres em cargos de liderança e poder). Reúnam-se em grupos, identifiquem um exemplo de produto midiático que reforce as desigualdades ou contenha um preconceito de gênero e construam um novo significado para ele. Vocês podem, por exemplo, reescrever as letras de músicas ou os diálogos de uma propaganda ou filme, eliminando os trechos preconceituosos e reforçando a igualdade de condição entre os gêneros.

Autoavaliação

Yasmin Ayumi/ID/BR

UNIDADE 5

ÁSIA: ASPECTOS GERAIS

PRIMEIRAS IDEIAS

1. De quais países da Ásia você já ouviu falar? O que conhece desses países?
2. O que você sabe do relevo e dos climas da Ásia?
3. Qual país asiático é o mais populoso do mundo?
4. Você conhece alguma regionalização da Ásia? Se sim, qual critério foi utilizado para realizá-la?

Nesta unidade, eu vou...

CAPÍTULO 1 Ásia: características naturais

- Identificar as características do relevo da Ásia.
- Compreender a importância dos rios para a agricultura do continente asiático.
- Compreender os impactos ambientais causados pelo transporte em mares e oceanos.
- Conhecer os tipos de clima e de vegetação existentes na Ásia.
- Compreender a influência de fatores como a altitude e a continentalidade no clima asiático.
- Entender a atuação do regime de monções e sua influência no clima do sul e do sudeste da Ásia.

CAPÍTULO 2 População e diversidade regional

- Analisar a distribuição irregular da população pelo continente asiático e verificar a existência de áreas densamente povoadas.
- Identificar as regiões que formam a Ásia.
- Comparar características gerais das diferentes regiões da Ásia.
- Compreender que o crescimento econômico dos países asiáticos aumentou o descarte de resíduos nos mares e oceanos, provocando impacto ambiental.
- Analisar a regionalização do mundo e da Ásia com base em um indicador social.

CIDADANIA GLOBAL

- Conhecer e divulgar práticas de pesca sustentáveis, contribuindo para a conscientização sobre o tema.

Mladen Antonov/AFP/Getty Images

LEITURA DA IMAGEM

1. O que a foto mostra?
2. Quais elementos evidenciam a influência do ser humano nessa paisagem?
3. O que você sente ao observar a foto?

CIDADANIA GLOBAL

Imagine que a escola onde você estuda está localizada em um município em que as atividades econômicas são muito ligadas ao mar. Contudo, muitas dessas atividades têm sido prejudicadas ou até impossibilitadas devido à crescente poluição e contaminação dos mares e oceanos. Você e seus colegas, preocupados com o futuro da comunidade, decidem investigar esse problema, comparar a situação do seu município com a de outras localidades e propor soluções para preservar os ambientes marinhos.

1. Quais tipos de atividades econômicas podem ser desenvolvidas nos mares e oceanos?
2. Além da importância econômica, quais funções os mares e oceanos desempenham na regulação do clima do planeta?
3. Quais são os principais problemas ambientais que têm impactado os mares e oceanos?

Ao longo desta unidade, você e os colegas vão estudar a importância ambiental e econômica da conservação e do uso sustentável dos mares e oceanos e elaborar um guia de práticas sustentáveis a serem aplicadas à pesca artesanal, profissional ou esportiva.

Você sabe quais são os principais problemas ambientais que acometem os **oceanos** atualmente?

Grande quantidade de lixo em praia, na ilha de Koh Samui, Tailândia. Foto de 2021.

CAPÍTULO

1 ÁSIA: CARACTERÍSTICAS NATURAIS

PARA COMEÇAR

A paisagem natural da Ásia é muito diversificada. Você sabe quais tipos climáticos e formações vegetais ocorrem nesse continente?
Você conhece o nome de algum deserto ou já ouviu falar de algum importante rio asiático?

RELEVO

A Ásia faz parte da Eurásia, o mesmo bloco continental que forma a Europa. Convencionalmente, devido a questões histórico-culturais, os dois continentes são separados pelos montes Urais, cadeia montanhosa na Rússia que divide o país entre os dois continentes.

Além dos montes Urais, outras **cadeias montanhosas** destacam-se na Ásia: os montes Zagros, que ocupam todo o oeste do Irã; o Hindo Kush, que se situa entre a Índia e o Paquistão; as montanhas do Cáucaso, localizadas na fronteira entre Rússia, Azerbaijão e Geórgia; e a **cordilheira do Himalaia**, que se estende do sul da China até a fronteira entre Índia, Nepal, Bangladesh e Mianmar. Nessa cordilheira, localiza-se o **monte Everest**, o mais alto do mundo, com 8 848 metros de altitude. Veja o mapa a seguir.

Ásia: Físico

Fontes de pesquisa: *Atlas geográfico escolar*. 8. ed. Rio de Janeiro: IBGE, 2018. p. 46; *Atlante geografico metodico De Agostini*: 2009-2010. Novara: Istituto Geografico De Agostini, 2009. p. 92-93.

PLANALTOS

Junto às grandes cadeias de montanhas da Ásia, encontram-se extensos planaltos ao norte, oeste e sul, com altitudes que chegam a superar os 4 mil metros, como o planalto do Tibete (também denominado Qinghai-Tibete).

As baixas temperaturas nas elevadas altitudes desses planaltos dificultam o assentamento humano. Por causa disso, há uma extensa área praticamente desabitada na região central da Ásia.

Sergi Reboredo/Alamy/Fotoarena

▲ **Durante séculos, as grandes cadeias de montanhas e os planaltos asiáticos possibilitaram a diferentes sociedades viver relativamente isoladas e desenvolver sua cultura com bastante autonomia, até mesmo em relação a outros povos do continente. Monastério de Drepung, no Tibete, território chinês que apresenta traços culturais próprios. Foto de 2020.**

PLANÍCIES

Em contraste com os elevados planaltos e as cadeias de montanhas, o continente asiático apresenta áreas menos extensas de planícies, propícias ao assentamento humano tanto pelas condições de relevo quanto pela disponibilidade de água.

Nessas planícies, também são encontrados solos férteis para a prática da agricultura. Isso se deve ao fato de esses solos serem **aluviais**, ou seja, eles se formaram, ao longo de milhões de anos, pelo acúmulo de sedimentos trazidos pelos rios e depositados nas planícies, em razão das inundações. Esses sedimentos carregam minerais e nutrientes provenientes de plantas, animais e microrganismos. A decomposição e a compactação desses elementos formam solos férteis e profundos, ricos em sais minerais e húmus.

Em algumas dessas planícies, originaram-se **sociedades** que estão entre as mais antigas do mundo. Entre elas estão a dos sumérios e a dos acádios, que se desenvolveram na planície Mesopotâmica; a dos chineses, na planície do rio Huang-He; e a dos hindus, na planície Indo-Gangética.

Atualmente, nas planícies asiáticas, encontram-se as áreas de maior densidade demográfica do mundo.

Grandes planícies

A planície dos rios **Huang-He** (Amarelo) e **Yangtze** (Azul) situa-se em uma extensa área no leste da China. Nela, encontram-se os solos mais férteis do território chinês, ocupados por grandes plantações de arroz. No entanto, atualmente, registra-se a diminuição das áreas utilizadas para a agricultura nas planícies dessa região, em razão da expansão urbana. Consequentemente, as áreas de cultivo e de criação de animais em regiões de planalto estão aumentando.

No nordeste da China, localiza-se a planície da **Manchúria**, também densamente povoada, em decorrência tanto de atividades agrícolas (lavouras de trigo, soja, sorgo e algodão) como de atividades industriais e da presença de grandes jazidas de carvão e de ferro.

A planície **Indo-Gangética** abrange a região entre o Paquistão e a Índia, estendendo-se por todo o norte indiano até a baía de Bengala. Essas áreas planas e férteis foram decisivas para o estabelecimento das populações há milhares de anos. Existem indícios de que há 5 mil anos iniciaram-se atividades agrícolas no vale do rio Indo, com a utilização de técnicas de irrigação. Algumas das principais cidades da Índia, como Nova Délhi e Calcutá, bem como Islamabad, no Paquistão, encontram-se na área de influência dos rios Indo e Ganges.

USINA DE TRÊS GARGANTAS

A usina hidrelétrica de Três Gargantas é a maior do mundo em área construída e volume de água. Sua construção começou em 1993, e em 2003 a primeira turbina entrou em funcionamento. Em 2012, a usina passou a operar com potência total, com 32 turbinas.

A demora em sua execução se deu pelos impactos ambientais e sociais do projeto. O enorme lago que se formou com a barragem inundou mais de cem cidades e povoados, exigindo o deslocamento de cerca de 1,2 milhão de pessoas, além de causar a perda da biodiversidade e de sítios arqueológicos. Apesar disso, além de aumentar a produção de energia, a barragem controla as grandes enchentes do rio Yangtze, que costumam causar muitas mortes e destruição material.

Indo, Ganges, Salween, Mekong, Yangtze e Huang-He são nomes de importantes **rios asiáticos**. O que você sabe deles?

HIDROGRAFIA

Na Ásia, há grandes rios que são intensamente utilizados por se localizarem em regiões semiáridas do Oriente Médio e da Ásia Central e por cortarem áreas de planícies muito povoadas.

Em várias bacias hidrográficas da Ásia, o uso intenso e prolongado dos rios, principalmente para a irrigação de cultivos agrícolas, provocou a poluição de suas águas e o desvio de seus cursos. As bacias mais importantes do continente, como as dos rios **Ganges**, **Indo**, **Yangtze**, **Huang-He**, **Mekong** e **Salween**, estão entre as mais poluídas do mundo.

Um importante rio asiático – e um dos mais extensos do mundo – é o rio Yangtze. Tal importância decorre de sua utilização na área mais populosa da China: as planícies litorâneas do leste do país. Ele nasce no planalto do Tibete e corre em áreas planálticas, com muitas quedas-d'água. Por isso, é um dos principais rios utilizados na produção de energia elétrica. Outros importantes rios da Ásia, como o Mekong, o Huang-He, o Ganges, o Tigre e o Eufrates, também têm suas planícies aproveitadas para a prática agrícola.

▼ A planície do rio Yangtze forma uma extensa área de inundação que favorece a agricultura. Há milênios, os chineses utilizam suas águas para a lavoura por meio de canais de irrigação. Nas últimas décadas, devido ao acelerado crescimento econômico e industrial chinês, intensificou-se o uso desse rio para a irrigação de terras próximas. Área de cultivo às margens do rio Yangtze, na província de Anhui, China. Foto de 2021.

TPG/Getty Images

GOLFOS, ESTUÁRIOS E PORTOS

As áreas litorâneas estão entre as mais povoadas da Ásia. Muitas cidades foram construídas nessas áreas, em estuários que formam **portos naturais**. Regiões com golfos e penínsulas, propícias à construção de portos, também ganharam importância com o aumento do comércio mundial de petróleo e de produtos industrializados.

Atualmente, a Ásia possui os maiores portos mundiais em volume de movimentação. Em 2020, entre os dez portos do mundo com maior tráfego de contêineres, nove estavam situados em territórios asiáticos, sendo sete deles na China. Isso ocorre, por um lado, pela liderança global da produção industrial de países do Leste Asiático, como China, Coreia do Sul e Japão, e, por outro, pela presença das maiores reservas de petróleo em países do Oriente Médio, como Arábia Saudita, Irã e Iraque.

Por todo o continente asiático, desenvolveram-se importantes **cidades litorâneas** ligadas ao comércio, que serviram de porta de entrada aos exploradores estrangeiros, principalmente ingleses e franceses, a partir do século XIX.

Esse é um dos principais motivos pelos quais as cidades mais populosas e mais bem servidas de infraestrutura industrial, de transporte e de energia localizam-se nas áreas de planície, junto aos principais rios, ou em áreas litorâneas, onde se encontram os portos marítimos naturais ou construídos.

CIDADANIA GLOBAL

TRANSPORTE MARÍTIMO E IMPACTOS AMBIENTAIS

O transporte marítimo é o principal modal utilizado no comércio internacional, por apresentar maior capacidade de carga e custos mais baixos em comparação com outros meios de transporte, além de ter abrangência mundial. Reúna-se com os colegas para buscar informações e discutir sobre o transporte marítimo.

1. Há no Brasil cidades que têm expressiva atividade portuária, como algumas cidades asiáticas?
2. Citem alguns impactos ambientais causados pelo transporte marítimo e pelas atividades portuárias.
3. Busquem exemplos de iniciativas que tenham o objetivo de tornar esse modal de transporte mais sustentável.

Assim, muitos países asiáticos caracterizam-se por ter em seu litoral grandes cidades ricas e cosmopolitas, como Macau, Hong Kong e Shangai, na China, e Bangcoc, na Tailândia.

No Japão, onde mais de 80% do território é montanhoso, as cidades se concentram nas pequenas planícies litorâneas. O arquipélago japonês apresenta grande número de portos, em razão das condições naturais favoráveis, como o relevo litorâneo recortado por inúmeras baías.

Carl Court/Getty Images

▲ A abertura dos portos do Japão para outras nações, no fim do século XIX, e o crescimento econômico do país, observado na segunda metade do século XX, deram grande impulso ao crescimento de cidades portuárias japonesas, como Nagoya, Nagasaki e Yokohama. Cidade de Nagasaki. Foto de 2020.

Os **golfos Pérsico** e **de Omã** destacam-se como as principais rotas de exportação do petróleo produzido pelos países do Oriente Médio: Arábia Saudita, Emirados Árabes Unidos, Irã, Iraque, Kuwait e Omã. Devido à sua localização estratégica, entre o Oriente Médio e o oceano Índico, esses golfos também são rotas de navegação para os demais continentes. Além disso, às suas margens se desenvolveram importantes cidades, como Doha (Catar) e Abu Dhabi (Emirados Árabes Unidos).

CLIMAS E FORMAÇÕES VEGETAIS

PARA EXPLORAR

***Everest*. Direção: Baltasar Kormákur. Reino Unido/Estados Unidos/Islândia, 2015 (121 min).**
O filme narra a história verídica de dois grupos de alpinistas que partem em uma expedição para escalar a montanha mais alta do mundo e enfrentam diversos desafios em busca da sobrevivência, como baixas temperaturas e avalanches.

Em razão de sua extensão no sentido norte-sul, o continente asiático apresenta desde áreas com climas tropicais até áreas glaciais, no Ártico. Além da **latitude**, a **continentalidade** e a **altitude** são fatores determinantes na dinâmica climática da Ásia, em decorrência da grande extensão no sentido leste-oeste e da existência de grandes cadeias montanhosas na porção central do continente.

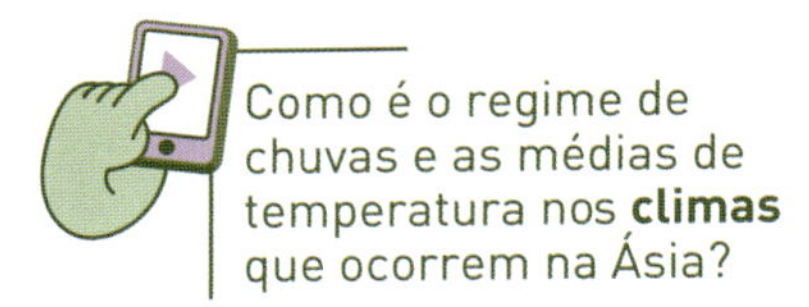
Como é o regime de chuvas e as médias de temperatura nos **climas** que ocorrem na Ásia?

Nessa região, a cordilheira do Himalaia e o planalto do Tibete atuam como grandes barreiras, impedindo que as massas de ar provenientes do oeste e do sul atinjam o leste e o norte asiáticos, e vice-versa. Nos planaltos elevados e nas áreas de altas montanhas, por sua vez, o clima é muito frio ao longo de todo o ano.

No sul e no sudeste do continente, o clima é predominantemente quente e úmido. Nas porções centrais da Ásia, localizam-se áreas com climas árido e semiárido, enquanto no norte encontram-se áreas com clima frio e inverno rigoroso.

No continente asiático, há ainda diversos subtipos climáticos, que podem ser analisados em grandes grupos. Observe o mapa a seguir.

Ásia: Clima

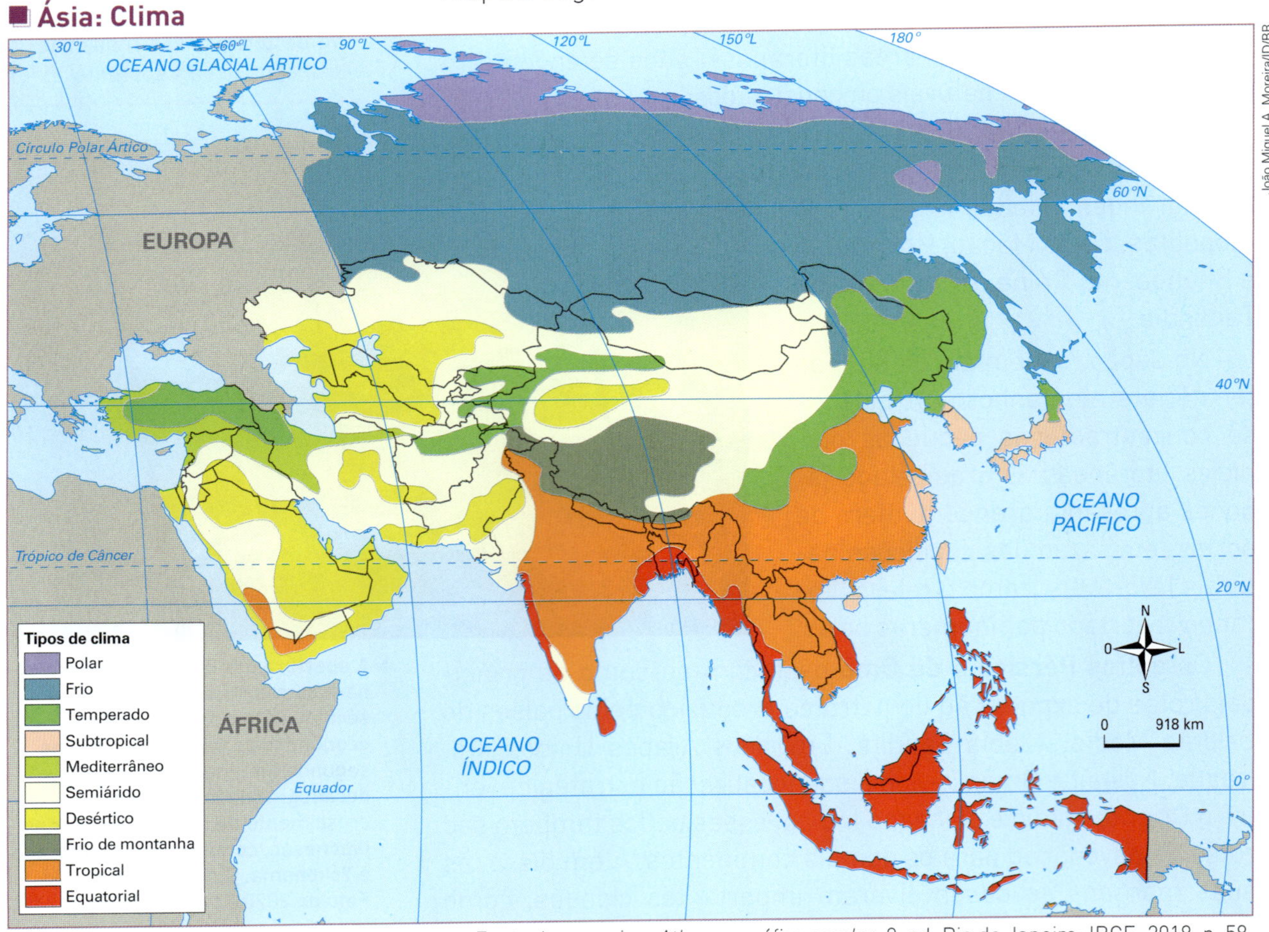

Fonte de pesquisa: *Atlas geográfico escolar*. 8. ed. Rio de Janeiro: IBGE, 2018. p. 58.

CLIMA TROPICAL

O clima tropical abrange o sudeste e o sul da Ásia. Juntas, essas regiões, que também incluem áreas com climas **equatorial** e **subtropical**, recebem a designação de **Ásia de Monções**, pois estão sujeitas à interferência do regime de massas de ar conhecido como monções.

A vegetação predominante é a **floresta pluvial** (que abrange florestas tropicais e equatoriais), em decorrência dos altos níveis de pluviosidade, especialmente no Sudeste Asiático.

O regime de monções determina a alternância da estação seca com a chuvosa nas áreas tropicais e expõe grandes áreas do sul e do sudeste da Ásia ao risco de ciclones e enchentes.

Durante o **inverno**, as massas de ar continentais deslocam-se do norte frio para o sul quente, em direção ao mar: é a monção de inverno, fria e seca. No **verão**, as massas oceânicas, quentes e úmidas, deslocam-se em direção ao continente, provocando intensas chuvas, que causam inundações: isso caracteriza a monção de verão. Observe os mapas ao lado.

Como as monções regulam a quantidade de chuvas, elas interferem no modo de vida das populações onde ocorre esse regime climático, pois a agricultura, especialmente o cultivo de arroz, é uma de suas principais atividades econômicas. As chuvas tropicais abundantes favorecem os cultivos, ao passo que a estiagem prejudica a vida de milhões de pessoas.

Monções

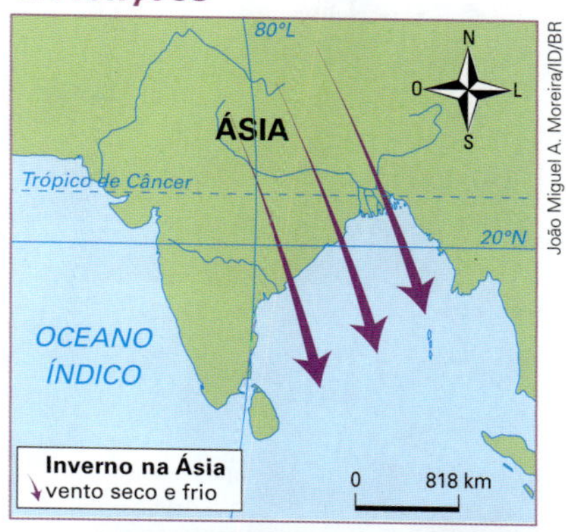

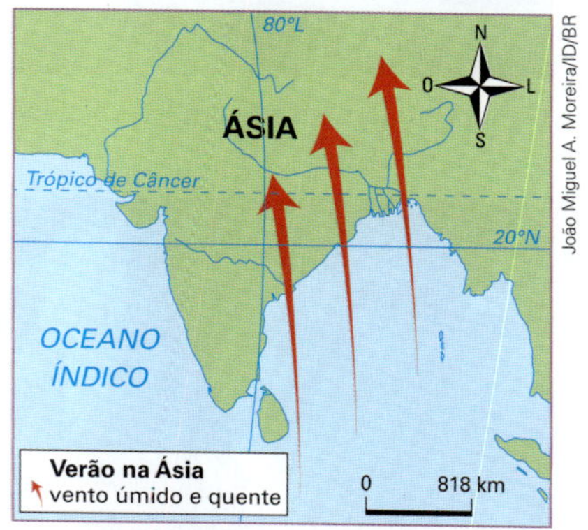

Fonte de pesquisa: Vera Caldini; Leda Ísola. *Atlas geográfico Saraiva*. São Paulo: Saraiva, 2013. p. 171.

Ásia: Vegetação original

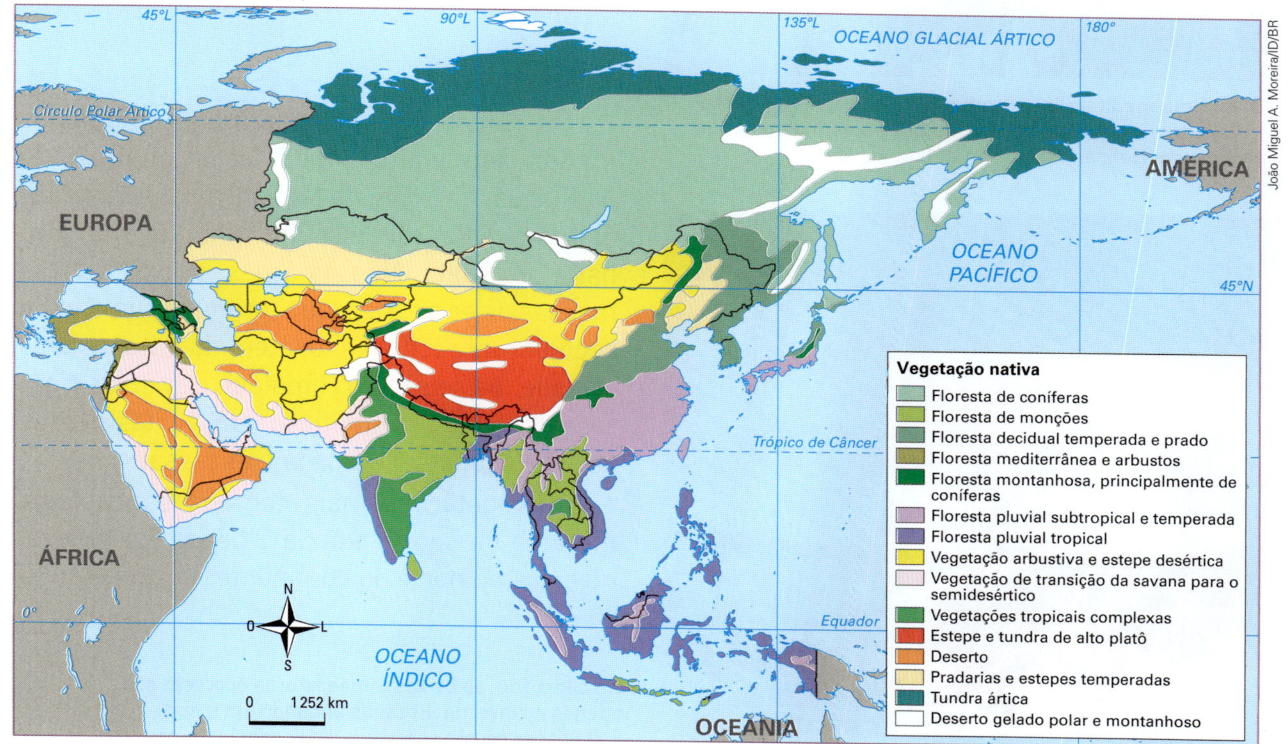

Fonte de pesquisa: *Atlas geográfico escolar*. 8. ed. Rio de Janeiro: IBGE, 2018. p. 61.

Niphon Sangwanmanon/Alamy/Fotoarena

▲ Floresta temperada em Nikko, Japão. Foto de 2020.

Hazem Bader/AFP

▲ O clima mediterrâneo, com estações quentes e secas, favorece o cultivo de uvas. Mulher palestina colhendo uvas em Hebron, Cisjordânia. Foto de 2020.

Pierre Jean Durieu/Shutterstock.com/ID/BR

◀ No clima frio, as baixas temperaturas ocorrem não apenas no inverno. Pessoas andando em trenó puxado por cavalo sobre um lago congelado, em Khatgal, Mongólia. Foto de 2020.

CLIMA TEMPERADO

O clima temperado é predominante na metade norte do Japão e no nordeste da China. Essas áreas encontram-se na zona frontal polar, caracterizada pelo encontro de massas de ar polar e tropical.

As mudanças entre as estações do ano são grandes, com chuvas durante todo o ano, mas intensificadas no verão. A vegetação predominante é a de **florestas temperadas** decíduas, com espécies cujas folhas mudam de cor no outono, tornando-se amarelas e vermelhas, e caem no inverno.

CLIMA MEDITERRÂNEO

O clima mediterrâneo compreende áreas próximas ao mar Mediterrâneo e ao mar Cáspio, além de partes do Turcomenistão, do Irã e do Iraque. É um tipo de clima temperado caracterizado por apresentar invernos chuvosos e verões secos, com pequena oscilação da temperatura média anual.

Sob esse tipo de clima, encontram-se as extensas áreas de **estepes**, como ao sul do mar Cáspio, e **florestas temperadas**, verdes durante todo o ano, nas proximidades do mar Mediterrâneo.

CLIMAS FRIOS

Os climas frio, polar e frio de montanha predominam em toda a porção oriental e norte da Rússia, no norte da Mongólia e nas grandes altitudes da cordilheira do Himalaia e do planalto do Tibete. Nessas áreas, prevalecem as massas de ar polares, que tornam o clima frio e seco durante todo o ano; além da influência da altitude, na região do Himalaia. Devido às rigorosas condições climáticas, em muitas dessas áreas a ocupação humana é escassa.

As vegetações mais comuns são a **taiga** (floresta de coníferas), na Sibéria, e a **tundra**, no extremo norte do continente.

CLIMAS SEMIÁRIDO E DESÉRTICO

Os climas semiárido e desértico abrangem áreas do Paquistão e do Oriente Médio e áreas centrais da Ásia, além do norte da China e da Mongólia. Os desertos de **Gobi** e de **Takla Makan**, na China, são originados pela barreira formada pelas cadeias de montanhas e pelos planaltos que os circundam, impedindo que massas de ar úmidas os atravessem. Ao mesmo tempo, sofrem influência dos ventos secos e das massas de ar continentais e polares. Esses desertos apresentam verões e invernos extremamente rigorosos.

As áreas desérticas do Oriente Médio originam-se principalmente da ação de massas de ar continentais oriundas do deserto do Saara, na África. Nessas áreas, praticamente não há vegetação.

Rachel Poirot/Shutterstock.com/ID/BR

▲ **Como resultado do clima extremamente seco, os desertos asiáticos apresentam cobertura vegetal muito escassa ou, em muitos casos, não têm nenhum tipo de vegetação, como no deserto de Gobi, Mongólia. Foto de 2022.**

Produção de alimentos no deserto

Atualmente, o desenvolvimento tecnológico permite à sociedade ocupar áreas desérticas de diferentes modos, como o desenvolvimento de agricultura. Em 2010, foi implementado na Jordânia – país asiático de clima desértico e um dos que mais sofre com problemas da falta de recursos hídricos no mundo – o **Projeto Floresta no Saara**.

Esse projeto consiste, entre outras soluções, em utilizar a água do mar para a produção de alimentos em áreas desérticas. Para isso, é gerada energia elétrica por meio de painéis solares, para bombear a água do mar Vermelho até as instalações do projeto. Nesses locais, com o uso de equipamentos de alta tecnologia, a água é dessalinizada, ou seja, separada do sal, tornando-se adequada para a irrigação de cultivos agrícolas.

DESERTIFICAÇÃO NA ÍNDIA

De acordo com dados do *Indian Space Research Organisation*, a agência espacial indiana, nos anos de 2018 e 2019, cerca de 29,8% do território da Índia estava em processo de desertificação. Isso tem ocorrido devido à degradação do solo causada pelo uso excessivo das terras para agricultura e pastagens e pelas mudanças no regime de chuvas.

Uma das maiores preocupações em relação a esse problema consiste na possibilidade de o processo de esterilização das terras, que atinge áreas agrícolas, afetar a segurança alimentar da população do país.

ATIVIDADES

Acompanhamento da aprendizagem

Retomar e compreender

1. Explique como a cordilheira do Himalaia e o planalto do Tibete interferem no clima da Ásia.
2. Como as monções influenciam o regime de chuvas no sul e no sudeste do continente asiático?

Aplicar

3. Observe a foto, leia a legenda e faça o que se pede.

Tieu Bao Truong/Alamy/Fotoarena

Terraços de plantação de arroz nas proximidades de rio na região de Yen Bai, Vietnã. Foto de 2022.

a) O que essa foto retrata?
b) Elabore um texto explicando a importância dos rios para as atividades agrícolas na Ásia.

4. Muitos países da Ásia passam, atualmente, por um período de grande crescimento econômico. Isso tem provocado o aumento da exploração de recursos naturais e o agravamento da poluição e do desmatamento. Observe o mapa *Ásia: Vegetação original*, da página 141, e compare-o com o mapa a seguir. Identifique os países em que houve desmatamento e quais formações vegetais foram mais afetadas.

Ásia: Florestas originais e remanescentes (2018)

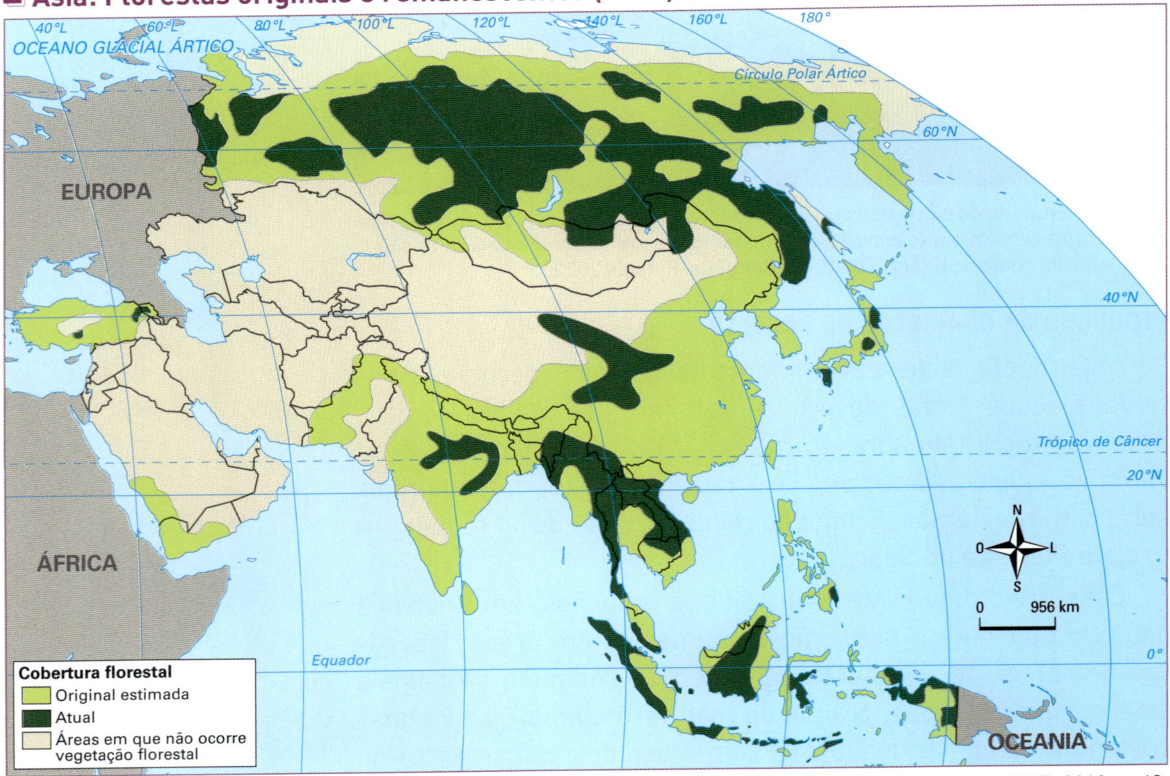

Allmaps/ID/BR

Fonte de pesquisa: *Atlas geográfico escolar*. 8. ed. Rio de Janeiro: IBGE, 2018. p. 63.

Poluição no rio Ganges

O rio Ganges tem importância sagrada para o hinduísmo na Índia. No entanto, ele está muito poluído e é considerado uma das principais fontes de poluição plástica que vai para os oceanos. Leia sobre esse assunto no texto a seguir.

[...]

O Ganges é um dos maiores rios do mundo, venerado por mil milhões de hindus como Mãe Ganga, uma deusa viva com o poder de purificar a alma. As suas águas nascem no glaciar Gangotri, a grande altitude, nos Himalaia Ocidentais, a poucos quilômetros do Tibete, precipitando-se em seguida por desfiladeiros íngremes de montanha até atingirem as planícies férteis da Índia Setentrional. Ali chegado, o rio serpenteia em meandros para leste, atravessando o subcontinente até alcançar o Bangladesh, alargando à medida que vai absorvendo as águas de dez grandes afluentes. Logo depois de confluir com o Bramaputra, o Ganges deságua no golfo de Bengala. É o terceiro maior caudal de água doce que deságua no oceano, em todo o mundo [...]. Assegura o sustento de mais de um quarto da população de 1 400 milhões de pessoas da Índia, da totalidade da população do Nepal e de parte dos habitantes do Bangladesh. [...]

Infelizmente, há muito que o Ganges é um dos rios mais poluídos do mundo, conspurcado por efluentes poluídos provenientes de centenas de fábricas, algumas das quais datando do período colonial britânico. As fábricas adicionam arsênico, crômio, mercúrio e outros metais às centenas de milhões de litros de resíduos por tratar que continuam a correr pelo rio todos os dias. Os resíduos de plástico são apenas a mais recente injúria.

Rajesh Kumar/Hindustan Times/Getty Images

▲ **Pessoas se banham no rio Ganges em busca de purificação espiritual. Varanasi, Índia. Foto de 2022.**

[...] Em 2017, enquanto cresciam a nível mundial as preocupações face ao plástico oceânico, dois estudos chegaram a uma conclusão surpreendente: um pequeno número de rios [...] eram responsáveis pela esmagadora maioria daquilo que os rios despejam no oceano. A maior parte dos rios identificados nas duas listas localizava-se na Ásia. O Ganges ocupava um lugar de destaque em ambas. Um estudo mais recente e abrangente, conduzido por alguns dos mesmos cientistas, concluiu que, na realidade, seria preciso limpar mais de mil rios para reduzir em 80% a quantidade de resíduos que flui dos rios para o mar. [...]

Laura Parker. Ganges, como um rio sagrado pode ser uma fonte de poluição? *National Geographic Portugal*, 23 jun. 2022. Disponível em: https://nationalgeographic.pt/natureza/grandes-reportagens/3119-ganges-como-um-rio-sagrado-pode-ser-uma-fonte-de-poluicao. Acesso em: 12 abr. 2023.

conspurcar: colocar sujeira, tornar sujo.

Em discussão

1. De acordo com o texto, por que o Ganges é um rio sagrado para os hindus?
2. Por que a poluição do rio Ganges é um problema também para os oceanos?

CAPÍTULO

2 POPULAÇÃO E DIVERSIDADE REGIONAL

PARA COMEÇAR

Você sabe como a população asiática se distribui pelo continente? Quais regiões apresentam maior concentração populacional? A maior parte da população vive no campo ou nas cidades?

POPULAÇÃO

Os dois países mais populosos do planeta, **China** e **Índia**, localizam-se no continente asiático. Somadas, as populações desses países ultrapassavam 2,8 bilhões de habitantes em 2021, segundo dados da ONU.

A população total da Ásia, em 2021, era de 4,7 bilhões de pessoas, o que então representava cerca de 59% da população mundial. O elevado contingente populacional da Ásia resulta em uma grande **diversidade cultural**. No entanto, a distribuição da população pelo continente é muito desigual. As maiores concentrações populacionais estão no leste e no sul da Ásia: na China, no Japão, na Índia, em Bangladesh e no Paquistão. Nesses países, também encontram-se as maiores cidades do continente, com elevada densidade demográfica, como Tóquio, Shangai, Beijing, Hong Kong, Seul, Bangcoc, Calcutá, Nova Délhi, entre outras.

▼ De acordo com dados da ONU, de 2022, Tóquio, no Japão, era a cidade mais populosa do mundo, com mais de 37 milhões de habitantes. Pessoas atravessando uma importante via de Tóquio. Foto de 2021.

Charly Triballeau/AFP/Getty Images

CONCENTRAÇÃO POPULACIONAL

As maiores concentrações populacionais do continente asiático estão localizadas nas áreas litorâneas e nas margens de grandes rios. As planícies litorâneas representam apenas 3% de todo território da Ásia, mas abrigam cerca de 15% de sua população total. Em termos regionais, a **Ásia Meridional** e o **Sudeste Asiático** são as regiões mais densamente povoadas do mundo.

As áreas de planaltos e montanhas, no centro do continente, e as áreas de clima desértico e semiárido, em porções do centro e no sudoeste asiático (Oriente Médio), apresentam baixa concentração populacional.

POPULAÇÃO RURAL E POPULAÇÃO URBANA

Cerca de 50% da população asiática vive em áreas rurais, mas esse número varia entre os países. De acordo com dados do Banco Mundial, na Índia, por exemplo, em 2019, 66% da população habitava as áreas rurais e 47,5% da População Economicamente Ativa (PEA) estava ocupada em atividades ligadas ao setor primário. No mesmo ano, a população rural do Japão correspondia a apenas 8% do total e a PEA que atuava em atividades primárias era de 3,5%.

Em 2020, segundo dados da ONU, apenas 8,2% da população japonesa vivia em áreas rurais, o que se reflete no baixo número de pessoas empregadas em atividades agrícolas: pouco mais de 1% da população do país, de acordo com dados de 2017. Parte da população rural não trabalha em atividades ligadas ao setor primário. Essa é uma característica de países com economia desenvolvida, em que parte da população procura residência em áreas rurais, em busca de melhor qualidade de vida, mas continua a desenvolver suas atividades produtivas nas cidades.

Mesmo com um grande contingente de população rural, a Ásia se **urbaniza rapidamente**. A ONU estima que, em 2050, o continente terá cerca de 66% de sua população vivendo em áreas urbanas. Observe o gráfico desta página.

Ásia: Evolução da população rural e urbana (1950-2050)

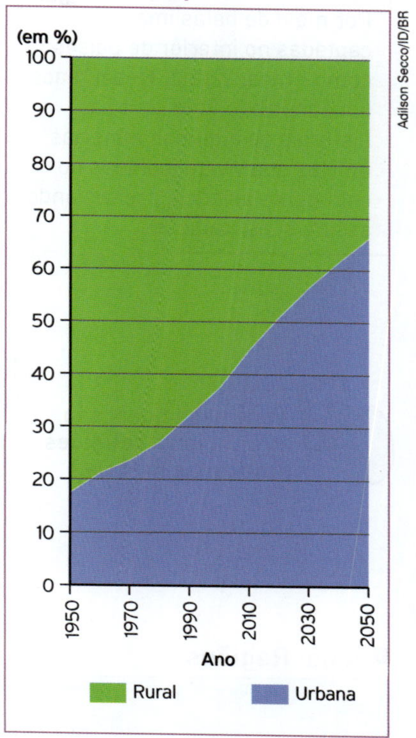

Fonte de pesquisa: United Nations. Department of Economic and Social Affairs. Population Division. *World population prospects 2022*. Disponível em: https://population.un.org/wpp/Download/Standard/Population/. Acesso em: 10 abr. 2023.

▲ Em 2021, cerca de 37% da população da China vivia em áreas rurais. Camponesa colhendo pimenta, em Zhangye, China. Foto de 2020.

▲ Cingapura é uma cidade-Estado asiática cuja população é exclusivamente urbana. Foto de 2022.

> **PARA EXPLORAR**
>
> ***Mundos esquecidos: uma jornada através da Ásia*, de Eliane Band. São Paulo: Luste.**
>
> Por meio de belas imagens captadas no interior de países como China, Vietnã, Nepal, Laos e Indonésia, o livro conta as histórias de algumas minorias étnicas que vivem isoladas no continente asiático, preservando, assim, suas tradições.

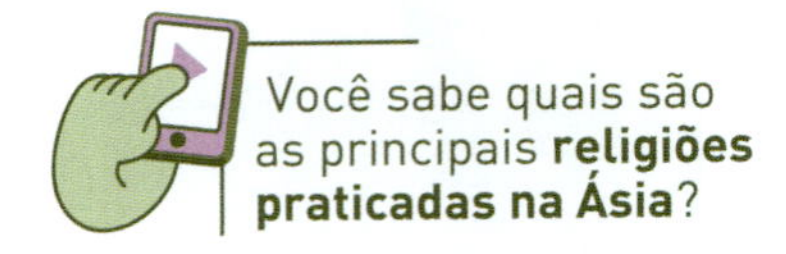

Você sabe quais são as principais **religiões praticadas na Ásia**?

DIVERSIDADE REGIONAL

O continente asiático apresenta grande diversidade regional em relação aos aspectos **sociais**, **culturais**, **políticos** e, sobretudo, **econômicos**.

Alguns países têm formação milenar, enquanto outros existem há poucas décadas. Há também nações que não constituem Estados formalmente reconhecidos. Coexistem países com elevada modernização da tecnologia e países com baixo grau de desenvolvimento tecnológico. Da mesma maneira, as condições de vida da população variam bastante de uma nação asiática para outra.

Além disso, o continente é um grande mosaico de **etnias** e **religiões** que, em algumas áreas, convivem em harmonia e, em outras, em meio a violentos conflitos.

Levando em consideração a grande diversidade desse continente, é comum regionalizar a Ásia para facilitar a identificação de suas características. Assim, temos cinco regiões: **Sudeste Asiático**, **Oriente Médio**, **Leste Asiático**, **Ásia Central** e **Ásia Meridional**. Observe-as, no mapa a seguir, e conheça as principais características dessas regiões nas próximas páginas.

Ásia: Regiões

Fonte de pesquisa: *Atlas geográfico escolar*. 8. ed. Rio de Janeiro: IBGE, 2018. p. 47, 49, 51.

SUDESTE ASIÁTICO

O Sudeste Asiático abrange onze países que, somados, possuíam um total populacional de 676 milhões de habitantes em 2021. Segundo dados da ONU, a região apresentou taxa média anual de crescimento demográfico de 0,94% entre 2017 e 2021. Em 2020, mais da metade da população dessa região (52,8%) vivia em zonas rurais.

O Sudeste Asiático passou nos últimos anos por forte **crescimento econômico**, sustentado pelo desenvolvimento de atividades agrícolas e industriais, com investimentos originários sobretudo de países do Leste Asiático. Com isso, um enorme contingente populacional pôde melhorar suas condições de vida. A abundância de **recursos naturais**, em especial o gás, e a disponibilidade de terras agrícolas favoreceram esse processo.

Vietnã, Laos e Camboja, países que foram arrasados por guerras no século XX, passam atualmente por intenso processo de reconstrução e modernização. Laos e Camboja apresentaram Índice de Desenvolvimento Humano (IDH) médio em 2021, enquanto o Vietnã apresentou IDH elevado.

ORIENTE MÉDIO

O Oriente Médio, também chamado Oriente Próximo, é uma região **semiárida** e **desértica** localizada no sudoeste da Ásia, entre o nordeste da África e o sul/sudeste da Europa.

Na fértil planície Mesopotâmica, onde hoje se localiza o Iraque, e nas proximidades do mar Cáspio, no atual Irã, surgiram algumas das primeiras sociedades a praticar a agricultura e a desenvolver a escrita. Ao sul, em especial na península Arábica, as condições naturais desfavoráveis à ocupação humana influenciaram o surgimento de povos **nômades**, dedicados ao pastoreio e ao comércio.

Historicamente, foi nessa região que surgiram as três mais importantes religiões monoteístas do mundo: o judaísmo, o cristianismo e o islamismo. No território que atualmente corresponde à Arábia Saudita, está localizada **Meca**, a principal cidade sagrada dos muçulmanos. Outro lugar de grande relevância, tanto para os cristãos quanto para os judeus e os muçulmanos, é a cidade de **Jerusalém**, hoje sob o domínio de Israel.

O Oriente Médio também se destaca por ser uma região estratégica, localizada na confluência de três continentes (Europa, África e Ásia), e por concentrar cerca de metade das reservas mundiais de **petróleo**. Em 2020, a Arábia Saudita possuía 17,2% dessas reservas, atrás apenas da Venezuela (17,5%).

CIDADANIA GLOBAL

DESCARTE DE RESÍDUOS PLÁSTICOS NOS OCEANOS

O rápido crescimento econômico apresentado pelos países do Sudeste Asiático veio acompanhado de grandes impactos ambientais. Em 2020, os países da região estavam no topo do *ranking* dos maiores poluidores dos oceanos com resíduos plásticos.

1. O Brasil está entre os países que mais ou que menos descartam lixo plástico nos mares e oceanos? Justifiquem a resposta com dados.
2. Cite impactos ambientais do descarte indevido de resíduos, principalmente plásticos e microplásticos, nos mares e oceanos.
3. Quais impactos econômicos a degradação dos ecossistemas marinhos pode causar?

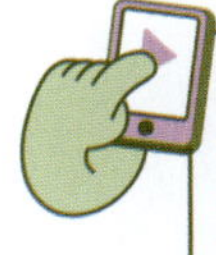

Estima-se que, desde sua invenção, já tenha sido produzido cerca de 9 bilhões de toneladas de **plástico** no mundo. Mas onde foi parar todo esse material?

monoteísmo: religião que crê na existência de uma única divindade, de um único deus.

Abdel Ghani Bashir/AFP

▲ Muçulmanos rezam no complexo da Grande Mesquita, o santuário mais sagrado e principal local de peregrinação da religião islâmica, em Meca, Arábia Saudita. Foto de 2022.

LESTE ASIÁTICO

Nessa região da Ásia, localizam-se os países mais **industrializados** e com maior crescimento nas últimas décadas: Japão, China (incluindo Hong Kong) e Coreia do Sul, além de Taiwan, que, apesar de ter governo próprio, é considerado uma província dissidente da China.

Em 2021, segundo a ONU, a região tinha quase 1,7 bilhão de habitantes, dos quais mais de 1,4 bilhão viviam na China. No entanto, devido aos controles de natalidade impostos pelos governos nacionais, a região apresenta, no geral, baixo crescimento demográfico: cerca de 0,2% ao ano entre 2017 e 2021.

Oscar Espinosa/Shutterstock.com/ID/BR

▲ Templo budista em Nara, Japão. Foto de 2023.

Centenas de etnias habitam a região. Apenas na China existem 56 nacionalidades reconhecidas, das quais a etnia Han compõe cerca de 90% da população chinesa. As religiões predominantes nessa região do continente são o budismo, o taoismo, o confucionismo (mais filosofia do que propriamente religião) e o xintoísmo.

ÁSIA CENTRAL E ÁSIA MERIDIONAL

A **Ásia Central** abrange ex-repúblicas da União Soviética a leste do mar Cáspio e próximas à Europa. Esses países formavam a região menos desenvolvida da antiga União Soviética e passaram por graves problemas econômicos e instabilidade política após sua dissolução.

A **Ásia Meridional** engloba os países ao sul da cordilheira do Himalaia, além do Afeganistão, do Sri Lanka e das Maldivas.

Segundo a ONU, essas duas regiões concentravam quase 2,1 bilhões de habitantes em 2021, com destaque para a Índia, que possuía 1,4 bilhão. As duas regiões também são as menos urbanizadas da Ásia: apenas 36,8% de sua população vivia em cidades em 2020, mesmo considerando-se que a Índia é um país cuja economia é a mais diversificada e a urbanização mais acelerada das duas regiões.

Vito Arcomano/Alamy/Fotoarena

◀ O Sri Lanka é o país mais rural da Ásia Central e da Ásia Meridional. Nesse país insular, em 2022, cerca de 81% da população vivia no campo. Camponeses em plantação de chá no Sri Lanka. Foto de 2020.

ATIVIDADES

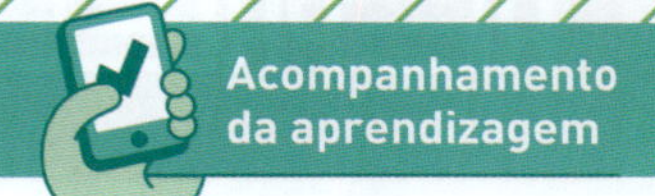

Retomar e compreender

1. Quais são as regiões do continente asiático e qual delas apresenta os países economicamente mais desenvolvidos?

2. Reproduza a tabela a seguir e, depois, complete-a com o nome da região da Ásia a que cada país pertence.

PAÍS	China	Iraque	Índia	Japão	Casaquistão	Indonésia	Sri Lanka	Tailândia
REGIÃO								

3. Explique por que o Oriente Médio é uma região estratégica pela sua localização e geopolítica.

Aplicar

4. Observe a foto e formule hipóteses relacionando-a com o desenvolvimento da economia do Japão a partir de meados do século XX.

The Yomiuri Shimbun/AFP

Robô assistente em funcionamento em laboratório, em Kobe, Japão. Foto de 2022.

5. Observe o mapa a seguir e responda às questões.

Ásia Central: Densidade demográfica (2020)

Fonte de pesquisa: Banco Mundial. Disponível em: https://data.worldbank.org/indicator/EN.POP.DNST. Acesso em: 28 fev. 2023.

a) De acordo com a legenda do mapa, em que categoria populacional se encontra cada país da Ásia Central?

b) Em 2020, segundo dados da ONU, a população do Casaquistão era de 18,7 milhões de habitantes, enquanto a do Quirguistão era de 6,5 milhões de habitantes. Explique por que o Casaquistão tem densidade demográfica menor que a do Quirguistão, embora seja mais populoso.

6. Relacione os aspectos demográficos e econômicos que você estudou neste capítulo com as condições naturais apresentadas no capítulo 1 desta unidade. Em seguida, discuta com os colegas esta questão: Quais condições naturais podem favorecer e quais podem dificultar a ocupação humana e o desenvolvimento de determinadas atividades econômicas nos países asiáticos?

Regionalizando o mundo com base em um indicador social

Diversos indicadores socioeconômicos podem ser utilizados como critérios para regionalizar o mundo, como o Produto Interno Bruto (PIB), o Índice de Desenvolvimento Humano (IDH) e o Índice de Gini.

A representação de um indicador socioeconômico em um mapa espacializa um dado numérico e permite a visualização dos países que fazem parte das categorias estabelecidas na legenda. Essas categorias compreendem intervalos do indicador representado.

Observe o mapa a seguir, que representa o Índice de Gini dos países do mundo. Como você já estudou, esse índice mede a desigualdade da distribuição de renda e varia de 0 a 100, em que 0 representa a igualdade plena de renda e 100 indica a desigualdade absoluta. Para calcular esse índice, compara-se a renda dos 20% mais ricos da população de determinado local com a renda dos 20% mais pobres. Quanto maior a diferença, maior será o Índice de Gini.

No mapa, foram estabelecidos os cinco intervalos do Índice de Gini em que os países do mundo foram classificados.

Mundo: Índice de Gini (2010 a 2021)

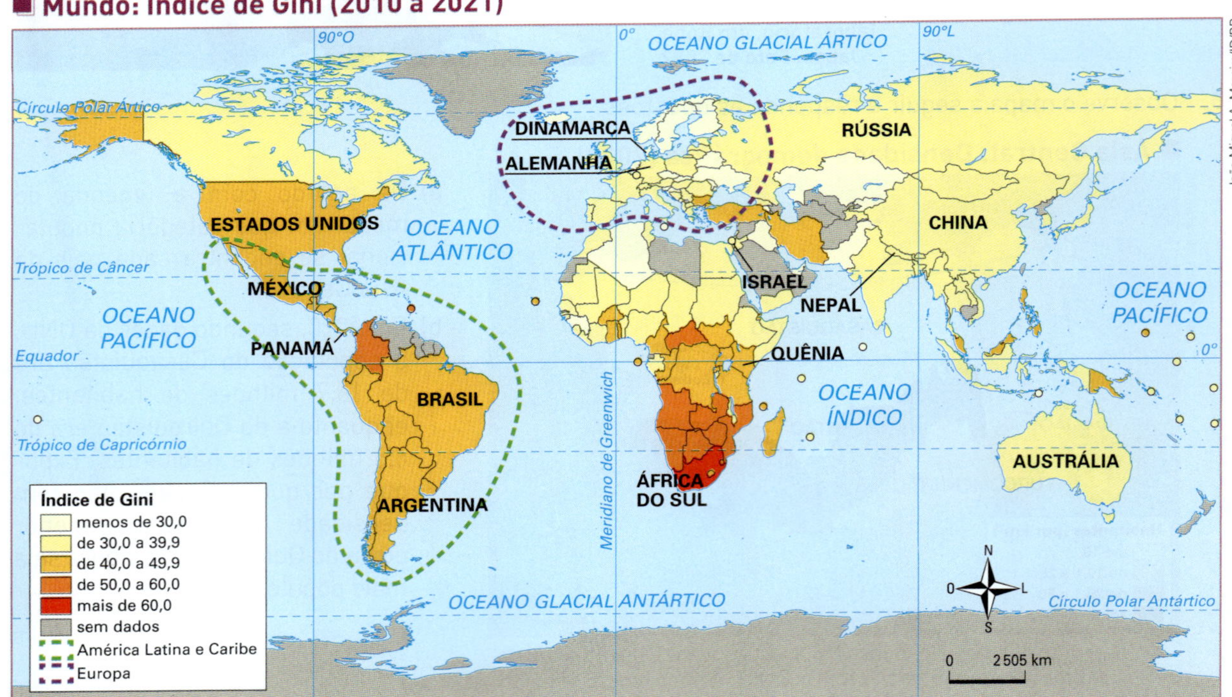

Nota: Os mapas desta seção foram elaborados com os dados do Índice de Gini mais recentes fornecidos pelos países entre os anos de 2010 e 2021.

Fonte de pesquisa: United Nations Development Programme (UNDP). *Human development report 2021/2022*. New York: UNDP, 2022. Disponível em: https://hdr.undp.org/content/human-development-report-2021-22. Acesso em: 11 abr. 2023.

Ainda analisando o mapa da página 152, perceba que foram utilizadas cores mais escuras para representar os maiores índices de desigualdade de renda entre os habitantes do país e cores mais claras para representar as menores disparidades de renda.

Agora, observe que também é possível representar o indicador socioeconômico de apenas uma parte do mundo, como foi feito no mapa a seguir, que mostra o Índice de Gini dos países do continente asiático, também propondo cinco categorias para classificar os países.

■ Ásia: Índice de Gini (2010 a 2021)

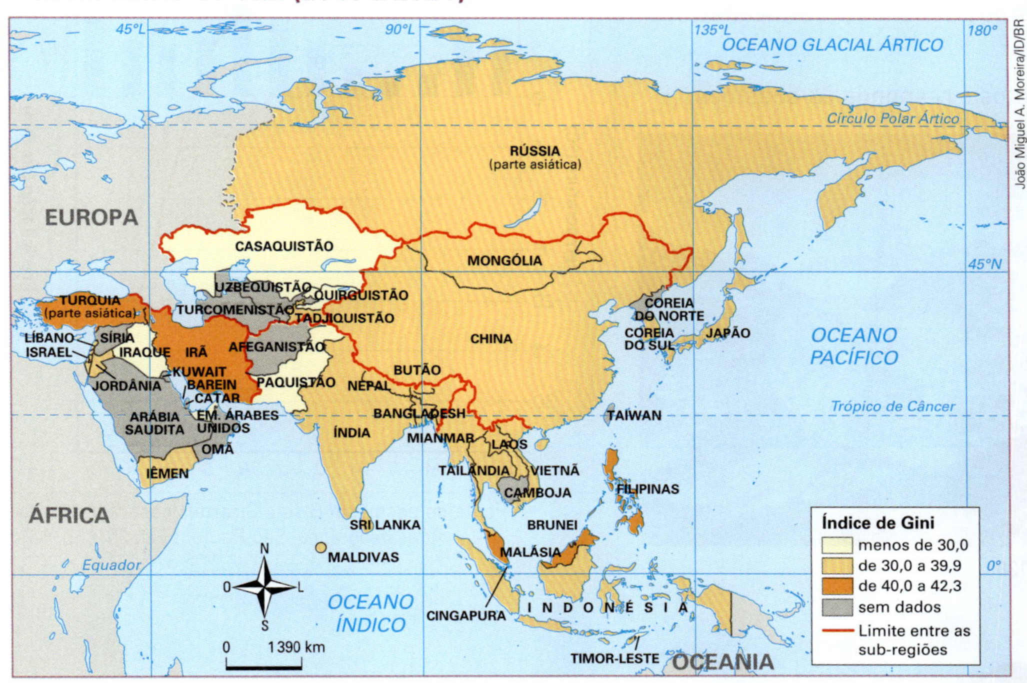

Fonte de pesquisa: United Nations Development Programme (UNDP). *Human development report 2021/2022*. New York: UNDP, 2022. Disponível em: https://hdr.undp.org/content/human-development-report-2021-22. Acesso em: 11 abr. 2023.

Pratique

1. Com base no mapa da página 152, faça o que se pede.

a) Cite dois países que estão na categoria que apresenta as mais baixas concentrações de renda.

b) Compare os países da América Latina com os países da Europa, estabelecendo uma relação entre desenvolvimento socioeconômico e distribuição de renda.

2. Agora, utilizando como referência o mapa desta página, responda.

a) Cite dois países asiáticos que estão na categoria de países com os mais altos índices de concentração de renda.

b) Quais países do continente asiático apresentam os melhores índices de distribuição de renda? A qual região eles pertencem?

3. Quais problemas econômicos e sociais são gerados pela concentração de renda?

ATIVIDADES INTEGRADAS

Analisar e verificar

1. Observe os mapas *Ásia: Clima* (página 140) e *Ásia: Vegetação original* (página 141). Depois, responda às questões.

a) Compare os mapas e relacione os tipos climáticos com os principais tipos de vegetação desse continente.

b) Os mapas estão representados com projeções diferentes. Quais são as principais diferenças em relação à representação dos países que podem ser verificadas nesses mapas?

2. Observe as fotos e responda às questões.

Daniel Prudek/Alamy/Fotoarena

▲ **Nepal. Foto de 2020.**

Patrick Rutishauser/Alamy/Fotoarena

▲ **Mongólia. Foto de 2020.**

a) Quais formas de relevo estão retratados nessas fotos?

b) Qual das áreas representadas é mais propícia ao desenvolvimento de atividades agrícolas? Por quê?

3. Considerando o climograma e a foto a seguir, responda: É possível dizer que o climograma e a foto são de locais com o mesmo tipo de clima? Justifique sua resposta com base nos dados de temperatura e de precipitação apresentados no climograma e nas características da vegetação retratada na imagem.

Climograma de Tiksi (Rússia)

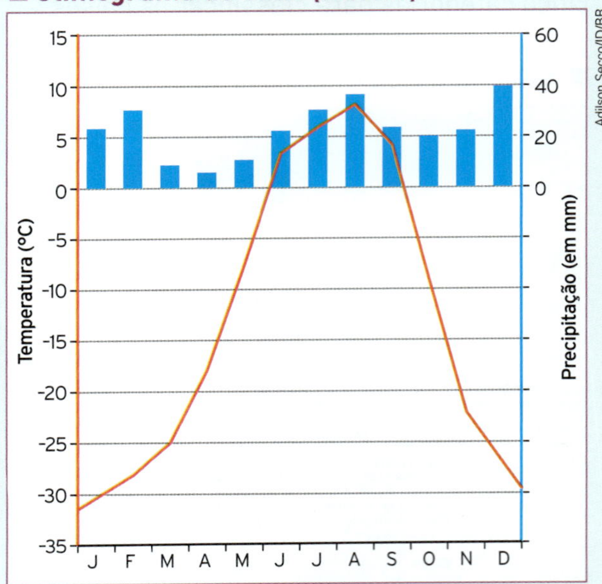

Fonte de pesquisa: Gisele Girardi; Jussara Vaz Rosa. *Atlas geográfico*. São Paulo: FTD, 2016. p. 161.

Quang Nguyen Vinh/Alamy/Fotoarena

▲ **Vietnã. Foto de 2022.**

4. Leia o texto e responda às questões.

A população mundial ultrapassa 8 bilhões de pessoas nesta terça-feira (15 [nov. 2022]), segundo a estimativa oficial da Organização das Nações Unidas [...].

Para a ONU, "esse crescimento sem precedentes" – havia 2,5 bilhões de habitantes em 1950 – é resultado "de um aumento progressivo da expectativa de vida graças aos avanços na saúde pública, nutrição, higiene pessoal e medicina". [...]

E é nos países que já apresentam alta concentração de pobreza que o crescimento populacional apresenta grandes desafios. "A persistência de altos níveis de fertilidade, que impulsionam o rápido crescimento populacional, é ao mesmo tempo um sintoma e uma causa do lento progresso em matéria de desenvolvimento", escreve a ONU.

A Índia, um país de 1,4 bilhão de habitantes, vai se tornar o mais populoso do mundo em 2023, superando a China. O país deve experimentar uma explosão de sua população urbana nas próximas décadas [...].

Em Mumbai, cerca de 40% da população vive em [...] áreas pobres superlotadas, formadas por habitações precárias e improvisadas, a maioria sem água encanada, eletricidade e saneamento.

[...] Mais da metade do crescimento populacional até 2050 virá de oito países, segundo a ONU: República Democrática do Congo [...], Egito, Etiópia, Índia, Nigéria, Paquistão, Filipinas e Tanzânia. [...]

AFP. População mundial ultrapassa 8 bilhões, segundo a ONU. *O Tempo*, 15 nov. 2022. Disponível em: https://www.otempo.com.br/mundo/populacao-mundial-ultrapassa-8-bilhoes-segundo-a-onu-1.2766646. Acesso em: 11 abr. 2023.

a) Segundo o texto, o que causou o elevado crescimento da população mundial nas últimas décadas?

b) Até 2050, mais da metade do crescimento populacional virá de quais países asiáticos? Por que a China não está entre esses países?

c) Qual é a relação indicada pela ONU, entre crescimento populacional e desenvolvimento socioeconômico?

5. A foto a seguir mostra um dos impactos ambientais causados pelo uso intenso de alguns rios asiáticos. Observe-a para responder às questões.

Mamunur Rashid/Shutterstock.com/ID/BR

▲ **Trecho de rio na Região Metropolitana de Dacca, capital de Bangladesh. Foto de 2021.**

a) Qual é o problema retratado nessa foto?

b) Que medidas poderiam evitar esse tipo de situação?

c) Relacione o problema retratado na imagem às condições de vida da população.

Criar

6. Analise os dados do gráfico e faça o que se pede.

Ásia: População em relação ao restante do mundo (2021)

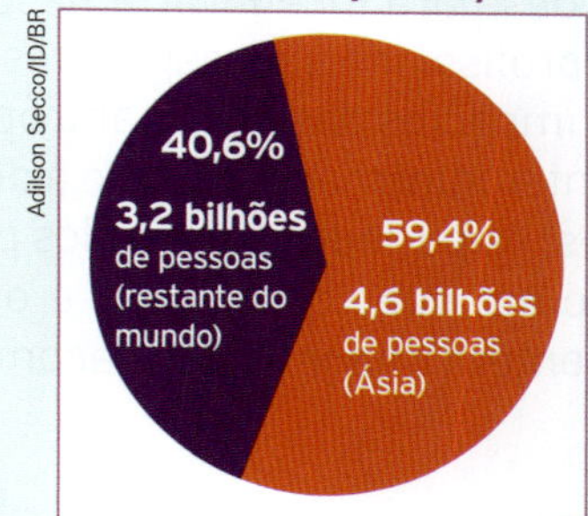

Adilson Secco/ID/BR

Fonte de pesquisa: United Nations. Department of Economic and Social Affairs. Population Division. *World population prospects 2022*. Disponível em: https://population.un.org/wpp/Download/Standard/Population/. Acesso em: 11 abr. 2023.

- Elabore um texto comentando as informações mostradas no gráfico e a distribuição da população na Ásia. Relacione esses dados com as diferentes formas de relevo existentes no continente asiático.

7. SABER SER Busque informações sobre intolerância religiosa na Ásia e escolha um país cuja população seja afetada por esse problema. Elabore um texto explicando detalhes do problema e as medidas tomadas pelo poder público e pela população para combatê-lo.

CIDADANIA GLOBAL

UNIDADE 5

Retomando o tema

Nesta unidade, vocês estudaram as características naturais e populacionais e a diversidade regional da Ásia. Também tiveram a oportunidade de analisar o desenvolvimento econômico dos países asiáticos e de refletir sobre a importância dos mares e oceanos tanto para a exploração de recursos naturais, como o petróleo, como para o comércio internacional e a relevância urbana e econômica das regiões e cidades portuárias. Nesse contexto, vocês aprenderam sobre os impactos aos ecossistemas marítimos e, em consequência, diversos prejuízos socioeconômicos às comunidades locais. Por essa razão, conservar e usar de modo sustentável os oceanos e mares e seus recursos é um dos Objetivos de Desenvolvimento Sustentável.

1. De que maneira o desequilíbrio nos ecossistemas marinhos pode prejudicar atividades socioeconômicas e culturais, como a pesca artesanal?
2. Citem exemplos de práticas pesqueiras que podem contribuir para a poluição e a contaminação dos mares e oceanos.
3. Além das atividades econômicas que se desenvolvem nos mares e oceanos, é possível afirmar que o modo de vida urbano não sustentável pode colaborar para a alteração do equilíbrio dos ambientes marinhos? Justifiquem a resposta.

Geração da mudança

- Com base no que vocês estudaram sobre os problemas ambientais causados pelas atividades econômicas desenvolvidas em mares e oceanos, elaborem um guia de orientações para incentivar a pesca sustentável. O objetivo é apresentar aos pescadores profissionais ou esportivos boas condutas e técnicas sustentáveis que reduzam os impactos das ações antrópicas nos ecossistemas aquáticos. Esse manual pode conter informações como a destinação correta dos resíduos gerados por embarcações, os períodos adequados para a realização de atividades pesqueiras no município em que vocês vivem e o combate à captura indiscriminada de animais. Acrescentem imagens para acompanhar os textos do guia.

Autoavaliação

Yasmin Ayumi/ID/BR

LESTE E SUDESTE ASIÁTICOS

UNIDADE 6

PRIMEIRAS IDEIAS

1. O que você sabe em relação ao Japão?
2. Por que a China é considerada atualmente uma potência mundial?
3. Você sabe quais impactos ambientais relacionados ao desenvolvimento econômico a China enfrenta atualmente? Como o país vem combatendo esses problemas?
4. O que você conhece dos Tigres Asiáticos e dos Novos Tigres Asiáticos?

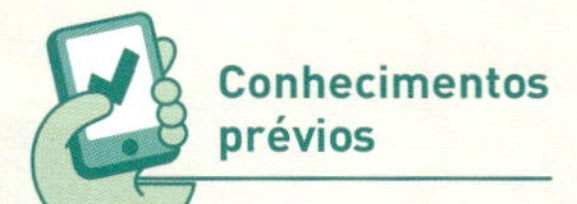

Nesta unidade, eu vou...

CAPÍTULO 1 Japão

- Reconhecer os fatores que levaram o Japão a se tornar uma potência econômica mundial.
- Analisar o modelo de produção toyotista.
- Identificar a influência dos investimentos em educação no desenvolvimento econômico do Japão.
- Compreender as relações geopolíticas do Japão.

CAPÍTULO 2 China, a nova potência mundial

- Reconhecer fatos históricos relacionados à modernização chinesa.
- Verificar o impacto econômico das Zonas Econômicas Especiais (ZEEs) na China.
- Analisar a função da educação na promoção da sustentabilidade.
- Compreender a existência de desigualdades no desenvolvimento regional chinês.
- Identificar problemas ambientais e aspectos da questão energética chinesa.

CAPÍTULO 3 Tigres Asiáticos e Novos Tigres Asiáticos

- Conhecer os países e território que formam os Tigres Asiáticos e os Novos Tigres Asiáticos.
- Compreender a industrialização dos Tigres Asiáticos e dos Novos Tigres Asiáticos.
- Verificar a influência do Japão e da China no Sudeste Asiático.
- Investigar o impacto dos investimentos em educação no desenvolvimento socioeconômicos dos países.
- Analisar mapas econômicos.

CIDADANIA GLOBAL

- Reconhecer que o acesso à educação pode garantir direitos para os indivíduos.
- Valorizar a educação como uma ferramenta de empoderamento dos jovens.

VCG/Getty Images

LEITURA DA IMAGEM

1. Descreva o primeiro e o segundo plano da imagem.
2. Você sabe qual é a função do equipamento mostrado na imagem?
3. Quais sensações você acredita que as crianças estão sentindo?
4. Você acha importante para sua formação a visita a museus, como o mostrado na imagem?

CIDADANIA GLOBAL

Reflita sobre a seguinte situação: você e os colegas retornam à escola depois das férias escolares para iniciar um novo ano letivo e recebem a notícia de que, em função de corte de gastos, diversas unidades escolares do município de vocês serão fechadas. Sua escola está entre elas. Estudantes, educadores e outros integrantes da comunidade escolar decidem empenhar-se em reverter esse quadro, recorrendo a agentes públicos e privados.

1. Com o intuito de alertar a população da localidade na qual a escola está inserida, discutam: Quais podem ser os problemas causados pelo fechamento de uma escola para a comunidade do entorno?
2. Como o ensino de baixa qualidade pode prejudicar o desenvolvimento econômico, social, político e cultural de um município?

Ao longo da unidade, em grupos, vocês vão realizar levantamentos de dados e debater os impactos dos investimentos em educação em diferentes realidades. Ao final, deverão organizar uma apresentação para justificar a importância do ensino para seu desenvolvimento pessoal e para a concretização de seu projeto de vida.

Todas as crianças no mundo têm **acesso à educação** de qualidade?

Crianças em equipamento que simula a ausência de gravidade durante uma atividade no Museu de Ciência e Tecnologia da China em Beijing, China. Foto de 2022.

CAPÍTULO

1 JAPÃO

PARA COMEÇAR

O Japão, embora apresente pequena extensão territorial e seja carente de recursos naturais, é uma das grandes potências mundiais. Como você acha que ocorreu o processo de desenvolvimento socioeconômico do Japão?

JAPÃO: CARACTERÍSTICAS GERAIS

O território japonês tem 377 mil km^2 e é formado por **quatro ilhas principais** – de norte a sul, Hokkaido, Honshu, Shikoku e Kyushu – e por muitas outras ilhas menores. Em Honshu, localiza-se a capital Tóquio, cidade mais populosa do mundo, com mais de 37 milhões de habitantes (2022).

Cerca de 80% da superfície do Japão é montanhosa, o que dificulta a ocupação do interior; por isso, a população do país se concentra principalmente no litoral. Em 2020, dos quase 127 milhões de japoneses, cerca de 92% viviam em **centros urbanos**, segundo a ONU. Grandes metrópoles litorâneas formaram a **megalópole japonesa**, que se estende de Tóquio a Osaka, totalizando mais de 50 milhões de pessoas.

As áreas de planícies aráveis no Japão são pequenas (aproximadamente 13% do território) e seu subsolo é pobre em recursos minerais. Apesar disso, em 2022 o país ocupava a posição de **terceira maior economia do mundo** (atrás apenas dos Estados Unidos e da China).

O Japão tem ótimos indicadores sociais: em 2021, o país apresentava a **maior expectativa de vida** do mundo, de 84,7 anos; elevados índices de alfabetização; baixa mortalidade infantil (dois por mil nascidos vivos); e elevado IDH (19º maior do mundo em 2019), segundo dados do Programa das Nações Unidas para o Desenvolvimento (Pnud).

▼ Vista de Osaka, Japão. Localizada na ilha de Honshu, a cidade é um dos principais destaques econômicos do Japão, concentrando cerca de 8% de todas as pequenas e médias empresas japonesas. É a terceira cidade mais populosa do país, com aproximadamente 2,8 milhões de habitantes. Foto de 2020.

Taras Vyshnya/ Alamy/Fotoarena

INDUSTRIALIZAÇÃO JAPONESA

A atual força econômica do Japão está diretamente relacionada ao seu **desenvolvimento industrial**, que teve início no século XIX.

ERA MEIJI

A industrialização japonesa começou a se desenvolver em 1870, em um período conhecido como **Revolução Meiji**. O projeto de industrialização da era Meiji se concentrava no complexo militar, visando à expansão imperialista. Também foram feitos investimentos em educação e em setores estratégicos, como as indústrias de base, em especial a indústria siderúrgica.

Surgiram grandes grupos industriais (*zaibatsu*), pertencentes às famílias da nobreza e financiados pelo Estado. Esses grupos controlavam a exploração mineral, os bancos, as indústrias bélica, naval e têxtil e o comércio exterior.

Japão: Densidade demográfica (2018)

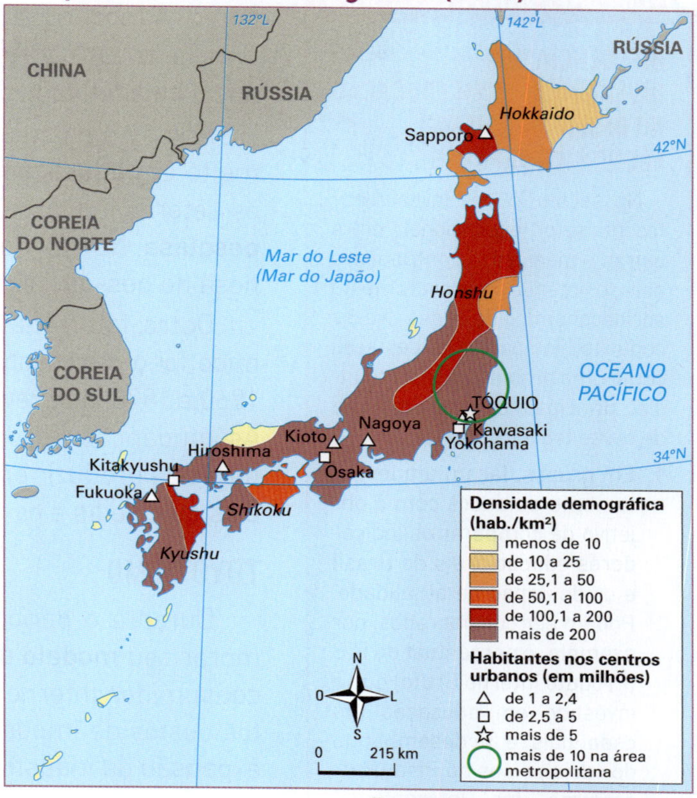

Fontes de pesquisa: Gisele Girardi; Jussara Vaz Rosa. *Atlas geográfico do estudante*. São Paulo: FTD, 2016. p. 180; *Atlante geografico De Agostini*. Novara: Istituto Geografico De Agostini, 2018. p. 169.

A necessidade de aumentar o mercado consumidor e de obter matérias-primas para abastecer suas indústrias tornou o Japão uma **potência local**. Pelo uso da força militar, o país apossou-se de áreas continentais asiáticas, entre elas a Coreia e parte da China.

PÓS-SEGUNDA GUERRA MUNDIAL

Na Segunda Guerra Mundial, o Japão aderiu ao Eixo (pacto formado também por Itália e Alemanha) e, derrotado, teve a economia destruída. Apesar de terem sido adversários do Japão na Segunda Guerra, os Estados Unidos financiaram o processo de **reconstrução do país**, fazendo dele seu principal parceiro no Oriente para opor-se aos comunistas chineses e soviéticos. Nesse novo período, a industrialização japonesa se concentrou em setores de uso civil, pois o país foi forçado pelos Estados Unidos a abandonar todas as pretensões expansionistas e militares após a Segunda Guerra.

Na década de 1960, altos **investimentos em tecnologia** tornaram o Japão um grande produtor de eletroeletrônicos e de automóveis e exportador de produtos industrializados. A partir daí foram criadas grandes empresas, que se tornaram as maiores do mundo em seus setores.

Na década de 1980, o país passou a investir intensamente na expansão de suas empresas multinacionais para todo o mundo.

PARA EXPLORAR

Museu Histórico da Imigração Japonesa no Brasil

Esse museu reúne grande acervo de itens pertencentes aos imigrantes japoneses que chegaram ao Brasil entre o fim do século XIX e início do século XX.

Informações: https://www.bunkyo.org.br/br/museu-historico/. Acesso em: 12 jan. 2023.

Localização: Rua São Joaquim, 381. Liberdade, São Paulo (SP).

MODERNIZAÇÃO ECONÔMICA NO JAPÃO

A cultura japonesa valoriza as tradições, a hierarquia e a honra. A modernização japonesa do século XIX apoiou-se nesses princípios para acelerar a industrialização no país, o que se traduziu na fidelidade dos trabalhadores às empresas.

Após a Segunda Guerra Mundial, os japoneses investiram muito em **educação**, preparando mão de obra qualificada para os setores industriais e também para as áreas de **ciência** e de **pesquisa**. Isso foi fundamental para alavancar a economia japonesa no pós-guerra.

Outro fator-chave desse processo de crescimento econômico foi o desenvolvimento de **alta tecnologia**, nas décadas de 1960 e 1970, que revolucionou o sistema de produção industrial. As mudanças introduzidas pelos japoneses transformaram o modo de produzir em todo o mundo, incluindo as antigas potências europeias e os Estados Unidos.

CIDADANIA GLOBAL

INFLUÊNCIA DOS INVESTIMENTOS EM EDUCAÇÃO NO DESENVOLVIMENTO ECONÔMICO JAPONÊS

No século XX, os investimentos no setor educacional, entre outras medidas, contribuíram para o intenso desenvolvimento socioeconômico do Japão. Nesse contexto, o país se destacou como uma grande potência mundial, principalmente na produção de novas tecnologias.

1. Em grupos, façam um levantamento de dados com o objetivo de comparar os indicadores educacionais do Brasil e os do Japão na atualidade. Podem ser considerados, por exemplo, o percentual do PIB (Produto Interno Bruto) que é investido em educação em cada país e o desempenho dos dois países no Pisa (Programme for International Student Assessment, traduzido do inglês como Programa Internacional de Avaliação de Estudantes), exame organizado pela OCDE (Organização para a Cooperação e o Desenvolvimento Econômico). Ao comparar os dois países, o que se pode concluir?

TOYOTISMO

Durante o período de crescimento, o Japão precisou aprimorar seu **modelo de produção industrial**. O pequeno mercado consumidor interno dificultava a fabricação em série, e os altos custos de importação de matérias-primas eram entraves à expansão da indústria japonesa.

Em meados do século XX, na fábrica de automóveis japonesa Toyota, desenvolveu-se um modelo de produção denominado **toyotismo**, baseado no sistema de **produção flexível**, conhecido como ***just-in-time*** ("na hora certa"). Esse sistema tinha como premissa básica a adequação da produção e o controle de estoque conforme a demanda real de determinado produto da empresa, fabricando-se apenas o necessário para atendê-la.

Esse modelo foi criado em oposição ao modelo estadunidense de produção **fordista**, que produzia em massa.

Waldo Swiegers/Bloomberg/Getty Images

A adoção do sistema de produção flexível possibilitou às empresas uma atuação cada vez mais global. Funcionários na linha de montagem em fábrica de automóveis japonesa em Durban, África do Sul. Foto de 2022.

POTÊNCIA GLOBAL

Com as inovações na linha de produção, introduziu-se o sistema de **subcontratação de empresas**, para fornecer peças a uma demanda cada vez maior. A diversificação dos fornecedores ampliou a disponibilidade de peças, que passaram a ser produzidas em um tempo menor, diminuindo os custos de produção industrial. Essas mudanças tornaram a indústria japonesa a mais avançada e a mais produtiva do mundo.

Na década de 1980, o Japão firmou-se como grande potência econômica mundial e fortaleceu sua influência na Ásia com investimentos privados, principalmente na China, na Coreia do Sul, em Hong Kong, em Taiwan e em Cingapura.

Em 2021, o PIB japonês era de 4,9 trilhões de dólares. As principais indústrias do país são a automotiva, a pesqueira, a eletroeletrônica, a de aço, a de construção naval, a química e as de **alta tecnologia**, como a de informática. Atualmente, as exportações se concentram em produtos como equipamentos para transporte, veículos, produtos químicos e eletroeletrônicos. As importações, por sua vez, envolvem principalmente **matérias-primas**, combustíveis, produtos têxteis e alimentos.

FONTES DE ENERGIA

A falta de fontes próprias de energia é um dos grandes problemas do Japão. Parte da energia produzida no país é oriunda de usinas nucleares. A partir da década de 2010, especialmente depois do acidente nuclear de Fukushima, em 2011, o Japão reduziu o uso de energia nuclear e passou a investir em fontes de energia renováveis, como a eólica, a geotérmica, a solar e a de biomassa. No entanto, o país ainda é muito dependente dos combustíveis fósseis, sendo o petróleo, o carvão e o gás natural suas principais matrizes energéticas. De acordo com dados da Agência Internacional de Energia, em 2020, cerca de 93% da energia utilizada no Japão foi importada.

MÃO DE OBRA QUALIFICADA

A mão de obra japonesa é altamente qualificada e sua rotatividade entre as empresas é muito pequena. Na década de 1990, o Japão estimulou a imigração para que os trabalhadores estrangeiros ocupassem posições de menor qualificação profissional. Estima-se que 250 mil brasileiros tenham migrado para o Japão, constituindo o terceiro maior grupo de imigrantes no país. Essa situação vem mudando desde a crise econômica mundial de 2008, por conta do aumento da taxa de desemprego entre os japoneses, o que levou o governo a pressionar os imigrantes a deixar o país.

Desde o fim da Segunda Guerra Mundial, o número de filhos por família vem diminuindo no Japão, o que gera preocupações quanto ao futuro da economia do país. Com o **envelhecimento da população** e a diminuição no número de jovens, a tendência é que, em algumas décadas, a mão de obra se torne muito escassa. Algumas alternativas para solucionar esse problema são estimular novamente a chegada de imigrantes e incentivar a natalidade.

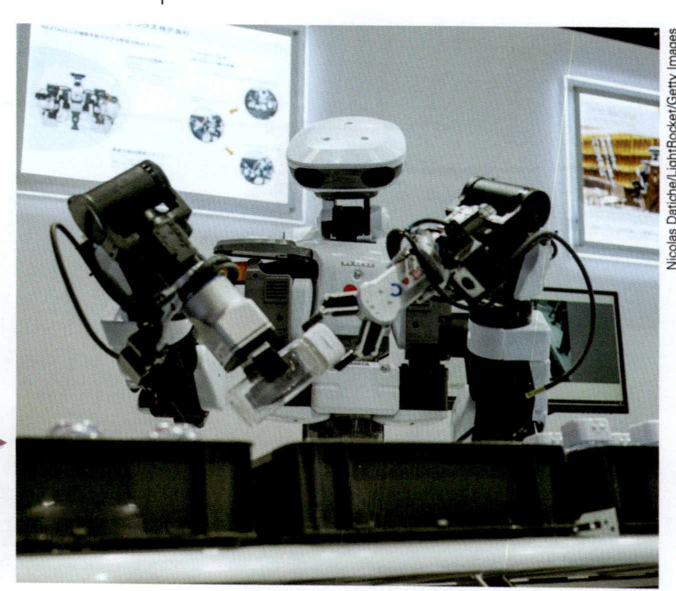

Em muitas empresas japonesas, a falta de mão de obra está sendo suprida por robôs capazes de executar as mais variadas tarefas. Robô manipulando garrafas plásticas durante a Exposição Internacional de Robôs em Tóquio, Japão. Foto de 2022.

Nicolas Datiche/LightRocket/Getty Images

RELAÇÕES POLÍTICAS ATUAIS

PARA EXPLORAR

Os japoneses, **de Célia Sakurai. São Paulo: Contexto.**

A pesquisadora faz um resgate histórico do Japão, retratando a formação do país, o período medieval, a modernização durante a era Meiji, os horrores da Segunda Guerra Mundial e os dias atuais, com o objetivo de combater ideias preconcebidas sobre o povo japonês.

O Japão mantém boas relações políticas com os **Estados Unidos**. Além disso, os dois países são grandes parceiros comerciais, o que permite aos Estados Unidos ter importante presença no Leste Asiático.

Com a **China**, o Japão tem relações historicamente conflituosas. No fim do século XIX e no início do século XX, por exemplo, os dois países travaram guerras violentas. Hoje, China e Japão mantêm relações cordiais, sobretudo no campo econômico, mas ainda há divergências políticas relacionadas a disputas territoriais nas proximidades da costa dos dois países.

O Japão, contudo, não tem boas relações diplomáticas com a **Coreia do Norte**. A Coreia foi colonizada pelo Japão entre 1910 e 1945 e, após a Segunda Guerra Mundial, o país foi dividido em dois (Coreia do Norte e Coreia do Sul), com uma parte sob influência dos Estados Unidos e a outra sob influência soviética. Em 1950, a Coreia passou por uma guerra na qual o Norte, apoiado pela China, buscava reunificar o país enfrentando o Sul, apoiado pelos Estados Unidos. Mesmo após a guerra, a divisão entre as duas Coreias foi mantida, incluindo suas alianças políticas e econômicas, e esses dois países vivem sob constante tensão.

A dissolução da União Soviética pôs fim a uma parceria de décadas e isolou a Coreia da Norte internacionalmente. A situação se agravou com o bloqueio econômico e as sanções impostas pelos Estados Unidos por meio da ONU e, atualmente, a Coreia do Norte permanece como um dos países mais isolados do mundo. Nos últimos anos, os investimentos em armamentos de longo alcance e os testes nucleares no país aumentaram a tensão entre a Coreia do Norte e o Japão e, consequentemente, com os Estados Unidos.

Em 2018, durante um encontro histórico, o então presidente dos Estados Unidos, Donald Trump, e o da Coreia do Norte, Kim Jong-un, assinaram um acordo no qual a Coreia do Norte se comprometia a reduzir investimentos em armamentos, enquanto os Estados Unidos reduziriam os bloqueios econômicos. No entanto, a partir de 2021, a política externa do presidente estadunidense Joe Biden se voltou para antigos aliados, como o Japão, em busca de apoio para lidar com os riscos de segurança representados por países como China e Coreia do Norte.

▼ **Treinamento militar de soldados japoneses nas proximidades de Gotemba, Japão. Foto de 2021.**

Akio Kon/Bloomberg/Getty Images

ATIVIDADES

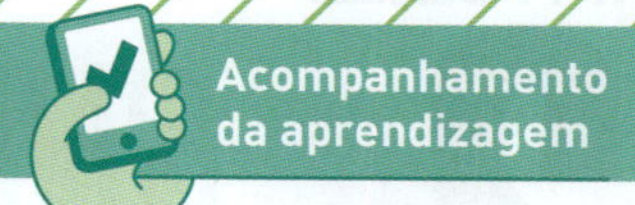

Retomar e compreender

1. Como a era Meiji transformou a economia do Japão?
2. O Japão saiu da Segunda Guerra Mundial derrotado e com a economia arrasada. Como foi o processo de reconstrução do país após esse conflito?
3. Descreva como são, atualmente, as condições de vida da população japonesa.
4. Leia o texto a seguir e, depois, responda às questões.

Políticas industriais japonesas

[...] Ao fim da Segunda Guerra Mundial, a economia japonesa encontrava-se arruinada. Não tardou para que o Japão iniciasse uma fase de rápido crescimento econômico, denominada de "milagre japonês"; que permitiu que a economia japonesa se tornasse, nos dias de hoje, uma grande potência na economia mundial. No passado, produtos japoneses foram considerados baratos e de pouca qualidade; porém, caracterizam-se, hoje, por serem intensivos em alta tecnologia e exportados para todas as regiões do mundo. Ao mesmo tempo, não somente as grandes empresas, mas também as empresas de pequeno e médio porte têm intensificado seus investimentos estrangeiros diretos [...] em países-sedes por todo o mundo. Em anos recentes, a experiência japonesa passou a atrair a atenção de muitas nações em desenvolvimento, especialmente aquelas que estão enfrentando dificuldades [econômicas] e que estão se empenhando para obter crescimento econômico com dinamismo e igualdade.[...]

Shoji Nishijima. Políticas industriais japonesas. *Revista Tempo do Mundo*, Brasília, v. 4, n. 3, p. 75-76, dez. 2012. Disponível em: http://repositorio.ipea.gov.br/bitstream/11058/6307/1/RTM_v4_n3_Politicas.pdf. Acesso em: 31 mar. 2023.

a) O que significou o "milagre japonês"?

b) Como a indústria japonesa era vista no passado? E como é vista atualmente?

Aplicar

5. Observe o gráfico a seguir. Depois, responda às questões.

Japão: Exportações (2019)

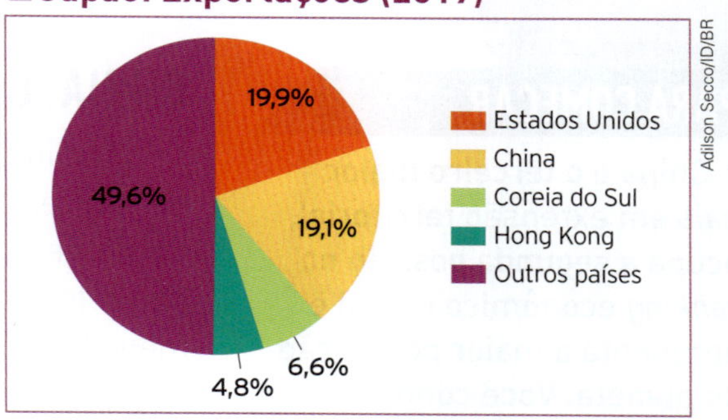

Fonte de pesquisa: Banco Mundial. Disponível em: https://wits.worldbank.org/CountryProfile/en/Country/JPN/Year/2019/TradeFlow/Export. Acesso em: 13 jan. 2023.

a) Quais são os dois países para os quais o Japão mais exporta?

b) Caracterize a relação do Japão com esses países, considerando o período pós-Segunda Guerra e os dias atuais.

6. Observe os gráficos a seguir e, depois, responda às questões.

Japão: Fontes de energia (2010-2020)

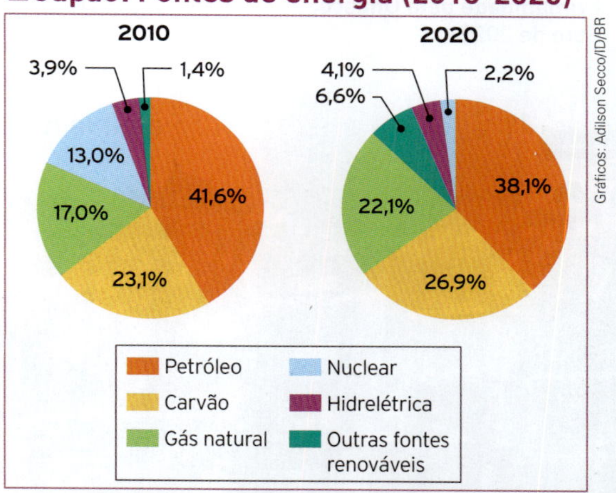

Fonte de pesquisa: BP. *Statistical review of world energy*. jul. 2021. Disponível em: https://www.bp.com/en/global/corporate/energy-economics/statistical-review-of-world-energy.html. Acesso em: 31 mar. 2023.

a) Quais eram as principais fontes de energia do Japão em 2010 e em 2020?

b) O que provocou a redução do uso de energia nuclear no Japão? Que mudanças ocorreram na matriz energética japonesa?

CAPÍTULO

2 CHINA, A NOVA POTÊNCIA MUNDIAL

PARA COMEÇAR

A China é o terceiro maior país em extensão territorial, ocupa a segunda posição no *ranking* econômico global e apresenta a maior população do planeta. Você conhece o processo de desenvolvimento econômico chinês?

CHINA: CARACTERÍSTICAS GERAIS

A China tem um extenso território, com cerca de 9,5 milhões de km² e, segundo a ONU, tinha uma população de aproximadamente 1,4 bilhão de habitantes em 2022. Devido ao processo de industrialização e ao elevado crescimento econômico há mais de 40 anos, a China se tornou uma das principais potências mundiais no século XXI.

O PIB chinês atingiu 17,7 trilhões de dólares em 2021, inferior apenas ao dos Estados Unidos, de 23,3 trilhões de dólares.

ASPECTOS CULTURAIS

A civilização chinesa tem aproximadamente 5 mil anos. Em seu longo processo de formação, a China incorporou inúmeras culturas e etnias que, no decorrer do tempo, alternaram-se no poder. Grande parte de sua população – cerca de 39% em 2020 – ainda vive no campo. Conflitos e revoltas camponesas para derrubar governos fizeram parte da trajetória do país, onde coexistem cerca de sessenta etnias diferentes, com dezenas de dialetos próprios. No entanto, de acordo com o Censo Demográfico realizado em 2020, cerca de 91% da população chinesa pertence à etnia han.

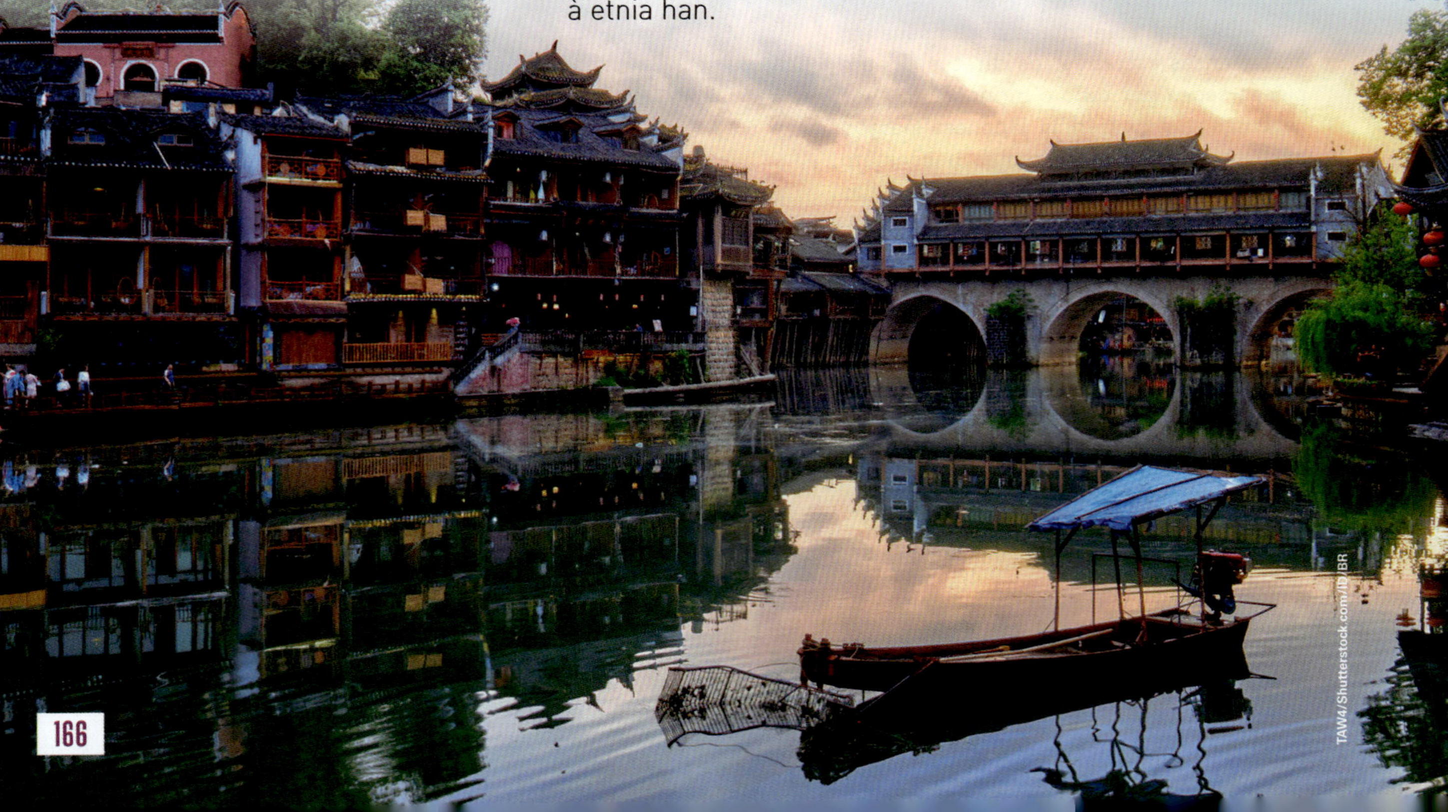

▼ Vista de Fenghuang, na província de Hunan, China. Fenghuang é uma antiga cidade chinesa preservada, com arquitetura que remonta a diferentes épocas e onde vivem diversas minorias étnicas. A cidade é considerada Patrimônio Mundial da Humanidade pela Unesco. Foto de 2022.

TAW4/Shutterstock.com/ID/BR

MODERNIZAÇÃO ECONÔMICA

Em 1949, o Partido Comunista Chinês (PCCh), que havia saído vitorioso de uma guerra civil contra o Partido Nacionalista do Povo (Kuomintang), fundou a atual República Popular da China e iniciou a reconstrução econômica do país. A guerra civil tinha deixado as ferrovias praticamente inoperantes, as poucas indústrias sucateadas e a agricultura arrasada.

O governo de **Mao Tsé-Tung**, líder do PCCh, deu início ao processo de industrialização, priorizando a instalação de indústrias de base, como as siderúrgicas, e o crescimento da produção agrícola, em especial a de grãos. A proposta de modernização e industrialização da China em pouco tempo estava prevista no programa econômico “O grande salto para frente”, que, no entanto, não obteve os resultados esperados.

Em 1978, o novo governo chinês, liderado por Deng Xiaoping, anunciou a **abertura econômica**, mas sob rígido controle político.

Foram anunciadas as quatro áreas de modernização: ciência e tecnologia, indústria, agricultura e Forças Armadas. Como primeiro passo, foram criadas as **Zonas Econômicas Especiais (ZEEs)** no leste da China, buscando atrair **investimentos estrangeiros**.

A entrada de novo capital e a abertura às exportações trouxeram crescimento para toda a área litorânea chinesa. Ao mesmo tempo, foi implantado um grande programa de **educação** e de **pesquisa científica**. Buscou-se a inclusão de novas técnicas agrícolas para o aumento da produção e da exportação de alimentos. Investiu-se maciçamente na construção de infraestruturas de transporte, de energia e de comunicação e em construções residenciais, comerciais e industriais.

Todo esse processo foi fundamental para impulsionar o **crescimento econômico** da China, que atualmente é uma das economias mais fortes do mundo.

ZONAS ECONÔMICAS ESPECIAIS (ZEEs)

As Zonas Econômicas Especiais (ZEEs) são áreas delimitadas do território chinês que recebem incentivos especiais para a instalação de empresas estrangeiras, em associação com o governo ou com outras empresas chinesas.

Essa estratégia propicia vantagens tanto às empresas estrangeiras – como baixos impostos, acesso a infraestruturas modernas, mão de obra barata e incentivos especiais à exportação, entre outras – quanto ao governo chinês, pois as empresas são obrigadas a transferir tecnologia para a China e reinvestir parte dos lucros obtidos no país.

A **China** se destaca cada vez mais como potência econômica. O que você conhece da história recente desse país?

China: Transporte e infraestrutura (2021)

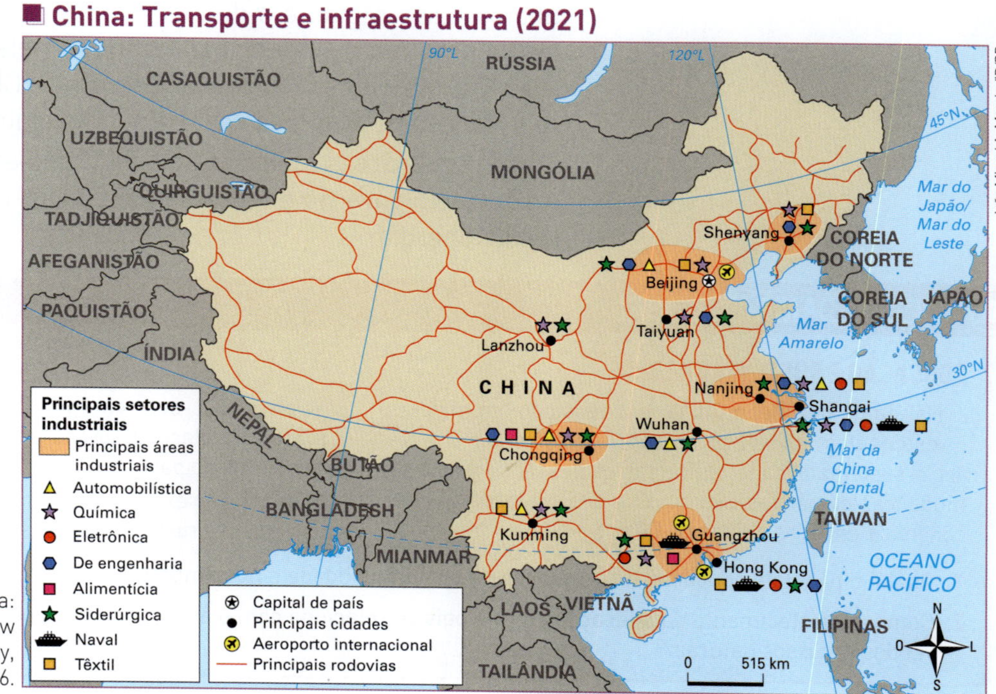

Fonte de pesquisa: *Reference world atlas*. New York: Dorling Kindersley, 2021. p. 156.

▲ Vista de Shangai, China. Shangai é a maior cidade chinesa. Por sua localização litorânea, desenvolveu forte tradição de comércio exterior, fortalecida com a abertura econômica e a industrialização do país após 1978. Foto de 2021.

pim pic/Shutterstock.com/ID/BR

INDÚSTRIA NA CHINA

Iniciada no século XX, a **abertura econômica** chinesa tinha como uma das principais finalidades modernizar e ampliar a estrutura industrial do país. Para efetivar a modernização econômica e industrial, foram organizados centros de desenvolvimento de **pesquisas científicas** e **tecnológicas**, que possibilitaram a abertura de empresas de base tecnológica. Isso ocorreu primeiramente nas ZEEs e, depois, em todo o país.

O desenvolvimento tecnológico propiciou incentivos à importação de equipamentos para a melhoria da produtividade. Ao mesmo tempo, como essa modernização diminuiu a necessidade de mão de obra, o governo chinês incentivou a implantação de indústrias tradicionais que empregaram grande quantidade de trabalhadores, como a têxtil e a de calçados, tanto nas grandes cidades do litoral, e nas suas imediações, quanto no interior. A ampla industrialização teve como consequência a intensa **poluição ambiental nas áreas urbanas** chinesas.

DISTRIBUIÇÃO REGIONAL DA INDÚSTRIA

A indústria na China concentra-se na porção **litorânea** e é agrupada em três grandes regiões.

No sul, estão as províncias de Guangdong, Fujian e Guangxi e a região semiautônoma de Hong Kong. A província de Guangdong é um grande polo de inovação tecnológica.

Na área central, no vale do rio Yangtze (rio Azul), em províncias como Zhejiang, Jiangsu e Anhui, localiza-se um expressivo número de empresas, representando importante parcela do PIB chinês.

Ao norte, além da província de Hebei, onde se localiza Beijing, a capital do país, destacam-se as províncias de Shandong e Shanxi. Essa região é a de industrialização mais antiga, do início do século XX, quando instalaram-se nela indústrias têxteis e siderúrgicas. Com a Revolução Comunista Chinesa de 1949, houve a criação de empresas estatais, principalmente em Beijing.

Algumas áreas mais centrais da China estão sendo transformadas pelo governo em polos econômicos industriais e geradores de energia.

CIDADANIA GLOBAL

EDUCAÇÃO E SUSTENTABILIDADE

Na última década, a China tem apostado em maiores investimentos em educação com o objetivo de promover a sustentabilidade, enfrentar os desafios ligados às mudanças climáticas e diminuir a desigualdade socioeconômica entre os chineses. Os projetos de intervenção governamental ocorrem prioritariamente no combate à evasão escolar dos jovens estudantes que vivem nas zonas rurais do país.

Com base no exemplo da China, busquem informações e conversem a respeito das questões a seguir.

1. Qual é o papel da educação na promoção da sustentabilidade e no combate às mudanças climáticas?
2. Como o fortalecimento da educação em um país se relaciona com o avanço tecnológico e com o uso sustentável dos recursos naturais?

DESIGUALDADES REGIONAIS

As mudanças que vêm ocorrendo na China aprofundaram as grandes desigualdades regionais no país. A região mais desenvolvida é a do litoral chinês, com destaque para as cidades de Beijing, Shangai e Guangzhou.

No oeste e no centro do país, há áreas com pouca infraestrutura, população predominantemente rural e pequena ocupação por causa das altas montanhas e dos desertos. Nessas regiões, a economia é menos desenvolvida e voltada para a agricultura e para a extração mineral.

INTERIORIZAÇÃO DO DESENVOLVIMENTO

Para diminuir as desigualdades regionais, nos últimos anos o governo chinês direcionou recursos e investimentos para o oeste do país, em **obras de infraestrutura de transporte** e de **comunicação**. Isso permite o deslocamento mais rápido e barato de pessoas e de mercadorias entre as regiões leste e oeste.

Ao mesmo tempo, em razão da superexploração das terras no leste, buscou-se ampliar e modernizar a agricultura na região oeste, com o objetivo de diminuir as desigualdades regionais de renda. O oeste apresenta grandes reservas de fontes de energia, como **gás natural** e **petróleo**, que com os novos investimentos poderão ser mais bem aproveitadas.

INDUSTRIALIZAÇÃO DO INTERIOR

A interiorização das indústrias tem sido promovida para reduzir não só as desigualdades entre as regiões, mas também o intenso **êxodo rural**.

A migração originada do campo fornece mão de obra para a indústria, mas provoca inúmeros problemas nas cidades. Para evitar a migração para o litoral – área de maior concentração industrial –,o governo chinês estimulou a instalação de indústrias de setores que empregam muita mão de obra nas áreas interioranas.

TIBETE

O Tibete é uma região que teve autonomia entre 1912 e 1959, ano em que o governo chinês a ocupou, reivindicando o antigo domínio sobre esse território.

Na época, o Tibete adotava um governo teocrático, liderado pelo dalai-lama (título dado ao líder religioso do butismo tibetano) Tenzin Gyatso, que foi obrigado a se exilar na Índia diante da ocupação militar chinesa. Mesmo fora do Tibete, o dalai-lama e parte da população tibetana buscam se tornar independentes da China. No entanto, mesmo entre a população do Tibete não há consenso sobre a independência, já que o governo chinês tem realizado diversos investimentos e melhorias econômicas na região.

ymgerman/Shutterstock.com/ID/BR

Vista de Chongqing, China. Localizada estrategicamente na parte central da China, a cidade foi escolhida como elo entre o leste e o oeste; situa-se em parte navegável do rio Yangtze e encontra-se no entroncamento ferroviário que une as demais regiões do país. Esse centro urbano tem recebido inúmeros investimentos e atraído uma população cada vez maior: em 1975, eram 2,4 milhões de habitantes; em 2020, quase 17 milhões. Foto de 2020.

CFOTO/Future Publishing/Getty Images

▲ O aumento da frota de veículos provoca grandes congestionamentos nos centros urbanos chineses, como esse em Beijing, China. Foto de 2023.

■ **China: Origem das importações de produtos alimentícios (2019)**

Adilson Secco/ID/BR

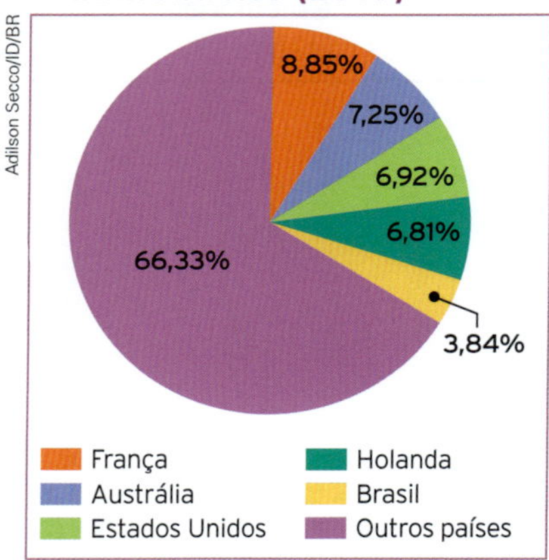

Fonte de pesquisa: Banco Mundial. Disponível em: https://wits.worldbank.org/CountryProfile/en/Country/CHN/Year/2019/TradeFlow/Import/Partner/all/Product/16-24_FoodProd. Acesso em: 13 jan. 2023.

URBANIZAÇÃO E MERCADO INTERNO

O intenso processo de urbanização foi uma das maiores mudanças no processo de desenvolvimento chinês recente. Em 1978, a população urbana era de 178 milhões de habitantes; em 2020, de aproximadamente 860 milhões, correspondendo a cerca de 61% do total. Mesmo com esses números, o processo de urbanização chinesa não foi desordenado, mas controlado e planejado.

Em 1975 havia na China 37 cidades com mais de 1 milhão de habitantes. Em 2020, já eram 137 cidades, concentrando 30,5% da população total do país. Entre as maiores, segundo dados de 2020, estavam **Shangai**, com 28,3 milhões de habitantes, **Beijing**, com 21,2 milhões, **Chongqing**, com 16,7 milhões, e **Tianjin**, com 13,9 milhões.

EXPLOSÃO DO CONSUMO

O país, que antes tinha uma população predominantemente camponesa, passou por profundas mudanças. A **urbanização** provocou o aumento do consumo. Além disso, o aumento da renda e da oferta de crédito a juros muito baixos possibilitou à população comprar variados tipos de bens, como roupas, automóveis, eletrodomésticos e eletroeletrônicos (geladeiras, TVs, celulares, entre outros).

Entre 1980 e 2010, cerca de 800 milhões de pessoas saíram da pobreza na China. Esse contingente populacional, que representa quatro vezes a população do Brasil, pôde consumir mais alimentos, serviços e produtos industriais.

A oferta e a procura de alimentos também sofreram grandes impactos. A China atual vivencia um processo pelo qual passaram outros países que se urbanizaram e se industrializaram: a expansão do consumo de produtos de origem animal (principalmente carne e ovos) e a diminuição ou a estabilização do consumo de produtos vegetais. Com isso, os alimentos se tornaram um item relevante na pauta chinesa de importações. O Brasil é um importante exportador de alimentos para a China, e a soja é um dos principais deles. Observe o gráfico desta página.

A NOVA ROTA DA SEDA

A Rota da Seda foi uma rota comercial com cerca de 12 mil quilômetros que atravessava o continente asiático desde a China até o mar Mediterrâneo. Entre os séculos II a.C. e XV d.C., esse caminho foi intensamente percorrido por caravanas que levavam seda e especiarias e eram compostas de pessoas com ideias, conhecimentos e religiões diferentes.

Atualmente, o governo chinês trabalha em um ambicioso projeto, chamado Nova Rota da Seda. O objetivo é investir em infraestrutura e integração comercial, unindo o Oriente ao Ocidente. As autoridades chinesas afirmam que isso será importante, por exemplo, para o desenvolvimento de nações asiáticas mais pobres, enquanto os críticos afirmam que a verdadeira intenção da China é ampliar sua área de influência política e econômica.

PARA EXPLORAR

***A extraordinária história da China*, de Sérgio Pereira Couto. São Paulo: Universo dos Livros.**

O livro traça a história milenar da China até a atualidade. Apresenta as transformações ocorridas no país, além dos aspectos econômicos que têm feito a China tornar-se uma grande potência.

A QUESTÃO AMBIENTAL NA CHINA

Com a intensa industrialização da China, a **poluição** e o **esgotamento dos recursos naturais** são questões que se agravam a cada ano.

Nas províncias do leste, os problemas ligados à poluição são maiores devido à concentração fabril. As indústrias movidas a carvão mineral e petróleo emitem milhões de toneladas de **gases poluentes** na atmosfera, que se somam ao dióxido de carbono liberado pela enorme frota de veículos. Observe o gráfico.

China: Emissão de CO_2 (1990-2020)

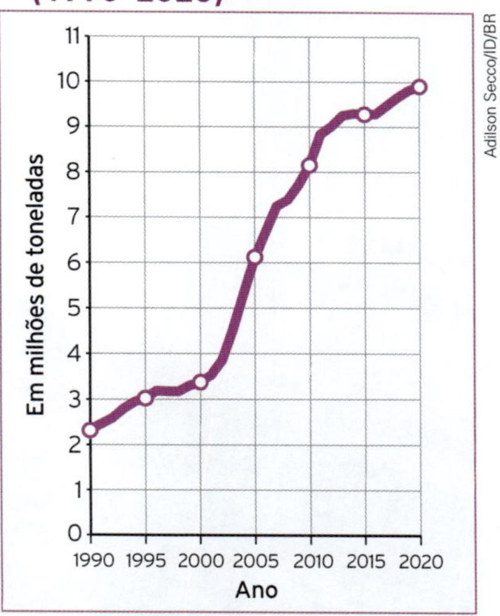

Fonte de pesquisa: BP. *Statistical review of world energy*: jul. 2021. Disponível em: https://www.bp.com/en/global/corporate/energy-economics/statistical-review-of-world-energy.html. Acesso em: 13 jan. 2023.

As grandes cidades chinesas tornaram-se, nos últimos anos, tão poluídas quanto as metrópoles ocidentais, como Los Angeles, Londres e São Paulo. Em 2008, a China ultrapassou os Estados Unidos na emissão de gases poluentes na atmosfera, tornando-se o país mais poluidor.

Por outro lado, para combater a poluição, a China se tornou o país que mais investe em desenvolvimento de fontes limpas de energia, como a eólica e a solar, além de ser o maior fabricante e o maior usuário de painéis para produção de energia solar nas cidades e nas áreas rurais. O país também tornou-se o maior produtor e usuário de veículos automotivos elétricos, com 45% da frota mundial em 2020. Por exemplo, a cidade de Shenzhen, um grande polo tecnológico com mais de 13 milhões de habitantes, já tem suas frotas de ônibus e de táxis movidas totalmente a energia elétrica.

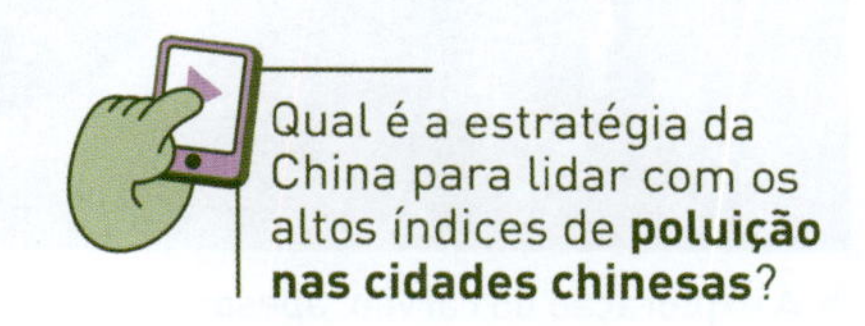

Qual é a estratégia da China para lidar com os altos índices de **poluição nas cidades chinesas**?

Em 2016, o governo chinês aderiu ao **Acordo de Paris**, uma iniciativa global que visa reduzir a emissão dos gases de efeito estufa com o objetivo de frear o aquecimento do planeta. Na Cúpula do Clima (COP-26), realizada em 2021, em Glasgow, na Escócia, a China e os Estados Unidos anunciaram que trabalhariam juntos com o objetivo de diminuir as emissões de gases poluentes.

POLUIÇÃO DAS ÁGUAS

A poluição dos recursos hídricos também é intensa no país, devido à grande concentração populacional e ao lançamento de resíduos tóxicos de atividades agrícolas e industriais ao longo dos rios Huang-He (rio Amarelo) e Yangtze (rio Azul).

Com o crescimento urbano-industrial do leste, o governo tem incentivado a ampliação das áreas agrícolas nas províncias menos industrializadas, como as do noroeste e do centro da China, o que causa o desmatamento e o aumento de resíduos agrícolas depositados nos rios, poluindo-os ainda mais.

A instalação de uma usina solar sobre as águas é mais eficiente na geração de energia em comparação com as usinas fotovoltaicas terrestres, pois, entre outros aspectos, não ocupa áreas que podem ser utilizadas para a agricultura ou para a pecuária. Usina solar flutuante em Huainan, província de Anhui, China. Foto de 2021.

QUESTÃO ENERGÉTICA

A produção de energia é um dos maiores desafios da China. O crescimento acelerado da indústria e das cidades levou ao aumento vertiginoso do consumo de energia. O país tornou-se, ao mesmo tempo, um dos maiores produtores e consumidores de recursos energéticos; por isso, importa grande quantidade de combustíveis.

Wang Zheng/VCG/Getty Images

▲ A exploração do carvão, apesar de importante para a China, causa acidentes recorrentes, muitas vezes com vítimas fatais. Mineração de carvão na região de Ordos, China. Foto de 2021.

Em 2020, cerca de 56% da energia consumida na China era proveniente do **carvão mineral**, recurso abundante no país. Apesar de ser um grande poluente e uma fonte de energia não renovável, o carvão mineral fornece energia para abastecer as cidades e também a atividade industrial chinesa. O **petróleo** também tem participação importante na matriz energética da China.

As grandes reservas de fontes de energia da China encontram-se no oeste do país, na região menos industrializada. Assim, nos últimos anos, o problema tem sido duplo: por um lado, produzir energia elétrica em quantidade suficiente e, por outro, transportá-la até as regiões consumidoras.

A China é o principal parceiro econômico da Coreia do Norte, que se aproximou dos chineses após o fim da União Soviética. A Coreia do Norte fornece carvão mineral para o país.

■ **China: Matriz energética (2020)**

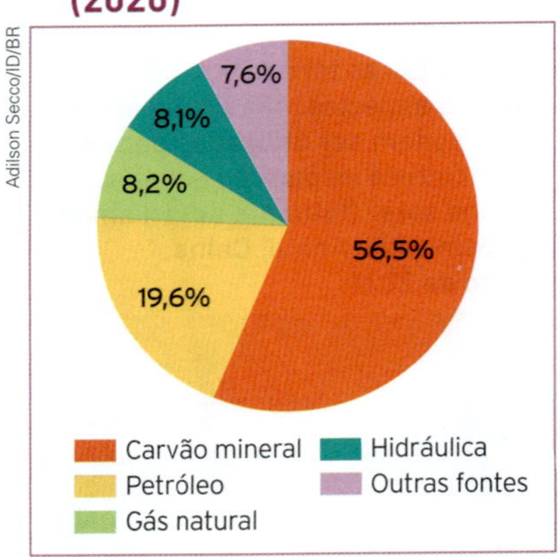

Adilson Secco/ID/BR

Fonte de pesquisa: BP. *Statistical review of world energy*: jul. 2021. Disponível em: https://www.bp.com/en/global/corporate/energy-economics/statistical-review-of-world-energy.html. Acesso em: 13 jan. 2023.

ENERGIA HIDRELÉTRICA E GÁS NATURAL

Diversos investimentos têm sido realizados na construção de usinas hidrelétricas na China. O principal exemplo é a usina de **Três Gargantas**. Embora os impactos socioambientais das hidrelétricas sejam enormes, essas usinas geram grande quantidade de energia elétrica limpa e diminuem a dependência dos combustíveis fósseis, grandes poluidores ambientais.

O país também investe em **gás natural**, que tem custo de produção mais baixo e causa menos impactos que os demais combustíveis fósseis.

A China conta com dois gasodutos que transportam gás natural do oeste ao leste do país. Em 2014, o país concluiu a construção de um terceiro gasoduto que liga essas regiões, mostrando a importância desse recurso para o abastecimento energético das áreas mais populosas e economicamente mais desenvolvidas no leste chinês. Observe o gráfico.

ATIVIDADES

Acompanhamento da aprendizagem

Retomar e compreender

1. Identifique o principal objetivo da modernização promovida por Deng Xiaoping com a abertura econômica da China.
2. O que são as Zonas Econômicas Especiais (ZEEs)?
3. Por que o governo chinês tem incentivado a interiorização do desenvolvimento econômico? Justifique.

Aplicar

4. Observe o mapa a seguir. Depois, responda à questão.

China: Densidade demográfica (2020)

João Miguel A. Moreira/ID/BR

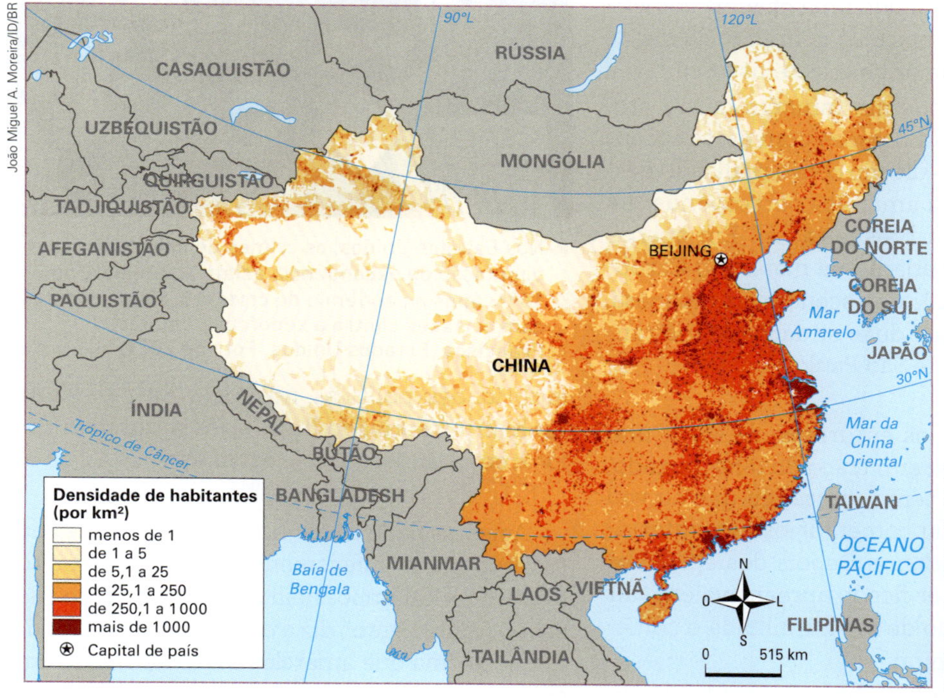

Fonte de pesquisa: Nasa. Socioeconomic Data and Applications Center (Sedac). Disponível em: https://sedac.ciesin.columbia.edu/data/set/gpw-v4-population-density-rev11/maps. Acesso em: 13 jan. 2023.

- A distribuição da população no território da China é desigual? Descreva-a.

5. Qual tem sido a principal mudança nos hábitos de consumo da população chinesa?
6. O que motiva o uso do carvão, ainda que altamente poluidor, como fonte de energia na China?
7. Observe a foto a seguir. Depois, responda às questões.

Greg Baker/AFP

Beijing, China. Foto de 2021.

a) Que tipo de problema ambiental é retratado na foto?

b) Quais elementos retratados permitem constatar o problema indicado no item anterior?

c) Relacione o problema ambiental retratado na foto com a participação da China no Acordo de Paris, firmado em 2016.

CONTEXTO

DIVERSIDADE

Pandemia e xenofobia

O texto a seguir aborda a xenofobia no contexto da pandemia de covid-19, causada pelo novo coronavírus.

[...] A discriminação racial contra amarelos – como são classificados os grupos étnico-raciais do Leste e Sudeste Asiático e seus descendentes no Brasil – ganhou destaque no noticiário em março [de 2021], quando uma chacina cometida por um atirador nos EUA culminou na morte de seis mulheres de origem leste-asiática.

No Brasil, a pandemia também gerou ataques racistas contra pessoas com essas ascendências. Segundo o último censo realizado pelo IBGE, em 2010, os amarelos correspondem a 1,1% da população brasileira [...]. Em apenas uma semana, a estudante de *marketing* Caroline Mika Sassaki, 21, de ascendência japonesa, chegou a passar por duas situações constrangedoras no metrô de São Paulo.

[...]

"Eu vivo de óculos escuros e, de certa maneira, é para esconder o traço do olho 'puxado', porque eu sei que tem lugares em que eu vou chegar e vou escutar comentários desconfortáveis", relata a estudante. Depois dos episódios no metrô, ela diz ter ficado apreensiva em sair de casa. "Tive medo de ser humilhada e começarem a gritar comigo."

O presidente do Ibrachina (Instituto Sociocultural Brasil-China), Thomas Law, acredita que as declarações xenofóbicas feitas por autoridades políticas no início da pandemia tenham incentivado brasileiros a também colocarem para fora seu preconceito.

▲ Nos Estados Unidos, os crimes de ódio contra a população de ascendência asiática aumentaram 149% após a pandemia de covid-19. Manifestantes com cartazes contra a xenofobia, em São Francisco, Estados Unidos. Foto de 2021.

[...]

"A necessidade de dar honra à família e de não envergonhá-la infelizmente ainda está muito presente, e vai impossibilitando que a gente fale sobre o sofrimento", diz a psicóloga Karina Kikuti, que afirma que amarelos têm dificuldade em explicar o que significa a violência que sofrem no Brasil, já que os abusos são diferentes daqueles vividos pela população preta e indígena.

Jéssica Nakamura; Susana Terao. Brasileiros de ascendência asiática relatam ataques racistas durante a pandemia. *Folha de S.Paulo*, São Paulo, 30 maio 2021. Disponível em: https://www1.folha.uol.com.br/cotidiano/2020/05/brasileiros-de-ascendencia-asiatica-relatam-ataques-racistas-durante-a-pandemia.shtml. Acesso em: 13 jan. 2023.

Para refletir

1. De acordo com o texto, de que maneira os ataques xenofóbicos afetaram a vida da estudante que sofreu as agressões?
2. SABER SER Você considera que a postura de autoridades políticas influencia a forma como a população lida com o preconceito?
3. SABER SER Em grupos, discutam maneiras de combater a xenofobia e o preconceito. Depois, escrevam um texto com as conclusões a que chegaram.

CAPÍTULO

3 TIGRES ASIÁTICOS E NOVOS TIGRES ASIÁTICOS

PARA COMEÇAR

Você sabe quais países e território são os chamados Tigres Asiáticos? E quais são os Novos Tigres Asiáticos? Qual é a relação entre o processo de industrialização deles com a globalização econômica?

SURGIMENTO DOS TIGRES ASIÁTICOS

O crescimento econômico do **Japão** nas décadas de 1960 e 1970 levou o país a se tornar a maior potência da Ásia nesse período.

Devido à pequena extensão territorial do país, os japoneses buscaram expandir, com o financiamento dos Estados Unidos, parte de sua produção industrial, transferindo setores de sua indústria ou fazendo investimentos em países com mão de obra mais barata. O objetivo inicial era que esses países fabricassem produtos eletrônicos mais populares e componentes com baixo custo, que seriam utilizados pelas indústrias japonesas. Além disso, naquele momento, a meta geopolítica dos Estados Unidos era promover a expansão capitalista e evitar as influências soviética e chinesa na Ásia.

Ao expandir sua influência, o Japão levou investimentos a **Taiwan**, **Cingapura** e **Coreia do Sul**, o que incentivou a industrialização nesses países. **Hong Kong**, território chinês que estava na época sob possessão inglesa, tornou-se foco de grandes investimentos estrangeiros e centro financeiro mundial. Os três países e esse território passaram então a ser conhecidos como **Tigres Asiáticos**. A designação "tigres" foi estabelecida por analogia aos atributos do animal: a velocidade com que cresceram economicamente, ao se industrializar, e a agressividade na política de exportações.

▼ A atividade exportadora é fundamental para o desenvolvimento econômico de um país. As exportações propiciam geração de empregos e expansão do setor produtivo. Porto de Taicang em Suzhou, província de Jiangsu, China. Foto de 2023.

CFOTO/Future Publishing/Getty Images

CIDADANIA GLOBAL

EDUCAÇÃO E TRABALHO

Segundo a OCDE, a Coreia do Sul teve uma pontuação superior à da média mundial no *ranking* do Programa Internacional de Avaliação de Estudantes (Pisa, iniciais em inglês). A Coreia do Sul está entre os países que mais investiram em educação no período recente, o que repercute na formação e na capacitação da mão de obra sul-coreana, colaborando para seu desenvolvimento econômico, produtivo e tecnológico.

1. Em grupos, busquem dados e informações que comprovem que a baixa escolaridade e o abandono escolar têm impactos negativos no desenvolvimento socioeconômico de um país, com destaque para o Brasil.
2. Investiguem a condição dos indicadores educacionais de seu município. Podem ser considerados dados que revelem, por exemplo, a quantidade de recursos financeiros investidos na educação; a média de estudantes por turma; e a concentração ou ausência de unidades escolares em bairros ou regiões da cidade.

PLATAFORMAS DE EXPORTAÇÃO

Com o sistema de **subcontratação de empresas**, criado pelo Japão, desenvolveu-se um processo de crescimento pautado nas **exportações** e, posteriormente, na **substituição de importações** de bens de consumo, tanto para o mercado interno quanto para o externo. Além disso, os Estados protegiam os setores exportadores da concorrência dos produtos importados. As importações de produtos japoneses, por sua vez, concentravam-se nos equipamentos para a indústria.

COREIA DO SUL E TAIWAN: INVESTIMENTO ESTADUNIDENSE

Coreia do Sul e Taiwan são países que também tiveram forte apoio estadunidense. Além de oferecer financiamento, os Estados Unidos treinaram técnicos e administradores, facilitaram a entrada dos produtos desses países em seu mercado e forneceram tecnologia em diversas áreas.

O governo sul-coreano também contou com o apoio estadunidense para realizar reformas. O mesmo ocorreu em Taiwan, que recebeu investimentos voltados ao **desenvolvimento industrial** e à realização de uma **reforma agrária**.

NOVAS TECNOLOGIAS

Uma das características da industrialização dos Tigres Asiáticos é que eles, assim como o Japão, não criaram tecnologias e produtos, mas se apropriaram das tecnologias existentes e as reproduziram.

Ainda na década de 1970, os Tigres Asiáticos chegaram à etapa seguinte da industrialização, deixando de ser apenas exportadores de bens de baixo valor e importadores de equipamentos para investir em **ciência e tecnologia**. Com isso, deram início à produção de bens duráveis, como automóveis e eletroeletrônicos, e bens de produção, como siderúrgicos, petroquímicos e máquinas industriais.

A tecnologia tornou-se o grande diferencial na produção industrial nos anos 1980 e 1990. As indústrias de alta tecnologia expandiram-se e a capacidade de gerar inovações tecnológicas tornou-se uma necessidade para enfrentar a concorrência das grandes multinacionais europeias e estadunidenses.

Lauryn Ishak/Bloomberg/Getty Images

A partir da década de 1960, o pequeno arquipélago de Cingapura industrializou-se rapidamente, em processo semelhante ao do Japão e da Coreia do Sul, graças a investimentos em educação e em tecnologia. Técnico realizando tarefa de controle de produção nas instalações de fábrica de semicondutores, em Cingapura. Foto de 2021.

INFLUÊNCIA DA CHINA

Na década de 1980, os Tigres Asiáticos se aproximaram do Japão em busca da criação de novas tecnologias da informação. Tornaram-se centros de desenvolvimento tecnológico e exportadores de produtos manufaturados. Isso possibilitou uma aproximação político-econômica entre os países do Leste Asiático, que se aprofundou com o desenvolvimento industrial da China e com o surgimento de novos países industrializados no Sudeste Asiático.

Na década de 1990, com a diminuição do ritmo de crescimento japonês, a China ampliou sua influência no Leste e Sudeste Asiáticos. Recentemente, a China vem, inclusive, ocupando o lugar do Japão como potência dinâmica do Leste Asiático, em especial após a **crise asiática** de 1997, da qual o Japão saiu enfraquecido, e após a entrada da China, em 2001, na Organização Mundial do Comércio (OMC).

Hong Kong se tornou um grande intermediário entre os produtos chineses e o mercado mundial. Coreia do Sul, Taiwan e Cingapura, por sua vez, são grandes investidores de capital no mercado chinês e importadores de produtos chineses.

HONG KONG E TAIWAN

Até 1997, Hong Kong era uma possessão britânica dentro do território chinês. Uma das condições para a retomada desse território pelos chineses era a de que ele continuasse a ser capitalista.

A partir da década de 1980, houve um vigoroso crescimento econômico em Hong Kong, impulsionado por investimentos estadunidenses, europeus e japoneses, com a implantação de **indústrias multinacionais** produtoras e exportadoras de eletroeletrônicos, *chips*, produtos têxteis e instrumentos de precisão.

Taiwan, por sua vez, é uma ilha que serviu de refúgio aos líderes do Kuomintang, após seu opositor Mao Tsé-Tung chegar ao poder na China, em 1949. Foi então instaurado na ilha um governo próprio, que até hoje reivindica total independência da China.

INTEGRAÇÃO POLÍTICA E ECONÔMICA

Com a criação da **Associação das Nações do Sudeste Asiático (Asean)**, em 1967, os laços políticos entre os países dessa região se fortaleceram. Um dos objetivos da organização é promover o crescimento econômico e o desenvolvimento social de seus países-membros (Brunei, Camboja, Cingapura, Filipinas, Indonésia, Laos, Malásia, Mianmar, Tailândia e Vietnã).

Desde então, dada a importância regional e global da China, do Japão e da Coreia do Sul, a Asean se aproximou desses países, dando origem à **Asean+3**. Isso fortaleceu a ligação política e econômica entre o Leste e o Sudeste Asiáticos.

O crescimento da importância econômica da Ásia pode ser medido por sua participação no comércio global. Segundo dados da OMC, no início da década de 1970 as exportações e as importações da Ásia representavam 15% do total mundial, crescendo continuamente até chegar, em 2014, a pouco mais de 30% do total das exportações e das importações mundiais.

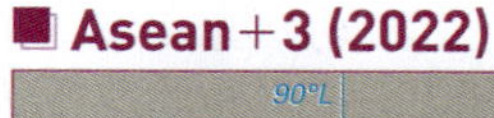

Asean+3 (2022)

Fontes de pesquisa: Associação das Nações do Sudeste Asiático. Disponível em: https://asean.org/about-asean/member-states; Asean+3. Disponível em: https://aseanplusthree.asean.org/. Acessos em: 19 abr. 2023.

Automação no Leste e Sudeste Asiáticos

Notável nas potências industriais do século passado, o uso de robôs e de outras tecnologias de automação avança rápido na China e começa a se disseminar no Sudeste Asiático.

Estima-se que, em 2020, mais de 3 milhões de robôs industriais estavam em operação no mundo, boa parte deles na Ásia. Nesse continente, porém, a disseminação de tecnologias de automação é bastante desigual entre os países.

O Japão, reconhecido há meio século como uma liderança em automação, é o maior exportador mundial de robôs industriais. Além desse setor, tem crescido rapidamente no país o uso de tecnologias de automação nas mais diversas áreas comerciais e de serviços, como vendas, logística, medicina, *telemarketing*, limpeza e assistência pessoal para pessoas idosas.

Na China, conforme a população ativa do país vai envelhecendo e ficando mais urbanizada, com melhor renda e menos atraída pelo trabalho em longas linhas de montagem, o governo investe intensamente na automação das Zonas Econômicas Especiais (ZEEs). Com isso, visa produzir bens com maior qualidade e complexidade, como carros e robôs.

Já no Sudeste Asiático, onde há países com grandes populações pobres e nos quais o trabalho manufatureiro surgiu mais recentemente, a adoção de robôs ainda é limitada a poucas nações, como Tailândia e Malásia. No entanto, já há o temor de que a automação industrial acabe com postos de trabalho preciosos para populações que ainda não têm alternativas econômicas.

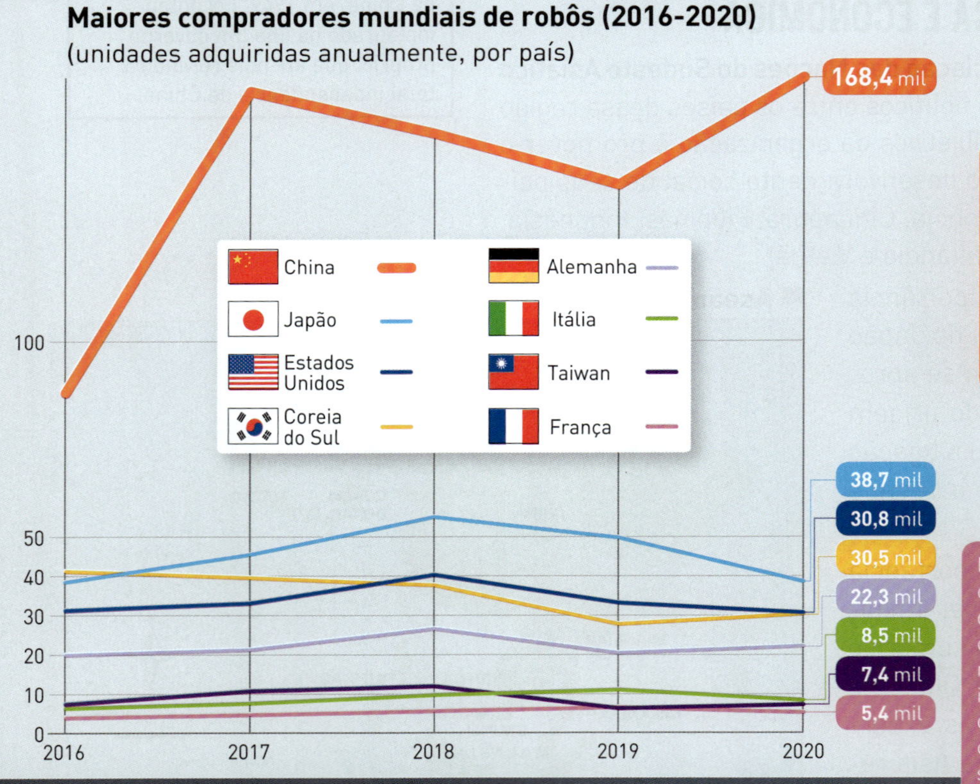

Em 2020, 384 mil robôs foram comercializados no mundo. Desses, 60% foram fabricados no Japão. A China, maior compradora mundial de robôs desde 2013, responde por cerca de ¼ da produção global.

Mesmo com a pandemia de covid-19, o número total de robôs cresceu em 2020, com destacado aumento na Ásia. Além disso, a indústria automotiva deixou de ser a principal compradora de robôs, sendo ultrapassada pela indústria de eletroeletrônicos.

Total mundial de robôs industriais (2019)

(em milhares de unidades, por setor)

Indústria automotiva
923

Alimentação
81

Química e plásticos
182

Eletroeletrônicos
672

Máquinas e metalurgia
281

Não especificado
410

O alto custo de investimento, a necessidade de mão de obra especializada e funções ainda limitadas são fatores que concentram o uso de robôs industriais em poucos setores, como o automotivo, responsável por boa parte dos robôs recém-instalados no Leste Asiático.

A indústria de componentes eletroeletrônicos e de bens é uma das que mais investem na automação de suas linhas de montagem nos países-membros da Asean.

Note que a produção têxtil e calçadista não é representada neste gráfico, pois a automação desse setor ainda é mínima. Além disso, em regiões como o Sudeste Asiático, a mão de obra empregada no setor é muito mais barata do que a de outras indústrias.

Número de robôs industriais instalados, por 10 mil trabalhadores em indústrias (2020)

Em 2020, a indústria mundial tinha em média 126 robôs a cada 10 mil operários. A China, a maior compradora mundial de robôs, também aparece entre os dez principais países quanto ao número de robôs instalados em relação ao número de habitantes.

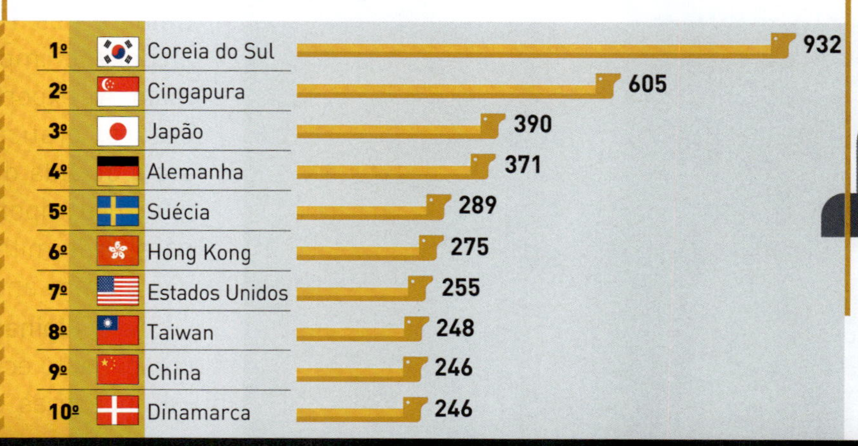

Ilustrações: Alexandre Affonso/ID/BR; atualização dos gráficos: Adilson Secco/ID/BR

Fontes de pesquisa: Executive Summary. *World Robotics 2018 Industrial Robots*. Frankfurt: IFR, 2018. Disponível em: https://ifr.org/downloads/press2018/Executive_Summary_WR_2018_Industrial_Robots.pdf; Executive Summary. *World Robotics 2019 Industrial Robots*. Frankfurt: IFR, 2019. Disponível em: https://ifr.org/downloads/press2018/Executive%20Summary%20WR%202019%20Industrial%20Robots.pdf; Executive Summary. *World Robotics 2020 Industrial Robots*. Frankfurt: IFR, 2020. Disponível em: https://ifr.org/img/worldrobotics/Executive_Summary_WR_2020_Industrial_Robots_1.pdf; Executive Summary. *World Robotics 2021 Industrial Robots*. Frankfurt: IFR, 2021. Disponível em: https://ifr.org/img/worldrobotics/Executive_Summary_WR_Industrial_Robots_2021.pdf. Acessos em: 13 jan. 2023.

NOVOS TIGRES ASIÁTICOS

■ **Novos Tigres Asiáticos**

Fontes de pesquisa: *Atlas geográfico escolar*. 8. ed. Rio de Janeiro: IBGE, 2018. p. 47; YPs' Guide To: Southeast Asia: How Tiger Cubs Are Becoming Rising Tigers. *The Way Ahead*, 20 ago. 2018. Disponível em: https://jpt.spe.org/twa/yps-guide-southeast-asiahow-tiger-cubs-are-becoming-rising-tigers. Acesso em: 19 abr. 2023.

Com suas economias fortalecidas, o Japão, a China e os Tigres Asiáticos iniciaram na década de 1980 investimentos em países do Sudeste Asiático, dando continuidade à industrialização e à integração da Ásia. Os principais beneficiados nesse processo foram **Tailândia**, **Malásia**, **Vietnã**, **Filipinas** e **Indonésia**.

Esses países ficaram conhecidos como **Novos Tigres Asiáticos**, e são comparados aos Tigres Asiáticos devido ao fato de também terem passado por grande crescimento econômico e acelerado processo de industrialização, em especial a partir da década de 1990.

DINAMISMO ECONÔMICO

Os países do Sudeste Asiático, em especial os Novos Tigres, gradativamente deixaram de ser apenas fornecedores de matérias-primas dos países asiáticos industrializados e passaram a desenvolver os próprios parques industriais, produzindo grande volume de mercadorias para exportação. Porém, ao contrário dos Tigres Asiáticos, os Novos Tigres, de maneira geral, dependem mais da exportação de produtos primários e manufaturados menos sofisticados.

Malásia, **Indonésia** e **Tailândia** são países ricos em recursos naturais e com tradição de trabalhadores manuais. A **Malásia**, por exemplo, localiza-se em uma área de clima equatorial, com grandes recursos florestais. Iniciou sua industrialização pelo processamento de matérias-primas, como a madeira, atividade que ainda tem grande importância econômica para o país. A Malásia também se destaca pelas indústrias farmacêutica e de eletrônicos.

▼ O óleo de palma, proveniente dos dendezeiros, é matéria-prima de diversos produtos, desde cosméticos até gêneros alimentícios. Os maiores produtores mundiais desse óleo são Malásia, Indonésia e Tailândia. Nesses países, a produção do óleo causa sérios danos ao meio ambiente, pois o plantio dos dendezeiros está associado ao desmatamento de grandes áreas florestais. Plantação de dendezeiros em Bogor, Indonésia. Foto de 2022.

O **Vietnã**, que recebe investimentos da China e dos Tigres Asiáticos, também tem alcançado importante crescimento econômico. As exportações de produtos industrializados, praticamente inexistentes no país até a década de 1990, hoje apresentam significativa importância, o que tem contribuído para tirar milhões de pessoas da pobreza nos últimos anos.

As **Filipinas** também mostram grande crescimento econômico recente, destacando-se indústrias como as de equipamentos de comunicação, química, de alimentos e têxtil. Nesse país, mais de 50% das exportações de bens manufaturados envolvem alta tecnologia.

ATIVIDADES

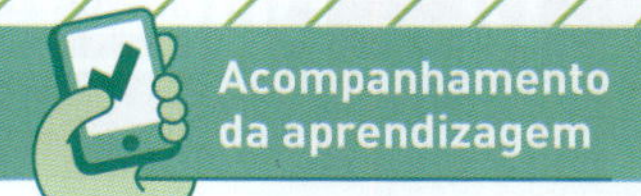

Retomar e compreender

1. Explique a relação entre tecnologia e desenvolvimento industrial nos Tigres Asiáticos.
2. Como a China se beneficiou com a chamada crise asiática de 1997?
3. Identifique a característica comum entre os chamados Tigres Asiáticos e os Novos Tigres Asiáticos.
4. Com base no gráfico abaixo, compare o desempenho das economias do Brasil e de Cingapura.

Cingapura e Brasil: Crescimento econômico (2005-2020)

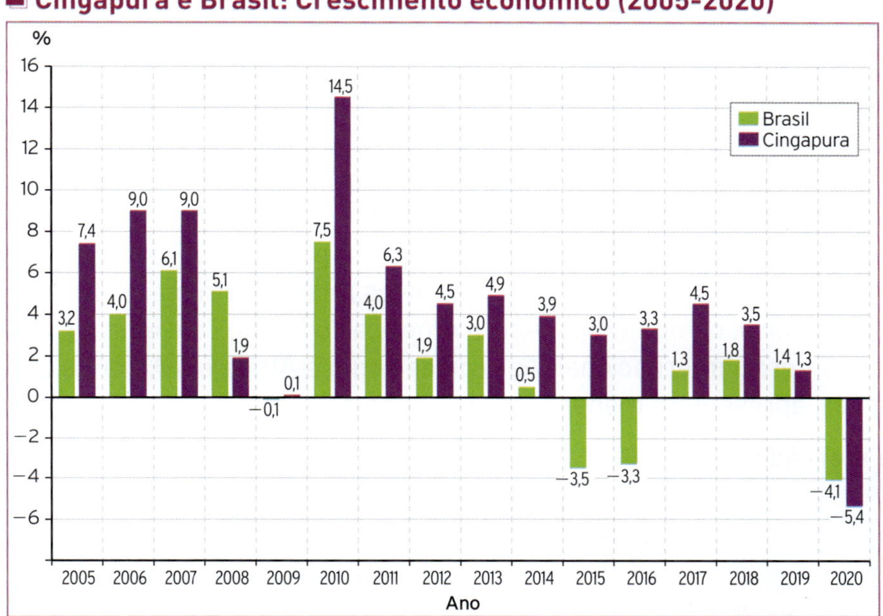

Fonte de pesquisa: Banco Mundial. Disponível em: https://data.worldbank.org/indicator/NY.GDP.MKTP.KD.ZG?locations=SG-BR. Acesso em: 13 jan. 2023.

Aplicar

5. Nos quadros a seguir estão listados produtos que fazem parte da pauta de exportações de países asiáticos. Analise-os e, depois, responda à questão.

País A — têxteis, produtos químicos, óleo vegetal, petróleo e gás natural

País B — veículos, computadores, navios e produtos petroquímicos

- Considerando as pautas de exportações acima indicadas, qual desses países é classificado como Tigre Asiático e qual é considerado Novo Tigre Asiático? Justifique.

6. De acordo com os dados da tabela a seguir, é possível agrupar Coreia do Sul e Cingapura (Tigres Asiáticos) com Indonésia e Vietnã (Novos Tigres Asiáticos)? Explique.

ÁSIA: INDICADORES SOCIOECONÔMICOS DE PAÍSES SELECIONADOS

	Coreia do Sul	Cingapura	Indonésia	Vietnã
Mortalidade infantil, por mil (2022)	2,9	1,6	19,7	14,8
Expectativa de vida, em anos (2022)	83,0	86,4	73,1	75,5
População com acesso à rede sanitária, em % do total (2022)	99,9	100,0	92,5*	93,3*
IDH (2019)	0,916	0,938	0,718	0,704

*Dados de 2020.

Fontes de pesquisa. Pnud. Disponível em: http://hdr.undp.org/en/composite/HDI; CIA. The World Factbook. Disponível em: https://www.cia.gov/the-world-factbook/countries/. Acessos em: 13 jan. 2023.

Mapas econômicos

Os mapas econômicos são representações do espaço geográfico que apresentam informações relacionadas à economia. Por meio deles é possível, por exemplo, verificar aspectos do dinamismo econômico, comparar níveis de desenvolvimento e identificar fluxos comerciais.

Por apresentarem informações variadas, esses mapas utilizam diversos recursos visuais. Observe o mapa a seguir, que mostra os fluxos comerciais globais. Note que, para representar as dinâmicas de importação e exportação entre regiões, foi utilizado o método dos fluxos proporcionais, no qual as flechas representam proporcionalmente o valor das exportações de cada região do mundo e sua direção: quanto maior é a espessura da flecha, maior é esse valor. Isso facilita a visualização das regiões que têm maior ou menor participação no comércio inter-regional. Além disso, a projeção utilizada possibilita melhor distribuição das flechas. Repare que as regiões com maior desenvolvimento econômico, como Europa, Ásia e América do Norte, concentram a maior parte do comércio internacional. As regiões como a África e a América Latina, por sua vez, apresentam menor fluxo de trocas comerciais.

Mundo: Comércio de mercadorias (2018)

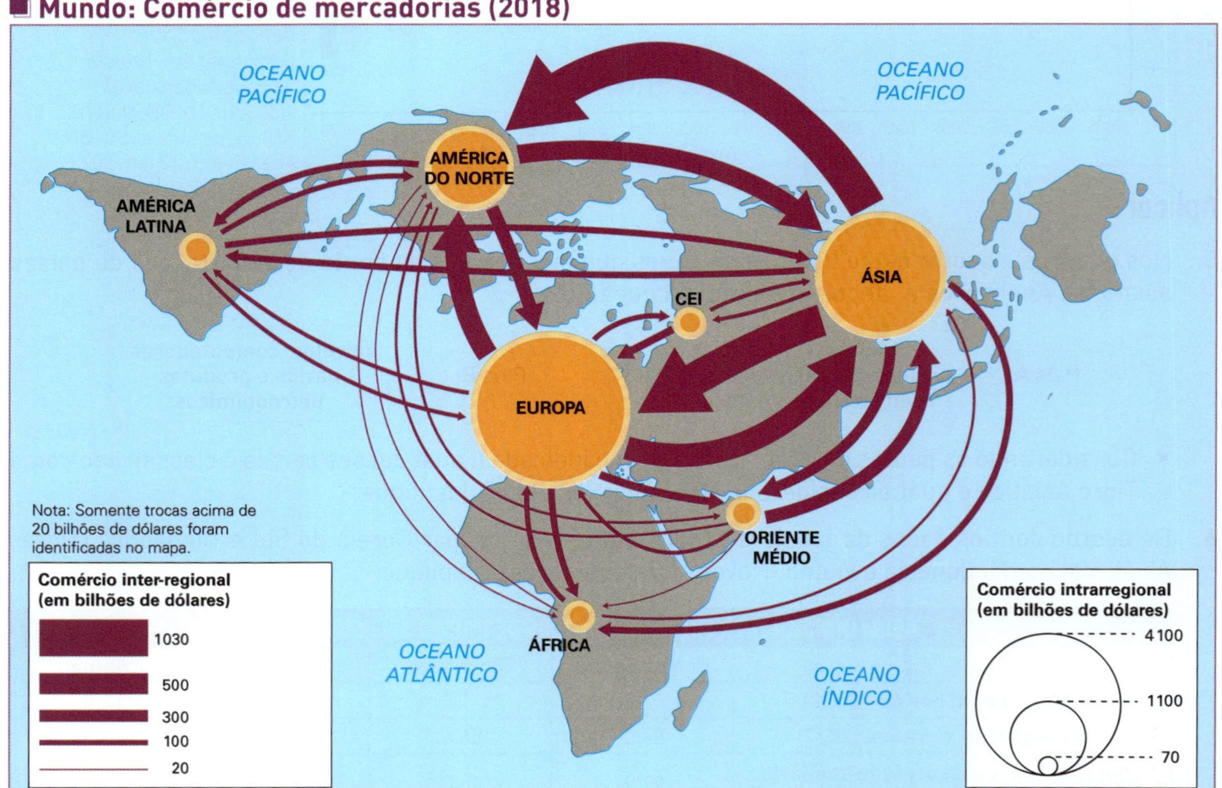

Nota: Em mapas nessa projeção, não é possível indicar a orientação e a escala.

Fontes de pesquisa: SciencesPo. *Atelier de Cartographie*. Disponível em: http://cartotheque.sciences-po.fr/media/Commerce_de_marchandises_2016/2810/; Organização Mundial do Comércio (OMC). *World Trade Statistical Review 2019*. Disponível em: https://www.wto.org/english/res_e/statis_e/wts2019_e/wts2019_e.pdf. Acessos em: 13 jan. 2023.

Agora, observe o mapa abaixo, que representa a classificação de regiões e cidades dos países do Leste e do Sudeste Asiáticos de acordo com sua importância econômica. Nesse mapa, é possível perceber, por exemplo, que a região oeste do território chinês apresenta pouco dinamismo econômico. Essa característica está diretamente relacionada ao fato de essa região ser pouco povoada.

As regiões são diferenciadas pela gradação de tons entre as cores rosa e roxo (dos tons mais claros aos mais escuros). Já a distinção das cidades é feita com o uso de círculos proporcionais (quanto maior o círculo, maior a importância da cidade). O mapa também mostra, na cor verde, as regiões turísticas do litoral.

Como estão distribuídas as **atividades econômicas no Leste e Sudeste Asiáticos**?

Leste e Sudeste Asiáticos: Organização do espaço (2017)

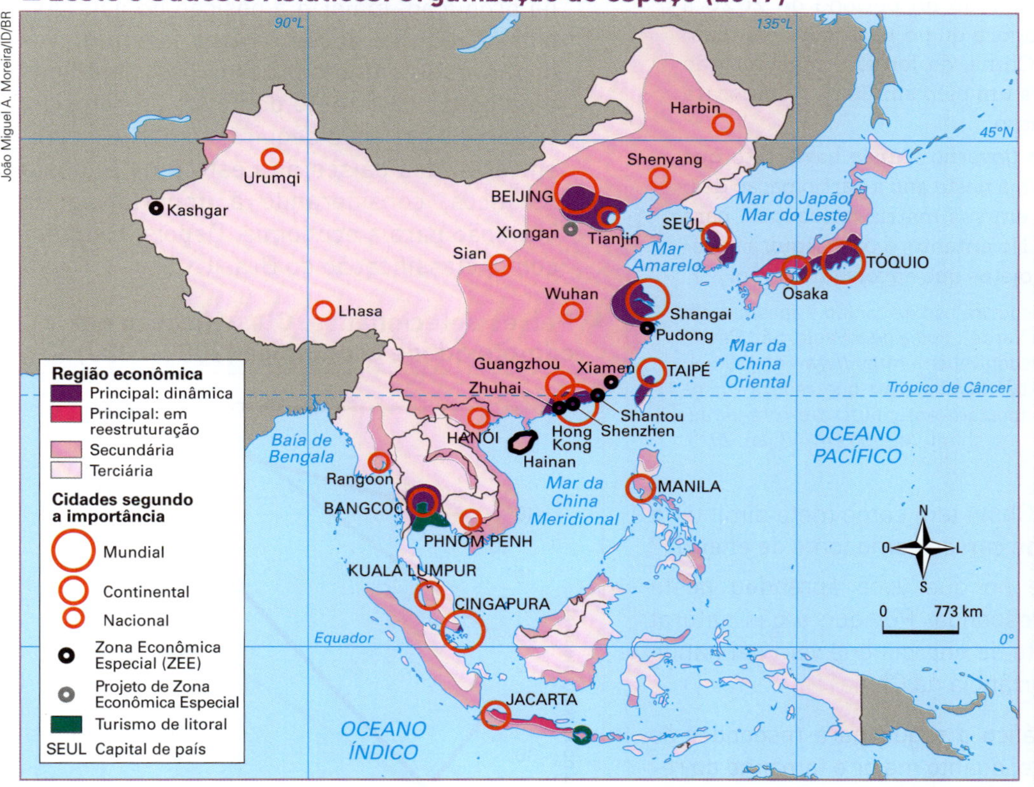

Fontes de pesquisa: Vera Caldini; Leda Ísola. *Atlas geográfico Saraiva*. São Paulo: Saraiva, 2013. p. 142; CIA. The World Factbook. Disponível em: https://www.cia.gov/the-world-factbook/countries/; University of Texas Libraries. *China*: Special Economic Zones. Disponível em: https://legacy.lib.utexas.edu/maps/middle_east_and_asia/china_specialec_97.jpg; Forbes. *China's new Special Economic Zone evokes memories of Shenzhen*. Disponível em: https://www.forbes.com/sites/greatspeculations/2017/04/21/chinas-new-special-economic-zone-evokes-memories-of-shenzhen/?sh=1516f2c576f2. Acessos em: 13 jan. 2023.

Pratique

1. Quais informações podem ser representadas em mapas econômicos?

2. Observe o mapa da página anterior e responda: Quais regiões apresentam maior fluxo comercial inter-regional de mercadorias? E quais regiões apresentam menor fluxo?

3. Considere o mapa desta página e responda às questões.

a) Quais cidades do Leste e do Sudeste Asiático têm importância mundial?

b) As Zonas Econômicas Especiais estão concentradas no litoral ou no interior da China?

ATIVIDADES INTEGRADAS

Analisar e verificar

1. Leia o texto a seguir e responda às questões.

> Em discurso na Cúpula do Clima, o dirigente Xi Jinping reafirmou que a China começará a baixar suas emissões de gases poluentes antes de 2030 e que pretende atingir a neutralidade em carbono em 2060 [...].
>
> No evento virtual organizado pelos Estados Unidos nesta quinta (22) [abril de 2021], Xi afirmou que seu país começará a reduzir o consumo de carvão no período de 2026 a 2030. A fala sugere que o uso desse combustível fóssil na China, de longe o mais alto do mundo, atingirá um pico em 2025 e começará a cair depois disso.
>
> Mais cedo, o governo chinês havia dito que planeja diminuir já neste ano a participação deste combustível em sua matriz energética, para menos de 56%. No entanto, o país seguirá aprovando novos projetos que envolvem carvão. [...]
>
> China diz que reduzirá uso de carvão e apostará em "Cinturão e Rota Verde". *Folha de S.Paulo*, São Paulo, 22 abr. 2021. Disponível em: https://www1.folha.uol.com.br/mundo/2021/04/china-diz-que-reduzira-uso-de-carvao-e-apostara-em-cinturao-e-rota-verde.shtml. Acesso em: 13 jan. 2023.

a) Por que a China tem como meta diminuir o consumo de carvão como fonte de energia?

b) Com base no que você aprendeu nesta unidade, responda: Por que o gás natural é uma fonte de energia que vem ganhando mais importância na China?

2. Observe o gráfico a seguir para responder às questões. Nele, quanto maior o tamanho do retângulo, maior sua representatividade.

Cingapura: Origem das importações (2019)

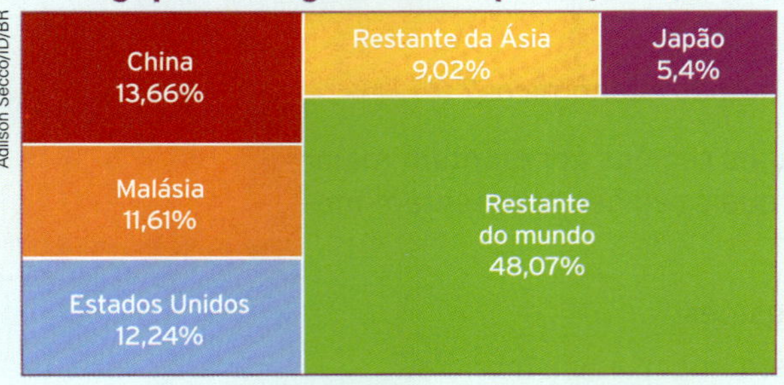

Fonte de pesquisa: Banco Mundial. Disponível em: https://wits.worldbank.org/CountryProfile/en/Country/SGP/Year/2019/TradeFlow/Import. Acesso em: 13 jan. 2023.

a) De qual país se originava, em 2019, a maior parte das importações de Cingapura?

b) Explique a relação entre o país citado na resposta da pergunta anterior e os Tigres Asiáticos, levando em conta, sobretudo, o período de diminuição do crescimento econômico do Japão nos anos 1990.

3. O índice de complexidade econômica classifica os países conforme o nível de conhecimento aplicado no setor produtivo. Por exemplo, quanto mais tecnologia é aplicada na produção, maior é a posição do país. Assim, os líderes desse *ranking* fazem elevados investimentos em pesquisas científicas e no desenvolvimento de novas tecnologias. Observe o gráfico a seguir e comente a classificação dos países do Leste e do Sudeste Asiáticos, considerando a importância da inovação para a economia. Depois, compare com a classificação do Brasil.

Países selecionados: Classificação em complexidade econômica (2000-2020)

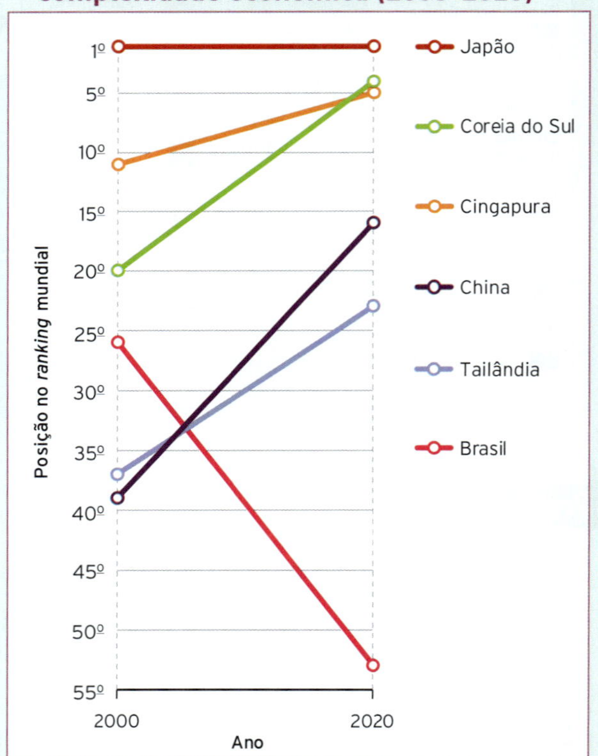

Fonte de pesquisa: *Atlas of Economic Complexity*. Center for International Development at Harvard University. Disponível em: https://atlas.cid.harvard.edu/rankings. Acesso em: 13 jan. 2023.

4. Com base nas informações apresentadas no mapa a seguir, comente os elementos que caracterizam os conflitos entre os países do Leste e do Sudeste da Ásia e explique a presença das bases estadunidenses na região.

Leste e Sudeste Asiáticos: Conflitos (2019)

Fonte de pesquisa: Maria Elena Simielli. *Geoatlas*. 35. ed. São Paulo: Ática, 2019. p. 98.

5. Leia o texto e observe o gráfico. Depois, responda às questões.

> A aprovação de um empréstimo de emergência do Banco Mundial no valor de US$ 3 bilhões serviu para acalmar o mercado de câmbio na Coreia do Sul. [...] Mesmo com essa recuperação, a moeda coreana continua apresentando uma desvalorização de 54% [...]. [Em 23 de dezembro de 1997] a Bolsa de Seul caiu 7,5%, a maior desvalorização em um dia registrada no mercado de ações do país.
>
> Empréstimo de US$ 3 bi acalma mercado coreano. *Folha de S.Paulo*, São Paulo, 25 dez. 1997. Disponível em: https://www1.folha.uol.com.br/fsp/dinheiro/fi251208.htm. Acesso em: 9 fev. 2023.

Coreia do Sul: Evolução do PIB (1995-2020)

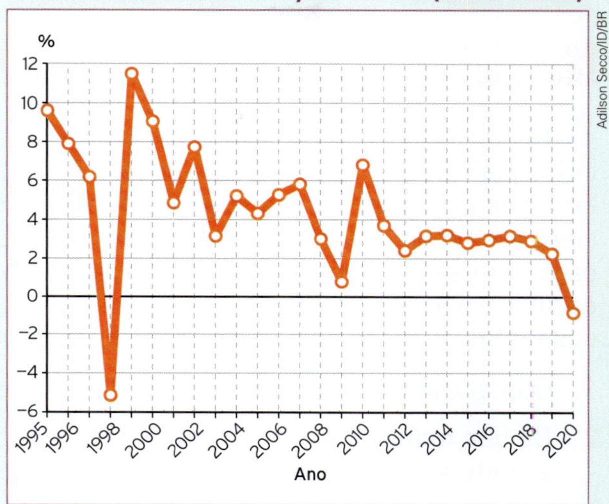

Fonte de pesquisa: Banco Mundial. Disponível em: https://data.worldbank.org/indicator/NY.GDP.MKTP.KD.ZG?locations=KR&year_high_desc=true. Acesso em: 13 jan. 2023.

a) De acordo com o que você estudou nesta unidade, a que acontecimento na Ásia, ocorrido no final dos anos 1990, está associado o período descrito no texto?

b) Como esse acontecimento é representado no gráfico?

c) De 2010 a 2020, qual é a situação da evolução do PIB da Coreia do Sul?

Criar

6. Com um colega, elabore um mapa da China e disponha sobre o território as informações socioeconômicas que foram estudadas nesta unidade, como as ZEEs, os polos industriais, as áreas de economia moderna, as regiões menos povoadas, a localização de minorias étnicas, etc. Não é necessário que o mapa apresente rigor nas formas, mas não se esqueçam de inserir elementos cartográficos, como legenda, título e rosa dos ventos, além de mares, oceanos e países vizinhos.

7. Reúna-se com um colega para elaborar hipóteses que expliquem por que diversas grandes marcas de calçados procuram fabricar seus produtos em países classificados como Novos Tigres Asiáticos. Em seguida, escrevam um texto com as conclusões da dupla.

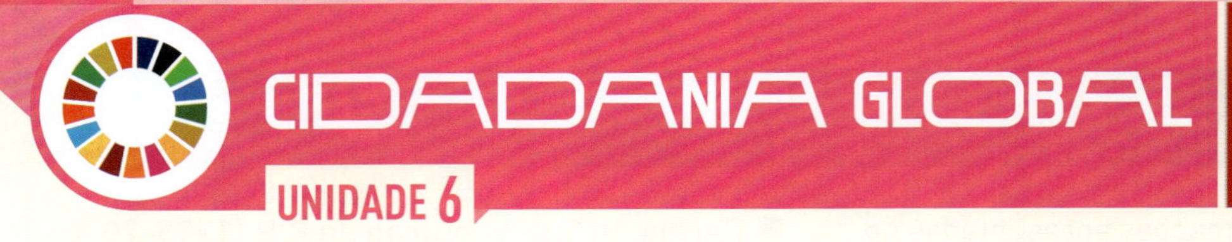

Retomando o tema

Nesta unidade, você estudou as características socioeconômicas e os processos de industrialização do Leste e do Sudeste Asiáticos. Além disso, teve a oportunidade de analisar a importância dos investimentos que foram realizados em educação, ciência e tecnologia nesses países. Agora, você vai refletir sobre o papel da educação em seu desenvolvimento pessoal, incluindo a forma como a infraestrutura escolar e o acesso à educação de qualidade podem contribuir para a concretização das metas que fazem parte do seu projeto de vida.

1. Qual é a importância da escola e da educação para você?
2. De que maneira a educação que você recebe atualmente pode influenciar suas escolhas pessoais e profissionais no futuro?
3. Em sua opinião, para além das questões econômicas e produtivas, por que é importante que os países invistam na melhoria da educação e no acesso a ela?

Geração da mudança

- Agora que você e a turma já realizaram levantamentos de dados e informações e discutiram a influência da educação em diferentes aspectos da vida em sociedade, incluindo as escolhas e oportunidades pessoais dos indivíduos, você deverá produzir uma apresentação justificando a importância que a vivência escolar e o acesso ao ensino de qualidade têm para você. Além de questões profissionais, é possível mencionar experiências culturais, aprendizagens socioemocionais, desenvolvimento de competências e de habilidades e os exercícios de cidadania praticados no ambiente escolar. Por fim, as apresentações podem ser realizadas em um evento com a presença da comunidade escolar ou, ainda, gravadas e disponibilizadas posteriormente nas redes sociais da escola.

Yasmin Ayumi/ID/BR

UNIDADE 7

ÁSIA CENTRAL E ÁSIA MERIDIONAL

PRIMEIRAS IDEIAS

1. O que você conhece a respeito dos países da Ásia Central? E dos países da Ásia Meridional?
2. Que recursos naturais encontrados nos países da Ásia Central têm atraído investimentos de países como a China?
3. O que você sabe acerca dos conflitos territoriais e étnicos nos países da Ásia Meridional?

Nesta unidade, eu vou...

CAPÍTULO 1 Ásia Central

- Identificar e localizar os países que fazem parte da Ásia Central.
- Compreender determinados aspectos históricos e relacionar o fim da antiga União Soviética, na década de 1990, ao surgimento dos países da Ásia Central.
- Caracterizar os aspectos geopolíticos e econômicos desses países na atualidade.

CAPÍTULO 2 Ásia Meridional

- Caracterizar os países da Ásia Meridional.
- Identificar fatores que fomentam a instabilidade política na Ásia Meridional.
- Conhecer a tensão geopolítica na região da Caxemira (entre Índia e Paquistão).
- Relacionar concentração de renda e pobreza.

CAPÍTULO 3 Índia

- Analisar os contrastes socioeconômicos da Índia.
- Compreender o processo de descolonização e a participação de Mahatma Gandhi nesse processo.
- Relacionar o sistema de estratificação social (castas) com a persistente discriminação e a desigualdade social no país.
- Conhecer programas de combate à pobreza no Brasil e na Índia.
- Compreender o crescimento econômico da Índia e sua inserção na economia mundial.
- Identificar projeções cartográficas e compreender o uso político dos mapas.

CIDADANIA GLOBAL

- Colaborar para a conscientização acerca dos problemas relacionados ao crescimento da pobreza.
- Propor soluções para o combate à pobreza no meu município.

Mohammad Noori/Anadolu Agency/Getty Images

LEITURA DA IMAGEM

1. Compare o local onde as jovens afegãs estão assistindo à aula e o local onde você estuda. Em que eles são diferentes? Comente.
2. O tamanho do quadro e o espaço que as adolescentes ocupam são adequados?
3. Como você explica a situação retratada na foto? Por que ela ocorre?

CIDADANIA GLOBAL

1 ERRADICAÇÃO DA POBREZA

Segundo o Banco Mundial, é pouco provável que os países signatários da Agenda 2030 para o Desenvolvimento Sustentável consigam alcançar a meta de erradicação da pobreza extrema até 2030. De acordo com a avaliação dessa organização internacional, a pandemia de covid-19 e a guerra entre Rússia e Ucrânia prejudicaram significativamente os esforços globais para a redução da pobreza. Diante desse contexto, o que pode ser feito localmente para minimizar e reverter esse quadro?

1. Busque e apresente informações sobre os conceitos de pobreza monetária, pobreza multidimensional e linha da pobreza.
2. SABER SER É possível afirmar que a pobreza restringe o acesso dos indivíduos a direitos básicos e ao exercício da cidadania? Por quê?

Ao longo da unidade, vocês vão investigar aspectos da pobreza, sobretudo levando em conta países da Ásia Meridional, bem como conhecerão projetos e políticas criados com o objetivo de enfrentar esse desafio global. Ao final, deverão elaborar um plano de combate à pobreza que leve em consideração a realidade do município onde vocês vivem.

Você já ouviu falar de **pobreza menstrual**? O que você sabe desse assunto?

Adolescentes afegãs assistindo à aula ao ar livre no Afeganistão. Nesse país, meninas a partir de doze anos de idade são proibidas de estudar pelo regime Talibã. Foto de 2022.

CAPÍTULO

1 ÁSIA CENTRAL

PARA COMEÇAR

A Ásia Central, composta de cinco países que faziam parte da antiga União Soviética, apresentados no texto, é região de grande importância estratégica. Em sua opinião, o que torna essa região estratégica atualmente?

FRAGMENTAÇÃO POLÍTICA E ECONÔMICA

Os países da Ásia Central (**Casaquistão**, **Quirguistão**, **Tadjiquistão**, **Turcomenistão** e **Uzbequistão**) originaram-se de antigos povos seminômades que realizavam atividades predominantemente pastoris. Vulneráveis à dominação de vários impérios, esses povos foram convertidos à religião muçulmana, incorporados ao Império Russo, no século XIX, e, depois, à União das Repúblicas Socialistas Soviéticas (URSS), no século XX.

Nas décadas de 1920 e 1930, a União Soviética promoveu uma política de definição de nacionalidades, responsável pela criação dos Estados da Ásia Central. Essa política, no entanto, uniu inúmeros povos com identidade religiosa e étnica, mas não nacional. A partir de 1991, com o fim da URSS, esses países passaram pela primeira vez por um processo de **autonomia política** e de construção de suas próprias estruturas políticas e administrativas. Naquele momento, ocorreram processos de privatização de empresas estatais de setores como os de energia e de aviação, o que causou a concentração do poder econômico nas mãos de poucas famílias, em geral ligadas ao poder estatal. Não houve abertura política nem melhora das condições de vida da população. Esses problemas inviabilizaram a construção de identidades nacionais e intensificaram a força de grupos étnicos e religiosos locais, insatisfeitos com o acirramento da pobreza, da repressão e da violência.

▼ Em 1997, a capital do Casaquistão foi transferida para Astana, na foto, que fica no norte do país. Trata-se de uma cidade planejada e marcada pela arquitetura moderna. Foto de 2021.

Andrey Yershov/Shutterstock.com/ID/BR

ASPECTOS GERAIS

O relevo da Ásia Central é muito acidentado, com predomínio de montanhas elevadas. A região também é caracterizada pela presença de grandes áreas **desérticas** e de **estepes**, que são impróprias para o cultivo agrícola.

Uma das atividades mais praticadas nas áreas rurais é o **pastoreio nômade**, principalmente de ovelhas. A situação da maior parte dos trabalhadores rurais é marcada pela baixa qualidade de vida.

Em relação ao clima, o inverno é muito seco e apresenta baixas temperaturas; já no verão, predominam médias elevadas de temperatura. A agricultura e a geração de energia são possibilitadas pelo acesso às águas do mar Cáspio e do mar Aral.

Na atividade industrial, destacam-se as indústrias têxtil, química e extrativa. Nenhum dos cinco países da Ásia Central tem saída para o mar, fato que os obriga a fazer acordos com outras nações para participar efetivamente do comércio mundial. Atualmente, eles fazem parte da **Comunidade dos Estados Independentes (CEI)**.

Vyacheslav Oseledko/AFP

▲ **Caminhões transportando minério de ouro extraído para processamento. O ouro é um importante mineral explorado na Ásia Central. Quirguistão. Foto de 2021.**

ÁSIA CENTRAL: INDICADORES SOCIOECONÔMICOS

Países	IDH (2021)	Expectativa de vida, em anos (2020)	PIB *per capita*, em dólares (2019)	População urbana, do total da população (2021)
Casaquistão	0,811	71	9 812,6	58%
Quirguistão	0,692	72	1 374,0	37%
Tadjiquistão	0,685	68	889,0	28%
Turcomenistão	0,745	69	7 344,6	53%
Uzbequistão	0,727	70	1 374,0	50%

Fontes de pesquisa: Programa das Nações Unidas para o Desenvolvimento (Pnud). Disponível em: https://hdr.undp.org/system/files/documents/global-report-document/hdr2021-22overviewptpdf.pdf; Banco Mundial. Disponível em: https://data.worldbank.org/indicator/SP.DYN.LE00.IN; https://data.worldbank.org/indicator/NY.GDP.PCAP.CD?locations=KZ-KG-TJ-UZ-TM; https://data.worldbank.org/indicator/SP.URB.TOTL.IN.ZS. Acessos em: 23 maio 2023.

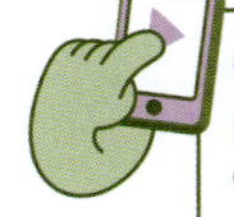

Quais são e em que porção do território estão concentradas as principais **atividades econômicas da Ásia Central**?

CASAQUISTÃO

É o país mais economicamente desenvolvido da região. A exploração de grandes **reservas energéticas** (carvão, petróleo e gás natural), de metais e de **minerais** (cobre, pedras semipreciosas e ouro) tornou-se a base das atividades econômicas.

No campo social, as reformas econômicas na década de 1990 levaram ao aumento da **desigualdade** e à concentração do poder nas mãos de poucas famílias. Com isso, milhões de pessoas migraram em busca de trabalho, especialmente para a Rússia. A situação começou a mudar na década seguinte, quando novos **investimentos estrangeiros** no setor da indústria petrolífera favoreceram o desenvolvimento e transformaram o Casaquistão em um dos países de maior destaque econômico da região.

QUIRGUISTÃO, TADJIQUISTÃO, TURCOMENISTÃO E UZBEQUISTÃO

No **Quirguistão**, há grande riqueza mineral no subsolo, de onde são extraídos minérios como zinco, chumbo e carvão. Em decorrência disso, no período em que o país fazia parte da União Soviética, foram instaladas muitas indústrias de base.

Entre 1992 e 1997, o **Tadjiquistão** enfrentou uma violenta guerra civil travada entre os antigos líderes no poder e o partido de base islâmica, que pretendia derrubá-los. Um acordo pôs fim à guerra e possibilitou a formação de um governo de coalizão. O país apresenta subsolo rico em minério de ferro, chumbo, zinco, antimônio e urânio, entre outros metais, o que possibilita importante atividade de mineração e de comércio. Em 2020, o setor de serviços representava cerca de 50% do PIB do país.

A base econômica do **Turcomenistão** e do **Uzbequistão** é formada pelas reservas de gás natural e de petróleo. Em 2010, foi construído um oleoduto que pôs fim ao monopólio russo sobre as exportações e possibilitou a esses países estabelecer trocas comerciais com o Irã e a China.

No Turcomenistão, a estrutura política centralizada na exploração do gás natural levou à deterioração da estrutura econômica e educacional, aumentando o desemprego entre os jovens. Mais recentemente, os ganhos com a venda do gás têm permitido investimentos na modernização das indústrias química, petroquímica e têxtil.

Já no Uzbequistão, após a independência, em 1991, um governo autoritário tomou posse, com amplo controle sobre as atividades econômicas, reprimindo grupos muçulmanos. Algumas revoltas ocorreram na década de 2000, gerando violência e instabilidade econômica no país.

TAPETES DO UZBEQUISTÃO

Por muitos séculos, a região do atual Uzbequistão fez parte da Rota da Seda, que possibilitava o comércio de especiarias entre a Europa e a China. Marcada por essa tradição comercial e cultural, parte da população do país se dedica, ainda hoje, à produção de tapetes artesanais, os quais são mundialmente conhecidos por sua qualidade e beleza.

Que imagens vem à sua mente quando você pensa em países como Casaquistão e Turcomenistão? Que tal observar algumas **paisagens da Ásia Central**?

Alex Gavrikov/Alamy/Fotoarena

Feira de artesanato em Khiva, Uzbequistão. Foto de 2020.

QUESTÃO DA ÁGUA

A Ásia Central é uma região com baixo índice pluviométrico. Por isso, a água é um recurso valioso para o desenvolvimento dos países dessa região, sobretudo porque o setor agrícola é a base de suas economias.

Considerado um importante manancial, o **mar Aral** vem sofrendo impactos ambientais muito graves. Os níveis de seu volume de água reduziram-se drasticamente a partir da década de 1960.

As águas do mar Aral têm sido superexploradas desde o governo da União Soviética, tanto para irrigação na agricultura como para uso industrial, causando rebaixamento do lençol freático. Além disso, houve um aumento da quantidade de sais minerais, o que tornou suas águas impróprias para o consumo e diminuiu a quantidade de peixes. As águas do mar Aral também são contaminadas por altos níveis de fertilizantes, pesticidas e outras substâncias tóxicas.

Essa situação originou um quadro cíclico, pois houve perda das colheitas e, consequentemente, o declínio das receitas agrícolas, o que diminuiu a disponibilidade de recursos para a melhoria e a manutenção dos sistemas de irrigação.

Ásia Central: Redução no mar Aral (1960-2020)

▲ **Até a década de 1960, o mar Aral era um dos quatro maiores lagos do mundo.**

Fontes de pesquisa: O que foi o desastre do mar de Aral? *Superinteressante*. Disponível em: https://super.abril.com.br/mundo-estranho/o-que-foi-o-desastre-do-mar-de-aral/; Google Earth. Disponível em: earth.google.com/web/@45.80023729,60.46158373,87.91947579a,608531.18354782d,35y,0h,0t,0r. Acessos em: 23 maio 2023.

dpa picture alliance/Alamy/Fotoarena

◀ **Carcaças enferrujadas de embarcações em área desértica, conhecida como deserto de Aralkum, anteriormente ocupada pelo mar Aral. Esse lago teve seu volume de água muito reduzido nas últimas décadas devido, principalmente, à superexploração de suas águas para a irrigação. Muynak, Uzbequistão. Foto de 2021.**

RECURSOS ENERGÉTICOS

Os países da Ásia Central apresentam recursos minerais como **petróleo** e **gás natural** em seu subsolo.

A expectativa é que as reservas da Ásia Central sejam muito superiores às conhecidas atualmente. Um destaque importante se refere à produção de urânio: em 2021, o Casaquistão foi o maior produtor do mundo, enquanto o Uzbequistão ocupou a quinta colocação.

REGIÃO ESTRATÉGICA

Os países da Ásia Central desempenham um papel importante na **geopolítica internacional**, em especial por se localizarem próximo a importantes áreas de conflitos. Esses países foram utilizados pelos Estados Unidos como bases estratégicas no combate aos países e aos grupos que consideravam hostis, principalmente os vizinhos Irã e Afeganistão.

Os países europeus, por sua vez, têm interesse no combate à produção e ao tráfico de ópio (matéria-prima para a produção de heroína), que é transportado ilegalmente pelos territórios do Irã e da Turquia para ser consumido principalmente na Europa.

Outro motivo da importância estratégica desses países é a exploração das reservas de **petróleo** e de **gás natural**, que cresceu significativamente nos últimos anos, especialmente na bacia dos rios que deságuam no **mar Cáspio**.

Com a diminuição das reservas de petróleo dos países consumidores e os problemas políticos em regiões produtoras, como o Oriente Médio, outros países produtores de petróleo tornam-se alvo de investimentos.

Três potências disputam a influência na região: Estados Unidos, Rússia e China. Os Estados Unidos, maior país consumidor mundial de petróleo, buscam diversificar suas fontes de abastecimento.

A **Rússia** é atualmente a principal parceira econômica dos países da Ásia Central. Sua intenção é retomar a influência que exercia nos tempos da ex-União Soviética e emplacar a região como uma "plataforma logística", ou seja, criar uma infraestrutura para organizar o comércio com os países a leste da Rússia. Empresas estatais russas de hidreletricidade e de gás, por exemplo, já detêm parte de aeroportos no Quirguistão, apesar de esse país não ter grandes reservas energéticas no subsolo.

Ásia Central: Energia e geopolítica (2017)

Fontes de pesquisa: Central Asia Regional Economic Cooperation (Carec). Disponível em: https://www.carecprogram.org/; SciencesPo. Atelier de Cartographie. Disponível em: https://bibnum.sciencespo.fr/s/catalogue/ark:/46513/sc16ffhq#?c=&m=&s=&cv=&xywh=-956%2C0%2C3643%2C1605; *Le Monde Diplomatique*. Disponível em: https://www.monde-diplomatique.fr/cartes/energie-asie-centrale#&gid=1&pid=1. Acessos em: 23 maio 2023.

PRESENÇA DOS ESTADOS UNIDOS

Em 2001, no contexto da invasão do Afeganistão, os Estados Unidos construíram bases militares no Quirguistão, no Uzbequistão e no Tadjiquistão, que seriam usadas em bombardeios ao país inimigo. Em troca, os governos desses países receberam, além de ajuda econômica, apoio militar para reprimir os grupos islâmicos radicais. Com isso, a presença estadunidense, que a princípio era desejada pelos grupos locais, por se contrapor à influência da Rússia, passou também a ser hostilizada, em especial pelos grupos mais religiosos e tradicionais.

As relações entre os Estados Unidos e a Rússia atualmente não são totalmente amigáveis. Por forte pressão da China e da Rússia, a última base militar estadunidense no Uzbequistão foi desmontada em 2014. Isso mostra o enfraquecimento dos Estados Unidos na Ásia Central e a recuperação do poder na região por essas outras duas potências, que começam a estabelecer acordos bilaterais.

INTERFERÊNCIA CHINESA

Aproveitando-se da situação instável dos Estados Unidos na região, a China procura ampliar sua influência. A província de Xinjiang, no oeste da China, na fronteira com a Ásia Central, vem recebendo inúmeros investimentos do governo e aproximando-se dos territórios vizinhos. A criação da **Zona Econômica Especial de Kashgar**, em Xinjiang, visa aumentar essa aproximação com os países da Ásia Central, que pode ser facilitada pela presença de uma expressiva população muçulmana nessa província chinesa.

Os chineses compram petróleo dos países da Ásia Central e negociam a construção de infraestrutura, como ferrovias e oleodutos, para facilitar as relações comerciais, especialmente com o Casaquistão e o Quirguistão. A China vem desenvolvendo o projeto da **Nova Rota da Seda** para conectar mais de sessenta países da Eurásia, em um plano que envolve a construção de ampla infraestrutura, especialmente de meios de transporte, como trens de alta velocidade e portos.

A China também criou a **Organização para Cooperação de Shangai (OCS)**, da qual fazem parte o Casaquistão, o Quirguistão, o Tadjiquistão, o Uzbequistão e a Rússia, e que tem como objetivos, por exemplo, tratar de questões como o comércio entre esses países e o terrorismo, bem como efetuar ações para interceptar as rotas de tráfico de drogas.

INVESTIMENTOS NO CASAQUISTÃO

O Casaquistão tem recebido apoio financeiro de companhias petrolíferas estrangeiras desde a década de 1990.

Nessa década, o país fez acordos com a China para a exploração de seus campos de petróleo, o que resultou na construção de um oleoduto que liga o Casaquistão ao oeste chinês.

Alamy/Fotoarena

▼ **Nos últimos anos, a China tem investido nos setores de transporte, construção civil e infraestrutura na Ásia Central. Instalação de hélice em parque eólico, em Almaty, Casaquistão. Foto de 2022.**

ATIVIDADES

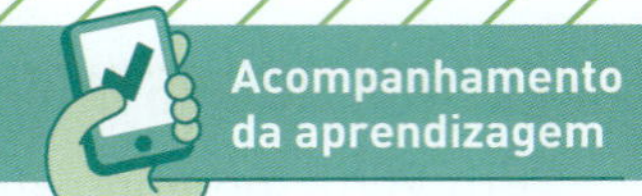

Retomar e compreender

1. Quais são os países que compõem a Ásia Central? Que religião é predominante nesses países?
2. Que pontos em comum marcaram as trajetórias dos países da Ásia Central após a dissolução da União Soviética, em 1991?
3. O que tem causado a redução do mar Aral, fenômeno que ocorre há décadas?
4. Que países disputam influência nos países da Ásia Central?

Aplicar

5. Observe o gráfico e responda às questões.

Ásia Central: Participação dos setores da economia no PIB (2017)

Adilson Secco/ID/BR

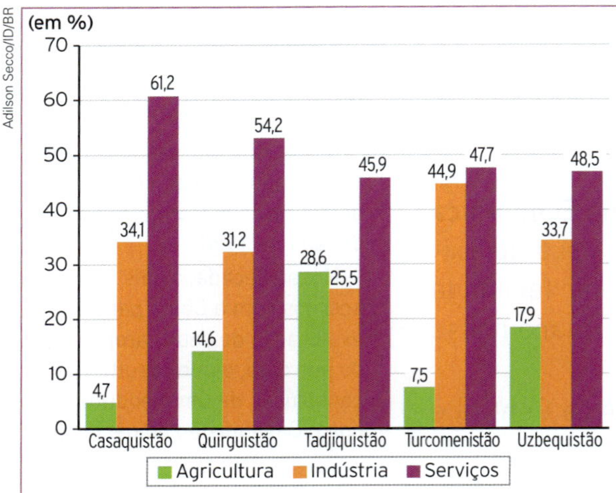

Fonte de pesquisa: CIA. The World Factbook. Disponível em: https://www.cia.gov/the-world-factbook/central-asia/. Acesso em: 23 maio 2023.

a) Qual é o país que mais se destaca no setor de serviços?

b) O que há em comum no setor industrial desses países?

c) Com base nos dados da tabela *Ásia Central: Indicadores socioeconômicos*, da página 191, indique as principais razões para o baixo desempenho socioeconômico dos países dessa região.

d) Utilizando-se das informações do gráfico de barras, elabore um gráfico de setores (ou de "*pizza*") para cada país representado, indicando os respectivos setores da economia.

6. Observe a foto a seguir e, com base nela, escreva um texto sobre as características da população, as atividades econômicas e a qualidade de vida nos países da Ásia Central.

Danita Delimont/Alamy/Fotoarena

▲ Quirguistão. Foto de 2020.

7. Observe a foto e, com base no que aprendeu neste capítulo, responda às questões.

Nurlan Mammadzada/Alamy/Fotoarena

▲ Plataformas de exploração de petróleo no mar Cáspio. Foto de 2021.

a) Que tipo de investimentos a Ásia Central vem recebendo atualmente?

b) Busque informações sobre o assunto e redija um texto argumentativo sobre as possíveis consequências ambientais que esse tipo de atividade pode provocar no mar Cáspio.

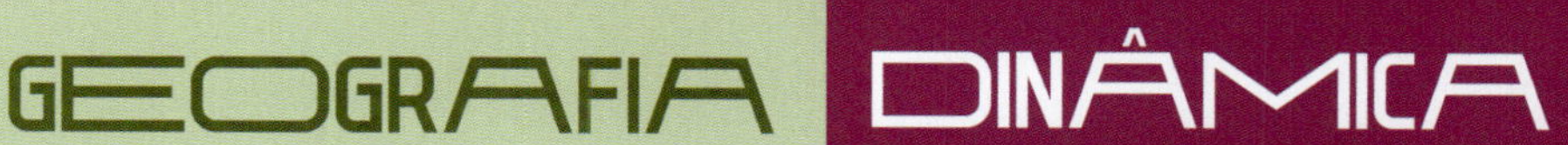

Geopolítica e segurança na Ásia Central

A guerra entre Rússia e Ucrânia afetou a política de segurança dos países da Ásia Central. Conheça mais do assunto lendo o texto a seguir.

Prudentes emancipações na Ásia Central

[...]

A guerra contra a Ucrânia, deflagrada pelo presidente russo, Vladimir Putin, perturba as ex-repúblicas soviéticas da Ásia Central. Independentes desde 1991, o Cazaquistão, o Quirguistão, o Uzbequistão, o Tadjiquistão e o Turcomenistão mantêm, todos, laços estreitos com Moscou, mas travaram igualmente boas relações com a Ucrânia (também ex-soviética). Na arena das Nações Unidas, quando da votação das resoluções que condenaram a agressão russa e a anexação de territórios ucranianos por Moscou, todos esses países adotaram, por isso mesmo, uma postura prudente de neutralidade: seus representantes se abstiveram ou não participaram do evento [...].

[...]

A Rússia mantém laços particularmente estreitos, no plano da segurança, com o Cazaquistão, o Quirguistão e o Tadjiquistão. Por um lado, esses três países fazem parte [...] do pacto de defesa estabelecido por Moscou em 2002, que prevê a assistência mútua em caso de ataque estrangeiro sofrido por um de seus membros: a Organização do Tratado de Segurança Coletiva (OTSC). Por outro, a Rússia ocupa locais estratégicos em cada um desses países [...].

Além da OTSC, outra organização regional permite à Rússia garantir sua influência militar na Ásia Central: a Organização de Cooperação de Xangai (OCX). Criada em 2001, ela promove regularmente manobras conjuntas, sobretudo no âmbito do antiterrorismo e da luta contra o tráfico de drogas na área. No entanto, [...], a OCX coloca as repúblicas da Ásia Central [...] face a face com outras grandes potências além da Rússia: a China, a Índia, o Paquistão e agora o Irã (que aderiu em setembro). [...]

A imagem de uma potência agressiva avançando sobre a Ucrânia incitou as repúblicas da Ásia Central a diversificar parcerias a fim de garantir sua própria segurança.

Sergei Bobylyov/SPUTNIK/AFP/Getty Images

▲ **Reunião de líderes da Organização para Cooperação de Shangai, em Samarcanda, Uzbequistão. Foto de 2022.**

Michaël Levystone. Prudentes emancipações na Ásia Central. *Le Monde Diplomatique Brasil*, 2 dez. 2022. Disponível em: https://diplomatique.org.br/prudentes-emancipacoes-na-asia-central/. Acesso em: 23 maio 2023.

Em discussão

1. Segundo o texto, como a guerra entre Rússia e Ucrânia afetam a estabilidade política e a segurança dos países da Ásia Central?
2. Qual é a importância das organizações OTSC e OCX, citadas no texto, para a Rússia e para os países da Ásia Central?
3. Quais são os interesses da Rússia nos países da Ásia Central?

CAPÍTULO 2

ÁSIA MERIDIONAL

PARA COMEÇAR

Que países fazem parte da Ásia Meridional? Como você imagina que são a cultura e as condições econômicas e sociais desses países?
O que você sabe acerca da geopolítica e dos conflitos nos países dessa região?

FORMAÇÃO TERRITORIAL

A Ásia Meridional é formada por **Afeganistão**, **Bangladesh**, **Butão**, **Índia**, **Maldivas**, **Nepal**, **Paquistão** e **Sri Lanka**. A maior parte da população desses países é rural e vive da **agricultura** e da **pecuária** praticadas com baixo nível tecnológico. Trata-se de uma região instável, marcada por conflitos cuja raiz está na invasão inglesa, no século XIX, e no domínio britânico, que se estendeu até meados do século XX.

O interesse britânico na Ásia iniciou-se pelo controle do comércio da seda, do chá e da produção de algodão para a indústria inglesa. O Reino Unido estabeleceu-se na região e ampliou seus domínios, colonizando a Índia e os territórios onde atualmente se localizam o Afeganistão, o Paquistão e Bangladesh.

Ainda no século XIX, os ingleses transformaram a região do atual Afeganistão em um Estado, com o objetivo de separar as áreas ao leste, também sob o domínio inglês, das áreas ao norte (Ásia Central), sob o domínio do Império Russo. A oeste, localizava-se o Reino da Pérsia (atual Irã), também dividido em áreas de influência: ao norte, russa e, ao sul, inglesa.

▼ Atualmente, quase toda a população paquistanesa segue o islamismo. Muçulmanos fazendo orações no fim do período sagrado conhecido como Ramadã, na mesquita Badshahi, em Lahore, Paquistão. Foto de 2021.

Rana Sajid Hussain/Pacific Press/Alamy/Fotoarena

DESCOLONIZAÇÃO

No século XX, o domínio europeu na Ásia começou a perder força. Uma parte dos países iniciou seu processo de independência após a Primeira Guerra Mundial, e a outra, após a Segunda Guerra Mundial.

Em 1947, o processo de independência do domínio colonial do Império Britânico na região, deu origem a dois países: ao centro, de maioria hindu, a **Índia**; a oeste, de maioria muçulmana, o **Paquistão**. Mais tarde, em 1971, **Bangladesh** tornou-se independente do Paquistão.

Os conflitos entre muçulmanos e hindus explodiram depois de proclamada a independência da Índia e do Paquistão, pois esses grupos buscavam a delimitação dos territórios nacionais e o controle de áreas de influência.

Ásia Meridional: Político (2022)

Fontes de pesquisa: *Atlas geográfico escolar*. 8. ed. Rio de Janeiro: IBGE, 2018. p. 46; IBGE Países. Disponível em: https://paises.ibge.gov.br/#/. Acesso em: 23 maio 2023.

A região da **Caxemira**, de maioria muçulmana, localizada ao norte do Paquistão, foi dividida, e parte dela ficou sob o domínio da Índia. Essa situação foi contestada pelo Paquistão, irrompendo, então, diversos conflitos entre os dois países pelo domínio da Caxemira.

GEOPOLÍTICA REGIONAL

Há diversos conflitos duradouros no sul da Ásia. Alguns deles iniciaram-se com a ocupação inglesa. Posteriormente à independência, outros conflitos passaram a ocorrer, sobretudo por **questões territoriais** e **étnicas**.

Uma das preocupações dos Estados Unidos, bem como de países asiáticos como China, Índia e Paquistão, é o crescimento de inúmeros movimentos guerrilheiros inspirados no **Talibã** e na **Al-Qaeda**. Esses grupos vêm realizando diversos atentados e ganhando apoio popular, em especial nas áreas mais pobres. Pode-se citar como exemplo o grupo terrorista **Estado Islâmico**, que atua principalmente no Iraque e na Síria, mas que surgiu do grupo afegão Al-Qaeda, de Osama Bin Laden.

O mais longo conflito na geopolítica regional refere-se à Caxemira, região disputada pela Índia e pelo Paquistão desde 1949.

De 1947 a 1971, a Índia e o Paquistão travaram três guerras pela posse da Caxemira, que resultaram na divisão dessa região entre esses países. Nas décadas seguintes, a própria população da Caxemira começou a reivindicar independência, gerando repressão violenta por parte da Índia. Em consequência, surgiram movimentos guerrilheiros paquistaneses, que praticaram atentados armados, agravando a violência ao longo da década de 1990. Uma parte da Caxemira é controlada pelo Paquistão, e outra parte pertence ao governo indiano. Veja o mapa.

Outro fator que também fragiliza as relações entre esses países é a disputa bélica, já que os dois têm armas nucleares.

Caxemira e a desintegração do Império Britânico (1947)

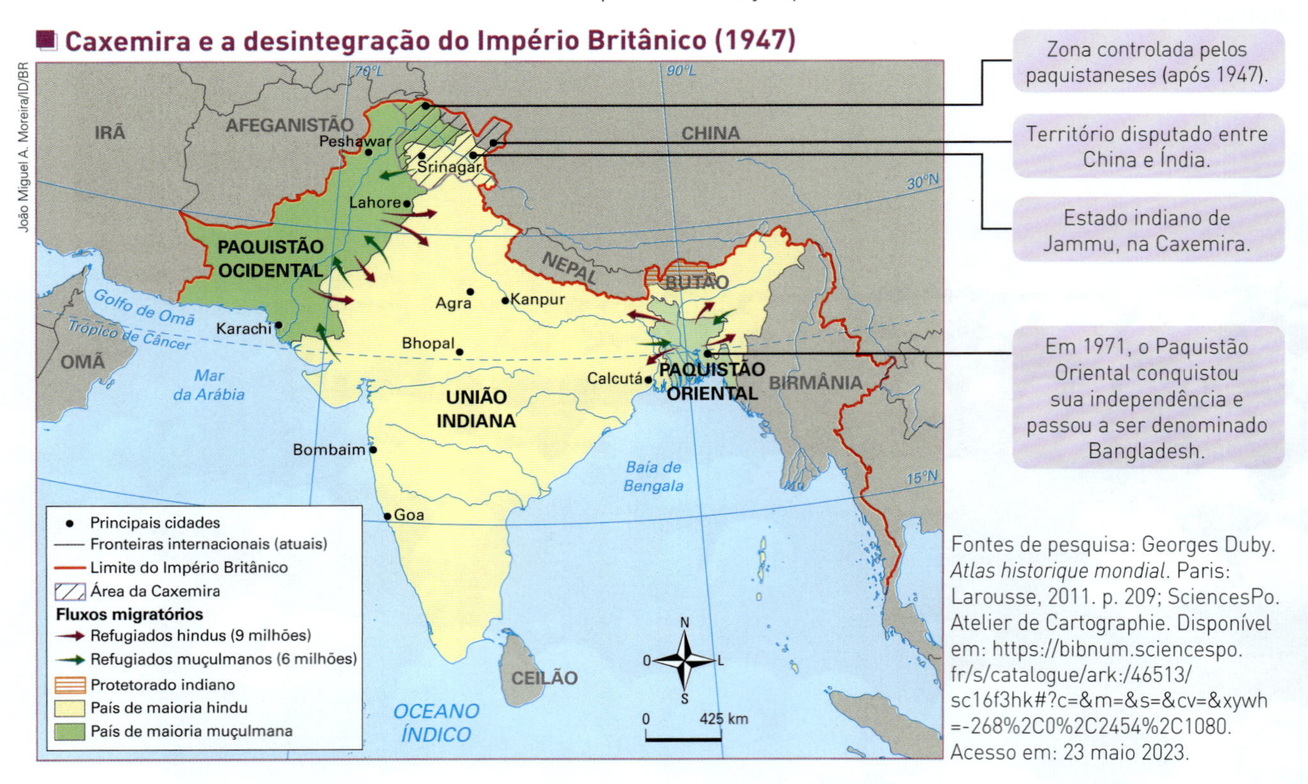

Fontes de pesquisa: Georges Duby. *Atlas historique mondial*. Paris: Larousse, 2011. p. 209; SciencesPo. Atelier de Cartographie. Disponível em: https://bibnum.sciencespo.fr/s/catalogue/ark:/46513/sc16f3hk#?c=&m=&s=&cv=&xywh=-268%2C0%2C2454%2C1080. Acesso em: 23 maio 2023.

BANGLADESH E AFEGANISTÃO

Após a fragmentação do antigo Império Britânico, em 1947, surgiram a Índia, o Paquistão Ocidental e o Paquistão Oriental. Este último, após uma série de conflitos, tornou-se independente em 1971 e passou a se chamar **Bangladesh**, um país pobre com a maior parte da população vivendo em áreas rurais.

Em Bangladesh, a agricultura é favorecida pelas amplas planícies férteis e pelo clima de **monções**. O país é um importante produtor de arroz, que compõe grande parcela da dieta alimentar de sua população. O país vem ampliando suas relações comerciais com o exterior e desenvolvendo alguns setores industriais, como o de vestuário, papel, couro e fertilizantes. Entretanto, Bangladesh ainda enfrenta problemas como inundações periódicas e poluição das águas.

Em 2017, Bangladesh recebeu um enorme fluxo de refugiados rohingyas, provenientes de Mianmar. As pessoas dessa minoria étnica, de religião muçulmana, passaram a sofrer violência e perseguição no país de origem, de maioria budista, e foram obrigadas a se deslocar para o país vizinho.

No **Afeganistão**, após a independência, em 1919, as lutas internas pelo poder foram constantes e a desorganização econômica e social foi se acentuando. No contexto da Guerra Fria (1945-1991), em 1979, a URSS invadiu o Afeganistão em apoio ao governo comunista do país. Organizou-se então uma guerrilha dos *mujahedin* (combatentes) contra a ocupação soviética, apoiada pelos Estados Unidos. Após a retirada das tropas da URSS, em 1989, a situação se agravou devido à guerra interna e à ascensão do Talibã (grupo de fundamentalistas islâmicos) ao poder, entre 1996 e 2001. Esse governo foi destituído após a invasão dos Estados Unidos, em busca de membros da rede terrorista Al-Qaeda. A migração maciça de milhões de **refugiados** tornou-se um sério problema social para os países vizinhos.

Uma importante atividade econômica no Afeganistão, que tem relevo montanhoso e solos pedregosos em grande parte de seu território, é o **pastoreio**. Além disso, o país, que tradicionalmente exporta tapetes, castanhas e lã, desenvolveu nas últimas décadas a plantação de papoula, da qual se originam o ópio e a heroína.

A ocupação do Afeganistão pelos Estados Unidos durou 20 anos. Desde 2018, o Talibã começou a recuperar territórios e, em 2021, com a retirada das tropas estadunidenses do país, o grupo assumiu novamente o governo do Afeganistão.

BANGLADESH: UMA DAS MAIORES INDÚSTRIAS TÊXTEIS DO MUNDO

O vestuário é o principal setor industrial de Bangladesh, representando mais de 80% das exportações do país em 2020. No entanto, as condições de trabalho nas indústrias têxteis são altamente precárias e insalubres.

Em 2013, um prédio de confecções que tinha oito andares desmoronou, matando 1 100 pessoas, fato que levou muitas empresas do ramo a encerrar suas atividades no país.

O que você sabe a respeito da história do **Afeganistão**?

Sahel Arman/AFP

▲ As constantes guerras, a instabilidade política do Afeganistão e os atentados terroristas são obstáculos para o desenvolvimento econômico do país. Comércio de frutas em Kabul, Afeganistão. Foto de 2022.

NEPAL, SRI LANKA, BUTÃO E MALDIVAS

O **Nepal** apresenta desenvolvimento econômico muito baixo e tem a agricultura como sua principal atividade econômica. Cerca de 80% da população do país vivia em áreas rurais em 2021. Em 2015, o país foi abalado por um terremoto que deixou mais de mil mortos e comprometeu a infraestrutura da capital, Katmandu. A China e a Índia foram os primeiros países a cooperar após o desastre, pois disputam a influência na região, onde nascem rios muito importantes e estratégicos, como o rio Indo.

O **Sri Lanka** é um país insular, de independência recente: foi conquistada em 1948, quando ainda era conhecido como Ceilão. Somente em 1972 o país passou a ser chamado de Sri Lanka. Ao longo dos últimos séculos, o Sri Lanka foi invadido sucessivamente por potências estrangeiras como Portugal, Inglaterra, França e Holanda. A vida da população é dificultada pelos conflitos entre as diferentes etnias que existem no país. A agricultura é a atividade econômica predominante, e mais de 80% da população vivia no campo em 2021.

O **Butão** é uma monarquia, e apenas em 2008 realizou eleições parlamentares. Devido às políticas de isolamento e à posição geográfica, o Butão permaneceu isolado durante muito tempo. Até 1949, mantinha relações comerciais apenas com o Império Britânico. Depois desse período, passou a relacionar-se com a Índia. Esse fato foi fundamental para que o país mantivesse suas características tradicionais na cultura e na economia. A atividade econômica mais importante do país é a agricultura, embora recentemente a atividade turística venha crescendo.

As **Maldivas** são um arquipélago formado por mais de mil ilhas. O país é conhecido por suas águas cristalinas, e é um destino turístico de luxo. Em 2022, segundo o governo local, o turismo contribuía para quase 30% do PIB do país, e 40% da mão de obra nacional estava concentrada nessa área. No entanto, quase toda a população é muito pobre.

CIDADANIA GLOBAL

CONCENTRAÇÃO DE RENDA E POBREZA

Na década de 2010, o Sri Lanka teve avanços significativos na redução da pobreza. No entanto, de acordo com o Banco Mundial, esse progresso foi consideravelmente perdido em razão dos impactos socioeconômicos causados pela pandemia de covid-19. Além disso, apesar da redução da pobreza, o índice de Gini foi de 39,3 no período 2010-2021, de acordo com o Pnud. Com base nisso, reúna-se com seu grupo para fazer o que se pede a seguir.

1. Busquem informações e comparem o Índice de Gini mais recente do Sri Lanka com o do Brasil. O que se pode concluir?
2. Paralelamente ao aumento da pobreza global provocado pelas consequências negativas da pandemia de covid-19, registrou-se um aumento de cerca de 30% na fortuna dos bilionários. Além disso, em 2021, os 10% mais ricos do mundo concentravam 76% de toda riqueza mundial, segundo o World Inequality Lab (Laboratório da Desigualdade Mundial, em inglês). Considerem essa informação e debatam sobre esta questão: Como a concentração de renda se relaciona com a pobreza no Brasil e no mundo?

Alamy/Fotoarena

O isolamento do Butão permitiu a preservação das culturas budista e hinduísta, além de templos e de paisagens naturais, que atraem visitantes de inúmeros países. Monastério em Paro Taktsang, Butão, ao pôr do sol. Foto de 2022.

PAQUISTÃO

No Paquistão, cerca de 60% dos habitantes moravam nas áreas rurais em 2021. Trata-se de uma região de clima predominantemente **semiárido**. Mesmo assim, a **agricultura** é muito importante para sua economia. Ao norte do país, há um trecho da cordilheira do Himalaia em que está localizado o segundo pico mais elevado do mundo, o K2 (com mais de 8 mil metros de altitude).

Nos anos 2000, o país passou por um período de crescimento econômico, o que contribuiu para a redução da pobreza. No entanto, as condições de vida da população permaneceram muito precárias. A renda *per capita* é baixa, de cerca de 5,5 mil dólares em 2017, pois os principais setores econômicos, como a indústria têxtil, pagam baixos salários. Quase metade da população urbana vive em favelas, e 22% do total da população do país vivia abaixo da linha da pobreza em 2021. A desigualdade entre gêneros no acesso à educação é uma das mais elevadas da região. O país apresenta, ainda, baixas taxas de participação feminina no mercado de trabalho.

O Paquistão precisa importar grande parte dos produtos manufaturados e tem como importantes parceiros países como a China e os Emirados Árabes Unidos. Os Estados Unidos são o principal destino das exportações do país, além de cooperarem no combate ao terrorismo.

Ao se opor à ocupação soviética do Afeganistão nos anos 1970 e 1980, o Paquistão passou a ocupar um papel importante na geopolítica internacional. O país sediou bases para o fornecimento de armas e para o treinamento de guerrilheiros afegãos, especialmente nas fronteiras. Nesses locais, passaram a ser treinados os refugiados afegãos que deram origem ao Talibã, que assumiu o governo do Afeganistão nos anos 1990.

O governo do Paquistão oscila há décadas entre ditaduras militares e tentativas instáveis de governos democráticos.

Paquistão: Composição do PIB por setor da economia (2020-2021)

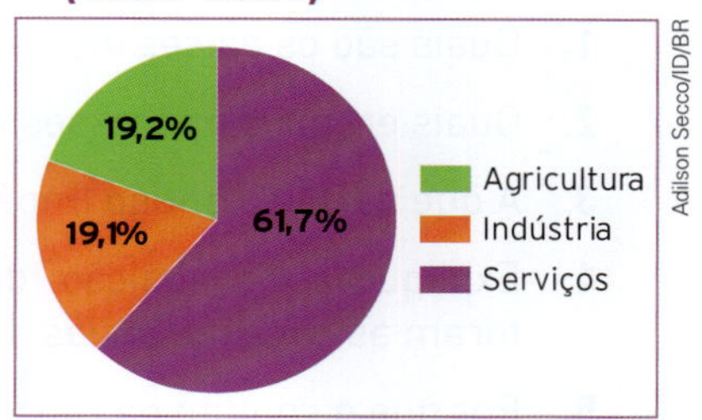

Fonte de pesquisa: Pakistan Bureau of Statistics. Disponível em: https://www.pbs.gov.pk/sites/default/files/tables/national_accounts/2005-06/Table_7.pdf. Acesso em: 23 maio 2023.

IGUALDADE DE GÊNERO NA EDUCAÇÃO: O EXEMPLO DE MALALA

A jovem estudante paquistanesa Malala Yousafzai tornou-se um importante símbolo da luta pelos direitos das mulheres no Paquistão. Aos 15 anos, Malala foi baleada na cabeça por membros do Talibã por lutar pelo direito ao acesso de meninas à educação. O grupo é contrário à educação de mulheres no Paquistão. Em 2014, Malala foi agraciada com o Nobel da Paz, em reconhecimento por sua luta.

Rizwan Tabassum/AFP

O Paquistão é marcado, desde o século XIX, por invasões estrangeiras e conflitos que contribuíram para a consolidação do quadro atual de pobreza e desigualdade social nesse país. Mercado em Karachi, Paquistão. Foto de 2023.

ATIVIDADES

Acompanhamento da aprendizagem

Retomar e compreender

1. Quais são os países insulares da Ásia Meridional?
2. Quais eram os interesses do Reino Unido na Ásia Meridional?
3. A que países o antigo Império Britânico na Ásia Meridional deu origem?
4. Explique a distribuição, durante o Império Britânico, dos hinduístas e dos muçulmanos e quais foram as consequências da dominação inglesa para essas populações.
5. Por que o conflito na Caxemira se tornou ainda mais preocupante nas últimas décadas?

Aplicar

6. Observe o mapa a seguir e, depois, responda às questões.

Afeganistão e Paquistão: Agropecuária e uso e cobertura da terra (2021)

Fonte de pesquisa: *Reference world atlas*. New York: Dorling Kindersley, 2021. p. 149.

a) Qual atividade relacionada à pecuária se destaca no Afeganistão?

b) Em que região do território do Paquistão se concentra a criação de cabras?

c) Qual dos dois países tem maior desenvolvimento agropecuário? Explique com base nas informações do mapa.

7. Observe a tabela a seguir e, depois, faça o que se pede.

ÁSIA MERIDIONAL: INDICADORES SOCIOECONÔMICOS (2021)				
Países	IDH	População, em milhares	Expectativa de vida, em anos	Mortalidade infantil, a cada mil nascidos vivos
Afeganistão	0,478	40 099	62,0	43
Bangladesh	0,661	169 356	72,4	23
Butão	0,666	777	71,8	23
Índia	0,633	1 407 563	67,2	26
Maldivas	0,747	521	79,9	5
Nepal	0,602	30 034	68,4	23
Paquistão	0,544	231 402	66,1	53
Sri Lanka	0,782	22 156	76,4	6

Fontes de pesquisa: Pnud. Disponível em: https://hdr.undp.org/system/files/documents/global-report-document/hdr2021-22overviewpt1pdf.pdf; World Bank. Disponível em: https://data.worldbank.org/indicator/SP.POP.TOTL; https://data.worldbank.org/indicator/SP.DYN.IMRT.IN. Acessos em: 23 maio 2023.

a) Qual país apresenta o maior índice de mortalidade infantil?

b) Qual é o país com o menor IDH? Com base no que foi estudado, justifique o baixo IDH desse país.

c) Escolha um dos indicadores socioeconômicos da tabela e elabore um gráfico de barras. Depois, faça um breve texto explicando quais países apresentam os melhores e os piores índices.

CAPÍTULO

3 ÍNDIA

PARA COMEÇAR

O que você sabe acerca da cultura indiana? Como ela é organizada?

PAÍS DE CONTRASTES

A Índia é o segundo país mais populoso do mundo, com mais de 1,4 bilhão de habitantes (2021). O país apresenta resquícios do passado colonial britânico e estrutura social rígida, fatores que contribuem para um quadro de **baixa qualidade de vida** de sua população. No entanto, tem apresentado atualmente um vigoroso **crescimento econômico**, integrado à rede do comércio global.

País onde são encontradas algumas das regiões com **maiores densidades demográficas** do planeta, a Índia também é constituída de uma grande variedade étnica e linguística. As diferenças e as disputas entre as minorias podem ser observadas em algumas áreas de maiores conflitos, como no norte do país, na região da Caxemira, conforme estudado no capítulo anterior.

Em descompasso com o crescimento do PIB, a maioria da população continua vivendo em **áreas rurais**, muitas vezes em péssimas condições. Além disso, como consequência do acelerado processo de urbanização no país, houve a formação de inúmeras áreas urbanas com habitações precárias e pouca infraestrutura.

Alamy/Fotoarena

▼ Embora a maior parte de sua população viva no campo, na Índia se encontram algumas das cidades mais populosas do mundo. Essas cidades, no entanto, devido ao crescimento acelerado e sem planejamento, apresentam muitos problemas urbanos e de infraestrutura, como falta de saneamento básico, ausência de moradias adequadas e congestionamentos. Varanasi, Índia. Foto de 2022.

DA COLONIZAÇÃO À INDEPENDÊNCIA

Bettmann Archive/Getty Images

▲ Gandhi liderou o movimento de independência da Índia pregando a desobediência civil e a não violência. Foto de c. 1940.

No século XVII, iniciou-se a colonização de toda a área do atual "subcontinente" indiano, com a instalação da **Companhia Inglesa das Índias Orientais** na cidade de Mumbai. Na metade do século XIX, os ingleses já haviam transformado a Índia em uma de suas **colônias** na Ásia.

Para ampliar seu domínio no século XIX, os ingleses se uniram às elites indianas dominantes, que passaram a receber privilégios para facilitar a expansão inglesa e manter a numerosa população sob controle. O tradicional artesanato têxtil indiano foi proibido e a Índia se tornou exportadora de matérias-primas e importadora de têxteis industriais ingleses, o que levou grande parte da população camponesa à ruína, aumentando a insatisfação com a ocupação britânica.

A insatisfação da população mais pobre encontrou apoio nas camadas médias, que desenvolveram ideais nacionalistas e passaram a propor reformas no país. **Mahatma Gandhi** e **Jawaharlal Nehru**, patronos da independência e da Índia moderna, são exemplos disso. Gandhi era advogado e estudou na Inglaterra. Quando retornou à Índia, ligou-se ao Congresso Nacional Indiano, partido político do qual Nehru fazia parte.

Depois do massacre de Amritsar, cometido pelos ingleses durante uma manifestação, em 1920, Gandhi propôs aos indianos um movimento de **desobediência civil**, ou seja, de boicote às instituições coloniais, ao comércio com o Reino Unido e às estruturas administrativas, assim como a **resistência não violenta** às possíveis repressões.

Na década de 1930, Gandhi lançou uma campanha pela independência total e pela liberdade da Índia no controle do comércio de sal, uma de suas riquezas naturais, monopolizado pelos ingleses. Em 1947, o país conquistou sua independência.

Hulton Archive/Getty Images

Apoiadores de Mahatma Gandhi marcham pelas ruas de Madras, na Índia. Foto de 1930. ▶

SOCIEDADE INDIANA

A sociedade indiana é estruturada com base em um **sistema de castas**. A casta determina a posição social do indivíduo, é hereditária e não possibilita a ascensão social.

Essa divisão social, ligada ao **hinduísmo**, vem sendo transmitida de geração a geração há cerca de dois mil anos. A casta dos **brâmanes** (religiosos e intelectuais) está no topo da hierarquia social, enquanto os **dalits** (ou "intocáveis") são as pessoas consideradas inferiores, e sua posição social está abaixo de todas as castas. Os "intocáveis" eram impedidos de ocupar cargos públicos e políticos e, em diversos estados indianos, não podiam sequer utilizar os sistemas públicos de saúde e educação.

Tradicionalmente, as castas não se misturam, o que inviabiliza a mobilidade social por meio do casamento ou da ascensão profissional.

Esse sistema cria situações de discriminação e desigualdade dos direitos civis. Pessoas de castas "inferiores", por exemplo, poderiam ser agredidas por pessoas de castas "mais elevadas" sem que houvesse uma lei que as protegesse. O sistema de castas foi legalmente abolido pela Constituição de 1950, mas continua presente no dia a dia da população e, embora a discriminação seja ilegal, situações de desrespeito ainda acontecem na sociedade indiana.

Esse rígido sistema social e a ocupação inglesa levaram à grande **concentração de riqueza** nas mãos de comerciantes e descendentes da nobreza hindu ou da casta dos brâmanes, em importantes cidades como Mumbai e Calcutá.

Como a maioria dos membros dos poderes Legislativo e Executivo na Índia pertence às castas mais elevadas, a mudança efetiva do sistema, que concederia mais direitos às castas menos privilegiadas e às excluídas, é lenta.

Consequentemente, em 2020 mais de 20% da população vivia abaixo da linha da pobreza. A mortalidade infantil é elevada, principalmente a das crianças do sexo feminino. Além disso, o acesso aos serviços de saúde e de saneamento básico é muito precário e, grande parte da população não tem acesso às redes sanitárias básicas.

PARA EXPLORAR

Raji: An Ancient Epic, jogo eletrônico
O jogo é ambientado na Índia antiga, onde a jovem Raji foi escolhida para combater a invasão de demônios no domínio dos humanos. Os narradores da aventura são deuses hindus que proporcionam uma imersão no hinduísmo e em traços culturais indianos.

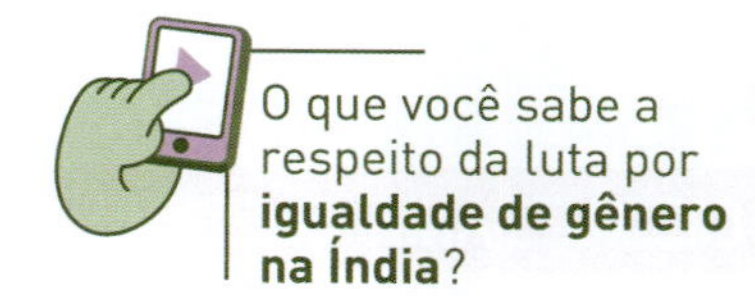

O que você sabe a respeito da luta por **igualdade de gênero na Índia**?

▼ **O rio Ganges tem importante significado religioso para a sociedade indiana. Fiéis hinduístas se banham às margens desse rio em Uttarakhand, Índia. Foto de 2021.**

MudaCom/Shutterstock.com/ID/BR

POPULAÇÃO INDIANA

Como você já sabe, a população indiana é uma das maiores do mundo, mas ela está distribuída de maneira **desigual** pelo território do país.

Os indianos apresentam grande diversidade linguística e religiosa. Cerca de 400 línguas e dialetos são falados no país, e aproximadamente 60% da população indiana fala outro idioma além do hindi, como bengali, telugu, marata, tamil e urdu. O **inglês** e o **hindi**, além de outras 20 línguas, são considerados oficiais.

O **hinduísmo** é praticado por aproximadamente 80% dos indianos, mas também são importantes o **islamismo**, o **cristianismo**, o **sikhismo** e o **budismo**.

Populações de minorias étnicas e grupos tribais enfrentam violentos conflitos religiosos em alguns estados indianos, e alguns deles foram radicalmente exterminados. Além do movimento separatista na Caxemira, ocorrem outros próximo a essa região, como no estado do Punjab, no norte do país, onde os sikhs lutam por sua autonomia. Além disso, a desigualdade social entre a população indiana é muito preocupante, pois há milhões de pessoas vivendo abaixo da linha da pobreza.

Índia: Religiões predominantes (2019)

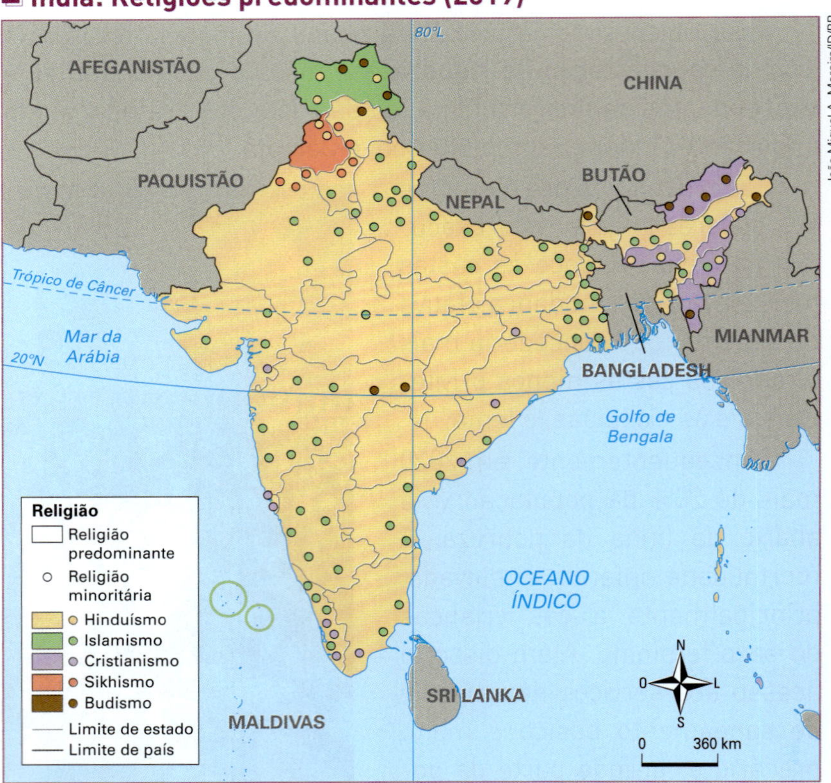

Fonte de pesquisa: Cécile Marin. A religious map of India. *Le Monde Diplomatique*, jul. 2019. Disponível em: https://mondediplo.com/maps/india-religion. Acesso em: 23 maio 2023.

CIDADANIA GLOBAL

PROGRAMAS DE COMBATE À POBREZA

A Índia, assim como outros países da Ásia Meridional, apresentou melhoras significativas no combate à pobreza e à pobreza extrema a partir do início do século XXI. Para isso, o governo indiano investiu em diversos programas que visavam diminuir a desigualdade social entre a população. Alguns desses projetos foram, inclusive, inspirados em políticas estatais brasileiras.

1. Apesar das diferenças culturais e históricas entre o Brasil e a Índia, é possível afirmar que os processos de colonização aos quais esses dois países foram submetidos se relacionam aos seus atuais problemas socioeconômicos, como desigualdade social, pobreza e infraestrutura urbana deficitária? Justifiquem.
2. Busquem informações e descrevam características de programas de combate à pobreza desenvolvidos no Brasil e na Índia. Na sequência, expliquem a importância deles.

POPULAÇÃO URBANA

A população urbana ocupa as grandes cidades indianas que estão entre as mais populosas do mundo, como **Nova Délhi**, **Mumbai** e **Calcutá**. Essas cidades, que cresceram sobre uma estrutura tradicional e colonial, acumulam sérias dificuldades de infraestrutura e enfrentam graves problemas, como congestionamentos de automóveis, poluição e déficit habitacional.

Em 2021, a população urbana da Índia era de apenas 35% do total, mas em números absolutos correspondia a quase 500 milhões de pessoas. Segundo a ONU, em 2020, mais de 30% dos indianos não tinham acesso a instalações básicas para lavar as mãos em seus lares. Além disso, o lançamento de esgoto doméstico é feito, em grande parte, diretamente nos rios, aumentando a contaminação das águas e a proliferação de doenças, que atingem especialmente as crianças.

O **rio Ganges**, que atravessa algumas das regiões mais povoadas do país, encontra-se entre os mais poluídos do mundo. Isso ocorre pela deficiência do sistema de saneamento de água e esgoto e pelos diversos usos que a numerosa população faz desse rio: lavagem de roupas e depósito de resíduos domésticos, industriais e agrícolas (como agrotóxicos e fertilizantes).

Enquanto no período entre 2000 e 2010 o crescimento da população urbana brasileira foi 2,29%, o da população urbana indiana foi 8,45%. Estima-se que o crescimento urbano no Brasil para o período entre 2010 e 2050 será em torno de 1,14%; na Índia, estima-se um aumento de 11,04%. O desenvolvimento econômico intensifica o fluxo de migrantes das zonas rurais para as cidades e, por isso, o planejamento urbano nas cidades indianas é um grande desafio para seus governantes.

PARA EXPLORAR

Lion: uma jornada para casa. **Direção: Garth Davis. Austrália, 2016 (118 min).**

O filme conta a história real de um menino indiano de cinco anos que se perde em Calcutá e passa por grandes desafios nas ruas até ser adotado por uma família australiana. Ao se tornar adulto, ele decide rever seu passado e reencontrar a família biológica.

POPULAÇÃO RURAL

A população rural trabalha com pouca tecnologia e apresenta baixa produtividade. Em 2021, cerca de 65% da população indiana vivia no campo, enquanto a média global da população que vivia em áreas rurais era 43,9%. Poucas fazendas usam alta tecnologia, e o arroz, principal produto agrícola do país, é cultivado tanto em pequenas como em grandes propriedades. O sistema de ***plantation*** é bastante praticado nas plantações de chá e de arroz.

O país vem ampliando sua participação na produção e no comércio mundial de outros grãos, como a soja e o trigo.

Manjunath Kiran/AFP

▲ **Agricultor usa arado manual puxado por bois em plantação de milho nas proximidades de Bangalore, Índia. Foto de 2022.**

ÍNDIA MODERNA

Zoonar/Noppasin Wongchum/Alamy/Fotoarena

▲ **Os novos polos econômicos concentram-se em cidades ao sul do país, como Bangalore e Hyderabad. Parque tecnológico em Bangalore, Índia. Foto de 2021.**

A modernização econômica na Índia teve início na década de 1950, priorizando o **desenvolvimento industrial** e baseando-se em planos de longo prazo, elaborados pelo Estado. Nas décadas de 1950 a 1970, destacou-se a **substituição de importações** nos setores de bens de capital, químico, de metalurgia, de mineração e de combustíveis, entre outros. Nas décadas de 1980 e 1990, priorizaram-se os **investimentos em infraestrutura** (energia, transporte, irrigação e comunicações), em educação e nos setores de alta tecnologia.

A partir da década de 1990, com investimentos governamentais e de empresas estrangeiras no setor de informática e de serviços, a Índia tornou-se grande exportadora de programas de computador (*softwares*) e centro de inúmeras empresas estrangeiras de atendimento telefônico (*call centers*) com alcance global, que prestam serviço a empresas de diferentes áreas.

CRESCIMENTO ECONÔMICO

Nos últimos anos, as taxas de crescimento econômico indiano situam-se entre as mais elevadas do mundo. Entre 2010 e 2019, o país apresentou crescimento médio de 7% ao ano. A principal fonte desse crescimento foi o **setor de serviços**.

Além disso, o país apresenta características que atraem investimentos estrangeiros e o colocaram no grupo do Brics, podendo-se citar como exemplos: mercado consumidor em expansão, mão de obra barata e custos de produção menores. Contudo, o crescimento econômico é liderado pelas grandes cidades e favorece as classes média e alta. As pessoas dessas classes têm acesso ao ensino universitário, que prepara e qualifica a mão de obra necessária à indústria de informática e aos serviços de alta tecnologia.

O setor industrial indiano é bastante diversificado e produz desde tecidos, alimentos processados, maquinário e produtos farmacêuticos até *softwares*.

No entanto, em diversos aspectos, a Índia ainda não resolveu problemas estruturais, como os relacionados à rede de transportes, à produção de energia, ao saneamento básico e à persistente desigualdade na distribuição de renda, que dificultam o crescimento econômico do país.

Índia: Principais indústrias (2021)

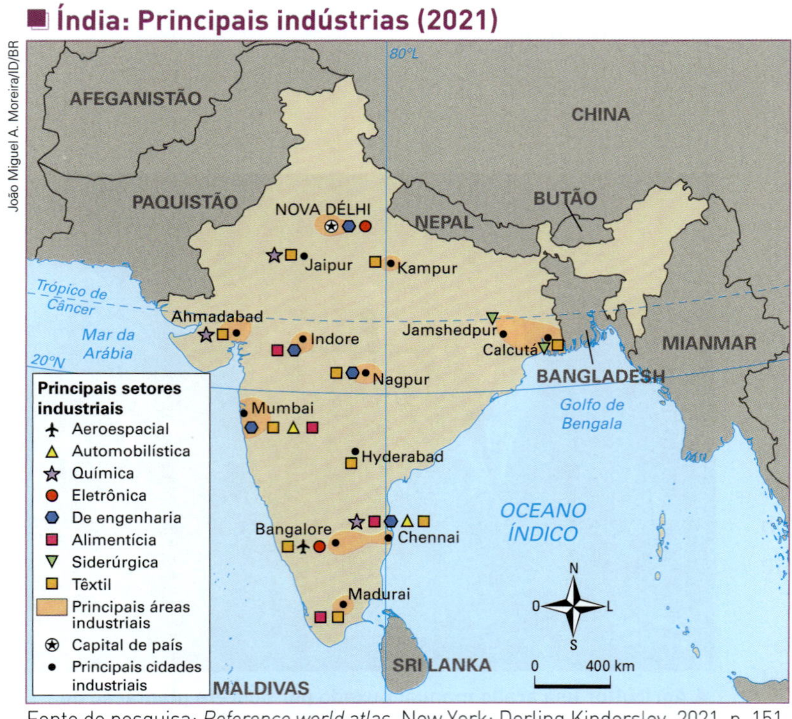

Fonte de pesquisa: *Reference world atlas*. New York: Dorling Kindersley, 2021. p. 151.

ATIVIDADES

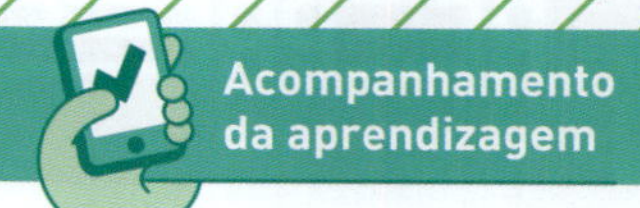

Retomar e compreender

1. Quais foram as ações de Gandhi à frente do movimento pela independência da Índia?
2. O que é o sistema de castas na Índia?
3. Caracterize as condições de vida no meio rural e no meio urbano na Índia.
4. Dê exemplos da produção industrial da Índia e, com base no mapa da página 210, liste alguns dos principais centros industriais deste país da Ásia Meridional.

Aplicar

5. Leia o texto a seguir e responda às questões.

Mulheres indianas e o árduo caminho para a igualdade

[...]

As altas taxas de crescimento econômico da Índia não contribuíram para um aumento proporcional no emprego. Como resultado, os trabalhadores indianos enfrentam graves problemas de desemprego e subemprego. O percentual de trabalhadores regularmente empregados é muito baixo, e os trabalhadores urbanos se dedicam principalmente a atividades informais e temporárias. Além do preconceito e da discriminação em relação às mulheres, esses altos níveis de desemprego, mesmo entre os homens, garantem que, exceto no que é considerado trabalho específico de mulheres, os empregadores quase sempre contratem um homem em vez de uma mulher.

[...]

Apesar das restrições impostas repetidamente às mulheres indianas por suas condições socioeconômicas, elas encontraram sua voz coletiva para lutar por seus direitos.

Mulheres indianas e o árduo caminho para a igualdade. Dossiê n. 45. Instituto Tricontinental de Pesquisa Social, 11 out. 2021. Disponível em: https://thetricontinental.org/pt-pt/dossie-45-movimento-mulheres-india/. Acesso em: 23 maio 2023.

a) Com base no texto, quais são os desafios enfrentados pelas mulheres indianas?

b) Que iniciativas poderiam reduzir a discriminação de gênero na Índia?

6. Observe os gráficos e responda às questões.

Índia: PIB *per capita*

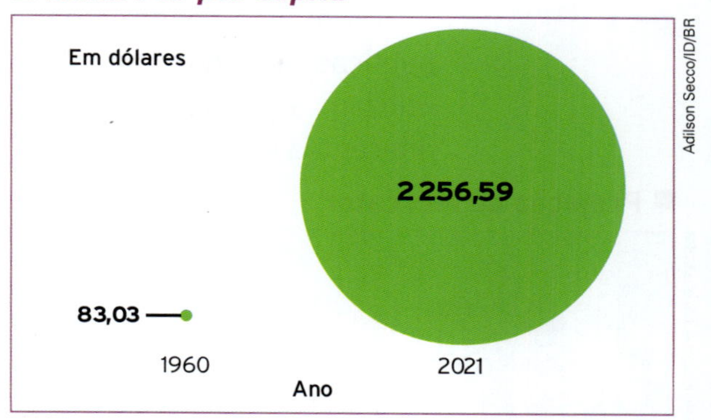

Índia: Exportações e importações

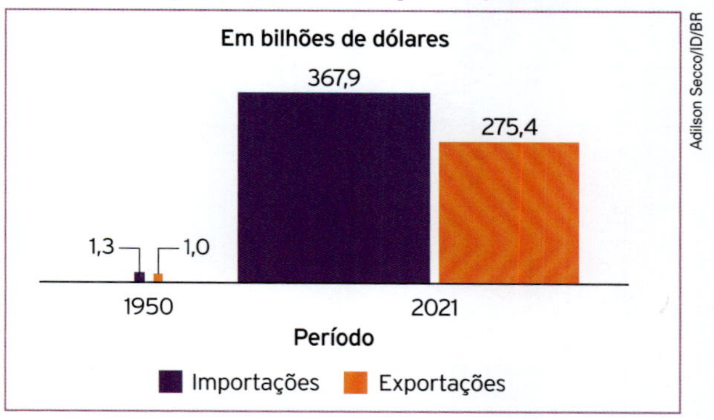

Índia: Extensão da malha rodoviária

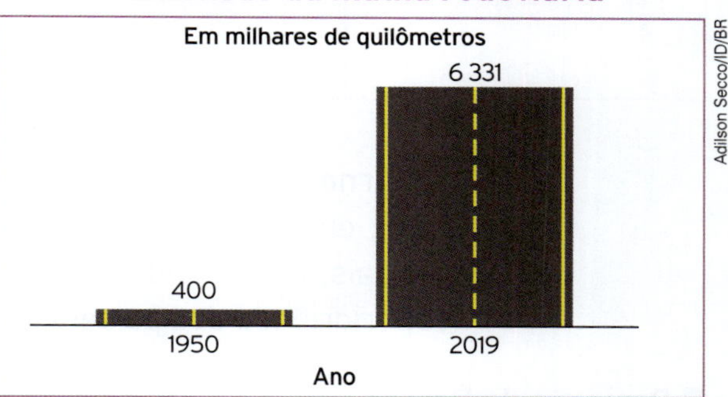

Fontes de pesquisa: Statista – The Statistics Portal. Disponível em: https://www.statista.com/chart/5512/how-india-has-evolved-since-independence/; World Bank. Disponível em: https://data.worldbank.org/indicator/NY.GDP.PCAP.CD?locations=IN e em https://wits.worldbank.org/CountryProfile/en/Country/IND/Year/2020/TradeFlow/EXPIMP; Government of India. *Basic Road Statistics of India (2018-2019)*. Acessos em: 23 maio 2023.

a) Explique a evolução de cada um dos aspectos representados nos gráficos.

b) É possível afirmar que o desenvolvimento econômico possibilitou a resolução dos problemas sociais e políticos da Índia?

As projeções cartográficas e o uso político dos mapas

Os mapas podem manifestar características ideológicas, estratégicas ou políticas de determinado contexto e período histórico. Os dois mapas a seguir utilizam a **projeção cilíndrica**, porém eles foram confeccionados em épocas diferentes e com visões políticas muito distintas.

Projeção de Mercator

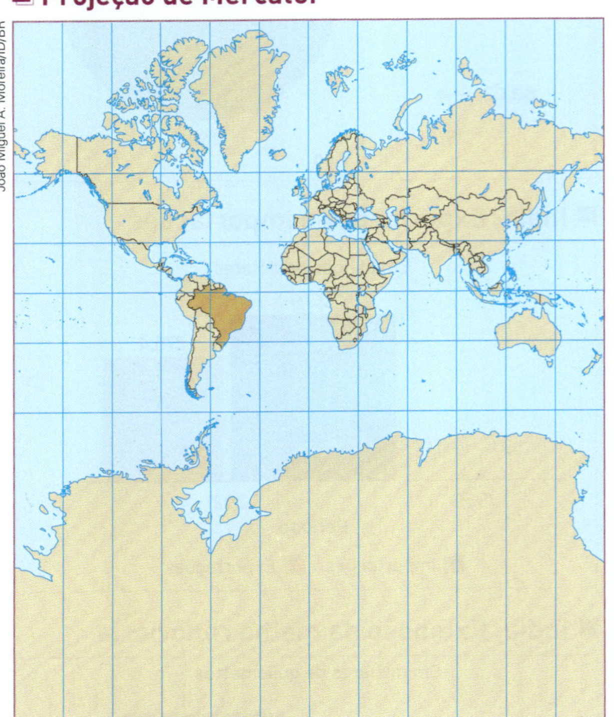

João Miguel A. Moreira/ID/BR

Gerhard Kremer (**Mercator**), nascido na Bélgica, elaborou um mapa-múndi no século XVI para ser utilizado nas Grandes Navegações. Essa projeção possibilita traçar rotas precisas, pois não apresenta distorções nos ângulos entre diferentes locais.

Nos mapas com a projeção de Mercator, as regiões localizadas em altas latitudes sofrem grande deformação em relação à área. No século XVI, a Europa era entendida como o centro político e econômico do mundo e, por isso, está representada na parte central e superior do mapa, ganhando maior destaque. As áreas do hemisfério Sul, por sua vez, têm menor destaque.

Fontes de pesquisa: *Atlas geográfico escolar*. 8. ed. Rio de Janeiro: IBGE, 2018. p. 23; Gisele Girardi; Jussara Vaz Rosa. *Atlas geográfico do estudante*. São Paulo: FTD, 2016. p. 31.

Arno Peters, de nacionalidade alemã, confeccionou um planisfério em 1973, em plena Guerra Fria. Ele manteve a proporcionalidade das áreas territoriais, destacando as nações do Sul, em desenvolvimento, sem a noção de superioridade dos países desenvolvidos do hemisfério Norte.

Projeção de Peters

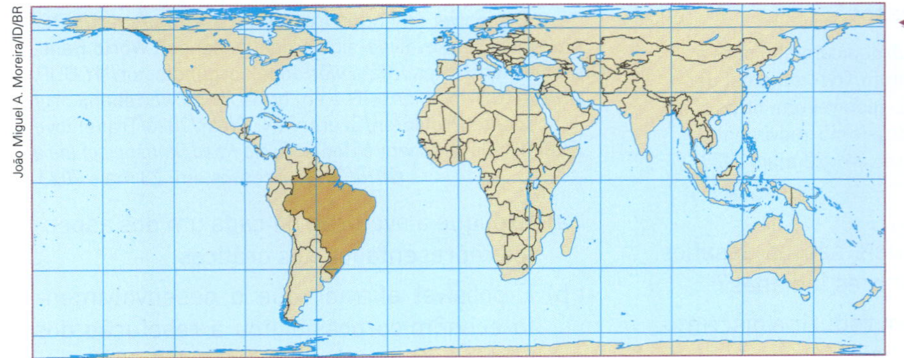

João Miguel A. Moreira/ID/BR

Para garantir que a dimensão da área dos países não fosse alterada, Peters precisou deformar os ângulos do mapa, o que afeta as distâncias entre os locais e suas posições. Observe que as áreas próximas à linha do Equador (linha horizontal ao centro) aparecem alongadas, e as áreas polares, achatadas.

Fonte de pesquisa: *Atlas geográfico escolar*. 8. ed. Rio de Janeiro: IBGE, 2018. p. 21.

Colocar um país ou um continente no centro de um planisfério é uma das maneiras de destacá-lo. Desde que as coordenadas geográficas (latitude e longitude) sejam preservadas, qualquer país pode ser representado nessa posição. Observe o mapa a seguir, que foi elaborado com o objetivo de destacar o continente asiático, deixando-o no centro do mapa e utilizando a projeção de **Eckert III**.

Mundo: Cobertura florestal e desmatamento (2020)

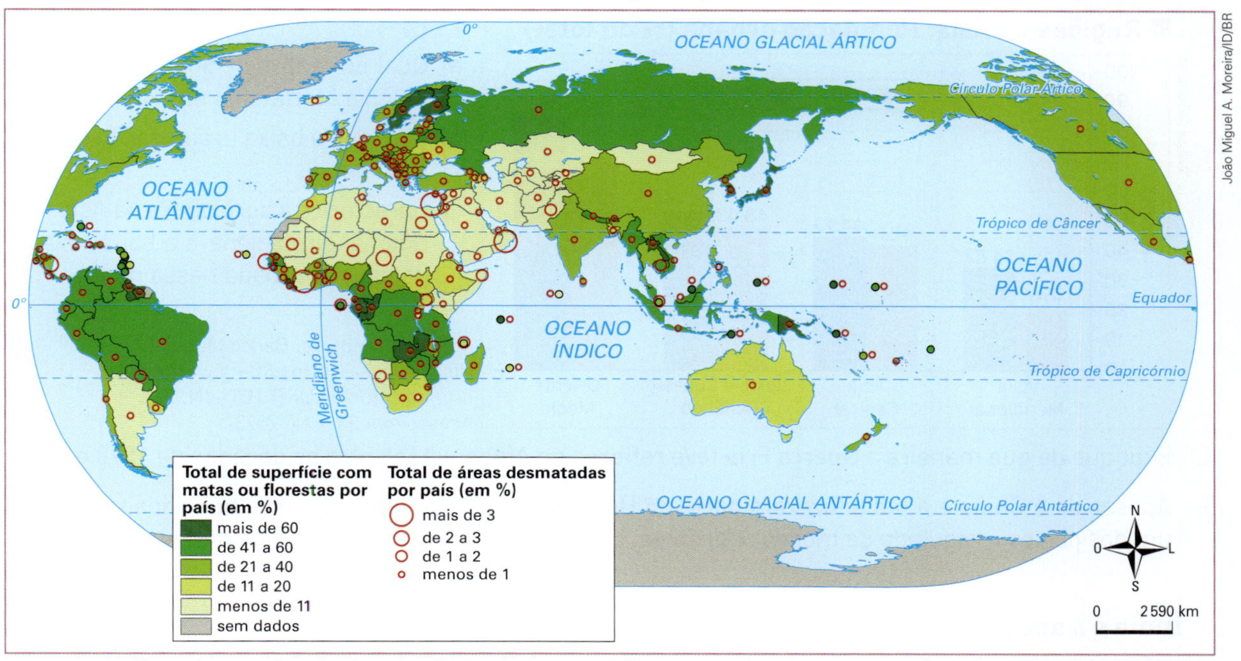

Fonte de pesquisa: De Agostini. Disponível em: http://www.deagostinigeografia.com/wing/confmondo/confronti.jsp. Acesso em: 23 maio 2023.

Pratique

1. Quais são as semelhanças e as diferenças entre as projeções de Mercator e Peters?

2. O emblema da ONU (ao lado) apresenta uma projeção azimutal equidistante centrada no polo Norte. Nesse tipo de projeção, são preservadas as distâncias e os ângulos a partir do centro do mapa, mas as áreas representadas nas bordas ficam com formato muito distorcido.
   a) Analise a representação e destaque as principais distorções dessa projeção.
   b) Em sua opinião, a projeção representada no emblema da ONU privilegia politicamente algum país ou alguma região do mundo? Justifique.

▲ **No emblema da ONU, a representação é margeada por folhas de oliveira, que simbolizam a paz.**

3. Podemos dizer que, para cada finalidade, há uma projeção mais conveniente? Explique.

4. Observe o mapa desta página e elabore um pequeno texto descrevendo as principais informações obtidas com a leitura dele.

ATIVIDADES INTEGRADAS

Analisar e verificar

1. Na disputa geopolítica pela Ásia Central, o Reino Unido e a Rússia foram rivais no século XIX. Quais potências disputam a influência na Ásia Central hoje? Qual é o interesse delas na região?

2. No século XIX, o Reino Unido ampliou seus domínios sobre a Índia, cooptando as elites locais e oferecendo-lhes cargos administrativos. Cite algumas consequências da dominação colonial inglesa na Índia.

3. Analise o gráfico e, depois, faça o que se pede.

Regiões da Ásia: População urbana (% do total)

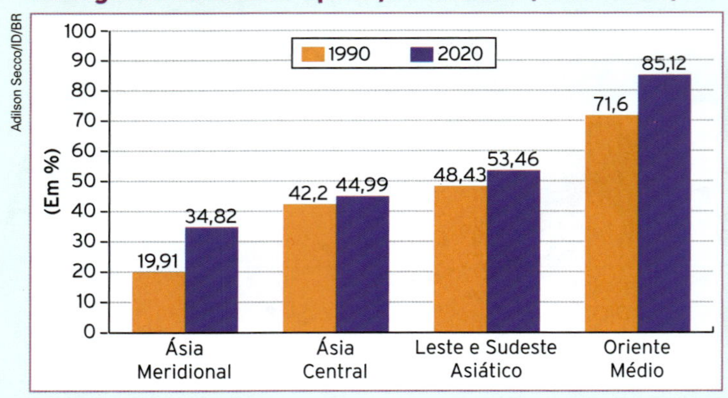

Fonte de pesquisa: Banco Mundial. Disponível em: https://data.worldbank.org/indicator/SP.URB.TOTL.IN.ZS. Acesso em: 23 maio 2023.

a) Qual era a taxa de população urbana da Ásia Meridional em 2020?

b) Explique a baixa urbanização da Ásia Meridional.

c) Caracterize a agricultura da Ásia Meridional e relacione-a à baixa taxa de população urbana nessa região.

4. Explique de que maneira a Guerra Fria teve reflexos no Afeganistão entre as décadas de 1970 e 1980.

5. Apesar de a China e a Índia fazerem parte do Brics, a entrada de empresas multinacionais em cada um dos países é regulada de modos diferentes. Leia a notícia a seguir para responder ao que se pede.

Índia é a aposta de empresas de tecnologia americanas

Empresas de tecnologia dos Estados Unidos querem desesperadamente conquistar pessoas como Rakesh Padachuri e sua família. Padachuri, que administra uma empresa de construção nesta cidade [Bangalore], o centro do setor de tecnologia da Índia, usa o *smartphone* para [diversas atividades]. A esposa, Vasavi, encomenda roupas [pela internet] e baixa vídeos e jogos [...] para entreter a filha de quatro anos de idade.

[...]

O amor da família Padachuri pela tecnologia ajuda a explicar por que a Índia e seu 1,25 bilhão de habitantes se tornaram a maior oportunidade de crescimento – a nova China – para as empresas de internet dos EUA. Bloqueadas pela própria China ou frustradas pelas exigências onerosas de seu governo, companhias como [redes sociais], bem como *startups* e investidores, consideram a Índia como o próximo grande sucesso.

[...]

A imaturidade do mercado de internet indiano permite que empresas [de redes sociais] o vejam como um laboratório.

Índia é a aposta de empresas de tecnologia americanas. *O Globo*, 13 out. 2015. Disponível em: https://oglobo.globo.com/economia/negocios/india-a-aposta-de-empresas-de-tecnologia-americanas-17768839#ixzz4jKML0GCH. Acesso em: 23 maio 2023.

a) Que aspecto apresentado pelo texto mostra a inserção da Índia na economia globalizada?

b) Quais são as principais dificuldades enfrentadas pelas empresas estadunidenses de tecnologia para se instalar na China?

c) Como as situações encontradas na China e nos Estados Unidos podem ser uma oportunidade para que empresas de internet estadunidenses atuem no mercado indiano?

d) Exponha, com suas palavras, por que a Índia tornou-se uma economia emergente e atraente às multinacionais e quais seriam as desvantagens de se instalar nesse país.

6. Observe a charge. No avião, lê-se: "América primeiro". Na asa esquerda, "UE" representa a União Europeia, e na asa direita, "GB" representa a Grã-Bretanha. A charge retrata a saída dos Estados Unidos (e aliados) do Afeganistão após duas décadas de ocupação. Busque informações sobre essa ocupação, em que contexto ela ocorreu, os atores envolvidos e o que quer dizer "América primeiro", assim como os motivos que levaram à retirada das forças de ocupação do Afeganistão em 2021.

CWS Views America © 2021 Schot-CartoonArts International/ Dist. by Andrews McMeel Syndication

▲ Charge de Bas van der Schot. Países Baixos, 2021.

Criar

7. De acordo com o Alto Comissariado das Nações Unidas para os Refugiados (Acnur), em 2021, cerca de 89,3 milhões de pessoas estavam forçadamente deslocadas de suas casas. Desse total, 21,3 milhões eram refugiados. Os três países de onde mais saíam refugiados então eram: Síria (6,8 milhões), Venezuela (4,6 milhões) e Afeganistão (2,7 milhões). A seguir, veja dados sobre os países que mais receberam refugiados.

Países que mais receberam refugiados (2021)

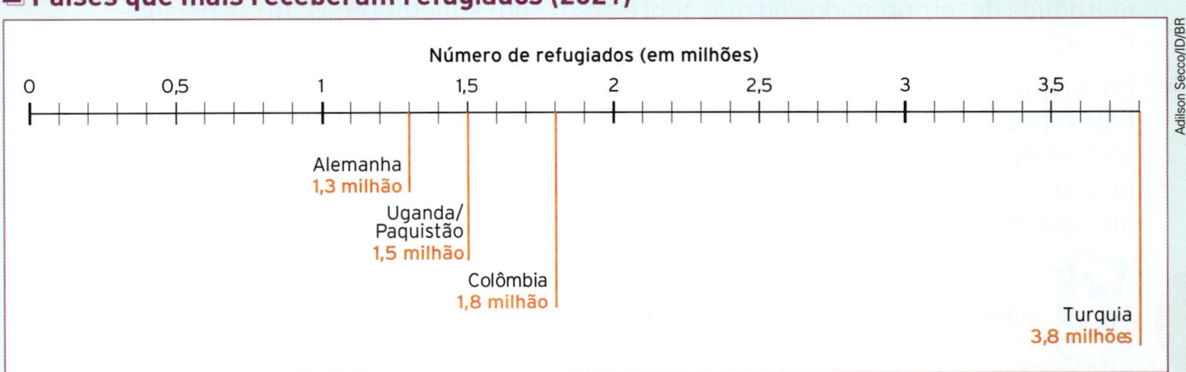

Adilson Secco/ID/BR

Fonte de pesquisa: Acnur. Disponível em: https://www.unhcr.org/figures-at-a-glance.html. Acesso em: 23 maio 2023.

a) De qual país da Ásia Meridional saem mais refugiados? Qual país dessa região recebe mais refugiados?

b) Em relação ao país da Ásia Meridional de onde saem mais refugiados, levante hipóteses para explicar os motivos que impulsionam a saída desse grande fluxo de pessoas.

c) Busque informações a respeito dos países da Ásia Meridional e da Ásia Central que têm campos de refugiados. Encontre informações sobre o cotidiano dessas pessoas e suas expectativas. Em seguida, escreva um texto com suas conclusões.

8. Os países da Ásia Central e da Ásia Meridional são economias predominantemente agrárias, embora uma representativa parcela da população viva em áreas urbanas. Escreva um texto sobre as condições de trabalho nas áreas rurais dos países dessas regiões asiáticas.

Retomando o tema

Nesta unidade, você estudou características sociais, econômicas e naturais de países da Ásia Central e da Ásia Meridional. Nesse percurso, teve a oportunidade de analisar algumas das causas da permanência da pobreza no globo. Agora, reflita e busque informações sobre as consequências socioeconômicas da manutenção da pobreza e outros aspectos que se relacionam com essa problemática.

1. Cite problemas relativos à pobreza nos centros urbanos e no campo.
2. Dê exemplos de agentes públicos, privados e civis, que devem se responsabilizar pela erradicação da pobreza.
3. Em sua opinião, quais políticas e ações poderiam ser implantadas, no Brasil e no mundo, com o objetivo de erradicar a pobreza?

Geração da mudança

- Agora, com base nas informações levantadas e nas reflexões que vocês fizeram ao longo da unidade, elaborem um plano municipal de combate à pobreza. Inicialmente, busquem informações relacionadas às atuais características do município onde vocês vivem. Identifiquem, por exemplo: se há bairros ou regiões carentes de infraestrutura de saneamento básico e de equipamentos e serviços de uso coletivo, como escolas, postos de saúde, parques e praças; percentual de indivíduos desempregados ou que sobrevivem com subempregos; taxas de subnutrição e/ou e mortalidade infantil; entre outros.
- Em seguida, elaborem recomendações que apontem estratégias gerais de combate à pobreza no município (caso já exista alguma iniciativa, o plano pode complementar as ações que já são desenvolvidas). Inspirem-se em programas e projetos elaborados por outros municípios ou países. Concluído o trabalho, divulguem-no nas redes sociais da escola.

Yasmin Ayumi/ID/BR

ORIENTE MÉDIO

UNIDADE 8

PRIMEIRAS IDEIAS

1. O que você conhece a respeito da cultura dos povos do Oriente Médio?
2. Você saberia dizer em quais situações os países dessa região ganham destaque na mídia?
3. Que combustível fóssil é extraído em larga escala no Oriente Médio e é muito importante para a economia da região e do mundo?
4. Qual é a religião predominante no Oriente Médio?

Nesta unidade, eu vou...

CAPÍTULO 1 Características gerais

- Compreender o processo de formação dos Estados nacionais do Oriente Médio.
- Avaliar diferenças sociais, econômicas, étnicas e religiosas dos povos que habitam a região.
- Compreender os impactos dos conflitos na qualidade de vida das populações locais.
- Refletir sobre a importância da gestão integrada dos recursos hídricos.
- Conhecer os principais aspectos da economia dos países do Oriente Médio, destacando a importância do petróleo como base de sustentação econômica de muitos deles.

CAPÍTULO 2 Petróleo no Oriente Médio

- Reconhecer a importância estratégica das reservas de petróleo do Oriente Médio.
- Analisar a atuação da Organização dos Países Exportadores de Petróleo (Opep).
- Analisar as guerras do golfo Pérsico.
- Verificar o desenvolvimento urbano de países do Oriente Médio com grandes reservas de petróleo.

CAPÍTULO 3 Conflitos e questões territoriais

- Compreender o que é fundamentalismo religioso.
- Analisar as intervenções e as influências estrangeiras (principalmente dos Estados Unidos) no Oriente Médio.
- Conhecer a situação de determinados países do Oriente Médio no contexto geopolítico mundial.
- Entender os conflitos árabe-israelenses no contexto da criação do Estado de Israel.
- Compreender como aspectos geopolíticos influenciam o uso dos recursos hídricos.
- Analisar a reivindicação dos curdos por um Estado próprio.
- Entender o que são fluxogramas.

INVESTIGAR

- Verificar, por meio de análise bibliográfica, como o poder público e a população do Oriente Médio lidam com a questão da falta de água.

CIDADANIA GLOBAL

- Apresentar à comunidade escolar boas práticas de comitês de bacias hidrográficas, no que se refere ao uso sustentável da água e à resolução de conflitos, e questões relativas à gestão das águas no município onde vivo.

Mehmet Fatih Aslan/Anadolu Agency/Getty Images

LEITURA DA IMAGEM

1. Descreva os elementos que podem ser identificados na foto.
2. Você acredita que as áreas de vegetação que aparecem na foto são naturais ou cultivadas? Justifique.
3. Em sua opinião, o local retratado na foto apresenta abundância ou escassez de recursos hídricos? Por quê?

CIDADANIA GLOBAL

6 ÁGUA POTÁVEL E SANEAMENTO

Imagine que, ao acordar pela manhã, você percebe que está faltando água no município onde mora. Os órgãos públicos locais, então, explicam que a situação foi originada por uma contaminação em uma cidade localizada a montante do curso de água que abastece o município – ou seja, um problema na região da nascente do rio impactou outras áreas da bacia hidrográfica. Você decide, então, entender qual é a extensão e a abrangência desse rio e percebe que ele percorre outros municípios, outras unidades da federação e até outros países. Diante disso, você e os colegas de turma resolvem buscar informações para compreender como ocorrem a gestão e o compartilhamento das águas transfronteiriças no Brasil e em outras partes do mundo.

1. Apresentem exemplos de bacias hidrográficas transfronteiriças que incluem o Brasil.
2. Busquem informações para saber como é organizada a gestão dos recursos hídricos no Brasil.

Em grupos, ao longo da unidade, você e os colegas vão analisar exemplos de gestão dos recursos hídricos com o objetivo de produzir um jornal temático, no qual deverão apresentar boas práticas de governança da água.

Você sabe o que compreende a **Gestão Integrada dos Recursos Hídricos (GIRH)**? Qual é o grau de implementação da GIRH no Brasil?

Canal de irrigação no sudeste da Turquia, de grande importância para o desenvolvimento agrícola da região. Foto de 2019.

CAPÍTULO

1 CARACTERÍSTICAS GERAIS

PARA COMEÇAR

Você sabe quais fatores tornam o Oriente Médio uma região de grande interesse geopolítico? O que você sabe da diversidade étnica e religiosa da população do Oriente Médio? Em que contexto histórico se deu a formação atual dos países do Oriente Médio?

PANORAMA DO ORIENTE MÉDIO

O Oriente Médio é uma região geograficamente **estratégica**, pois se situa entre três continentes: África, Europa e Ásia. As fronteiras da região receberam novos contornos especialmente após a colonização europeia e o processo de independência de seus Estados, consolidado em meados do século XX.

Ao longo do século XX e no início do século XXI, as disputas pelo controle da produção do petróleo e os acordos políticos e econômicos, entre países do Ocidente e países como Iêmen, Iraque e Arábia Saudita, tiveram destaque no quadro geopolítico mundial. A exploração de petróleo mobilizou intervenções militares e, ao mesmo tempo, fortaleceu governos e aumentou a concentração de renda. Apesar dos ganhos obtidos com esse recurso, a pobreza atinge grande parte da população, que enfrenta problemas como a escassez de água.

A população dos países que compõem o Oriente Médio é formada majoritariamente por **etnias árabes**, à exceção de Israel, formado por população de maioria **judaica**, e do Irã, cuja população é de maioria **persa**. Pela origem histórica comum a outros países da região, que se formaram após o fim do Império Otomano, a Turquia também integra o Oriente Médio.

▼ As feiras e os mercados são muito comuns nos países do Oriente Médio. Denominadas, em árabe, *bazaar* ou *souk*, são locais em que se comercializam desde produtos alimentícios a roupas e tapeçarias. Mercado na cidade de Dubai, Emirados Árabes Unidos. Foto de 2020.

dFesenko/Alamy/Fotoarena

FORMAÇÃO DOS ESTADOS NACIONAIS E OCUPAÇÃO EUROPEIA

Até o século XIX, o Oriente Médio era dividido em diversos pequenos Estados governados por **líderes islâmicos**, sob o domínio do **Império Otomano**, e muitas etnias organizavam-se em tribos.

Após a Primeira Guerra Mundial, com a queda do Império Otomano, as áreas sob seu domínio foram divididas principalmente entre a França e o Reino Unido, que estabeleceram uma divisão do território impondo-lhe fronteiras artificiais, sem respeitar a distribuição das diferentes etnias. Nessa divisão, vários povos permaneceram sem território, como os palestinos e os curdos. Os palestinos permaneceram dispersos por toda a região do Líbano, pela Jordânia e pelo futuro Estado de Israel; os curdos ficaram entre a Turquia, a Síria, o Iraque e o Irã.

A partir da Segunda Guerra Mundial, após a independência dos Estados da região em relação ao domínio europeu, a presença ocidental (principalmente a dos Estados Unidos) se expandiu, ocorrendo de maneira indireta, por meio de acordos diplomáticos e econômicos. No caso dos Estados Unidos, o país iniciou sua influência no Oriente Médio buscando garantir acesso às reservas de petróleo e frear possíveis influências da URSS, que já dominava as repúblicas da Ásia Central.

Destacam-se também nesse período a criação do Estado de Israel, em 1948, e, em consequência, a formação de vários focos de conflitos motivados por disputas territoriais e religiosas.

O ORIENTE É UMA INVENÇÃO DO OCIDENTE

Os termos que definem o Ocidente (oeste) e o Oriente (leste) foram criados pelo mundo ocidental para diferenciar geograficamente a localização de duas civilizações que historicamente se desenvolveram separadamente. Assim, as designações "Oriente Médio" (dada pelos estadunidenses) ou "Oriente Próximo" (dada pelos europeus) dizem respeito mais à localização geográfica do que às características étnicas e nacionais.

Oriente Médio: Político (2022)

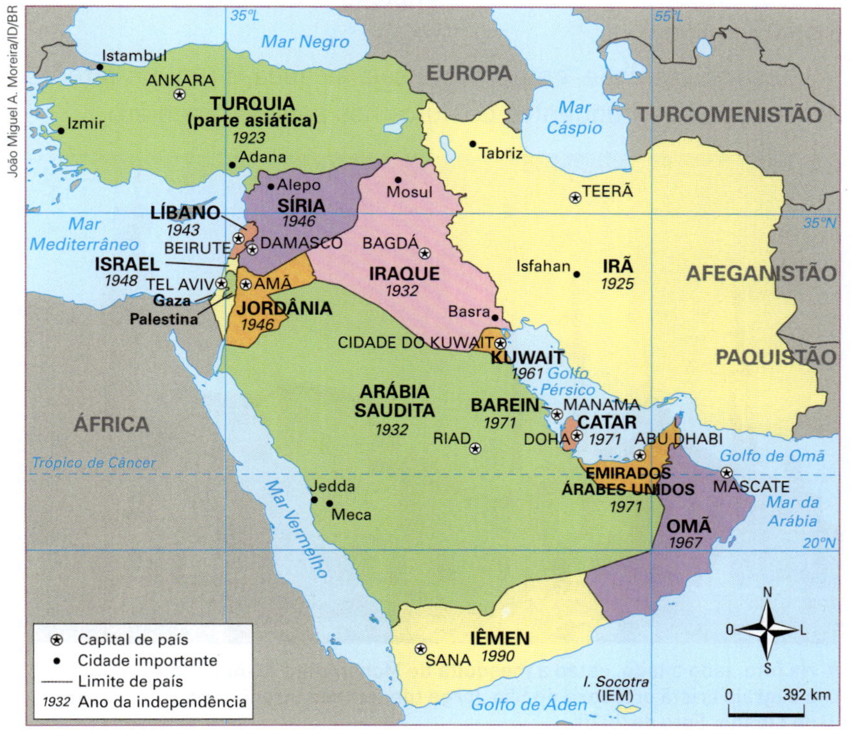

O processo de formação dos Estados do Oriente Médio foi fortemente condicionado pelos colonizadores europeus, que impuseram critérios arbitrários de divisão territorial na criação de novos países. A região é estratégica para o comércio mundial, pois se localiza entre o mar Mediterrâneo, o golfo Pérsico, o mar Vermelho e o oceano Índico.

Fontes de pesquisa: *Reference world atlas*. New York: Dorling Kindersley, 2021. p. 132-133; Dan Smith. *O atlas do Oriente Médio*. São Paulo: Publifolha, 2008. p. 29; IBGE Países. Disponível em: https://paises.ibge.gov.br/#/; CIA. The World Factbook. Disponível em: https://www.cia.gov/the-world-factbook/countries/. Acessos em: 2 maio 2023.

DIVERSIDADE ÉTNICA E RELIGIOSA

Menahem KAHANA/AFP

▲ Visitantes em oração no Muro das Lamentações, local sagrado para a religião judaica, em Jerusalém. Foto de 2022.

Há três grandes grupos religiosos no Oriente Médio. O mais numeroso deles é o formado por **islâmicos** ou **muçulmanos**, seguido por grupos de **cristãos** e de **judeus**. Mesmo entre a maioria muçulmana há divergências. No Iraque, por exemplo, os sunitas e os xiitas são grupos religiosos distintos política e ideologicamente. Além disso, parte da população do país é composta do povo curdo, o que demonstra que a complexidade cultural da região também é grande em termos étnicos.

Nas últimas décadas, o islamismo tem sido a religião monoteísta que mais cresce no mundo. Seus adeptos podem ser de várias etnias, como os povos árabes. Mas nem todos os árabes são muçulmanos, a exemplo dos árabes cristãos no Líbano.

Em Israel, embora o judaísmo seja a religião oficial do país, uma parcela da população é formada por árabes cristãos e árabes muçulmanos.

O Irã é o país mais populoso do Oriente Médio. Sua população é composta majoritariamente de **persas**, mas outros grupos étnicos também habitam o país, como os **curdos**, **azerbaijanos** e **árabes**.

Assim, em toda a região, há a presença de muitas etnias, e nela ocorrem frequentes deslocamentos populacionais entre os países, tornando ainda mais complexa a composição social do Oriente Médio.

Essa diversidade, embora não seja a causa, é um dos fatores agravantes dos frequentes conflitos nos países da região.

sunita: vertente do islamismo com maior número de seguidores nos países do Oriente Médio. Os sunitas acreditam que Maomé, após sua morte, não deveria ser necessariamente sucedido por seu genro, ao contrário do que defendem os xiitas. Nesse sentido, os sunitas consideram legítimos os primeiros califas, líderes religiosos sucessores de Maomé.

xiita: uma das concepções religiosas do Islã. Os xiitas pregam a obediência extrema ao Corão e seguem os ensinamentos apenas do genro de Maomé, o qual acreditam ser o sucessor do profeta.

A EXPANSÃO DO ISLAMISMO

A religião islâmica surgiu no século VII, fundada por Maomé, seu profeta. O conjunto de ensinamentos do islamismo está no Corão (ou Alcorão), livro sagrado para os muçulmanos, seguidores dessa religião, assim como a Torá é para os judeus, e o Novo Testamento, para os cristãos.

Em 2020, o islamismo era a segunda religião com o maior número de adeptos no mundo (cerca de 1,8 bilhão), atrás apenas do cristianismo (cerca de 2,1 bilhões).

Travel Photography/iStock/Getty Images

▲ Na foto, lado a lado, estão a mesquita de Mohammad Al-Amin (de cúpula azul) e a igreja cristã ortodoxa de São Jorge (de telhado laranja). Beirute, capital do Líbano. Foto de 2020.

DISPARIDADES SOCIAIS E ECONÔMICAS

Israel, Catar, Arábia Saudita, Emirados Árabes Unidos, Barein e Kuwait são os países que apresentam as **melhores condições de vida** do Oriente Médio. Na maioria deles, isso ocorre, principalmente, graças ao capital acumulado com a exploração do **petróleo**.

Além disso, a partir da década de 1970, a aproximação econômica com os Estados Unidos possibilitou a diversificação da economia e a realização de diversos acordos para investimentos na construção de infraestruturas modernas de transporte e de energia, fornecimento e tratamento de água e centros comerciais e residenciais. Uma das principais infraestruturas implantadas foram estações de dessalinização, que permitem o abastecimento e a irrigação, sobretudo com a água do mar Vermelho.

Assim, a maioria das pessoas desses países apresenta bom nível de vida, com alta renda *per capita*, baixas taxas de mortalidade infantil e de desnutrição e bom nível de escolaridade.

Com exceção de Israel, que não tem reservas de petróleo, os demais países, especialmente aqueles que circundam a região do golfo Pérsico, têm uma economia muito dependente desse recurso.

ORIENTE MÉDIO: IDH E EXPECTATIVA DE VIDA (2021)

Classificação do IDH	País	IDH	Expectativa de vida
22º	Israel	0,919	82,3
31º	Emirados Árabes Unidos	0,911	78,7
35º	Barein	0,875	78,8
35º	Arábia Saudita	0,875	76,9
42º	Catar	0,855	79,3
48º	Turquia	0,838	76,0
50º	Kuwait	0,831	78,7
54º	Omã	0,816	72,5
76º	Irã	0,774	73,9
102º	Jordânia	0,720	74,3
106º	Territórios da Palestina (Cisjordânia e Faixa de Gaza)	0,715	73,5
112º	Líbano	0,706	75,0
121º	Iraque	0,686	70,4
150º	Síria	0,577	72,1
183º	Iêmen	0,455	63,8

Fonte de pesquisa: Programa das Nações Unidas para o Desenvolvimento (Pnud). *Desenvolvimento humano*: relatório de 2021/2022 – síntese. Nova York: Pnud, 2022. Disponível em: https://hdr.undp.org/system/files/documents/global-report-document/hdr2021-22overviewpt1pdf.pdf. Acesso em: 2 maio 2023.

Oriente Médio: Mortalidade infantil (2021)

João Miguel A. Moreira/ID/BR

Taxa de mortalidade infantil (a cada mil nascidos vivos)
- menos de 10
- de 10,1 a 20
- de 20,1 a 40
- mais de 40

Fonte de pesquisa: UNdata. United Nations Statistics Division. Disponível em: http://data.un.org/en/index.html. Acesso em: 2 maio 2023.

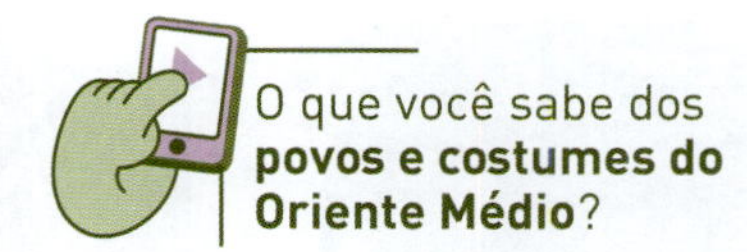

O que você sabe dos **povos e costumes do Oriente Médio**?

CONFLITOS E POBREZA

Os conflitos constantes, a baixa produção industrial, a grande dependência das exportações de petróleo e a desigualdade na distribuição de renda afetam a qualidade de vida das populações da maior parte do Oriente Médio. O baixo nível de **escolaridade** em alguns países também é um dos fatores responsáveis pelos baixos índices de desenvolvimento.

Nos países que recentemente passaram ou ainda passam por **conflitos armados**, grande parte da população vive em extrema pobreza. A destruição da infraestrutura local (hospitais, escolas, residências, redes de saneamento básico, estradas, fábricas, etc.) tem levado à formação de diversos **campos de refugiados** e de subúrbios empobrecidos, onde as populações correm risco de vida com a proliferação de doenças, entre outros problemas.

Sucessivos conflitos e guerras comprometem o avanço industrial e econômico e a recuperação da infraestrutura de muitos países da região, como Iraque, Síria e Iêmen. Este último sofre as consequências de uma violenta guerra civil, iniciada em 2014, que gerou uma das piores crises humanitárias do mundo: no início de 2022, o conflito havia vitimado cerca de 230 mil pessoas.

CIDADANIA GLOBAL

COOPERAÇÃO NO USO DOS RECURSOS HÍDRICOS

O Iraque, a Síria e a Turquia partilham as águas das bacias hidrográficas dos rios Tigre e Eufrates. Considerando a baixa disponibilidade hídrica que afeta a região do Oriente Médio e a necessidade de suprir as demandas sociais e econômicas dessas nações, esses três países criaram um comitê que visa contribuir para a cooperação, a redução de conflitos e o uso justo das águas do Tigre e do Eufrates. Os acordos entre esses países envolvem, entre outros aspectos, a delimitação do volume de água a ser disponibilizado para uso por cada país e o planejamento estratégico para a construção de barragens e de sistemas de irrigação. Reúna-se com seu grupo para discutir a seguinte questão:

1. **Qual é a importância da gestão integrada dos recursos hídricos, considerando o uso da água em diferentes atividades?**

Condições de vida

Os **Territórios Palestinos**, o **Iraque**, a **Síria** e o **Iêmen** apresentavam, em 2019, as piores **condições de vida** do Oriente Médio. Na Síria, em guerra civil desde 2011, as principais cidades foram alvos de bombardeio, e o conflito tem causado **pobreza** e **subnutrição infantil**, além de prejudicar a formação escolar de crianças e de jovens.

A Primavera Árabe, onda de manifestações e revoltas em diversos países do Oriente Médio, em 2011, tinha como reivindicação principal a queda de governos ditatoriais, mas, também, exigia melhorias econômicas, como o aumento da oferta de empregos.

A guerra da Síria destruiu inúmeras infraestruturas e construções no país, como prédios residenciais e hospitais. Vista de Idlib, Síria. Foto de 2020.

Izzeddin Idilbi/Anadolu Agency/Getty Images

O fraco desenvolvimento tecnológico e a falta de recursos financeiros de diversos países também impedem a implementação de alternativas para a produção agrícola em áreas desérticas e com escassez de água. Turquia e Iraque, no entanto, beneficiam-se da rede hidrográfica dos rios Tigre e Eufrates, de onde retiram a água para o cultivo agrícola e a produção industrial.

A precariedade à qual são submetidos expressivos contingentes populacionais pode ser verificada nos índices de mortalidade infantil representados no mapa da página anterior.

ATIVIDADES ECONÔMICAS

Os países do golfo Pérsico têm suas economias baseadas em atividades relacionadas ao **petróleo**, e alguns, mais recentemente, em atividades turísticas. A **agricultura** é realizada nas poucas áreas que não têm clima árido ou naquelas em que foram implantados sistemas de **irrigação**. A maioria da população vive em cidades, nas quais crescem as atividades ligadas ao setor de serviços, como o **turismo**, em razão da presença de cidades históricas e sítios arqueológicos. Com o risco do esgotamento das jazidas de petróleo, o Barein e os Emirados Árabes Unidos estão investindo na construção de luxuosas estruturas de turismo.

Nas áreas próximas ao **mar Mediterrâneo**, como no Líbano e em Israel, encontram-se condições mais propícias a atividades ligadas à agropecuária. Israel venceu as barreiras do clima seco e da aridez do solo de grande parte de seu território com a aplicação de tecnologia em avançados sistemas de irrigação. Isso permitiu o estabelecimento de colônias agrícolas com produção diversificada de alimentos e de frutas. Além disso, o país desenvolveu um importante setor industrial e de tecnologia de ponta.

Na **península Arábica**, há uma concentração de reservas de petróleo. O Iêmen é uma exceção: apresenta poucas jazidas petrolíferas, insuficientes para sustentar sua economia, porém é um dos únicos países da região com condições naturais favoráveis à agricultura, mantendo uma numerosa população rural.

Países como Emirados Árabes, Kuwait e Irã, grandes produtores de petróleo, apresentam fraca diversificação industrial. Assim, nesses três países, mais de 35% das importações consistem em bens de consumo, como carros e eletroeletrônicos. Os principais centros econômicos e financeiros da região localizam-se em Tel Aviv (Israel), Riad (Arábia Saudita), Dubai (Emirados Árabes), Doha (Catar) e Istambul (Turquia).

Em 2022, Israel e Emirados Árabes Unidos assinaram um acordo de livre-comércio com o intuito de reduzir 96% das tarifas de bens comercializados entre os dois países, como alimentos, remédios e fertilizantes. Foi o primeiro acordo de livre-comércio estabelecido entre o governo israelense e um país árabe.

Oriente Médio: Composição do PIB de países selecionados (2017)

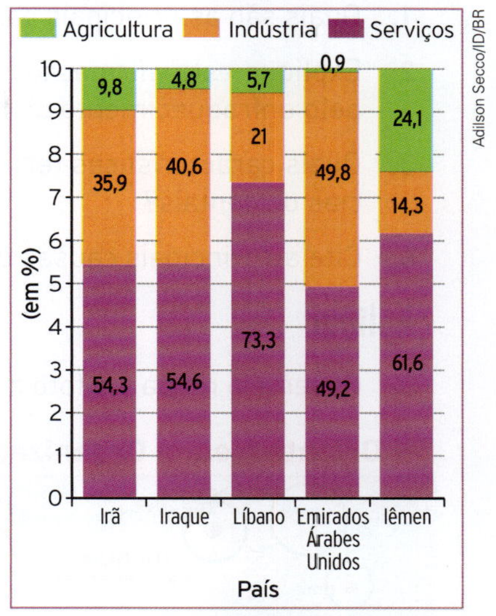

Fonte de pesquisa: CIA. The World Factbook. Disponível em: https://www.cia.gov/the-world-factbook/countries/. Acesso em: 5 maio 2023.

RnDmS/Alamy/Fotoarena

As condições ambientais, em que predominam climas áridos, solos arenosos e baixo índice de pluviosidade, fazem com que a tecnologia de ponta seja estratégica para a realização das atividades agrícolas. Em muitos locais do Oriente Médio, a agricultura é viabilizada por sofisticados sistemas de irrigação. Vista do vale de Jezrael, Israel. Foto de 2020.

ATIVIDADES

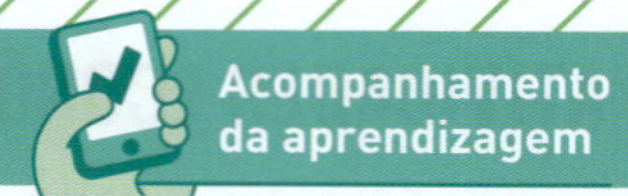

Retomar e compreender

1. Quais são as principais características das populações do Oriente Médio?
2. Explique esta afirmação: "A formação dos países do Oriente Médio no século XX foi impulsionada pelo enfraquecimento do poder colonial".
3. Quais características territoriais tornaram a região do Oriente Médio muito disputada pelas potências ocidentais?
4. Cite as principais causas da pobreza em alguns países do Oriente Médio.

Aplicar

5. Observe o mapa e a foto a seguir. Depois, responda às questões.

Oriente Médio: Organização do espaço (2018)

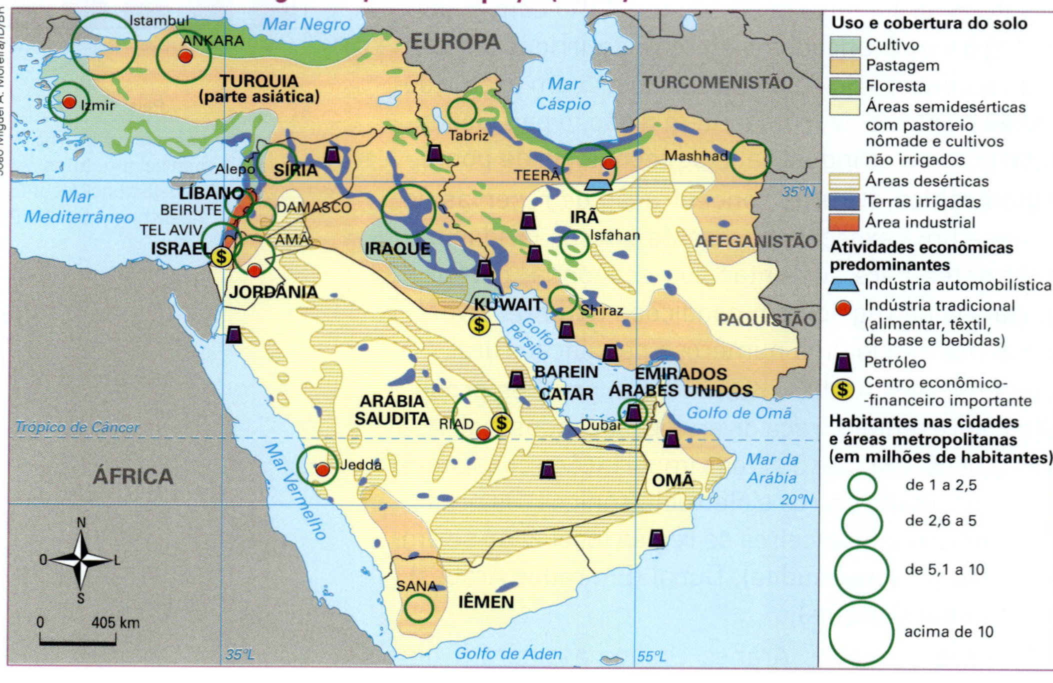

Fontes de pesquisa: Vera Caldini; Leda Ísola. *Atlas geográfico Saraiva*. São Paulo: Saraiva, 2013. p. 131; Jacques Charlier (dir.). *Atlas du 21e siècle*: nouvelle edition 2012. Paris: Nathan, 2011. p. 107; *Atlante geografico De Agostini*. Istituto Geografico De Agostini: Novara, 2018. p. 169.

Área de agricultura no deserto de Negev, em Hazeva, Israel. Foto de 2020.

a) Que países apresentam produção industrial tradicional?

b) Em quais países são encontradas as maiores extensões de áreas desérticas?

c) Quais atividades agropecuárias predominam nos países do Oriente Médio?

d) Identifique a área de maior concentração da indústria petrolífera no Oriente Médio.

e) Que recurso técnico contribui para o desenvolvimento de atividades agrícolas no Oriente Médio, como mostrado na foto? Como isso pode influenciar a qualidade de vida da população?

CONTEXTO

DIVERSIDADE

Mulheres no Oriente Médio

A vida das mulheres em vários países do Oriente Médio é marcada por grande desigualdade de gênero. Em alguns desses países, há leis que proíbem as mulheres de exercer diversas atividades. No entanto, essa realidade aos poucos vem sendo alterada. Leia o texto a seguir, que trata das vestimentas adotadas pelas mulheres durante a Copa do Mundo de Futebol Masculino de 2022.

Mulheres divergem sobre seguir orientações a respeito de vestimentas no Catar

Mulheres que visitam o Catar para a Copa do Mundo 2022 divergem sobre seguir ou não as orientações a respeito do que vestir nas ruas do país. Algumas acreditam que é importante respeitar a cultura local, enquanto outras veem as recomendações como uma forma de opressão.

Há a indicação para que os visitantes evitem ombros à mostra e roupas acima dos joelhos. O *site* oficial do regime catariano para o Mundial dá as recomendações sem distinguir gênero, mas afirma que "geralmente" as pessoas podem usar "a roupa que preferirem".

Relatos indicam, porém, que a orientação é principalmente direcionada às mulheres, uma vez que o país possui um sistema de tutela masculina em que homens da família são responsáveis pelas principais decisões da vida delas. [...]

Anoushka Sharma, 23, não sabia que havia recomendações sobre como se vestir quando pegou um voo da Índia em direção ao Catar. [...]

Diz, porém, que mesmo se estivesse ciente das orientações não teria mudado a composição da sua mala.

"Eu não concordo com isso. Nós deveríamos nos vestir com aquilo que queremos", pontua, dizendo que não passou por nenhuma situação de assédio no país.

Richard Sellers/Getty Images

▲ **Torcedores assistem a uma partida da Copa do Mundo de Futebol Masculino, no Catar. Foto de 2022.**

Já a brasileira Raquel Fernandes, 32, acha importante respeitar a cultura local e, por isso, priorizou roupas que seguissem as tendências indicadas. [...]

Outro motivo que a levou a favorecer calças e camisetas foi sua própria segurança, uma vez que não sabia como homens locais reagiriam a roupas diferentes das que estão acostumados a ver em mulheres. [...]

Desde que o país foi anunciado como sede da Copa do Mundo, em 2010, enfrenta resistência de ativistas de direitos humanos [...].

Victoria Damasceno. Mulheres divergem sobre seguir orientações a respeito de vestimentas no Qatar. *Folha de S.Paulo*, 5 dez. 2022. Disponível em: https://www1.folha.uol.com.br/esporte/2022/12/mulheres-divergem-sobre-seguir-orientacoes-a-respeito-de-vestimentas-no-qatar.shtml. Acesso em: 3 maio 2023.

Para refletir

1. Qual é a principal questão debatida no texto?
2. SABER SER Forme dupla com um colega. Investiguem as desigualdades de gênero que há em diversos países. Depois, discutam maneiras de mudar essa realidade.

CAPÍTULO

2 PETRÓLEO NO ORIENTE MÉDIO

PARA COMEÇAR

A origem da maior parte dos conflitos, das disputas e das intervenções ocidentais no Oriente Médio está no interesse por um recurso natural. Você sabe dizer qual é esse recurso? Quais são os países com maior interesse nessa região? Por quê?

PAÍSES PRODUTORES DE PETRÓLEO

Segundo dados de 2020 do *Anuário Estatístico Brasileiro do Petróleo, Gás Natural e Biocombustíveis*, cerca de 48,3% das reservas de petróleo e 40,3% das reservas de gás natural encontram-se no Oriente Médio. Entre os dez países do mundo com as maiores reservas petrolíferas, cinco são dessa região: Arábia Saudita, Irã, Iraque, Kuwait e Emirados Árabes Unidos.

No entanto, quando analisamos a produção de petróleo, que requer investimentos em estruturas de perfuração, captação e transporte do produto, a participação mundial do Oriente Médio não é tão significativa quanto o volume de suas reservas. A **carência tecnológica** que caracteriza alguns países da região é um problema agravado pela instabilidade política e por conflitos frequentes.

Os maiores consumidores mundiais de combustíveis fósseis, como os Estados Unidos, estão com suas reservas em declínio. Esse fato faz aumentar ainda mais o interesse estrangeiro nos territórios do Oriente Médio, ampliando, desse modo, sua **importância estratégica**.

▼ Homem trabalhando em tubulação de gás natural no campo de Nahr Bin Umar, Iraque. Foto de 2020.

Hussein Faleh/AFP

ORGANIZAÇÃO DOS PAÍSES EXPORTADORES DE PETRÓLEO (OPEP)

Até a década de 1950, um pequeno grupo de empresas, denominadas "**Sete Irmãs**", controlava 98% do comércio mundial de petróleo. Entre essas empresas, cinco eram estadunidenses, uma era inglesa, e outra, anglo-holandesa. A atuação da **Opep**, principalmente a partir da década de 1970, fez diminuir o imenso poder das "Sete Irmãs" sobre o conjunto das atividades petrolíferas no mundo.

A Opep foi fundada em 1960 por Irã, Iraque, Kuwait, Arábia Saudita e Venezuela. Nos anos seguintes, outros membros aderiram ao grupo, como Catar, Líbia, Emirados Árabes Unidos, Argélia, Nigéria, Equador, Angola, Congo, Guiné Equatorial e Gabão. O principal objetivo dessa organização era que os países exportadores de petróleo, sobretudo os árabes, obtivessem os **melhores preços** pelo seu recurso mais valioso. Também objetivava centralizar a administração da **atividade petrolífera**, controlando o volume da produção destinada ao mercado mundial.

Durante a década de 1970, os países da Opep quadruplicaram os preços do petróleo e iniciaram um boicote de fornecimento aos Estados Unidos, em razão do apoio que o país deu a Israel na guerra contra os países árabes naquele período. Essas variações de preço foram chamadas de "**choques do petróleo**". Nesse período, Iraque, Kuwait e Arábia Saudita nacionalizaram suas produções, antes controladas por empresas estadunidenses e inglesas. Atualmente, os países da Opep detêm cerca de 70% das reservas mundiais de petróleo.

Mundo: Maiores produtores de petróleo, em % da produção (2021)

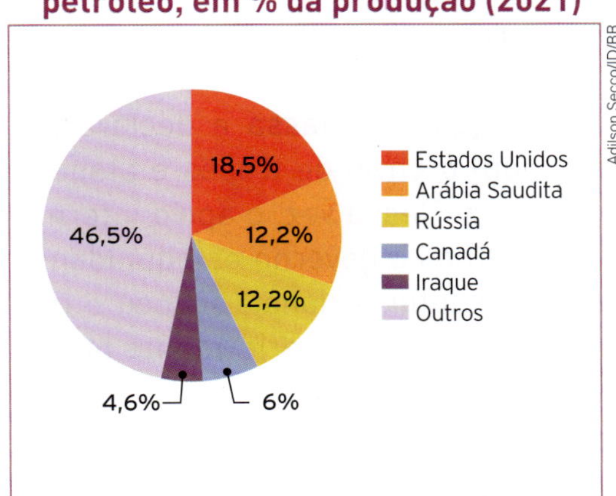

Mundo: Maiores consumidores de petróleo, em % da produção (2021)

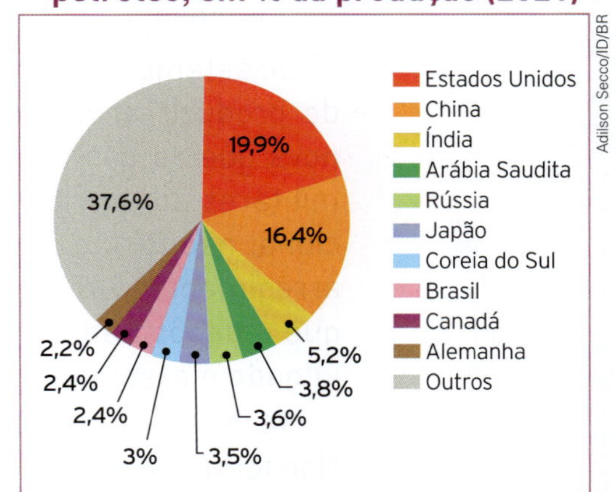

▲ **Apesar de os Estados Unidos serem os maiores produtores, o país depende da importação do petróleo do Oriente Médio.**

Fonte de pesquisa dos gráficos: Agência Nacional do Petróleo, Gás Natural e Biocombustíveis (ANP). *Anuário Estatístico Brasileiro do Petróleo, Gás Natural e Biocombustíveis 2022*. Disponível em: https://www.gov.br/anp/pt-br/centrais-de-conteudo/publicacoes/anuario-estatistico/anuario-estatistico-2022. Acesso em: 5 maio 2023.

GUERRAS DO GOLFO PÉRSICO

A **interferência dos Estados Unidos** nos países do Oriente Médio tornou-se frequente após as crises do petróleo, pois havia o interesse em reduzir a influência da Opep sobre o controle da produção e da comercialização do produto. As guerras do golfo Pérsico ocorreram em dois momentos: o primeiro, mais breve, em 1990; o segundo, em 2003, foi marcado por invasões dos Estados Unidos e seus aliados ao território iraquiano.

A PRIMEIRA GUERRA DO GOLFO

No início da década de 1990, após uma guerra contra o Irã que durou quase dez anos, o **Iraque** passou a assumir uma posição de **liderança** no mundo árabe e buscou renegociar sua dívida com o Kuwait, contraída durante a guerra contra o Irã. Mas o fracasso das negociações, somado a outras questões territoriais não resolvidas, levou o Iraque a invadir o Kuwait. Os Estados Unidos, tradicional país aliado e comprador de petróleo do Kuwait, o apoiaram e, sustentados por uma ampla força de coalizão, declararam guerra ao Iraque. Em menos de dois meses, o Iraque sucumbiu ao poderio militar da coalizão, mas Saddam Hussein, então presidente do país, seguiu no comando.

S. Mikami/AP/Glow Images

▲ **O governo saudita é aliado histórico dos Estados Unidos e permitiu instalações militares em seu território durante as guerras do Golfo. Acampamento militar da Marinha dos Estados Unidos no deserto da Arábia, Arábia Saudita. Foto de 1990.**

SEGUNDA GUERRA DO GOLFO

A estratégia adotada pelos Estados Unidos após a primeira Guerra do Golfo foi apoiar a oposição interna a Saddam Hussein, com o objetivo de enfraquecê-lo. O ditador promoveu, então, um **massacre** contra a oposição. Nos anos seguintes, as divergências se acentuaram.

Em 2003, no contexto das reações ao ataque terrorista de 11 de setembro de 2001, os Estados Unidos acusaram o Iraque de produzir **armas de destruição em massa** e declararam nova guerra contra o país, com o envio de tropas e ataques militares em território iraquiano. Dessa vez, o apoio internacional não foi tão significativo, mas o governo estadunidense arregimentou uma força militar internacional, ocupou o Iraque e depôs Saddam Hussein, que foi posteriormente preso, julgado e executado.

Milhares de soldados aliados ocuparam o Iraque até 2011. Não foram encontrados, porém, indícios da existência de armas de destruição em massa. Os Estados Unidos mantêm, ainda, acordos financeiros relacionados às reservas de petróleo e forças especiais no Iraque. Mantêm, também, bases militares na Arábia Saudita, em Omã e no Catar, importantes aliados econômicos e no combate a grupos opositores dos Estados Unidos.

RIQUEZA GERADA PELO PETRÓLEO

Os países com as maiores reservas de petróleo do golfo Pérsico, em especial a Arábia Saudita, os Emirados Árabes Unidos, o Catar e o Kuwait, usufruem, há mais de quatro décadas, das altas receitas da exportação desse combustível fóssil.

Isso possibilitou o desenvolvimento de polos de concentração de riqueza – grandes **cidades modernas** e **centros de consumo de luxo** – em espaços antes dominados por deserto, aldeias de nômades e cidades tradicionais. Os árabes da região do golfo mantêm valores tradicionais do islamismo – como as orações cinco vezes ao dia e a proibição do consumo de bebidas alcoólicas –, mas, ao mesmo tempo, estão se adaptando aos padrões de consumo dos ocidentais.

Os países dessa região importam grandes quantidades de bens de consumo industrializados, desde equipamentos eletrônicos até materiais de escritório e vestuário. A importação de alimentos também cresceu, reduzindo a participação da agricultura na ocupação da população economicamente ativa desses países.

Beata Zawrzel/NurPhoto/AFP

▼ A riqueza gerada pelo petróleo atraiu diversas multinacionais a países do golfo Pérsico. *Shopping* em Dubai, nos Emirados Árabes Unidos. Foto de 2022.

RIQUEZA DOS EMIRADOS

Na primeira metade do século XX, alguns países do golfo Pérsico constituíam pequenos reinos nos quais as famílias monárquicas mantinham acordos com os britânicos. Após a valorização do petróleo no mercado internacional e a descoberta de jazidas na região, os chamados "emirados" estabeleceram-se como Estados, em meados da década de 1970: Omã, Catar, Barein e Emirados Árabes Unidos (federação de sete emirados monárquicos). Em algumas décadas, a economia, que era agrária e tradicional, tornou-se exportadora de petróleo. Sabendo que as jazidas não são infinitas, os líderes locais decidiram planejar o futuro, investindo os lucros do extrativismo mineral na criação de um centro industrial e de serviços.

Heinrich van Tonder/Shutterstock.com/ID/BR

▲ Os monarcas dos países do golfo Pérsico, com os lucros da indústria petrolífera, reconstruíram mesquitas, preservando elementos tradicionais da arquitetura islâmica. Mesquita Sheikh Zayed, inaugurada em 2007, em Abu Dhabi, nos Emirados Árabes Unidos. Foto de 2022.

NOVAS METRÓPOLES

Nick Potts/PA Images/Getty Images

▲ Entre as novas metrópoles do Oriente Médio, Doha, capital do Catar, é um dos exemplos de modernização e inovação arquitetônica. Foto de 2022.

A acelerada modernização pela qual passaram alguns países, como Emirados Árabes Unidos e Catar, transformou significativamente a geografia de suas cidades. Na paisagem urbana, destacam-se grandes *shopping centers*, hotéis luxuosos, condomínios sofisticados, avenidas repletas de automóveis de última geração e sedes de bancos internacionais. Os Emirados Árabes Unidos são um centro financeiro e industrial globalizado, com alta taxa de crescimento econômico.

As cidades de **Riad**, capital da Arábia Saudita, e de **Dubai**, nos Emirados Árabes Unidos, são bons exemplos. A partir da década de 1970, essas cidades foram transformadas em metrópoles modernas, grandes centros administrativos e de consumo. A população de Riad, por exemplo, passou de 700 mil habitantes, em 1975, para mais de 7 milhões em 2020.

Vale ressaltar que essa acelerada urbanização vem alterando ecossistemas litorâneos em decorrência do despejo de esgoto e da falta de tratamento da água. O aumento da produção de petróleo (com risco de vazamentos) e a construção de ilhas artificiais também têm ameaçado o equilíbrio da costa litorânea e as espécies marinhas.

MÃO DE OBRA IMIGRANTE

A enorme renda gerada pelo petróleo, usufruída apenas por pequenas parcelas da população, deu origem a centros de **alto poder de consumo**; e a prosperidade econômica de países da região, como Emirados Árabes Unidos, Arábia Saudita, Omã, Catar e Kuwait, criou uma grande demanda por mão de obra.

Esse processo atraiu **imigrantes** oriundos de vários países, como Somália, Etiópia, Afeganistão, Iraque e Egito, entre outros. Parte dos imigrantes atua no comércio e na prestação de serviços; no entanto, muitos deles são absorvidos em subempregos pelo mercado de trabalho informal. As indústrias do setor petrolífero e principalmente da construção civil também são destaques nesse processo, com a maioria de seus trabalhadores provenientes de países como Índia, Paquistão, Bangladesh, Nepal e Sri Lanka, além dos já mencionados.

Recentemente, o Catar esteve envolvido em diversos casos de denúncias de trabalho análogo à **escravidão** e de muitas mortes de trabalhadores imigrantes durante as obras destinadas à realização do campeonato mundial de futebol no país, no final de 2022.

▼ Segundo levantamento do jornal inglês *The Guardian*, realizado no início de 2021, cerca de 6,5 mil trabalhadores imigrantes morreram no Catar desde que o país foi selecionado (em 2010) para sediar a Copa do Mundo de 2022. Estima-se que muitos desses trabalhadores executavam projetos de infraestrutura para a competição. Trabalhadores em obra de estádio em Doha. Foto de 2019.

Matthew Ashton/Getty Images

ATIVIDADES

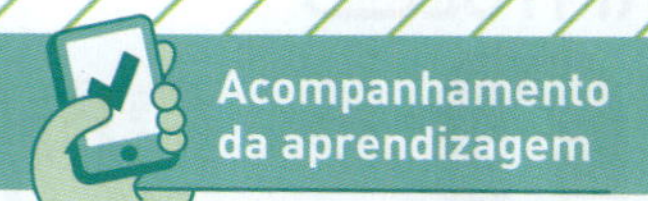

Retomar e compreender

1. Explique a formação da Opep e liste os países que fundaram essa organização.
2. O que eram as "Sete Irmãs" e como a Opep contribuiu para o enfraquecimento delas?
3. Que papel a Opep exerce no comércio mundial de petróleo?
4. Considerando a distribuição das reservas de petróleo, é possível afirmar que o acesso a esse combustível fóssil é estratégico? Por quê?
5. Reveja os gráficos dos maiores produtores e consumidores de petróleo, na página 229, e responda: Quais são as principais razões para que os países do Oriente Médio, exceto a Arábia Saudita, não apareçam entre os maiores consumidores de petróleo, apesar de possuírem as principais reservas?
6. Quais são as características das novas metrópoles do Oriente Médio?

Aplicar

7. Observe o mapa e, em seguida, faça o que se pede.

Oriente Médio: Localização das reservas e produção de petróleo (2019)

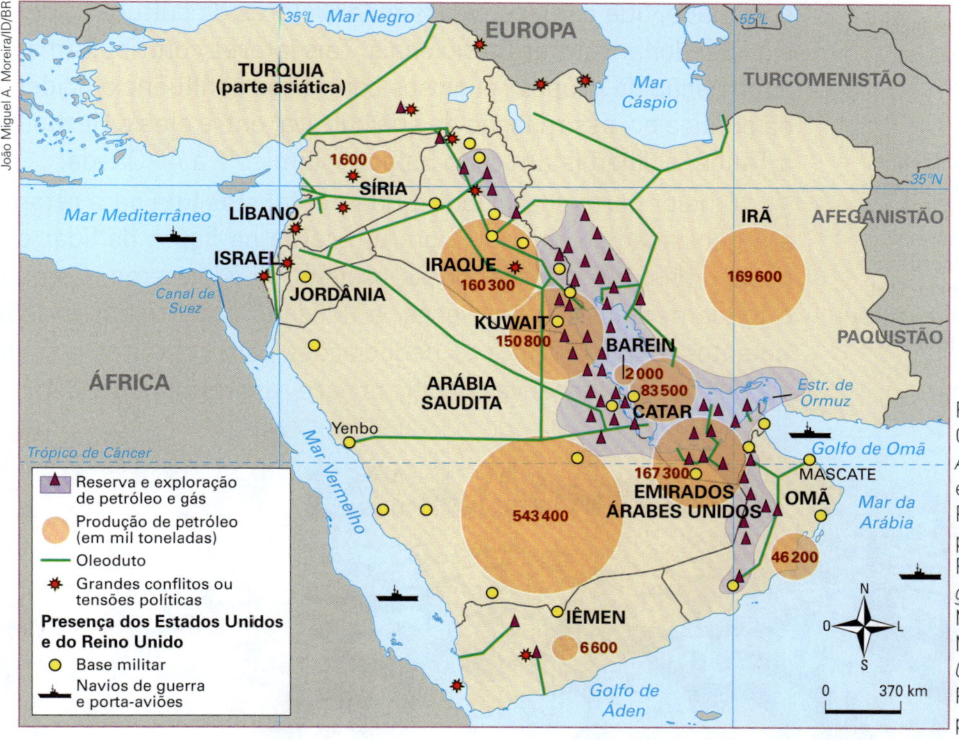

Fontes de pesquisa: Graça M. L. Ferreira. *Atlas geográfico*: espaço mundial. São Paulo: Moderna, 2013. p. 102; Graça M. L. Ferreira. *Moderno atlas geográfico*. São Paulo: Moderna, 2016. p. 51; Maria Elena Simielli. *Geoatlas*. 35. ed. São Paulo: Ática, 2019. p. 99.

a) Liste os nomes dos principais golfos, estreitos e canais representados no mapa. Depois, cite os países localizados nessas áreas.

b) Em quais países estão localizadas as maiores reservas de petróleo e gás natural?

c) Quais foram as duas guerras e as intervenções militares que ocorreram no golfo Pérsico diretamente relacionadas à busca de controle de petróleo?

d) Explique, com base nas informações do mapa, como é possível identificar países aliados aos Estados Unidos e ao Reino Unido.

CAPÍTULO

3 CONFLITOS E QUESTÕES TERRITORIAIS

PARA COMEÇAR

Você sabe se atualmente há conflitos em curso no Oriente Médio? Em caso afirmativo, quais seriam esses conflitos e seus motivos?

FUNDAMENTALISMO RELIGIOSO

O **fundamentalismo religioso** baseia-se na aplicação das leis religiosas a todos os aspectos da vida **social** e **política** de uma sociedade. A partir da década de 1950, autoridades religiosas do Oriente Médio começaram a se articular ao poder político na região. Essa aproximação propiciou a formação de **Estados teocráticos** (religiosos).

Após a Segunda Guerra Mundial, os Estados Unidos ampliaram sua influência no Oriente Médio, assim como França e Inglaterra décadas antes. Essa presença na região influenciou a sociedade, que começou a assimilar valores da cultura ocidental e a abandonar valores tradicionais. Tais fatores contribuíram para a formação de grupos religiosos contrários à influência ocidental na política e à assimilação de sua cultura, entre eles o Hezbollah, o Talibã, a Jihad Islâmica, o Estado Islâmico e a Al-Qaeda.

A maior parte dos grupos fundamentalistas luta para retomar a organização do califado, com um **califa** na figura de líder com poder absoluto, retornando às origens do islamismo. Contudo, o fundamentalismo, por vezes, é utilizado para justificar ações violentas, o que dificulta as negociações para conter os conflitos e a busca de alternativas pacíficas para resolver as divergências.

califado: Estado monárquico comandado por um califa (líder religioso islâmico, considerado sucessor de Maomé).

▼ O Hezbollah foi criado no Líbano, na década de 1980, para combater a invasão israelense no sul do país e com a ideia de transformar o Líbano em um Estado teocrático. Porém, com o tempo, o principal objetivo passou a ser a luta contra o Estado de Israel. Manifestantes do grupo Hezbollah no vale do Beca, Líbano. Foto de 2022.

Francesca Volpi/AFP

IRÃ

Em 1979, o Irã protagonizou o primeiro grande movimento fundamentalista com a **Revolução Islâmica**, quando os líderes religiosos passaram a estruturar e a comandar a política do país.

Após a Segunda Guerra Mundial, o Irã passou por um período de agitação popular, no qual cresceram tanto os movimentos de esquerda quanto os religiosos. Nesse período, houve a primeira intervenção dos Estados Unidos na região, motivada diretamente pelo petróleo. A partir daí, o governo iraniano decidiu nacionalizar a exploração do produto, até então em poder dos ingleses. Nesse contexto, em 1953, um **golpe de Estado** apoiado pelos Estados Unidos levou ao poder o xá pró-Estados Unidos **Mohammad Reza Pahlavi**. O objetivo dos Estados Unidos era atrair o Irã para sua esfera de influência, garantindo o controle do petróleo do país.

O governo ditatorial de Pahlavi causou insatisfação interna. Sua aproximação com o Ocidente e as mordomias resultantes dos lucros com o petróleo levaram a maior parte da população e as lideranças religiosas (a maioria muçulmanos xiitas) a considerar o governo **corrupto** e contrário aos interesses do próprio povo.

PARA EXPLORAR

***Persépolis*. Direção: Marjane Satrapi e Vincent Paronnaud. França/Estados Unidos, 2007 (96 min).**

A animação é baseada nos quadrinhos autobiográficos de Marjane Satrapi, uma jovem de família politizada e moderna que não aceita as imposições fundamentalistas estabelecidas pelo governo do Irã após a queda do xá e a Revolução Islâmica, em 1979.

xá: nome dado ao líder político (rei) persa desde o surgimento do Islã. Essa designação foi substituída pelo termo "aiatolá" após a Revolução Islâmica.

aiatolá: líder religioso máximo para os muçulmanos xiitas.

REVOLUÇÃO ISLÂMICA

Na década de 1970, sob a liderança do aiatolá Khomeini, iniciaram-se diversas manifestações e revoltas que culminaram com a deposição de Pahlavi, em 1979, na chamada Revolução Islâmica. Seus adeptos defendiam um governo com leis subordinadas aos princípios do Corão e contrário aos costumes ocidentais.

Nesse período, o Irã se fechou ao Ocidente e restringiu, particularmente, muitas das conquistas das mulheres, como o direito de frequentar praias ou piscinas. Em 2021, o país passou a ser governado por Ebrahim Raisi, um presidente ultraconservador, mas o aiatolá Ali Khamenei permaneceu como líder acima do presidente, conforme as leis islâmicas.

Keystone/Getty Images

Manifestantes exibem imagens do líder religioso aiatolá Khomeini durante a Revolução Islâmica, no Irã. Foto de 1979.

GUERRA IRÃ-IRAQUE

Após a Revolução Islâmica, buscando abalar o novo governo islâmico e impedir a influência do Irã sobre outros países do Oriente Médio, os Estados Unidos apoiaram o Iraque em uma guerra contra o Irã, na década de 1980. O Iraque, governado por **Saddam Hussein**, não seguia a interpretação religiosa xiita predominante no Irã e era contrário ao movimento que ocorria naquele país.

Em 1980, tropas do Iraque invadiram o Irã para conter a possível expansão da Revolução Islâmica. Os dois países também disputavam o controle de um canal no golfo Pérsico, para o escoamento do **petróleo**. O violento conflito terminou somente em 1988, sem mudanças em termos políticos.

Até meados dos anos 2010, o Irã sofria sanções econômicas da comunidade internacional devido a seu **programa nuclear**. Suspeitava-se que o país utilizasse seu conhecimento tecnológico na área para produzir armas, o que nunca foi provado. Em 2015, o Irã firmou um acordo internacional comprometendo-se a usar seu programa nuclear apenas para fins pacíficos. Depois de o país mostrar que vinha cumprindo o acordo, as sanções econômicas foram suspensas.

No entanto, em 2018, o presidente Donald Trump, em desacordo com as potências ocidentais que também haviam firmado o acordo, retirou os Estados Unidos do acordo nuclear e voltou a aplicar sanções ao Irã. Em 2021, o Irã anunciou o retorno do enriquecimento de urânio em instalações nucleares, rompendo com o acordo de 2015. No início de 2022, houve tratativas para um novo acordo nuclear, mas, dessa vez, o Irã exigiu a retirada das sanções econômicas e que os Estados Unidos não abandonassem o acordo.

Mundo: Os cinco maiores produtores de petróleo (2021)

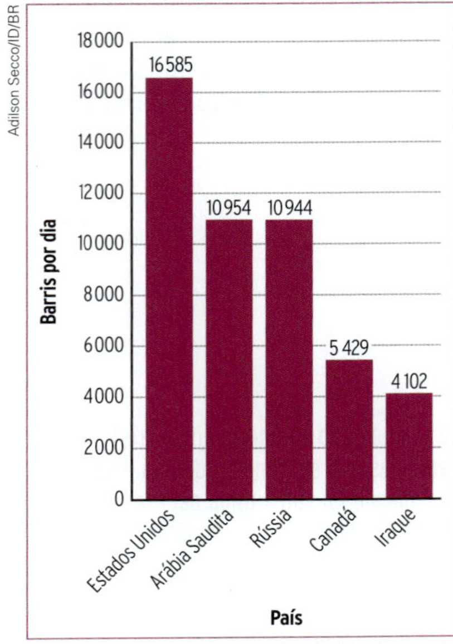

Fonte de pesquisa: Agência Nacional do Petróleo, Gás Natural e Biocombustíveis (ANP). *Anuário Estatístico Brasileiro do Petróleo, Gás Natural e Biocombustíveis 2022*. Disponível em: https://www.gov.br/anp/pt-br/centrais-de-conteudo/publicacoes/anuario-estatistico/anuario-estatistico-2022. Acesso em: 5 maio 2023.

IRAQUE

As condições de vida no Iraque tornaram-se precárias após o país enfrentar as duas guerras do Golfo. Durante esses **conflitos militares**, grande parte da população morreu por doenças provocadas pela destruição dos serviços de saneamento básico e tratamento de água. Além disso, outros setores básicos da infraestrutura, como o de transporte, ficaram bastante comprometidos. Com o fim da guerra de 1991, a ONU impôs ao país um **embargo econômico** que dificultou sua reconstrução, assim como a compra de alimentos e medicamentos, resultando na morte de milhares de pessoas pela subnutrição e por doenças provocadas pela água sem tratamento. Esse embargo foi suspenso em 2003.

Após dezoito anos de invasão ao Iraque, o então presidente dos Estados Unidos, Joe Biden, anunciou que, a partir do final de 2021, as forças estadunidenses em território iraquiano não mais atuariam em missões de combate, permanecendo no país apenas para o treinamento e apoio logístico ao Exército iraquiano.

SÍRIA

Como reflexo da Primavera Árabe, a Síria foi palco de diversas manifestações contra o governo local, iniciadas em 2011, e que suscitaram uma longa e violenta **guerra civil**.

Desde então, com apoio dos Estados Unidos, os movimentos armados buscam derrubar o presidente **Bashar al-Assad** (no poder desde o ano 2000), que, por sua vez, se aliou ao Irã e à Rússia. As forças do Exército sírio passaram, então, a reprimir violentamente a população civil e os **rebeldes opositores** ao governo fazendo uso de armas químicas e mísseis, violando, assim, as leis internacionais de direitos humanos da ONU.

Em decorrência disso, segundo o Alto Comissariado das Nações Unidas para Refugiados (Acnur), desde o início do conflito até o início de 2022, grande parte da população síria teve de sair de suas casas: 13 milhões de pessoas se deslocaram para outros países ou dentro da Síria. A Turquia passou a ser a principal rota de refugiados para aqueles que desejassem chegar à Europa.

Os Estados Unidos apoiam os rebeldes sírios para reduzir a influência russa e iraniana na região; a Rússia, por sua vez, tem interesses (como o acesso ao mar Mediterrâneo) para apoiar e manter Bashar al-Assad no poder.

PARA EXPLORAR

Os capacetes brancos. **Direção: Orlando von Einsiedel. Reino Unido, 2016 (41 min).**

"Capacetes brancos" é a denominação dada aos voluntários que prestam os primeiros socorros aos feridos em guerras. O documentário retrata o trabalho desenvolvido por essas pessoas na guerra civil síria.

Quais são as **origens da guerra na Síria**?

TURQUIA

Originária da dissolução do **Império Otomano** após a Primeira Guerra Mundial (1914-1918), a Turquia instaurou uma república democrática e laica e se modernizou a partir de 1928. Mas esse processo envolveu vários conflitos, como o massacre, entre 1915 e 1923, de mais de um milhão de armênios que viviam no Império Otomano. Esse genocídio nunca foi admitido pelo governo turco, mas marcou o processo de afirmação da maioria étnica turca no comando do novo país.

Durante o século XX, a economia do país se desenvolveu, destacando-se entre as economias dos países do Oriente Médio. A Turquia se aproximou do Ocidente (faz parte da **Otan**) e é um importante aliado dos Estados Unidos.

Os conflitos étnicos são recorrentes dentro do território turco. Na região leste do país, os **curdos** reivindicam um Estado próprio, mas são reprimidos com violência pelo governo. Além disso, a ocupação pelo Estado Islâmico desestabilizou ainda mais a região. No final de 2016, uma tentativa de golpe militar aumentou a tensão na Turquia.

O país procura ingressar na União Europeia, mas sua entrada é vista com ressalvas. Entre as razões para essa resistência da UE estão as acusações de violações aos direitos humanos feitas ao governo turco e o fato de a Turquia ser uma das principais rotas para refugiados e migrantes do Oriente Médio entrarem na Europa.

Halit Sadik/Shutterstock.com/ID/BR

▲ **Istambul é uma das principais cidades do Oriente Médio, situada entre Europa e Ásia. Apresenta influências das culturas otomana e ocidental. Sua população é formada por maioria étnica turca e também por curdos, bósnios, albaneses, georgianos e árabes; segue majoritariamente o islamismo. Mesquita de Ortaköy em Istambul, Turquia. Foto de 2022.**

laico: que não tem vínculo com uma religião.

PALESTINA E CRIAÇÃO DO ESTADO DE ISRAEL

PARA EXPLORAR

Inch'Allah. Direção: Anaïs Barbeau-Lavalette. Canadá/França, 2012 (102 min).

Uma médica canadense vive em Tel Aviv e tem de atravessar diariamente a fronteira entre Israel e Palestina. O convívio com as duas realidades a deixa dividida entre os dois lados do conflito.

Qual é a origem e como se desenvolveu o **conflito israelo-palestino**?

A criação de um Estado israelense era reivindicada desde o século XIX, mas ganhou importância internacional com a perseguição aos judeus pelos nazistas durante a Segunda Guerra Mundial.

A escolha do local para a fundação de Israel foi baseada no lugar em que os **hebreus**, povo ancestral dos **judeus**, viveram na Antiguidade. No entanto, quando o Estado de Israel foi criado na Palestina, desconsiderou-se que a região era ocupada por povos árabes, os **palestinos**. A maioria praticava o islamismo, mas havia também cristãos e judeus.

Com a proclamação do Estado de Israel, em 1948, os países árabes vizinhos atacaram o novo Estado. Israel, com o apoio estadunidense e de países europeus, venceu a guerra e estendeu seu território sobre a área destinada a ser um Estado palestino. Cerca de 750 mil palestinos foram expulsos da região e passaram a viver em campos de refugiados nas nações vizinhas. Até hoje a situação tem gerado tensões e conflitos na região. Observe a cronologia a seguir.

Palestina: Plano de partilha da ONU (1947)

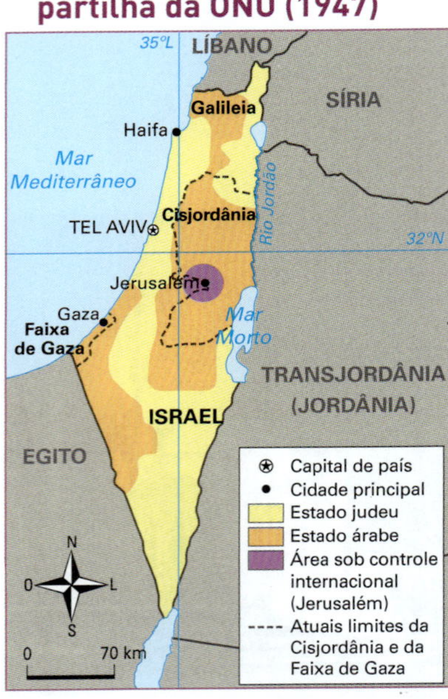

Estado de Israel e áreas anexadas (1948-1967)

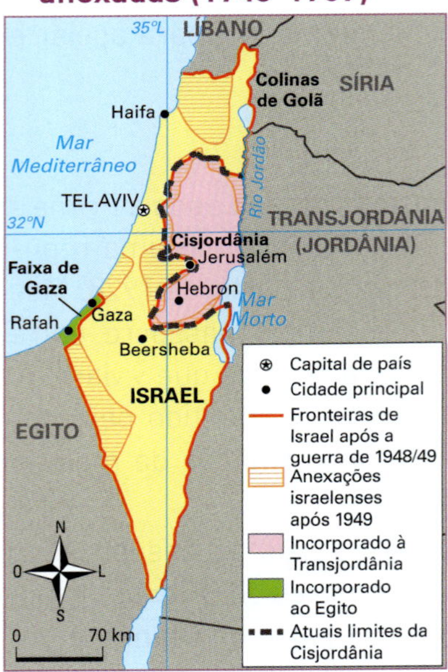

Israel e territórios ocupados (após 1967)

Mapas: João Miguel A. Moreira/ID/BR

1945 — 1960 — 1975

1947
Plano de partilha
A ONU aprova a divisão da Palestina em dois Estados, um árabe e outro judeu, na chamada **Partilha da Palestina**. A proposta, no entanto, não foi aceita pelos árabes.

1948
Criação do Estado de Israel
Os países árabes vizinhos (Egito, Síria, Líbano, Iraque e Jordânia) atacam Israel. Mas, com o apoio dos Estados Unidos, Israel sai vitorioso.

1967
Guerra dos Seis Dias
O Egito bloqueia o acesso de Israel ao mar Vermelho. Em seguida, Israel ataca o Egito, a Jordânia e a Síria. Após seis dias de confrontos, Israel ocupa as colinas de Golã, na Síria, a península do Sinai, no Egito, e a Cisjordânia.

1973
Guerra do *Yom Kippur*
Egito e Síria atacam Israel no feriado judeu do *Yom Kippur* (Dia do Perdão) para recuperar as áreas perdidas para Israel. O Egito recupera apenas a área próxima ao Canal de Suez.

QUESTÃO PALESTINA

A falta de conciliação sobre a questão dos territórios ocupados por Israel culminou na **Questão Palestina**, ou seja, a luta do povo palestino para retomar o território perdido após a guerra contra Israel. A partir da década de 1970, a **Organização para a Libertação da Palestina (OLP)** ganhou força, liderada por Yasser Arafat, e uniu diferentes grupos em torno dessa luta.

Em 1987, ocorreu a **primeira intifada**, uma revolta popular contra a ocupação israelense. Nesse mesmo ano, foi criado o Hamas, grupo nacionalista palestino que oferece forte resistência à Israel e, em 2007, passou a atuar politicamente e a controlar a Faixa de Gaza. Em 1993, negociações entre palestinos e israelenses originaram os **Acordos de Oslo**. Uma das determinações desses acordos foi a criação da **Autoridade Nacional Palestina (ANP)**, que passou a administrar algumas áreas da Cisjordânia e a Faixa de Gaza.

Em 2000, porém, iniciou-se a **segunda intifada**, motivada pelo fracasso das negociações que deveriam levar à criação do Estado Palestino. Nos anos seguintes, a violência se agravou, pois Israel ampliou os **assentamentos** na Cisjordânia e construiu um **muro** isolando áreas palestinas, intensificando as restrições comerciais, de deslocamento e de abastecimento dos palestinos.

Após diversos confrontos cada vez mais violentos, a ONU seguiu pressionando a retomada das negociações no sentido de concretizar o Estado da Palestina, que foi reconhecido por mais de cem países, entre os quais o Brasil (em 2010). Em 2011, foi reconhecido como membro da Unesco.

■ **Israel e Palestina (2021)**

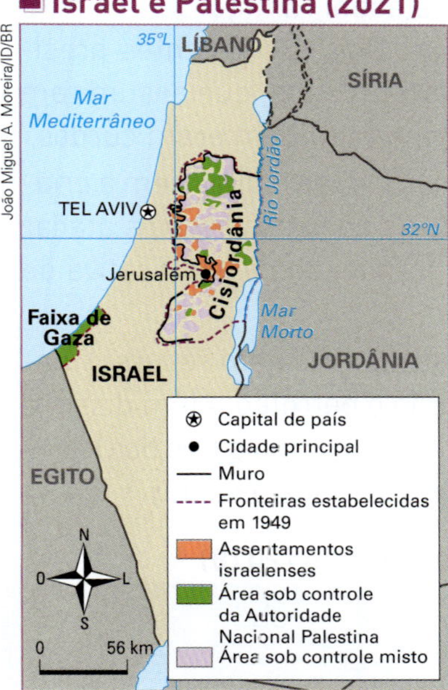

Fontes de pesquisa dos mapas: Nelson B. Olic; Beatriz Canepa. *Oriente Médio*: uma região de conflitos e tensões. São Paulo: Moderna, 2012. p. 52-53; Georges Duby. *Atlas historique mondial*. Paris: Larousse, 2011. p. 182; Claudio Vicentino. *Atlas histórico*: geral e Brasil. São Paulo: Scipione, 2011. p. 164; *Reference world atlas*. New York: Dorling Kindersley, 2021. p. XXXII; *Le Monde Diplomatique*. Disponível em: https://www.monde-diplomatique.fr/cartes/morcellement. Acesso em: 3 maio 2023.

CIDADANIA GLOBAL

USO GEOPOLÍTICO DOS RECURSOS HÍDRICOS

Desde a década de 1990, diversos acordos foram feitos entre Israel e Palestina em prol do uso compartilhado dos recursos hídricos. Apesar disso, essas tratativas muitas vezes não têm sido cumpridas e colocam os povos palestinos em constante risco de escassez hídrica. Estudiosos afirmam que a questão da água é um elemento importante das discordâncias entre as duas nações.

1. Expliquem por que a gestão da água deve ser tratada como uma questão relacionada aos direitos humanos.
2. Investiguem se, na região onde vocês vivem, há conflitos relacionados ao uso da água. Se houver, busquem informações sobre isso.

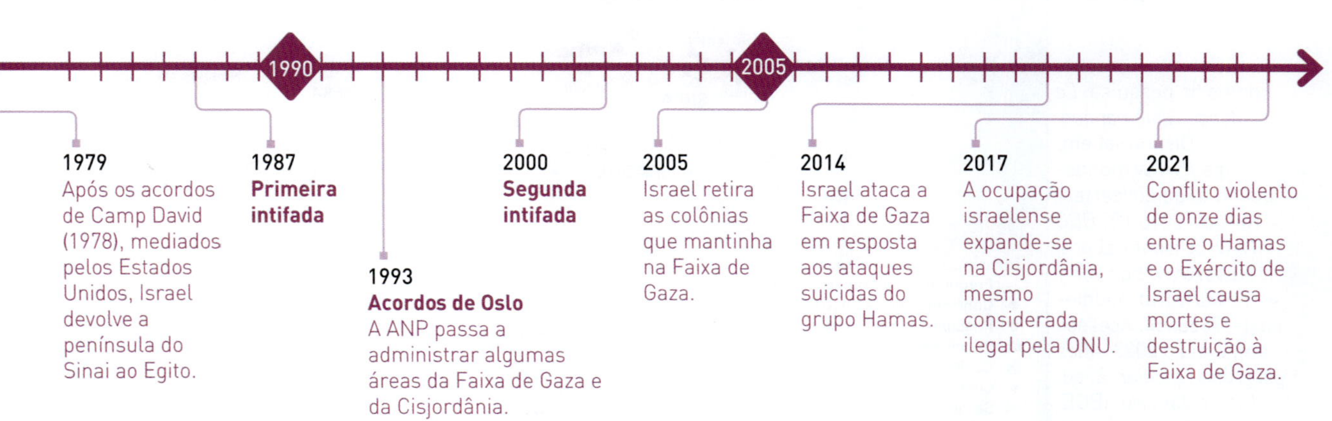

1990
2005
1979
Após os acordos de Camp David (1978), mediados pelos Estados Unidos, Israel devolve a península do Sinai ao Egito.
1987
Primeira intifada
1993
Acordos de Oslo
A ANP passa a administrar algumas áreas da Faixa de Gaza e da Cisjordânia.
2000
Segunda intifada
2005
Israel retira as colônias que mantinha na Faixa de Gaza.
2014
Israel ataca a Faixa de Gaza em resposta aos ataques suicidas do grupo Hamas.
2017
A ocupação israelense expande-se na Cisjordânia, mesmo considerada ilegal pela ONU.
2021
Conflito violento de onze dias entre o Hamas e o Exército de Israel causa mortes e destruição à Faixa de Gaza.

Delil souleiman/AFP

▲ Manifestantes protestam contra um ataque turco na cidade de Al-Qamishli, de maioria curda, na Síria. Foto de 2021.

LUTA POR UM ESTADO CURDO: O CURDISTÃO

No início do século XX, a maioria da população curda vivia na província de Mossul, na Turquia. Com a partilha do Oriente Médio entre as potências europeias, essa região foi separada da Turquia e anexada ao território do novo país que se formava: o Iraque. No entanto, essa população não foi aceita pelas demais etnias iraquianas, o que passou a gerar conflitos.

Na década de 1980, o Partido dos Trabalhadores do Curdistão deu início a um movimento armado reivindicando a formação de um **Estado curdo** que abrigasse a população curda, espalhada em países como Irã, Iraque, Síria, Turquia e em uma pequena área da Armênia. No mesmo período, o Exército iraquiano passou a realizar ataques violentos aos curdos, punindo-os por sua oposição. Em quatro anos de ataques, inclusive com a utilização de armas químicas, estima-se que foram massacradas mais de 100 mil pessoas.

A deposição de Saddam Hussein, em 2003, reacendeu as esperanças dos curdos de fazer parte do Estado do Iraque de maneira pacífica. Em 2005, Jalal Talabani, antigo guerrilheiro curdo, foi eleito presidente do Iraque. Dois dos recentes presidentes do Iraque, Fuad Masum e Barham Salih, que assumiram o país em 2014 e 2018, respectivamente, também eram curdos.

Mas a Turquia, temendo que os curdos reivindicassem a criação de um Estado em parte do território do país, passou a atacar a região ocupada por essa etnia no Iraque, sob a justificativa de deter grupos terroristas separatistas.

O território reivindicado pelos curdos é rico em recursos naturais importantes para a região, como o petróleo. Além disso, é onde se localizam as nascentes dos dois principais rios do Oriente Médio, o Tigre e o Eufrates. Observe o mapa a seguir.

Oriente Médio: Territórios de predomínio do povo curdo (2018)

João Miguel A. Moreira/ID/BR

Fontes de pesquisa: *Le Monde Diplomatique*. Disponível em: https://www.monde-diplomatique.fr/cartes/Kurdes-2016-07; *BBC News*. Disponível em: https://www.bbc.com/news/world-middle-east-27838034. Acessos em: 3 maio 2023; *Atlas geográfico escolar*. 8. ed. Rio de Janeiro: IBGE, 2018. p. 43 e 49.

ATIVIDADES

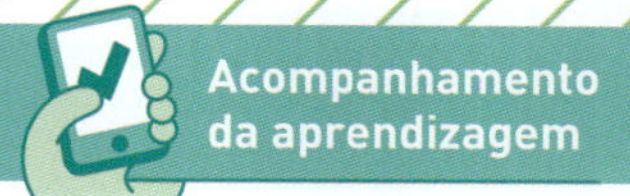

Retomar e compreender

1. O Irã e o Iraque exercem grande influência nos demais países do Oriente Médio. O que foi a Guerra Irã-Iraque? Como se deu a atuação dos Estados Unidos nesse conflito?
2. Observe os mapas das páginas 238 e 239, que representam os territórios de Israel e da Palestina, e identifique em que momento Israel, desde sua criação, teve maior ocupação territorial.
3. Sobre a organização do povo palestino pela construção de um Estado da Palestina e pela reconquista dos territórios ocupados por Israel em 1967, responda às questões a seguir.
   a) Quais são as principais dificuldades para a criação do Estado da Palestina?
   b) De que maneira seria possível a criação de dois países na região? Discuta com um colega e anote as hipóteses que elaborarem. Depois, comparem as hipóteses de vocês com as das outras duplas.

Aplicar

4. Reveja o mapa *Oriente Médio: Territórios de predomínio do povo curdo (2018)*, da página 240. Depois, elabore um texto identificando os países onde há predomínio desse povo, explique as reivindicações dele e as dificuldades que enfrenta.
5. Observe a foto e leia a legenda. Em seguida, elabore um texto esclarecendo quais eventos recentes explicam a situação retratada na imagem.

Louai Beshara/AFP

Prédios destruídos por bombardeios em Al-Qaryatayn, Síria. Foto de 2021.

6. Observe a foto. Em seguida, faça o que se pede.

Mohammed Huwais/AFP

Manifestantes protestam contra o governo estadunidense em Saná, Iêmen. Foto de 2021.

Em grupo, discutam quais são os interesses dos Estados Unidos no Oriente Médio. Depois, reflitam sobre como a população de um país pode expressar seu descontentamento diante de intervenções políticas e militares estrangeiras. Anotem as conclusões a que chegarem e apresentem-nas à turma.

Fluxograma: a cadeia produtiva do petróleo

Os fluxogramas são representações gráficas que permitem mostrar, esquematicamente, as relações entre as diferentes etapas de um determinado processo. Eles podem ser feitos com imagens ou com caixas de texto em formato de figuras geométricas (retângulo, quadrado, losango, etc.), que explicam cada etapa do processo em sequência. Nos fluxogramas, as setas são conectivos importantes, pois indicam a sequência e a ordem das etapas.

Ao dar movimento ao fenômeno representado, os fluxogramas estabelecem comunicação imediata com o leitor e facilitam o entendimento do processo que se quer mostrar. Por exemplo, a cadeia produtiva do petróleo é uma das mais integradas, pois, em geral, as mesmas empresas participam da extração da matéria-prima, do refino do produto, da distribuição e da venda ao consumidor. Por ser uma atividade complexa, sua representação em um fluxograma permite o melhor entendimento dessas diversas etapas.

Observe o fluxograma dessa cadeia nesta página e na página seguinte.

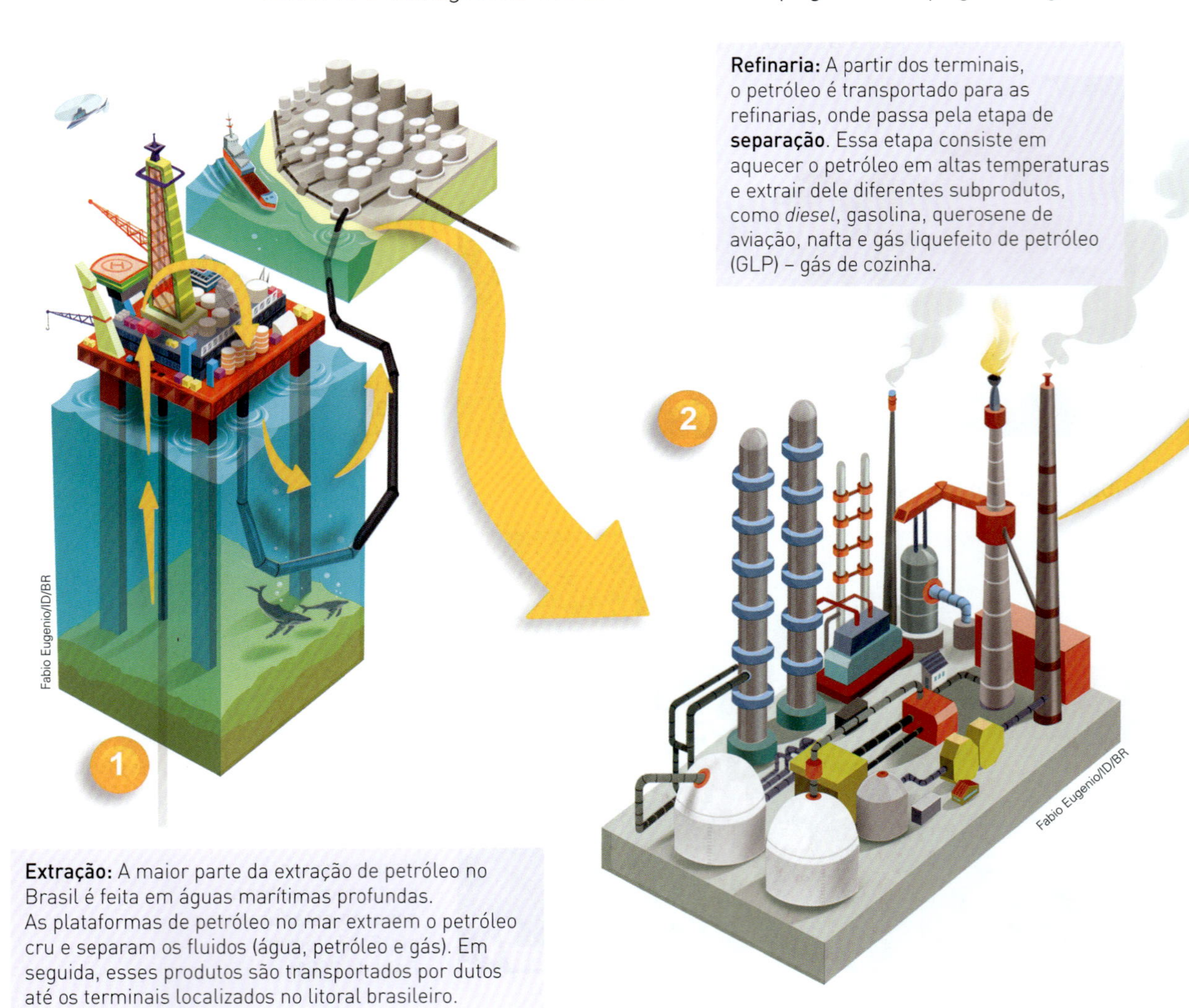

Refinaria: A partir dos terminais, o petróleo é transportado para as refinarias, onde passa pela etapa de **separação**. Essa etapa consiste em aquecer o petróleo em altas temperaturas e extrair dele diferentes subprodutos, como *diesel*, gasolina, querosene de aviação, nafta e gás liquefeito de petróleo (GLP) – gás de cozinha.

Extração: A maior parte da extração de petróleo no Brasil é feita em águas marítimas profundas. As plataformas de petróleo no mar extraem o petróleo cru e separam os fluidos (água, petróleo e gás). Em seguida, esses produtos são transportados por dutos até os terminais localizados no litoral brasileiro.

Pratique

1. O que são fluxogramas?
2. Qual é a importância do uso dos fluxogramas?
3. Explique como funciona a cadeia produtiva do petróleo.
4. Comente por que podem ser importantes a adição de etanol na gasolina no Brasil e a busca de fontes alternativas de energia em substituição ao uso de combustíveis fósseis.

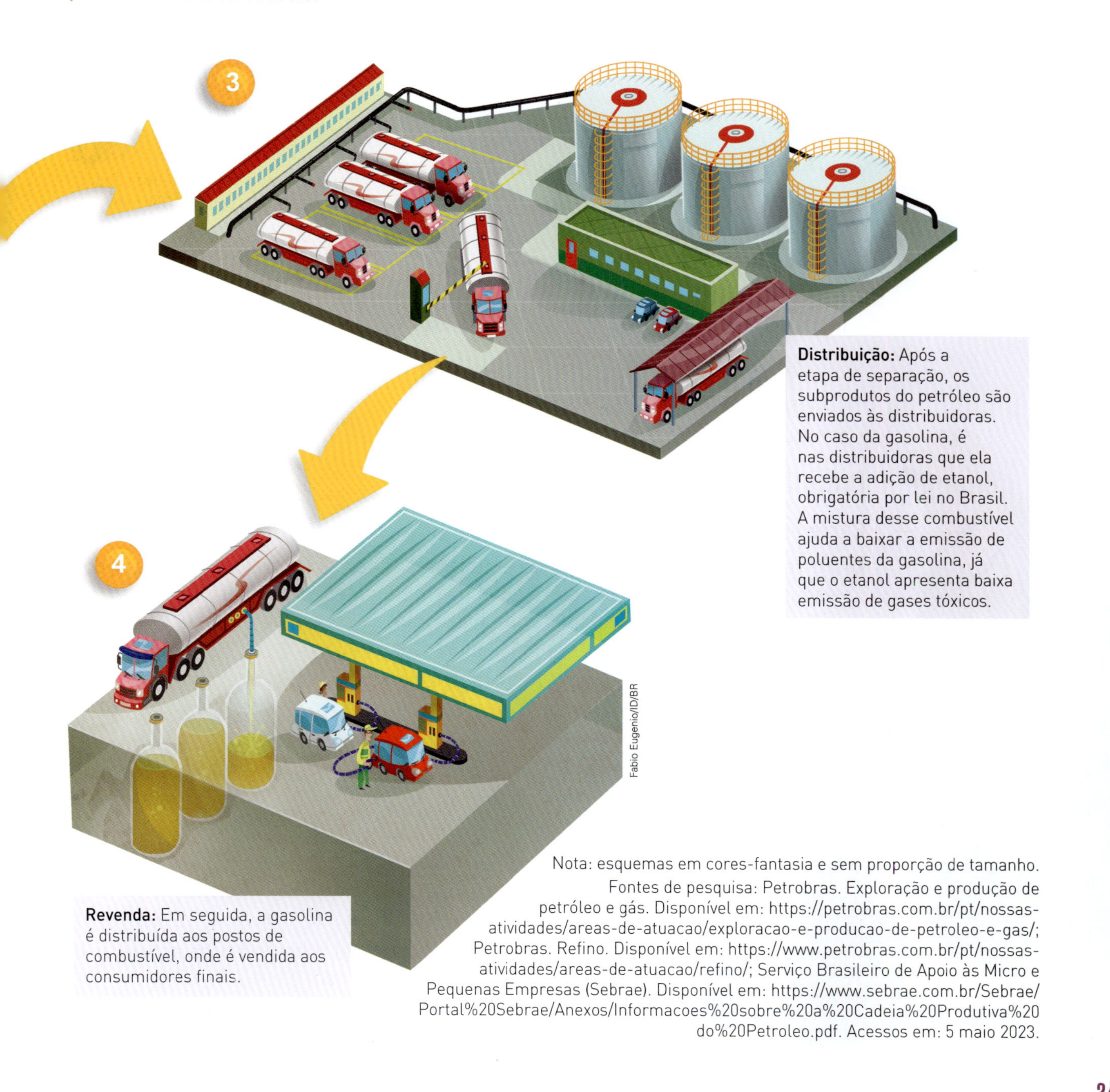

3
Distribuição: Após a etapa de separação, os subprodutos do petróleo são enviados às distribuidoras. No caso da gasolina, é nas distribuidoras que ela recebe a adição de etanol, obrigatória por lei no Brasil. A mistura desse combustível ajuda a baixar a emissão de poluentes da gasolina, já que o etanol apresenta baixa emissão de gases tóxicos.
4
Revenda: Em seguida, a gasolina é distribuída aos postos de combustível, onde é vendida aos consumidores finais.

Fabio Eugenio/ID/BR

Nota: esquemas em cores-fantasia e sem proporção de tamanho.

Fontes de pesquisa: Petrobras. Exploração e produção de petróleo e gás. Disponível em: https://petrobras.com.br/pt/nossas-atividades/areas-de-atuacao/exploracao-e-producao-de-petroleo-e-gas/; Petrobras. Refino. Disponível em: https://www.petrobras.com.br/pt/nossas-atividades/areas-de-atuacao/refino/; Serviço Brasileiro de Apoio às Micro e Pequenas Empresas (Sebrae). Disponível em: https://www.sebrae.com.br/Sebrae/Portal%20Sebrae/Anexos/Informacoes%20sobre%20a%20Cadeia%20Produtiva%20do%20Petroleo.pdf. Acessos em: 5 maio 2023.

INVESTIGAR

Questão da água no Oriente Médio

Para começar

No Oriente Médio, como você já estudou, as abundantes reservas de petróleo sustentam a economia de diversos países, especialmente os do golfo Pérsico. Entretanto, a escassez de água potável representa um grande problema para as populações e é um entrave para o desenvolvimento socioeconômico da região. A situação hídrica é tão crítica que repercute nas decisões geopolíticas. São comuns na região, por exemplo, as disputas territoriais por nascentes de rios ou aquíferos.

As condições naturais do Oriente Médio têm influência na baixa oferta de água potável: clima árido, vastos desertos e escassa rede de rios perenes. Além disso, a intensa insolação eleva a taxa de evaporação dos poucos rios existentes.

O problema

Quais iniciativas e técnicas já foram adotadas pelos governos e pela população dos países do Oriente Médio para contornar o problema da falta de água?

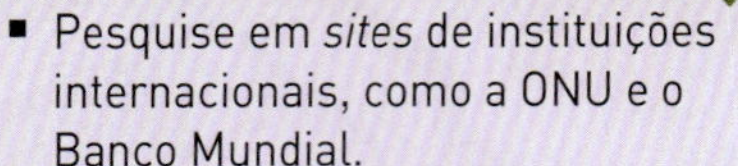

DICA

- Pesquise em *sites* de instituições internacionais, como a ONU e o Banco Mundial.
- ONGs ambientalistas também costumam fornecer dados que podem ser relevantes para a pesquisa.
- Usem palavras-chave nas buscas na internet, como **guerra hídrica**, **questão da água**, **Oriente Médio**, **déficit hídrico** e **conflitos pela água**.

A investigação

- **Procedimento:** bibliográfica.
- **Instrumento de coleta:** análise bibliográfica.

Material

- Caderno para anotações, lápis e caneta;
- computador com acesso à internet.

Procedimentos

Parte I – Planejamento

1. Formem um grupo de até cinco estudantes. Cada grupo vai escolher um dos seguintes temas relacionados à água no Oriente Médio para pesquisar:
   - Localização das principais bacias hidrográficas da região e identificação dos países que mais se beneficiam de seus recursos hídricos.
   - Impactos ambientais sobre importantes rios da região (por exemplo, as barragens hidrelétricas no rio Eufrates para a produção de energia).
   - Conflitos próximos a nascentes ou a mananciais de água.
   - Alternativas sustentáveis para aumentar a oferta de água potável, como usinas de dessalinização, técnicas de irrigação ou represas e canais artificiais.
2. Distribuam, entre os integrantes do grupo, as tarefas de pesquisa, a organização das informações levantadas e a elaboração do artigo.
3. Definam dia, local e horário para organizar o material pesquisado.

Yasmin Ayumi/ID/BR

Parte II – Coleta de informações

1. Reúnam mapas físicos, políticos e populacionais da área estudada.
2. Selecionem textos que abordem o uso dos rios da região, tanto para consumo como na agricultura e na geração de energia elétrica.
3. Montem uma coletânea de imagens de áreas que apresentam oásis e outras com afloramento de água doce na superfície.
4. Pesquisem gráficos e tabelas com informações, como acesso a saneamento básico, quantidade de água doce disponível, etc., aplicadas aos países da região.

Parte III – Análise das informações pesquisadas

1. Na data combinada, reúnam os resultados das pesquisas realizadas. Compartilhem, dentro do grupo, as informações levantadas por todos os integrantes.
2. De acordo com o tema escolhido pelo grupo, analisem os dados obtidos e avaliem se os materiais são suficientes à proposta inicial da pesquisa, respondendo às perguntas a seguir.
   - Onde estão localizados os principais rios da região?
   - Como está distribuída a população em relação à disponibilidade de água?
   - É possível prever conflitos entre os povos que vivem na região analisada?
   - Quais bacias e rios são fronteiriços?
   - Quais são os modelos de captação, tratamento e distribuição de água potável?
   - Os rios levantados na pesquisa estão poluídos?

Parte IV – Organização dos resultados

1. Listem as informações mais importantes e que melhor expliquem o tema que vocês escolheram trabalhar sobre a questão da água.
2. Elaborem um artigo para apresentar os resultados da pesquisa.

Questões para discussão

1. Quais foram os dados e as informações que vocês consideraram mais interessantes? Por quê?
2. Qual foi a fonte de informação mais usada?
3. Quais foram as percepções gerais do grupo a respeito do tema central da pesquisa? Foram adquiridos novos conhecimentos?
4. Após essa investigação, vocês consideram que a falta de acesso à água é determinante para o desenvolvimento desses países?

Comunicação dos resultados

Apresentação do artigo em formato de *podcast*

Em sala de aula, compartilhem o artigo com os colegas, gravem um *podcast* com os debates a respeito dos resultados da pesquisa e disponibilizem o material produzido nas redes sociais.

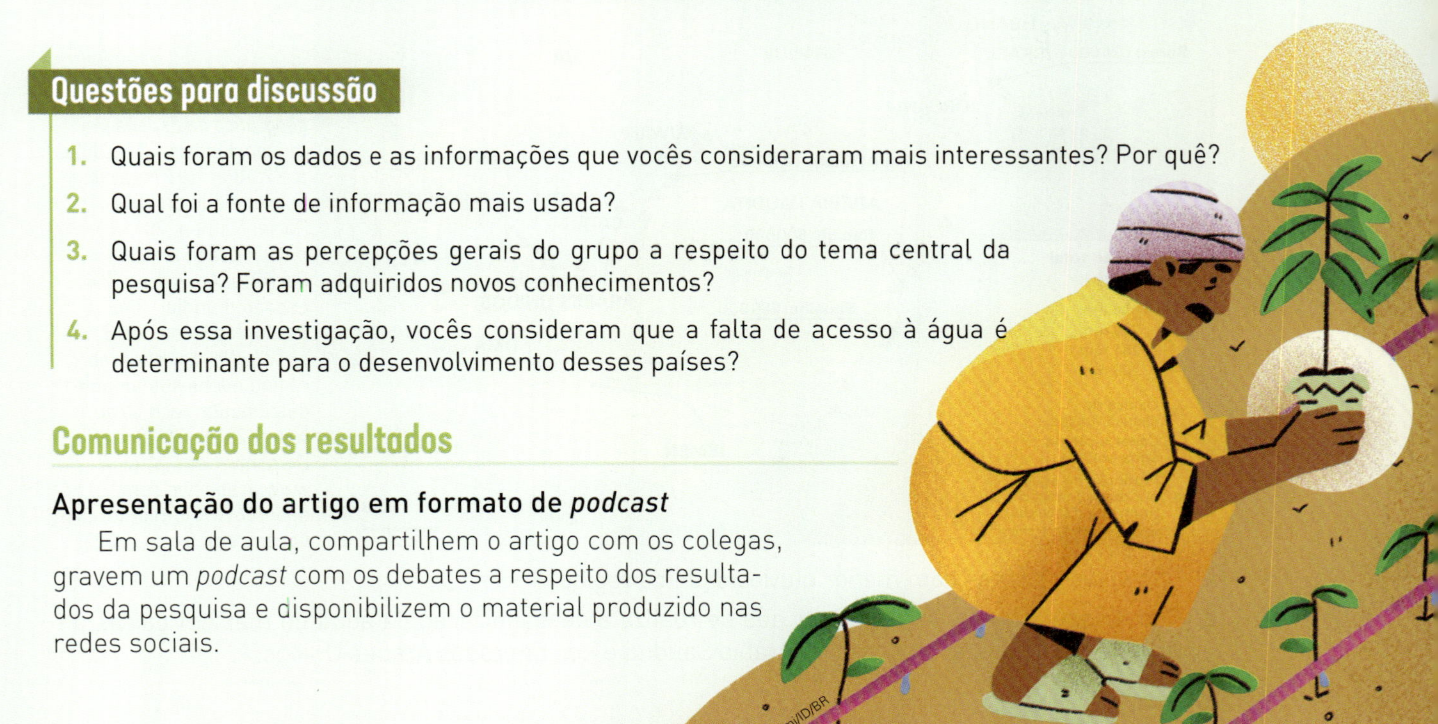
Yasmin Ayumi/ID/BR

ATIVIDADES INTEGRADAS

Analisar e verificar

1. O texto a seguir aborda um conflito existente no Oriente Médio. Leia-o e faça o que se pede.

Faixa de Gaza: israelenses e palestinos aceitam trégua

O governo de Israel e militantes da Palestina aceitaram neste domingo (7) [de agosto de 2022] uma trégua proposta pelo Egito para os ataques na Faixa de Gaza. [...]

[...] O conflito armado no local se estende por mais de 70 anos: ocorre pelo menos desde 1948, quando o Estado de Israel foi fundado, a partir de uma resolução aprovada pela ONU em 1947. Embora o documento determinasse a criação de dois Estados – um palestino e outro judaico – isso nunca ocorreu.

Faixa de Gaza: israelenses e palestinos aceitam trégua. *Nexo Jornal*, 7 ago. 2022. Disponível em: https://www.nexojornal.com.br/extra/2022/08/07/Faixa-de-Gaza-israelenses-e-palestinos-aceitam-tr%C3%A9gua. Acesso em: 5 maio 2023.

- Dê outro exemplo, além do mencionado no texto, de conflito por território entre as nações do Oriente Médio.

2. As usinas de dessalinização são utilizadas para transformar a água do mar em água potável. Considerando essa informação, analise este mapa e responda às questões a seguir.

Oriente Médio: Precipitações e produção de água por dessalinização (2020)

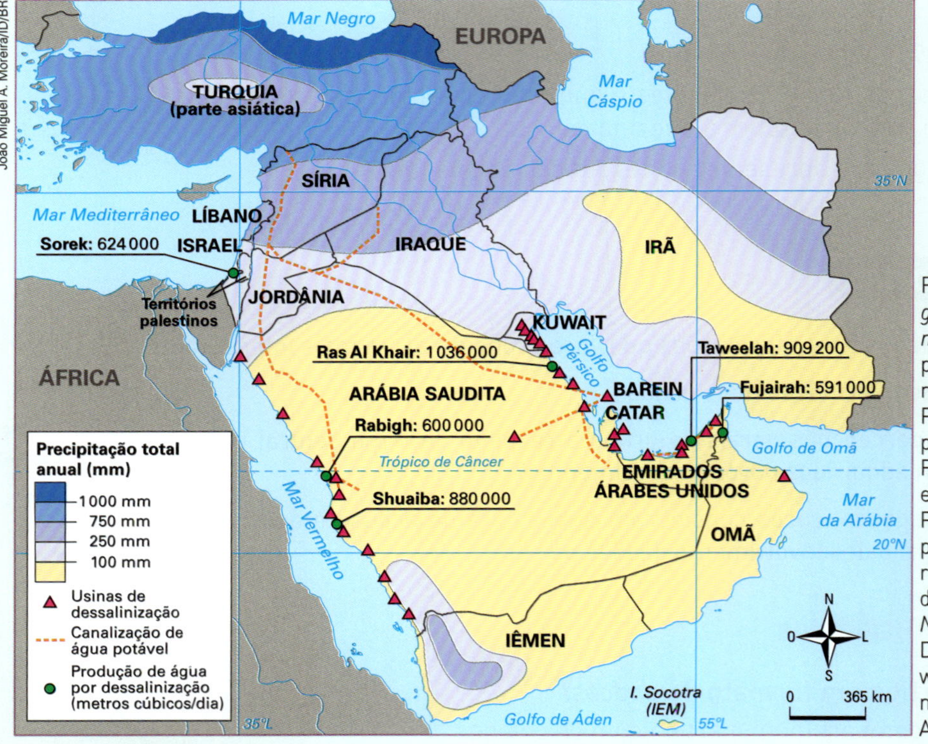

Fontes de pesquisa: *Atlas geográfico de España y el mundo*. Madrid: SM, 2007. p. 72; *Atlas du 21e siècle*: nouvelle édition 2012. Paris: Nathan, 2011. p. 105; Graça M. L. Ferreira. *Atlas geográfico*: espaço mundial. São Paulo: Moderna, 2013. p. 102; Why thirsty Arab region needs sustainable desalination tech. *Arab News*, 28 jun. 2020. Disponível em: https://www.arabnews.com/node/1696926/middle-east. Acesso em: 5 maio 2023.

a) Quais são as áreas com menor pluviosidade da região?

b) Com base no mapa, explique por que se realiza a dessalinização da água do mar em países do Oriente Médio, especialmente na Arábia Saudita e nos Emirados Árabes Unidos.

3. O mapa a seguir identifica as principais origens dos fluxos migratórios que se dirigem aos países do golfo Pérsico. Observe-o e faça o que se pede.

Golfo Pérsico: Imigração para os países da região (2020)

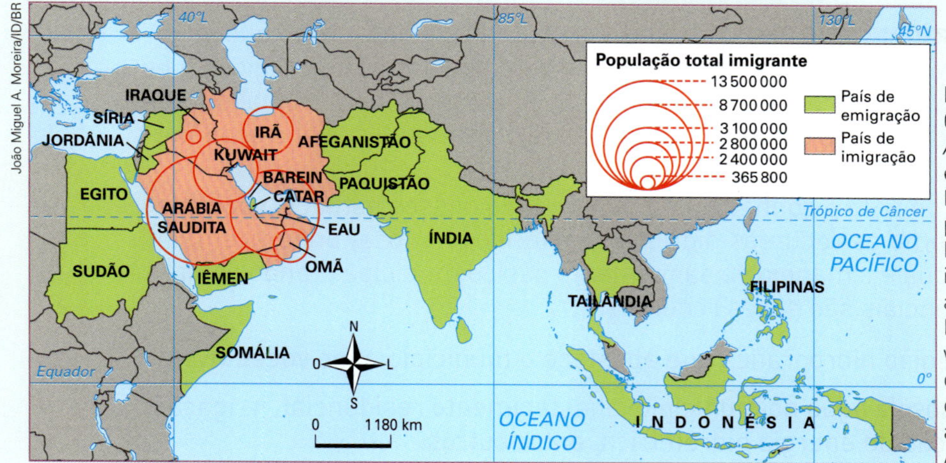

Fontes de pesquisa: Graça M. L. Ferreira. *Atlas geográfico*: espaço mundial. São Paulo: Moderna, 2013. p.102; Migration Data Portal. Total number of international migrants at mid-year 2020. Disponível em: https://www.migrationdataportal.org/international-data?i=stock_abs_&t=2020. Acesso em: 4 maio 2023.

a) De acordo com o mapa e com o que você estudou sobre as regiões da Ásia, qual delas apresenta principalmente países de imigração e quais apresentam países de emigração? Localize e cite alguns países asiáticos de cada uma dessas duas categorias.

b) Apresente as razões econômicas que determinam a ocorrência dos referidos fluxos.

Criar

4. A charge faz alusão a situações frequentes na história recente do Oriente Médio.

Charge de Angeli.

a) O que significa a extensa fileira de tanques de guerra? Que mensagem essa charge pretende passar?

b) Como o autor da charge caracterizou a paisagem do Oriente Médio?

c) Levante hipóteses para indicar os países em que a situação retratada pode ocorrer. Explique suas escolhas.

d) Forme dupla com um colega. Depois, respondam: De acordo com a charge e com seus conhecimentos sobre a região, os Exércitos têm livre acesso aos países do Oriente Médio ou encontram resistência das populações?

5. SABER SER O fundamentalismo religioso é um fenômeno que contribui para o crescimento da intolerância no mundo, o que prejudica direitos como as liberdades de expressão e de crença. Nesta unidade, você conheceu esse fenômeno, que busca controlar toda a vida social e política da pessoas que vivem em Estados fundamentalistas. Com base nisso, discuta em grupo sobre a questão: Quais são as possíveis consequências da atuação dos grupos extremistas islâmicos para a população muçulmana que reside em países ocidentais? Elaborem um texto sintetizando as opiniões do grupo sobre o assunto.

Retomando o tema

Nesta unidade, você estudou as principais características dos países que se localizam no Oriente Médio, incluindo aspectos da diversidade étnica e religiosa e os conflitos que ocorrem nessa região. Também analisou a importância crucial de dois recursos naturais – o petróleo e a água – para o desenvolvimento social e econômico do Oriente Médio.

Agora, dispondo de todo o conhecimento acumulado nesses estudos, vocês devem refletir sobre como os recursos hídricos são geridos no local onde vivem, incluindo os usos da água e o manejo do saneamento básico municipal, tendo sempre em mente quão essenciais são esses recursos.

1. Identifiquem a região hidrográfica que abastece o município onde vocês vivem.
2. Enumerem os usos da água no município: abastecimento residencial, irrigação, transporte, geração de energia hidrelétrica, entre outros.
3. O município participa de um Comitê de Bacia Hidrográfica? Se sim, quais são os agentes que participam dele?
4. Expliquem, do ponto de vista de vocês, por que é importante que os comitês de bacias sejam formados por diferentes integrantes da sociedade.

Geração da mudança

- Agora que vocês já discutiram a importância da gestão justa e segura dos recursos hídricos, elaborem um jornal temático apresentando alguns exemplos de boas práticas adotadas por integrantes de comitês de bacias hidrográficas que tiveram êxito no uso sustentável das águas e/ou na resolução de conflitos. Se julgarem pertinente, o jornal poderá apresentar também seções dedicadas a discutir aspectos da gestão da água no município onde vocês vivem; entrevistas com integrantes da sociedade civil ou do governo local que atuem nos conselhos participativos dos recursos hídricos; textos sobre a conscientização do uso da água; alertas sobre o desperdício de água e/ou sobre a ausência ou ineficiência do tratamento do esgotamento sanitário do município, entre outros. Quando o material estiver concluído, divulguem-no na comunidade escolar.

Autoavaliação

Yasmin Ayumi/ID/BR

OCEANIA

UNIDADE 9

PRIMEIRAS IDEIAS

1. O que você sabe a respeito dos países que compõem a Oceania?
2. Como se deu o processo de colonização desses países?
3. Você conhece aspectos culturais dos povos que vivem nesse continente?
4. Quais são as condições sociais e econômicas da população da Oceania?

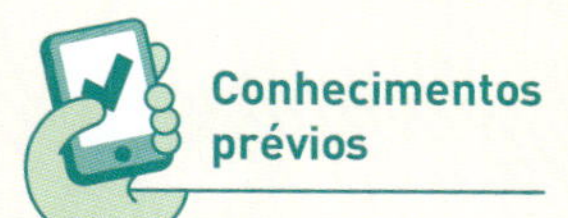

Nesta unidade, eu vou...

CAPÍTULO 1 Oceania: aspectos físicos e povoamento

- Reconhecer que as atividades humanas individuais e coletivas, em níveis local, nacional e global, contribuem para as mudanças climáticas.
- Analisar as características territoriais da Oceania.
- Contribuir para iniciativas que tenham o objetivo de combater as mudanças climáticas globais.
- Compreender as consequências da colonização europeia para a população nativa da Oceania.
- Relacionar os aspectos naturais da Oceania às características do povoamento do território.

CAPÍTULO 2 Economia da Oceania

- Identificar as principais características da economia de países da Oceania.
- Reconhecer a importância do turismo para a economia da Oceania.
- Identificar minhas práticas individuais que não são favoráveis ao meio ambiente, com o objetivo de evitá-las.
- Compreender que o consumismo causa impactos ambientais e contribui para as mudanças climáticas.
- Identificar os padrões de desenvolvimento humano dos países da Oceania.
- Analisar representações cartográficas de fenômenos que caracterizam o mundo em rede.

CIDADANIA GLOBAL

- Refletir sobre os impactos das minhas ações no meio ambiente e no futuro do planeta.

LEITURA DA IMAGEM

1. O que é possível observar na paisagem?
2. SABER SER O que você sente ao ver essa imagem?
3. O que a pessoa da foto está fazendo? Essa ação é positiva ou negativa para o meio ambiente?

CIDADANIA GLOBAL

Você já se imaginou no futuro? Para os jovens de determinados territórios, imaginar o futuro significa considerar que o lugar onde eles vivem hoje pode desaparecer nas próximas décadas. O aumento do nível dos oceanos ocasionado pelas mudanças climáticas coloca em risco a existência de diversas áreas costeiras e nações insulares. Além desse problema, se nada for feito para reduzir a emissão de gases de efeito estufa, toda a humanidade terá de enfrentar um conjunto de condições adversas, como a intensificação de eventos extremos, que podem causar períodos intensos de seca e queimadas florestais.

1. Reflita sobre como você gostaria que fosse o mundo quando for uma pessoa idosa e, depois, descreva-o.
2. Converse com os colegas a respeito da responsabilidade da geração de vocês no combate às mudanças climáticas e na diminuição dos seus impactos do presente.

Nesta unidade, você e os colegas vão refletir sobre seus papéis individuais e coletivos no enfrentamento das mudanças climáticas. Depois, você deverá elaborar uma carta com os seus compromissos para a construção de um futuro sustentável e colocá-la em uma cápsula do tempo denominada "O futuro que queremos", junto com as cartas dos colegas.

Na costa da Austrália encontra-se o maior recife de corais do mundo. Você sabe como as **mudanças climáticas** estão impactando as colônias de corais?

Mulher australiana deixa alimentos para animais sobreviventes após queimada em floresta na Austrália. Foto de 2020.

CAPÍTULO

1 OCEANIA: ASPECTOS FÍSICOS E POVOAMENTO

PARA COMEÇAR

Você sabe como se deu o processo de colonização dos países da Oceania? Já ouviu falar de algum povo tradicional desse continente?

CARACTERÍSTICAS GERAIS

A Oceania é formada por milhares de ilhas, ilhotas e atóis distribuídos em 14 países independentes e várias possessões. Austrália, Nova Zelândia e Papua Nova Guiné são os maiores países e os que mais se destacam.

A Austrália compreende mais de 85% da área desse continente e é a principal potência econômica. O conjunto de ilhas que fazem parte da Oceania se divide em três grupos: Polinésia, Micronésia e Melanésia.

A **Polinésia**, palavra de origem grega que significa "muitas ilhas", corresponde ao conjunto de ilhas mais distantes da Austrália. A **Micronésia** é formada por um conjunto de pequenas ilhas, muitas com formação coralínea. As ilhas da **Melanésia**, também chamadas ilhas Negras, passaram por um processo de ocupação mais intenso que os demais arquipélagos e são as mais próximas da Austrália e da Nova Zelândia.

atol: formação de corais em formato circular sobre vulcões submersos.

possessão: região ou território sob o domínio de outro país.

formação coralínea: formação de corais que, com o desenvolvimento, podem formar recifes de corais.

■ Oceania: Político (2022)

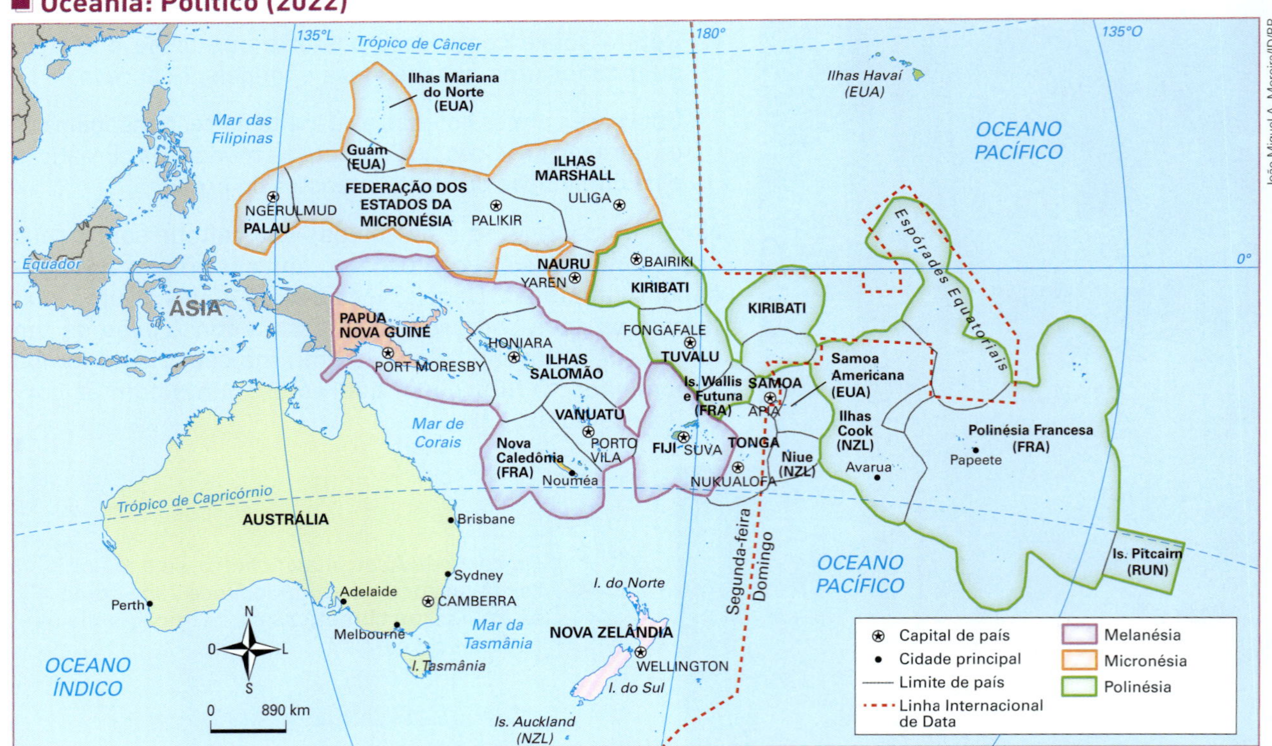

Fontes de pesquisa: *Reference World Atlas*. New York: Dorling Kindersley, 2021. p. 186-191. IBGE. Países. Disponível em: https://paises.ibge.gov.br/. Acesso em: 14 abr. 2023.

CLIMA, RELEVO E VEGETAÇÃO

A maior parte das ilhas da Oceania tem clima **tropical** e florestas **tropicais**. De modo geral, o relevo desse continente apresenta **baixas altitudes**; apenas em alguns países há elevações com mais de 3 mil metros.

O clima da **Nova Zelândia** é predominantemente **temperado**, mas apresenta variações de temperatura entre o norte e o sul do país, sendo as regiões montanhosas do sul mais frias que os territórios do norte. As chuvas são bem distribuídas ao longo do ano, com um período mais seco no verão. O relevo é acidentado e apresenta **vulcões** ativos, pois o país se encontra em uma área de contato entre as placas tectônicas Indo-Australiana e do Pacífico.

Os terrenos da **Austrália** são antigos e desgastados pela erosão, predominando áreas de baixa altitude. A leste de seu litoral ocorrem as maiores formações de corais do mundo, que formam a **Grande Barreira de Coral**. Na parte central do país localizam-se as áreas **desérticas**, pouco povoadas, caracterizadas pelo clima quente e seco. No norte e no nordeste ocorre o clima tropical, enquanto no sudeste e no sul predominam os climas temperado e mediterrâneo. A faixa litorânea é a mais densamente ocupada.

Muitas ilhas da Oceania encontram-se em áreas de choque entre placas tectônicas; por isso, há ilhas de origem vulcânica e sujeitas à ocorrência de terremotos e *tsunami*.

CIDADANIA GLOBAL

IMPACTOS DAS MUDANÇAS CLIMÁTICAS

Em 2021, segundo um relatório da Organização Meteorológica Mundial (OMM), o sudoeste da Ásia e os países da Oceania estavam entre as áreas mais impactadas pelas mudanças climáticas. O aumento das temperaturas dos mares e oceanos já alterou o ecossistema marinho da região e prejudicou atividades econômicas como a pesca e a aquicultura. Além disso, os desequilíbrios climáticos têm causado outros problemas, como grandes tempestades, enchentes e incêndios florestais.

1. Em grupo, busquem algumas ações que os países podem realizar imediatamente para conter o avanço das mudanças climáticas.
2. Quais medidas poderiam ser implementadas em sua escola e em seu município para cooperar com o combate às mudanças climáticas?

Oceania: Clima

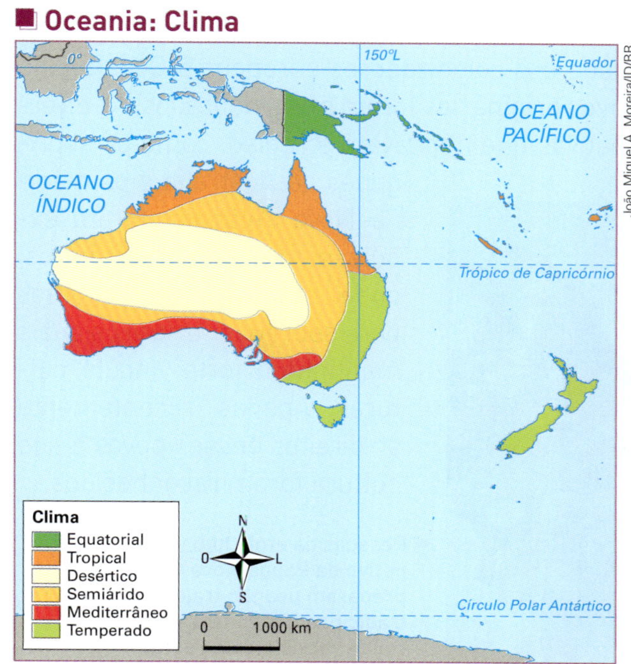

Fonte de pesquisa: *Atlas geográfico escolar*. 8. ed. Rio de Janeiro: IBGE, 2018. p. 58.

Oceania: Vegetação nativa

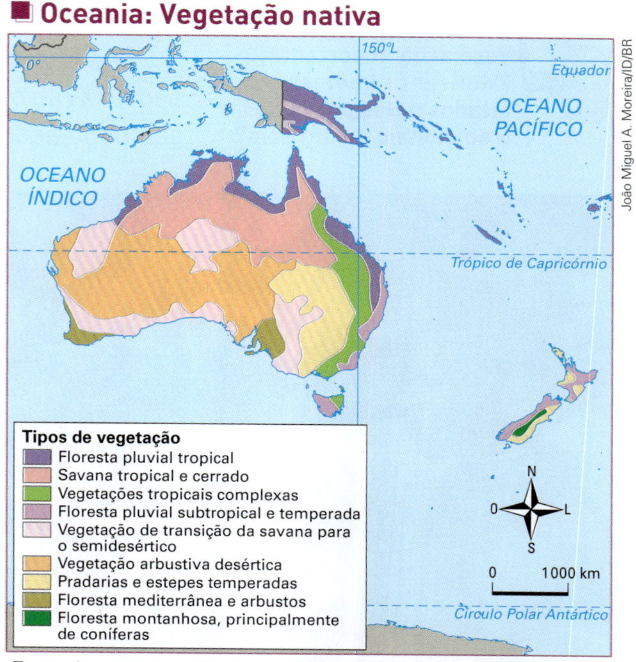

Fonte de pesquisa: *Atlas geográfico escolar*. 8. ed. Rio de Janeiro: IBGE, 2018. p. 61.

COLONIZAÇÃO EUROPEIA

Até o fim do século XV, os europeus conheciam apenas parte da Ásia e da África. Com a chegada à América, em 1492, eles passaram a chamar as terras já conhecidas de Velho Mundo, e o continente americano, de Novo Mundo. Ao chegarem à Austrália e a novas terras na Oceania, denominaram essas terras de **Novíssimo Mundo**.

O processo de ocupação do continente pelos colonizadores europeus iniciou-se na segunda metade do século XVIII, quando os ingleses se instalaram na baía de Sydney Cove, na Austrália, e reivindicaram a posse do território para o Reino Unido. Inicialmente, a Austrália funcionava como colônia penal para presos britânicos (em 1830, já havia mais de 60 mil presos no país).

Nos anos seguintes, ocorreu a ocupação da Nova Zelândia. Em diversas outras ilhas, como Tuvalu e Vanuatu, grande parte da população nativa foi obrigada a deixar seu território de origem para servir de mão de obra na Austrália.

Muitas ilhas, como Marianas e Samoa, foram estratégicas por suas localizações. Nauru e Papua Nova Guiné, ricas em minérios, como fosfato, cobre e ouro, despertaram o interesse dos colonizadores para a exploração dos recursos naturais. De modo geral, os fatores naturais exerceram grande influência na ocupação do território, no qual eram praticadas atividades como a **mineração** e a **agricultura**.

PARA EXPLORAR

Austrália. Direção: Baz Luhrmann. Austrália/Reino Unido/Estados Unidos, 2008 (165 min).
O filme narra a história de uma inglesa aristocrata e de um vaqueiro australiano que atravessam a Austrália para salvar uma propriedade herdada por ela. Ambientado na década de 1940, mostra a violência com que os povos nativos foram tratados pelos colonizadores.

Geração roubada. Direção: Phillip Noyce. Austrália, 2002 (94 min).
O enredo do filme se baseia na história real de três jovens aborígenes – duas irmãs e uma prima delas – que fogem de um centro educativo do governo britânico na Austrália e atravessam o país para voltar à aldeia de onde foram sequestradas.

EXTERMÍNIO DOS POVOS NATIVOS

Desde a chegada dos colonizadores europeus à Oceania, no século XVIII, os **povos originários** foram marginalizados. As diversas populações nativas que habitavam a região, como os aborígenes na Austrália e os maori na Nova Zelândia, foram expulsas de seus territórios, onde obtinham os recursos para sobreviver e com os quais mantinham forte vínculo cultural. Apenas recentemente os direitos desses povos e sua cultura foram reconhecidos.

Você acha importante valorizar os **idiomas falados pelos povos tradicionais** de um país?

Dozier Marc/Hemis/AFP

Pessoas da etnia huli (povo nativo da Papua Nova Guiné) se preparam usando trajes tradicionais para festival que reúne várias aldeias para apresentações de dança e música, em Port Moresby, Papua Nova Guiné. Foto de 2019.

ABORÍGENES

Os aborígenes são povos nativos da **Austrália** que habitam esse país há milhares de anos. Esses povos apresentam grande diversidade étnica e de organização social, com centenas de grupos distintos, que têm línguas e costumes diferentes.

P&F Photography/Alamy/Fotoarena

▲ **Aborígenes com trajes e pinturas tradicionais em festival em Gulkula, Austrália. Foto de 2022.**

Com a descoberta de jazidas minerais, em especial de ouro, acelerou-se a ocupação do território australiano pelos colonizadores europeus, o que aumentou a marginalização dos aborígenes. Após a independência nacional (1901) e o processo de desenvolvimento econômico, a partir do início do século XX, houve uma tentativa de forçar a "ocidentalização" dos aborígenes remanescentes.

MAORI

Os maori são os povos nativos da **Nova Zelândia**. Durante a colonização inglesa, eles foram perseguidos e quase aniquilados. Em 2021, correspondiam a aproximadamente 17% da população neozelandesa, vivendo principalmente nas áreas urbanas.

Fotos593/Shutterstock.com/ID/BR

▲ **Pessoas maori dançando a *haka*, típica da cultura desse povo, em Waitangi, Nova Zelândia. Foto de 2021.**

Os maori são conhecidos por suas tatuagens, chamadas de *ta moko*. Essas marcas definitivas no corpo e no rosto são uma expressão artística integrante de sua cultura, além de significar respeito e compromisso. Na cultura maori, as tatuagens são específicas de cada indivíduo e fornecem informações sobre ele, como as características tribais, a família à qual pertence e quais foram suas conquistas; por isso, são sinônimo de *status*.

Oceania: Densidade demográfica e reservas aborígenes (2021)

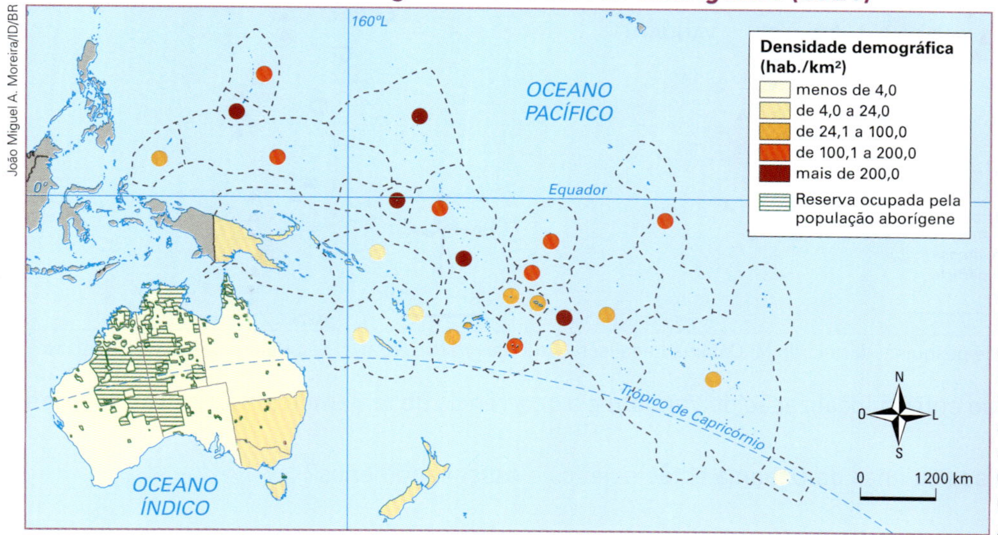

João Miguel A. Moreira/ID/BR

Fontes de pesquisa: *Reference world atlas*. New York: Dorling Kindersley, 2021. p. 176; Jon Altman; Francis Markham. Submission to the Select Committee on the effectiveness of the Australian Government's Northern Australia agenda. Disponível em: https://www.aph.gov.au/DocumentStore.ashx?id=45675035-0fd3-4698-b1a6-0e3883f82369&subId=669953. Acesso em: 13 abr. 2023.

ATIVIDADES

Acompanhamento da aprendizagem

Retomar e compreender

1. Cite o nome dos três grandes conjuntos de ilhas da Oceania.
2. Por que a Oceania é conhecida como Novíssimo Mundo?
3. Qual era o objetivo inicial da ocupação da Austrália pelos colonizadores europeus?
4. Descreva a relação que os colonizadores europeus estabeleceram com os povos nativos da Oceania.

Aplicar

5. Observe novamente os mapas *Oceania: Clima* e *Oceania: Vegetação nativa*, da página 253. Depois, responda às questões.
   a) Quais são os principais tipos climáticos e as formações vegetais predominantes na Oceania?
   b) Relacione o clima e a vegetação na Austrália e na Nova Zelândia.
   c) Retome o mapa *Oceania: Densidade demográfica e reservas aborígenes (2021)*, da página 255. Quais tipos de clima e de vegetação predominam nas áreas reservadas aos povos aborígenes?
   d) SABER SER Como as áreas reservadas aos aborígenes podem garantir a sobrevivência desses povos tradicionais da Austrália?

6. No início de 2021, um terremoto atingiu Vanuatu, na Oceania, gerando um alerta de *tsunami*. Observe no mapa a seguir a localização desse país e, depois, responda às questões.

Oceania: Áreas sísmicas e vulcanismo

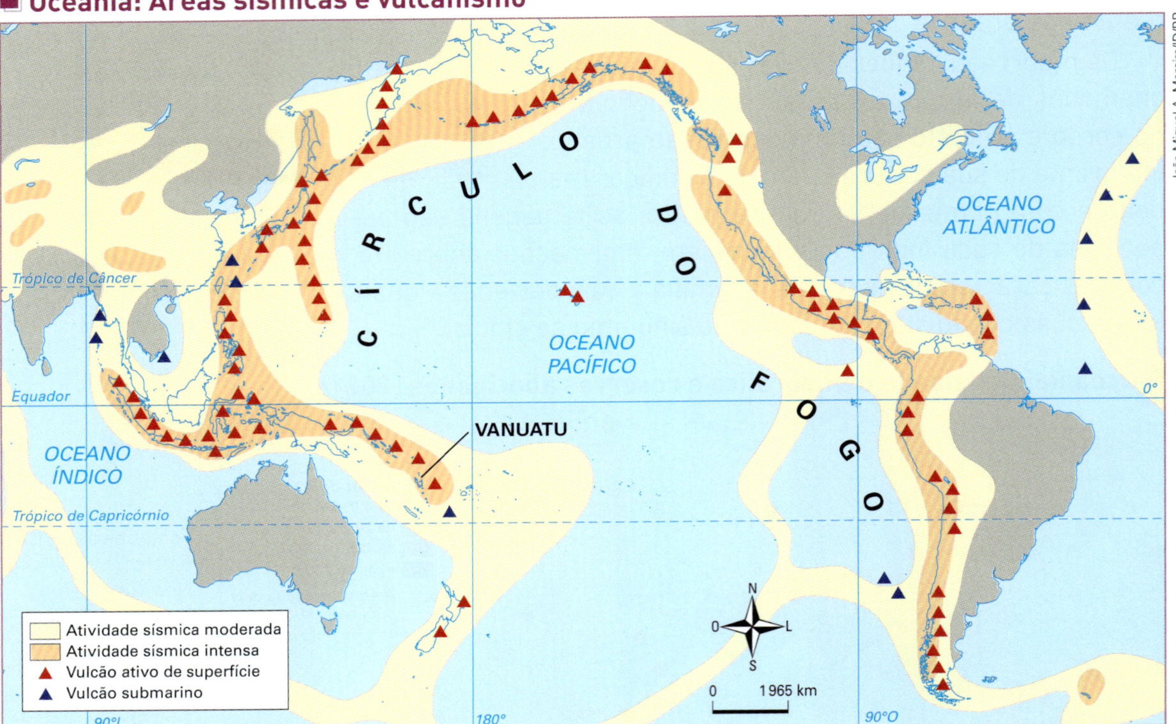

Fonte de pesquisa: Vera L. de M. Caldini; Leda Ísola. *Atlas geográfico Saraiva*. São Paulo: Saraiva, 2013. p. 169.

   a) Qual é a relação entre a localização de Vanuatu e a ocorrência de terremotos, *tsunami* e erupções vulcânicas?
   b) Que outros países ou ilhas da Oceania estão sujeitos a esses fenômenos?

CAPÍTULO

2 ECONOMIA DA OCEANIA

PARA COMEÇAR

Você sabe quais atividades econômicas são desenvolvidas na Austrália? E nos demais países da Oceania, como Nova Zelândia, Fiji e Tonga?

AUSTRÁLIA

A Austrália é o maior país da Oceania e o sexto maior do mundo. A ocupação mais intensa da Austrália pelos colonizadores foi impulsionada pela corrida do ouro entre 1830 e 1850. Nesse período, além de **mineradores**, chegaram ao território muitos colonos livres, que estabeleceram propriedades de criação de ovinos e lavouras de trigo para exportação.

A Austrália é o país mais **industrializado** da Oceania. Esse processo de desenvolvimento industrial iniciou-se no final do século XIX, principalmente em Sydney e Melbourne, com indústrias ligadas à produção de alimentos e às pecuárias bovina e ovina.

Como as grandes áreas desérticas encontram-se nas regiões central e oeste do país, o desenvolvimento das áreas industriais e das principais cidades ocorreu principalmente na porção leste, no litoral do oceano Pacífico. Nas grandes planícies dessa região desenvolveram-se também a agricultura e a pecuária extensiva de **bovinos** e de **ovinos**, que estão entre os maiores rebanhos do mundo.

Sucessivas ondas migratórias contribuíram para que Sydney e Melbourne se tornassem importantes centros urbanos. De acordo com o governo australiano, em 2018, quase 30% da população total do país era composta de estrangeiros.

▼ A cidade de Melbourne, uma das mais desenvolvidas da Austrália, foi eleita durante alguns anos (de 2011 a 2018) a melhor cidade do mundo para se viver. Pessoas praticando esporte de caiaque, outras passeando em embarcações, e outras, ainda, em momento de lazer na beira do rio Yarra, que passa pelo centro dessa cidade. Foto de 2020.

Greg Balfour Evans/ Alamy/Fotoarena

RECURSOS MINERAIS E ENERGÉTICOS

A Austrália apresenta grande quantidade e variedade de recursos minerais e energéticos. Em 2020, o país detinha cerca de 14% das reservas mundiais comprovadas de **carvão mineral** e 1,3% das reservas de **gás natural**. Entretanto, o petróleo é escasso no país, sendo preciso importar esse recurso.

A grande produção de carvão mineral, recurso usado nas siderurgias, faz da Austrália uma grande exportadora do produto, principalmente para seus parceiros comerciais na Ásia. Destacam-se também nesse país a produção e a exportação de bauxita, níquel, ferro, diamante, zinco e ouro.

A matriz energética australiana é muito dependente das fontes fósseis. As fontes de energia renováveis mais utilizadas são a eólica e a biomassa – a rede hidrográfica da Austrália é pequena e, por apresentar grande área de clima quente e seco, há um alto índice de evaporação.

CIDADANIA GLOBAL

MINERAÇÃO, CONSUMO E MUDANÇAS CLIMÁTICAS

A atividade de extração de minérios contribui significativamente para as mudanças climáticas, pois causa o desmatamento de vastas áreas e demanda grandes quantidades de energia (com intensa utilização de combustíveis fósseis).

1. Vários objetos usados em nosso cotidiano são feitos de minérios. Considerando os grandes custos ambientais da exploração mineral, investigue práticas e condutas individuais e coletivas que podem ser adotadas com o objetivo de diminuir a extração mineral.
2. Investigue e explique o que simboliza o Dia da Sobrecarga da Terra.
3. Debata com os colegas como o consumo de produtos e de mercadorias se relaciona com as mudanças climáticas.

Como estão distribuídos espacialmente **os recursos minerais e as atividades industriais e agropecuárias** nos principais países da Oceania?

Austrália: Evolução do consumo de energia por tipo de fonte (1975-2020)

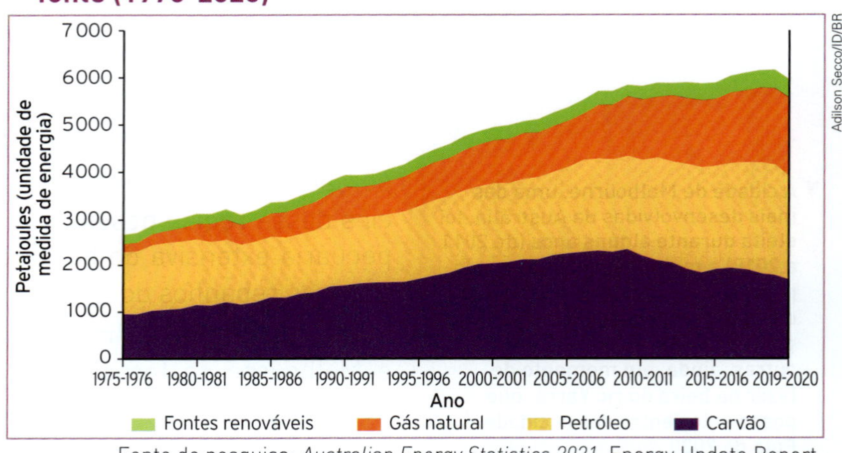

Fonte de pesquisa: *Australian Energy Statistics 2021*. Energy Update Report. Disponível em: https://www.energy.gov.au/publications/australian-energy-update-2021. Acesso em: 14 abr. 2023.

TURISMO

A atividade turística tem participação significativa na economia australiana. O país apresenta importantes reservas marinhas e parques nacionais de preservação do patrimônio ambiental. A **Grande Barreira de Coral**, situada no litoral nordeste da Austrália, é o maior complexo de recifes no mundo. Reconhecida como **patrimônio da humanidade**, conta com mais de 4 500 tipos de coral e 1 500 espécies de peixes; por isso, é procurada por pesquisadores e turistas do mundo todo.

Contudo, o turismo no país foi muito afetado pela pandemia de covid-19: desde o início, em 2020, a Austrália manteve restrições rígidas de acesso ao país, reabrindo as fronteiras somente no início de 2022.

NOVA ZELÂNDIA

A Nova Zelândia apresenta economia diversificada, especialmente nos setores primário e terciário. A **criação de gado** (sobretudo a ovinocultura), a **pesca** (com destaque para mariscos e mexilhões), a **agricultura** (com ênfase na produção de uva, utilizada na indústria de vinho, e de *kiwi*), a **silvicultura** (produção de papel e exploração madeireira) e o **turismo** são muito fortes no país, que desenvolve importante parceria comercial com a Austrália. A indústria é prioritariamente de transformação e atende sobretudo o mercado interno.

Fiona Goodall/AFP

▲ Rebanho de ovelhas em Auckland, Nova Zelândia. Foto de 2020.

A economia neozelandesa é uma das mais estáveis do mundo, apesar de também ser afetada pelas crises econômicas internacionais, como a causada pela pandemia de covid-19 – contudo, o país conseguiu se recuperar rapidamente, ainda em 2020. Essa característica nacional fez crescer as migrações para o país nos últimos anos. O turismo internacional é uma atividade de grande destaque na economia da Nova Zelândia, sobretudo o ecoturismo e o intercâmbio de estudantes.

Quanto à produção de energia, o país tem se destacado na pesquisa e no desenvolvimento de tecnologias de fontes de energia renováveis, como a eólica, a hídrica e a geotérmica.

ILHAS FISCAIS

Muitos países e possessões da Oceania compõem os chamados "paraísos fiscais", locais que têm um sistema bancário com regimes de tributação privilegiados e dificultam o compartilhamento de informações com outros países. No final 2021, segundo a União Europeia, estavam na lista de "paraísos fiscais": Samoa Americana, Fiji, Guam, Palau, Samoa e Vanuatu.

ILHAS DO PACÍFICO

Os principais países independentes no Pacífico são Fiji, Ilhas Marshall, Ilhas Salomão, Kiribati, Nauru, Palau, Papua Nova Guiné, Samoa, Tonga, Tuvalu e Vanuatu. Na maioria desses países, a base da economia está no **turismo**, na **agricultura** e na **pesca**.

A região tem muitas possessões de nações hegemônicas, que dependem de ajuda externa e muitas vezes são controladas economicamente pelos países que as incorporaram. É o caso das ilhas Marianas do Norte e de Guam, possessões estadunidenses; e da Polinésia Francesa, possessão da França.

Mar-Vic Cagurangan/AFP

Baía de Tumon, em Guam. Essa ilha faz parte do arquipélago das Marianas e é uma possessão dos Estados Unidos. Além do apelo turístico de suas praias, que atraem sobretudo visitantes asiáticos, a ilha abriga importantes bases militares estadunidenses. Foto de 2021. ▶

ATIVIDADES

Acompanhamento da aprendizagem

Retomar e compreender

1. Quais são as atividades que se destacam na economia australiana?
2. Caracterize, em aspectos gerais, a economia da Nova Zelândia.

Aplicar

3. Analise o mapa a seguir para responder às questões.

Austrália: Organização do território (2021)

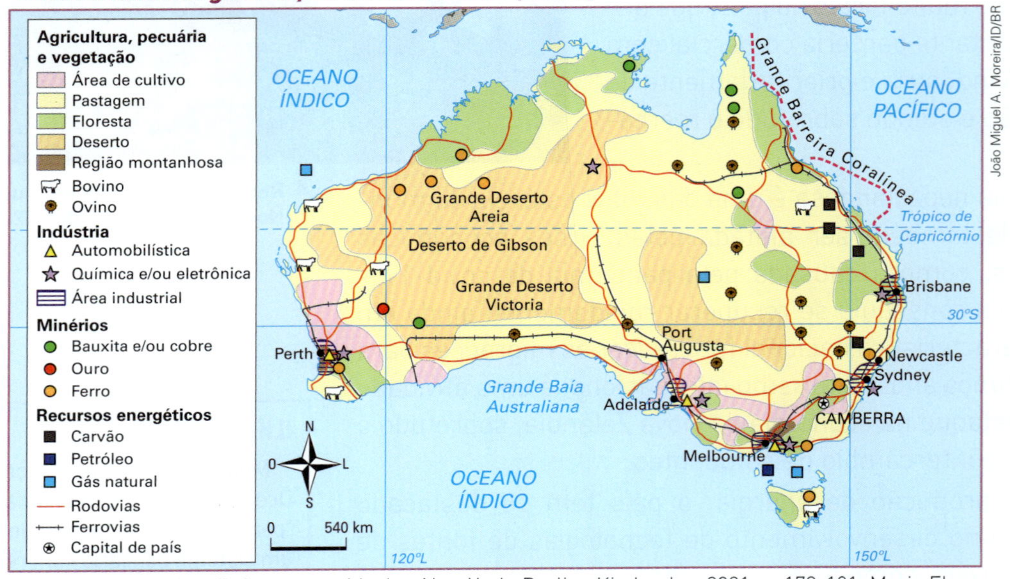

Fontes de pesquisa: *Reference world atlas*. New York: Dorling Kindersley, 2021. p. 178-181; Maria Elena Simielli. *Geoatlas*. 35. ed. São Paulo: Ática, 2019. p. 101; *Atlas geográfico escolar*. 8. ed. Rio de Janeiro: IBGE, 2018. p. 53.

a) Quais são os principais recursos minerais e energéticos da Austrália?

b) Identifique em quais regiões da Austrália se pratica a agropecuária e explique por que na região central da Austrália não se pratica esse tipo de atividade econômica.

c) Em sua opinião, que fatores interferem na distribuição de ferrovias e rodovias da Austrália?

4. Leia o texto a seguir. Depois, responda às questões.

> A mineração é uma das atividades econômicas que mais afeta o meio ambiente. A exploração da mina de cobre de Ok Tedi, por exemplo, em uma área de floresta equatorial de Papua Nova Guiné, causou grandes impactos ambientais e sociais. A mineradora australiana que explorava o recurso admitiu que despejou milhões de toneladas de rejeitos nas bacias dos rios Ok Tedi e Fly. A contaminação das águas desses rios comprometeu a vida de milhares de pessoas que habitavam a região, a maioria camponeses e pescadores.
>
> Texto para fins didáticos.

a) Quais danos ambientais a mineradora australiana causou durante a exploração de cobre em Papua Nova Guiné?

b) Em que medida a contaminação das águas dos rios comprometeu a vida da população local?

c) SABER SER Em sua opinião, que medidas o poder público pode adotar para evitar que danos ambientais como esses ocorram?

Mudanças climáticas e os refugiados do clima

Leia o texto a seguir, que aborda algumas possíveis consequências das mudanças climáticas para as nações da Oceania.

Entenda o que acontecerá com Maldivas e Tuvalu caso fiquem submersas no oceano

Se Maldivas ou Tuvalu fossem submersas pelo oceano, estariam condenados a desaparecer do mapa como país? E seus cidadãos? Essa possibilidade real provocada pela mudança climática representa um desafio sem precedentes para a comunidade internacional e para os povos ameaçados de perder até mesmo sua identidade [...]

De acordo com especialistas em clima da ONU, o nível do mar subiu entre 15 e 25 cm desde 1900, e o ritmo está se acelerando em algumas áreas tropicais.

Se as emissões de gases do efeito estufa continuarem nas taxas atuais, os oceanos poderão aumentar mais um metro ao redor das ilhas do Pacífico e do Índico até o final do século.

Embora seja verdade que ainda esteja abaixo do ponto mais alto dos pequenos Estados insulares mais planos, a subida do nível do mar será acompanhada por um aumento das tempestades e por grandes ondas que contaminarão a água e a terra com sal [...].

De acordo com um estudo citado pelo painel de especialistas em clima da ONU (IPCC), cinco Estados (Maldivas, Tuvalu, Ilhas Marshall, Nauru e Kiribati) correm o risco de se tornarem inabitáveis até 2100, criando 600 000 refugiados climáticos apátridas [...].

Essa situação é inédita. É verdade que as guerras varreram alguns Estados do mapa, mas "nunca vimos um Estado perder completamente seu território, devido a um evento físico como o aumento do nível do oceano", diz Sumudu Atapattu, da Universidade de Wisconsin-Madison [Estados Unidos].

Ministério da Justiça, Comunicação e Relações Exteriores/Governo de Tuvalu

▲ Ministro de Tuvalu discursa para a COP-26 (Conferência das Nações Unidas sobre Alterações Climáticas) de dentro do mar. O objetivo foi chamar a atenção do mundo para o aumento do nível do mar. Foto de 2021.

A Convenção de Montevidéu de 1933 sobre os direitos e deveres dos Estados, referência na matéria, é clara: um Estado é constituído [de] um território definido, uma população permanente, um governo e a capacidade de interagir com outros Estados [...]

[A] iniciativa "Rising Nations" lançada em setembro [2022] por vários governos do Pacífico [tem o seguinte objetivo]: "Convencer os membros da ONU a reconhecer nossa nação, mesmo que estejamos submersos pelas águas, porque é nossa identidade", declarou à AFP o primeiro-ministro de Tuvalu, Kausea Natano.

Entenda o que acontecerá com Maldivas e Tuvalu caso fiquem submersas no oceano. *Exame*, 10 out. 2022. Disponível em: https://exame.com/casual/entenda-o-que-acontecera-com-maldivas-e-tuvalu-caso-fiquem-submersas-no-oceano/. Acesso em: 14 abr. 2023.

Em discussão

1. Por que Tuvalu corre o risco de desaparecer?
2. Por que o primeiro-ministro de Tuvalu quer garantir que o país, mesmo desaparecendo, possa ser reconhecido como um Estado?

Os mapas e o mundo em rede

Desde o fim do século XX, o avanço das tecnologias de informação e comunicação (TICs) transformou profundamente as relações humanas no âmbito cultural e econômico. Na década de 1980, a telefonia se difundiu rapidamente e, no início dos anos 2000, foi a vez da internet.

As condições de infraestrutura, como a instalação de antenas, cabos, operadoras e satélites, que possibilitam a transmissão de dados em tempo real, são fundamentais para a difusão das **telecomunicações**. Essa infraestrutura pode ser representada em mapas, que evidenciam as conexões mundiais em **rede**. Tais representações podem revelar também as regiões do mundo que apresentam maior e menor acesso a essas tecnologias. Em muitos países, devido à falta de investimentos e de infraestrutura adequada, o acesso a alguns meios de comunicação é insuficiente.

Observe o mapa a seguir. Nele, é possível analisar a rede de cabos submarinos, representada por **linhas** cor-de-rosa, que liga os continentes e viabiliza sistemas de comunicação entre eles.

O mapa mostra também a parcela da população que usa a internet por país, estabelecendo **categorias** por meio de **cores** – das mais claras para as mais escuras. Essa informação possibilita analisar também as diferenças de acesso à internet no mundo.

Mundo: Rede de cabeamentos submersos e percentual de população com acesso à internet

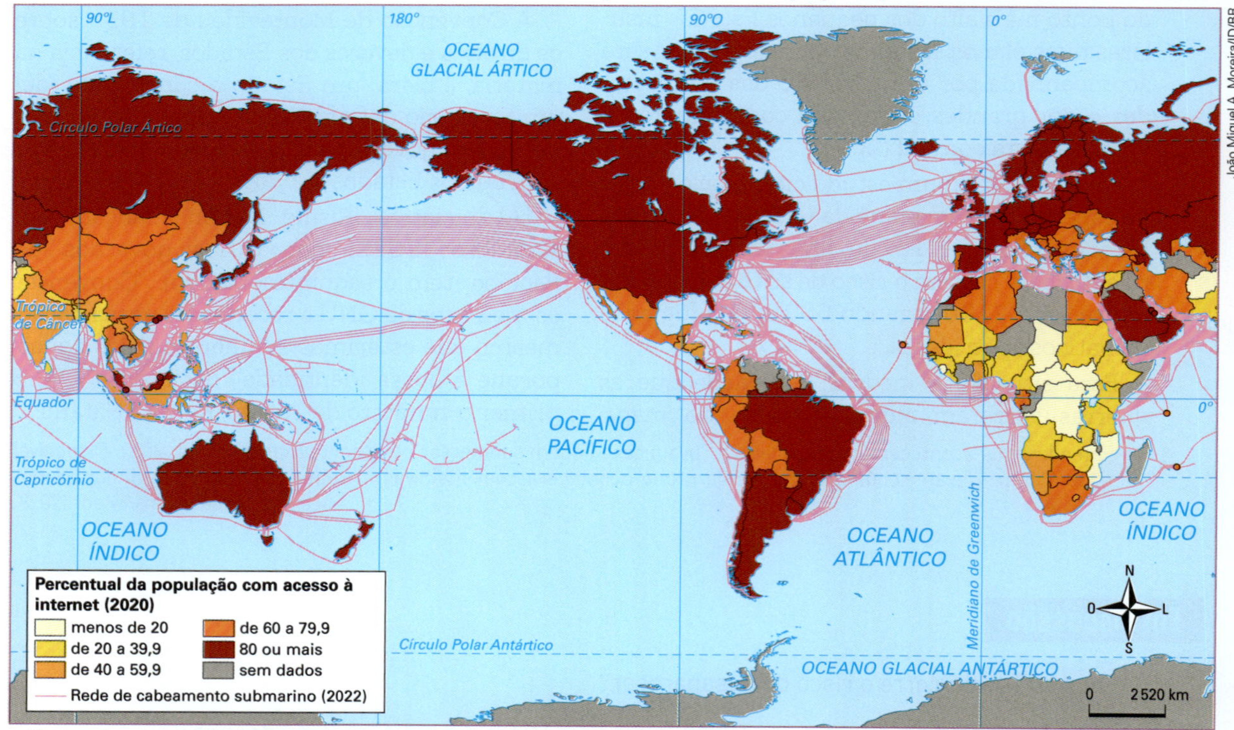

Fontes de pesquisa: TeleGeography. Submarine Cable Map. Disponível em: https://www.submarinecablemap.com/; Banco Mundial. Disponível em: https://data.worldbank.org/indicator/IT.NET.USER.ZS?most_recent_year_desc=true. Acessos em: 14 abr. 2023.

Agora, observe o mapa a seguir, que representa a conexão das diferentes regiões do mundo por linhas aéreas. É possível identificar que há grande concentração de linhas aéreas entre a Europa Ocidental e os Estados Unidos e entre os Estados Unidos e o Leste Asiático. Entretanto, há menos linhas aéreas entre as regiões citadas e a América Latina, a África, parte da Ásia e da Oceania, e entre essas regiões.

Por esse mapa, também é possível identificar que na Europa Ocidental e nos Estados Unidos está concentrada a maior quantidade de aeroportos.

Mundo: Aeroportos e linhas aéreas (2018)

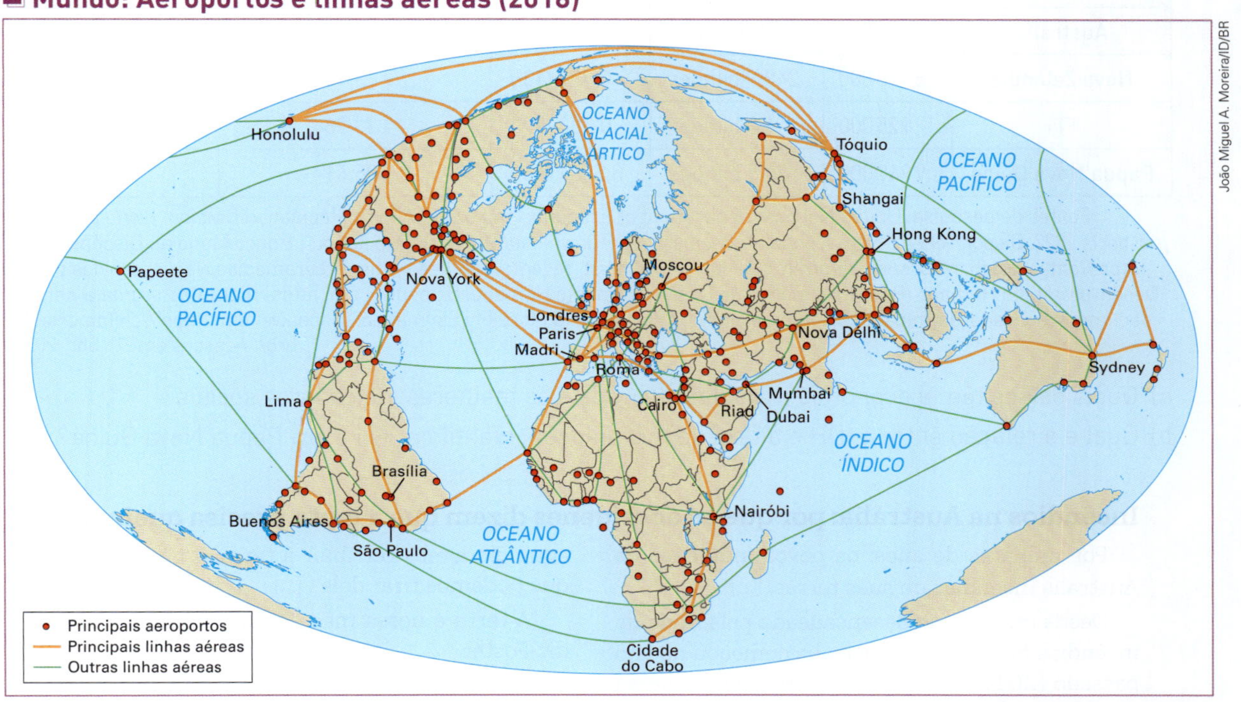

Nota: Em mapas nesta projeção, não é possível indicar a orientação e a escala.
Fonte de pesquisa: *Atlante geografico De Agostini*. Novara: Istituto Geografico De Agostini, 2018. p. 85.

Pratique

1. Observe o mapa da página anterior e responda:
   a) Que tipo de variável visual foi utilizada para representar a rede de cabeamento submarino mundial?
   b) Em quais países a população tem mais acesso à internet?
2. Analise novamente o mapa desta página e responda: Em quais países e regiões há maior concentração de aeroportos e de linhas aéreas?
3. O que é possível afirmar sobre a presença de aeroportos e linhas aéreas nos países da Oceania? E sobre a presença de aeroportos e linhas aéreas no Brasil?
4. Converse com os colegas: Há grandes diferenças entre os países quanto ao percentual da população com acesso à internet? Que fatores explicam isso?

ATIVIDADES INTEGRADAS

Analisar e verificar

1. Cite características do relevo, da hidrografia, do clima, da vegetação e da estrutura geológica:

a) da Austrália; b) da Nova Zelândia; c) das ilhas do Pacífico.

2. Analise e compare os dados da tabela a seguir e, depois, responda às questões.

OCEANIA: DADOS SOCIOECONÔMICOS DE PAÍSES SELECIONADOS (2021)					
País	População	PIB (em dólares)	IDH e posição	Taxa de mortalidade infantil (por mil nascimentos)	Expectativa de vida (em anos)
Austrália	25 921 000	1,5 trilhão	0,951 (5ª)	3,16	84,5
Nova Zelândia	5 130 000	249,9 bilhões	0,937 (13ª)	3,96	82,5
Fiji	925 000	4,5 bilhões	0,730 (99ª)	23,26	67,1
Papua Nova Guiné	9 949 000	26,5 bilhões	0,558 (156ª)	35,41	65,4

Fontes de pesquisa: United Nations. Department of Economic and Social Affairs. Population Division. *World population prospects 2022*. Disponível em: https://population.un.org/wpp/Download/Standard/Population/; Banco Mundial. Disponível em: https://data.worldbank.org/indicator/NY.GDP.MKTP.CD?most_recent_year_desc=true; Programa das Nações Unidas para o Desenvolvimento Humano (Pnud). Relatórios de Desenvolvimento Humano. Disponível em: https://hdr.undp.org/data-center/documentation-and-downloads; UN Inter-agency Group for Child Mortality Estimation. Disponível em: https://childmortality.org/. Acessos em: 14 abr. 2023.

a) Quais países têm a economia mais desenvolvida e os melhores indicadores sociais?

b) Qual é a relação entre o IDH e a taxa de mortalidade infantil em Fiji e em Papua Nova Guiné?

Incêndios na Austrália: por que os aborígenes dizem que a mata precisa queimar

Por milhares de anos, os povos indígenas da Austrália incendiaram suas terras. [...]

Desde que a crise desencadeada pela onda de incêndios florestais na Austrália começou no ano passado [2019], os apelos pela reinserção dessa técnica aumentaram. Mas isso deveria ter sido feito antes, argumenta uma especialista em cultura aborígene.

"A mata precisa queimar", diz Shannon Foster. Ela é guardiã do conhecimento do povo d'harawal, transmitindo informações que foram passadas a ela por seus antepassados, além de professora de Cultura Aborígene na Universidade de Tecnologia de Sydney (UTS), na Austrália. [...]

"É a ideia de preservar a terra, central para tudo o que fazemos como aborígenes. É sobre como podemos retribuir à terra; e não apenas o que podemos tirar dela". [...]

"A terra é nossa mãe. Ela nos mantém vivos", diz Foster.

Embora as autoridades realizem atualmente queimadas de redução de riscos, com foco na proteção de vidas e propriedades, Foster diz que "claramente não está funcionando".

"As atuais queimadas controladas destroem tudo. É uma maneira ingênua de praticar o manejo do fogo, e não leva em conta o conhecimento dos povos indígenas que conhecem melhor a terra", avalia.

"Já a queimada cultural protege o meio ambiente de forma holística. Estamos interessados em cuidar da terra, acima de propriedades e ativos". [...]

Gary Nunn. Incêndios na Austrália: por que os aborígenes dizem que a mata precisa queimar. *BBC*, 13 jan. 2020. Disponível em: https://www.bbc.com/portuguese/internacional-51089027. Acesso em: 23 maio 2023.

3. Leia o texto a seguir e, depois, responda às questões.

a) Qual é o intuito da queimada cultural praticada pelos povos aborígenes?

b) SABER SER Em sua opinião, qual é a importância de valorizar o conhecimento dos povos tradicionais?

4. Observe as informações da tabela a seguir e, depois, responda à questão.

OCEANIA: POSSESSÕES (2018)	
Possessões	A que país pertencem
Ilhas Guam, ilhas Howland, ilhas Jarvis, ilhas Marianas do Norte, ilhas Palmyra e Samoa Americana	Estados Unidos
Nova Caledônia, Polinésia Francesa e ilhas Wallis e Futuna	França
Ilhas Pitcairn	Reino Unido

Fonte de pesquisa: *Atlante geografico De Agostini*. Novara: Istituto Geografico De Agostini, 2018. p. 252-253.

- Qual é o interesse dos Estados Unidos, da França e do Reino Unido nas ilhas da Oceania?

5. Observe os mapas e faça o que se pede a seguir.

Oceania: Temperatura

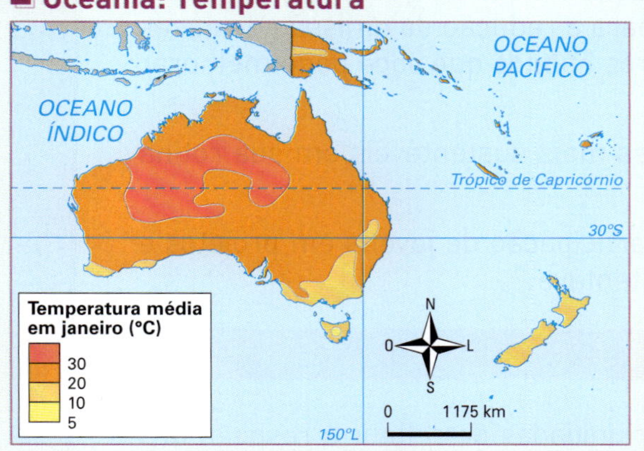

Oceania: Precipitações anuais

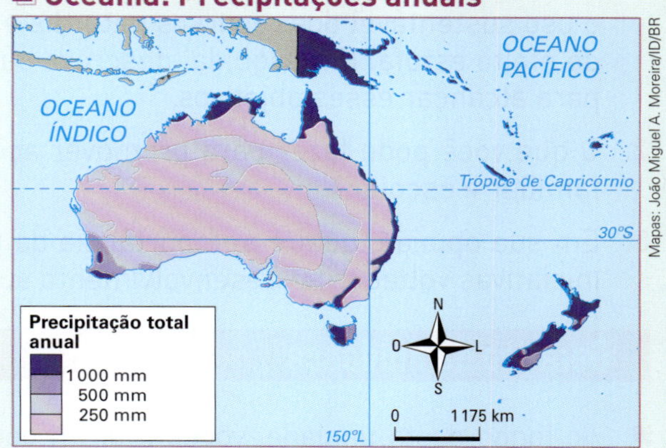

Mapas: João Miguel A. Moreira/ID/BR

Fontes de pesquisa dos mapas: *Atlante geografico De Agostini*. Novara: Istituto Geografico De Agostini, 2018. p. 250; *Atlante geografico metodico De Agostini*. Novara: Istituto Geografico De Agostini, 2014. p. 174.

a) Anote as temperaturas médias em janeiro e a quantidade de precipitação anual nas porções central e norte e na costa leste da Austrália.

b) Relacione as informações obtidas nos mapas com a distribuição da população e das atividades econômicas nesse país.

Criar

6. SABER SER Leia o texto a seguir e faça o que se pede.

> [...] O branqueamento é uma resposta natural de defesa dos corais a situações de estresse térmico, mas que pode levá-los à morte em condições extremas [...].
>
> Quando a temperatura ambiente fica muito elevada, por muito tempo, os corais perdem as suas zooxantelas – microalgas fotossintetizantes que dão cor aos seus tecidos e são a sua principal fonte de energia, mas que produzem compostos nocivos quando a água fica quente demais, forçando os corais a expeli-las. Consequentemente, eles ficam brancos e incapazes de se alimentar via fotossíntese durante esse período. [...]
>
> Eventos recentes de branqueamento em massa, associados ao aquecimento global, já mataram diversos recifes ao redor do mundo [...].
>
> Herton Escobar. Branqueamento ameaça sobrevivência de corais no litoral paulista. *Jornal da USP*, 2 maio 2019. Disponível em: https://jornal.usp.br/ciencias/ciencias-ambientais/branqueamento-ameaca-sobrevivencia-de-corais-no-litoral-paulista/. Acesso em: 14 abr. 2023.

- Forme dupla com um colega. Juntos, façam uma investigação para descobrir quais são as consequências do desaparecimento dos corais. Depois, elaborem um relatório com as informações obtidas.

Retomando o tema

Nesta unidade, você estudou o contexto histórico de colonização da Oceania, bem como suas características físicas e econômicas. Além disso, conheceu alguns dos problemas enfrentados pelos Estados desse continente, causados pelas mudanças climáticas. Agora, chegou o momento de refletir a respeito de seu papel no combate à aceleração das mudanças climáticas e o que pode ser feito para reverter esse cenário.

1. Cite alguns de seus comportamentos e práticas cotidianas que colaboram para o uso sustentável dos recursos naturais e para a redução da emissão de gases de efeito estufa. Em seguida, descreva outros hábitos que você pode melhorar para alcançar esses objetivos.
2. O que você pode fazer para promover ações mais sustentáveis em sua rotina familiar e escolar?
3. Em sua opinião, qual é a importância da participação de jovens em projetos e iniciativas voltados ao desenvolvimento sustentável?

Geração da mudança

- Ao longo desta unidade, vocês tiveram oportunidades de refletir a respeito dos impactos (positivos ou negativos) que as suas ações podem exercer nas questões ambientais e climáticas globais. Com base nessa perspectiva, elaborem uma carta destinada a vocês mesmos no futuro, descrevendo quais são seus compromissos e metas relacionados à mitigação da crise do clima e à promoção da sustentabilidade, bem como suas expectativas e sonhos para o futuro do planeta. Ao final, vocês deverão reunir as cartas elaboradas e colocá-las em uma caixa, denominada **"O futuro que queremos"**, e que simbolizará uma cápsula do tempo. Além das cartas, vocês podem também selecionar e incluir reportagens e matérias informativas que apresentem estimativas e hipóteses sobre a questão climática no futuro. Escolham um local para guardar a cápsula e estabeleçam quando irão abri-la para confirmar ou refutar os pensamentos e as análises do presente.

Autoavaliação

Yasmin Ayumi/ID/BR

Wayhome studio/Shutterstock.com/ID/BR

UM TELEJORNAL SOBRE A ÁSIA

Em seu cotidiano, há a presença de produtos originários da Ásia? Atualmente, consumimos produtos eletrônicos, itens de vestuário, calçados e automóveis fabricados pela indústria asiática. No mundo globalizado, além de produtos, recebemos influências culturais e temos contato com acontecimentos que ocorrem em lugares muito distantes de onde vivemos. Por isso, a informação transformou-se em algo fundamental para a compreensão dos processos em que estamos inseridos e para a tomada de decisões.

Hoje, o telejornalismo é um importante meio de informação para muitas pessoas ao redor do mundo. Os telejornais contribuem para a formação da opinião pública sobre diversos assuntos, atualizando as pessoas sobre acontecimentos relevantes. Agora, você e os colegas vão produzir um telejornal sobre a Ásia para informar a comunidade em que vivem.

No telejornal, **notícias**, **reportagens** e **editoriais** são comumente apresentados por jornalistas, em linguagem acessível ao público, utilizando **imagens** como o principal recurso de comunicação. Em geral, as reportagens são distribuídas dentro de quadros temáticos (política, economia, cultura, esportes, etc.).

Agora, convidamos você e os colegas para prepararem uma edição de telejornal com informações atuais sobre a Ásia. Vocês poderão elaborar matérias de assuntos que considerarem importantes para mostrar aspectos sociais, culturais, ambientais econômicos e políticos dos países asiáticos. Um ponto de partida para a investigação de temas de reportagens podem ser os temas sobre a Ásia estudados neste livro.

Objetivos

- Planejar e produzir um telejornal com informações atuais do continente asiático.
- Conhecer elementos de gêneros jornalísticos e aplicá-los como ferramentas de comunicação.
- Aprofundar conhecimentos sobre aspectos populacionais, políticos e econômicos de países da Ásia, além de discutir desigualdades socioeconômicas e os impactos das ações humanas em ambientes naturais desses países.

Planejamento

Discussão inicial

- O trabalho pode começar com a realização de uma tarefa de casa: assistir a telejornais para observá-los e fazer anotações a respeito do formato deles: Qual a duração média das reportagens veiculadas?; Existe um tom mais descontraído ou mais formal no conteúdo das matérias e na apresentação do programa?; Há algum tema mais recorrente nas reportagens (política ou economia, por exemplo)? Em sala de aula, comentem as descobertas que cada um fez e comecem a imaginar como será a edição do telejornal que vão produzir.
- Para facilitar a produção das matérias que vão compor o telejornal, sugerimos a criação de quadros para o programa, como economia, política, cultura, turismo, ciência e tecnologia, meio ambiente, etc. Por exemplo: em um quadro sobre economia, pode-se abordar o papel dos investimentos em educação e ciência no desenvolvimento tecnológico e industrial dos países do Leste e Sudeste Asiáticos.
- Pensem em formas de veicular os telejornais que vocês, em grupos, produzirão. Pode-se, por exemplo, criar um canal em uma plataforma de vídeos na internet.

SOPA Images/LightRocket via Getty Images

Na Índia, acontecem diversos festivais ao longo do ano em homenagem a divindades do hinduísmo. Por exemplo, os indianos comemoram a chegada da primavera em um festival conhecido como Holi. Durante esse festival, as pessoas saem nas ruas jogando pó colorido umas nas outras. Que tal fazer uma matéria para o telejornal abordando a cultura e os festivais da Índia? Na foto, festival Holi na Índia, em 2023.

Organização da turma

1 Organizem-se em grupos de cinco ou seis integrantes.

2 Cada grupo deve distribuir entre seus integrantes as funções relacionadas à organização do telejornal (também é possível que os integrantes tenham mais de uma função):

- Os **repórteres** vão recolher informações, imagens (o que pode envolver a realização de entrevistas filmadas e pesquisa de vídeos de agências de notícias) e redigir as matérias para a apresentação.
- Os **editores** deverão auxiliar os repórteres na definição das matérias e dos quadros temáticos, organizar a apresentação do telejornal e participar da montagem final do programa.
- Os **apresentadores** do telejornal vão apresentar, durante o programa, as notícias elaboradas pelos repórteres e editores.
- A **equipe de gravação** deve realizar as gravações de imagem com os apresentadores e filmar eventuais entrevistas, elaborar a abertura e os créditos finais do telejornal e, por fim, editar todos esses materiais em conjunto com os editores para transformá-los em um telejornal.

Procedimentos

Parte I – Produção das matérias

1. Em conjunto com os editores, os repórteres devem definir as pautas, ou seja, os temas das notícias e reportagens.
2. Em seguida, os repórteres devem buscar informações sobre as pautas em agências de notícias, livros e *sites*. Dependendo do tema abordado em alguma reportagem é possível realizar entrevistas. Vocês devem pesquisar também imagens e vídeos, que ajudarão a comunicar as notícias e reportagens.
3. De posse do material, os repórteres poderão transformá-lo em reportagens. Para isso, devem criar os textos que serão lidos pelos apresentadores do telejornal e acompanhados da exibição de imagens.
4. Os repórteres também criarão as legendas que serão exibidas com as imagens, indicando a qual acontecimento se referem e as fontes de onde foram extraídas. Se houver vídeos com entrevistas, as legendas devem identificar o repórter e as pessoas entrevistadas.

CFOTO/Future Publishing/Getty Images

↑ A China é, desde 2017, o país que mais consome energia solar do mundo e o governo do país tem investido para aumentar a capacidade de produção desse tipo de energia limpa e diminuir a dependência dos combustíveis fósseis. Acerca do tema meio ambiente, pode ser interessante fazer uma matéria que aborde como os países asiáticos estão se preparando para tornar suas matrizes energéticas mais limpas. Na foto, painéis solares na China, em 2023.

Imagem de fundo: pixabay.com/ID/BR; adesivos: Tortoon/Shutterstock.com/ID/BR

Parte II – Gravação e edição do telejornal

1. Concluído o trabalho de reportagem, é a vez de os editores prepararem o texto de abertura do telejornal, no qual devem constar a saudação dos apresentadores ao público; o nome do jornal; e a **escalada,** um breve anúncio dos principais destaques do telejornal. Finalizando essas tarefas, os editores devem juntar todos os materiais elaborados pelo grupo, reunir-se com a equipe de gravação e preparar um roteiro de gravação para os apresentadores do telejornal.
2. A equipe de gravação deve preparar um cenário para a apresentação do telejornal, reunir-se com os apresentadores e, com celular ou câmera, realizar a gravação do programa de acordo com o roteiro.
3. A equipe de gravação também deve criar uma abertura, com o nome do telejornal, e elaborar os créditos finais, nos quais aparecem os nomes das pessoas que participaram da produção e as fontes de pesquisa.
4. Por fim, para montar o telejornal, a equipe de gravação deve descarregar todo o material gravado – além de imagens, vídeos e entrevistas – em um programa de edição de vídeo. A montagem do telejornal será feita com o acompanhamento dos editores.

Compartilhamento

1. Após a finalização do telejornal, o trabalho deve ser exibido para os outros grupos em sala de aula. Para isso, pode-se utilizar um projetor multimídia conectado a um computador. Em seguida, pode-se realizar um debate sobre as reportagens apresentadas por todos os grupos.
2. Para que o telejornal atinja um público mais amplo, a turma poderá criar um canal em uma plataforma de vídeos na internet e publicar todos os telejornais produzidos pela turma.

Avaliação

1. Como vocês avaliam o processo de concepção, elaboração e veiculação do telejornal realizado pelo grupo?
2. Você considera que seu grupo realizou um trabalho satisfatório? Por quê?
3. O telejornal contribuiu para informar o público a respeito do que ocorre atualmente no continente asiático? Qual é a importância dessas informações?
4. SABER SER Como vocês se sentiram durante a realização das pesquisas e a elaboração do telejornal?

Jan Ali Laghari/Anadolu Agency/Getty Images

↑ Outra possibilidade de tema para uma reportagem é a luta das mulheres por igualdade de gênero em países asiáticos. A foto acima mostra paquistanesas em manifestação no Dia das Mulheres em Hyderabad, Paquistão, 2023.

Imagem de fundo: pixabay.com/ID/BR; adesivos: Tortoon/Shutterstock.com/ID/BR

PREPARE-SE!

Questão 1

Observe as cenas retratadas nas imagens a seguir, que apresentam características do conjunto de transformações do modo de produção industrial no decorrer do tempo.

Heritage Image Partnership Ltd/Alamy/Fotoarena

▲ Indústria automotiva nos Estados Unidos. Foto de 1915.

VCG/Getty Images

▲ Indústria automobilística na China. Foto de 2023.

Acerca dos contextos históricos e geográficos a que remetem essas imagens, qual afirmativa a seguir é correta?

a) Por ser um fenômeno mundial, o processo de desenvolvimento da indústria foi experimentado por todos os continentes de maneira simultânea e similar.

b) As imagens evidenciam que, ao longo do tempo, o processo de produção foi modificado com base em avanços técnicos, impactando também as relações de trabalho.

c) O atual estágio da globalização permitiu a democratização do acesso à tecnologia, de modo que, em relação aos diferentes países do globo, não mais se observa desenvolvimento desigual.

d) Historicamente, o desenvolvimento industrial teve início nos territórios que os europeus denominaram "Novo Mundo".

e) As imagens revelam que, mesmo com o passar do tempo, o trabalho manual ainda exerce a mesma importância no processo produtivo.

Questão 2

Leia o texto a seguir.

> Em decorrência das tecnologias oriundas da eletrônica e da informática, os meios de comunicação adquirem maiores recursos, mais dinamismos, alcances muito mais distantes. Os meios de comunicação de massa, potenciados por essas tecnologias, rompem ou ultrapassam fronteiras, culturas, idiomas, religiões, regimes políticos, diversidades e desigualdades socioeconômicas e hierarquias raciais, de sexo e idade. Em poucos anos, na segunda metade do século XX, a indústria cultural revoluciona o mundo da cultura, transforma radicalmente o imaginário de todo o mundo. Forma-se uma cultura de massa mundial, tanto pelas produções locais e nacionais como pela criação diretamente em escala mundial. São produções musicais, cinematográficas, teatrais, literárias e muitas outras, lançadas diretamente no mundo como signos mundiais ou da mundialização. [...]
>
> Octavio Ianni. A aldeia global. Em: *Teorias da globalização*. 9. ed. Rio de Janeiro: Civilização Brasileira, 2001. p. 119-120.

Agora, considere as afirmações a seguir.

I. Os processos de integração econômica e cultural, característicos da globalização, suprimiram as desigualdades socioeconômicas entre países.

II. O processo de globalização não se restringe às esferas econômica e política, dado que seu alcance é, também, cultural.

III. A indústria cultural produz, por exemplo, músicas, filmes e séries, e os distribui, sob a forma de mercadoria, por todo o mundo.

IV. As redes sociais favoreceram diversas manifestações e movimentos políticos, graças à veracidade de todas as informações distribuídas por aplicativos de mensagens.

Com base na leitura do texto e no que se sabe a respeito do processo de globalização, é verdadeiro o que se afirma em:

a) I, II e III.
b) III e IV.
c) III, apenas.
d) II e III.
e) II e IV.

Questão 3

Observe a charge a seguir.

▲ Charge de Gilmar Fraga.

Levando em consideração o contexto histórico retratado na charge, qual afirmação está **incorreta**?

a) Durante a pandemia de covid-19, uma alternativa adotada no âmbito da educação foi o apelo a recursos de ensino remoto e aulas *on-line*.
b) A pandemia afetou desigualmente as pessoas; de modo geral, suas consequências foram mais graves nos países menos desenvolvidos.
c) A desigualdade de acesso à internet, por exemplo, é um fator fundamental para se compreender a dificuldade de participação de muitos estudantes brasileiros em aulas e atividades remotas.
d) O período de pandemia de covid-19 agravou as desigualdades educacionais no Brasil, que já eram significativas.
e) A polissemia explorada pelo uso da palavra "sinal", na charge, demonstra que, apesar da ausência de sinal de internet, o estudante foi incluído na aula virtual.

Questão 4

Observe os gráficos a seguir.

Brasil: Principais produtos de exportação (2022)

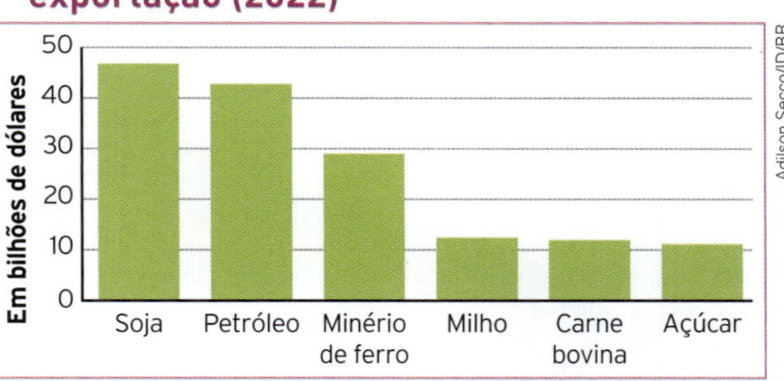

Fonte de pesquisa: Brasil. Ministério do Desenvolvimento, Indústria, Comércio e Serviços (MDIC). ComexVis. Disponível em: http://comexstat.mdic.gov.br/pt/comex-vis. Acesso em: 23 jan. 2023.

Brasil: Principais destinos das exportações (2022)

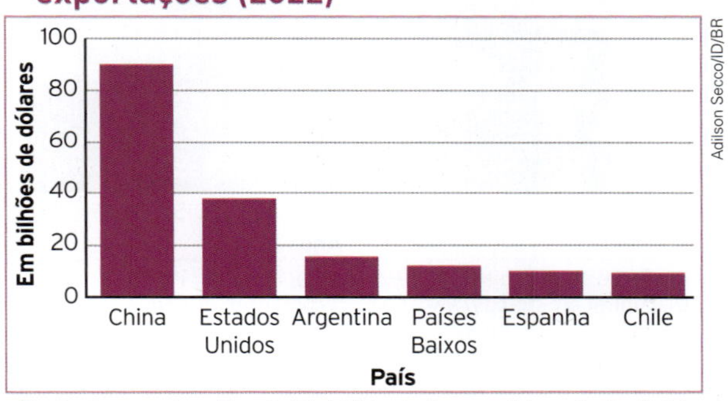

Fonte de pesquisa: Brasil. Ministério do Desenvolvimento, Indústria, Comércio e Serviços (MDIC). ComexVis. Disponível em: http://comexstat.mdic.gov.br/pt/comex-vis. Acesso em: 23 jan. 2023.

Qual das afirmações a seguir é a correta?

a) O Brasil diferencia-se dos países menos desenvolvidos por exportar, principalmente, produtos industrializados.
b) Os países do continente americano são pouco importantes quando se analisam as relações comerciais das quais o Brasil faz parte.
c) Em 2022, o papel das *commodities* nas transações comerciais brasileiras foi reduzido.
d) A China tornou-se um importante parceiro comercial brasileiro. A participação chinesa no comércio global, por meio da exportação de produtos industrializados, ampliou-se muito nas últimas décadas.
e) Há apenas um bloco econômico entre os principais destinos das exportações brasileiras em 2022: o Mercosul.

Questão 5

Observe o gráfico e leia as afirmações.

Mundo: Consumo de energia por tipo de fonte (2020-2021)

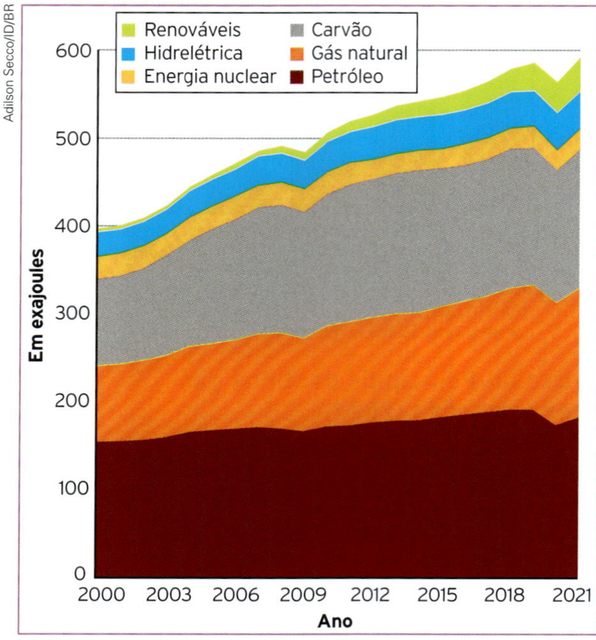

Fonte de pesquisa: BP. *BP Statistical Review of World Energy 2022*. Disponível em: https://www.bp.com/content/dam/bp/business-sites/en/global/corporate/pdfs/energy-economics/statistical-review/bp-stats-review-2022-full-report.pdf. Acesso em: 6 fev. 2023.

I. O gráfico revela que a maior parte da energia consumida no mundo provém de fontes renováveis.

II. As duas principais fontes da energia consumida mundialmente não correm risco de escassez, apesar de serem não renováveis.

III. Dentre as fontes de energia elencadas no gráfico, a utilizada em maior escala no Brasil é a nuclear.

IV. Petróleo, gás natural e carvão mineral são combustíveis fósseis.

V. A história recente demonstra que a energia hidrelétrica, por ser proveniente de fonte renovável, não provoca impactos sociais e ambientais em sua exploração.

É verdadeiro o que se afirma em:

a) I, II e IV.

b) I e V.

c) IV, apenas.

d) II e III.

e) IV e V.

Questão 6

Leia o trecho a seguir.

Segundo o relatório do Unicef, os elevados índices de poluição do ar e a grande degradação ambiental contribuem para expor os seres humanos a concentrações preocupantes de poluentes, frequentemente associadas a doenças respiratórias e cardiovasculares. No Brasil, dois a cada cinco adultos estão expostos a níveis de poluentes acima do recomendado. Entre crianças e adolescentes, essa proporção cresce para três a cada cinco.

[...]

Essa exposição à poluição acima do recomendado pode prejudicar os pulmões e o cérebro, afetando o desenvolvimento intelectual e comportamental. O ar poluído afeta especialmente o sistema imunológico das crianças, que estão mais suscetíveis a infecções respiratórias. [...]

Beatriz Gatti. Como as mudanças climáticas afetam as crianças brasileiras. *Nexo Jornal*, 9 nov. 2022. Disponível em: https://www.nexojornal.com.br/expresso/2022/11/09/Como-as-mudanças-climáticas-afetam-as-crianças-brasileiras. Acesso em: 3 fev. 2023.

Sobre o tema apresentado no texto, qual alternativa apresenta uma afirmação correta?

a) Historicamente, a atividade industrial está associada à liberação de gases poluentes na atmosfera terrestre; e a degradação de paisagens naturais também pode estar relacionada à poluição atmosférica.

b) De acordo com o texto, o mais sério impacto provocado pela poluição do ar é o baixo desenvolvimento intelectual de seres humanos na infância.

c) O texto revela que os adultos são ainda mais afetados por poluentes atmosféricos do que as crianças, o que explica a grande incidência de doenças imunológicas em adultos que habitam grandes metrópoles brasileiras.

d) Como a poluição atmosférica é um fenômeno urbano, as crianças de regiões rurais não correm o risco de ter o sistema imunológico afetado pelo ar poluído.

e) Após certa fase de desenvolvimento da criança, o ar poluído não é mais capaz de impactar o funcionamento dos pulmões e do cérebro das crianças.

Questão 7

Observe a charge a seguir.

Arionauro/Acervo do cartunista

▲ Charge de Arionauro Fraga.

Sobre a charge, qual afirmação está correta?

a) A pesca ilegal, retratada pela charge, afeta animais que não possuem valor comercial, como é o caso das tartarugas e dos golfinhos.

b) A charge aborda o vazamento de óleo nos oceanos, um grave problema ambiental. Além de intoxicar animais, o petróleo e seus derivados bloqueiam a penetração de luz no oceano, impactando todo o ecossistema marinho.

c) Para evitar a poluição dos oceanos, os países do mundo ratificaram acordo, na primeira década do século XX, que impede a circulação de navios petroleiros nos oceanos Atlântico e Pacífico.

d) A charge revela a existência das "ilhas de lixo" nos oceanos, resultado do descarte inadequado de materiais contaminantes, sobretudo o plástico.

e) O conteúdo da charge é impreciso ao sugerir que o vazamento de óleo nos oceanos pode provocar a morte de animais marinhos.

Questão 8

Considerando o uso e a produção de energia hidrelétrica, qual afirmação é a correta?

a) A construção de barragens foi proibida no Brasil na segunda década do século XX, quando já era uma prática pouco utilizada na instalação de usinas hidrelétricas.

b) Ainda que não ocasione impactos sociais, a construção de barragens pode causar impactos ambientais.

c) As barragens, associadas à construção de usinas hidrelétricas, só são instaladas em regiões de urbanização intensa, de modo que povos tradicionais do campo não são impactados.

d) Há uma grande quantidade de hidrelétricas no Brasil, mas o montante de energia produzida nelas não é relevante para a matriz energética brasileira.

e) Embora a hidroeletricidade seja renovável e menos poluente que outros recursos energéticos, a construção de barragens pode provocar a inundação de áreas de floresta e impactar negativamente o modo de vida de povos tradicionais.

Questão 9

Leia a tabela a seguir.

BREXIT: RESULTADOS DO REFERENDO

País	Deixar a UE	Permanecer na UE
Inglaterra	53,4%	46,6%
Irlanda do Norte	44,2%	55,8%
Escócia	38,0%	62,0%
País de Gales	52,5%	47,5%
Gibraltar	4,1%	95,9%

Fonte de pesquisa: EU Referendum. *BBC*. Disponível em: https://www.bbc.co.uk/news/politics/eu_referendum/results. Acesso em: 3 fev. 2023.

A tabela acima apresenta os resultados do referendo do Brexit, realizado em 2016. Sobre esse tema, qual afirmação está correta?

a) Ainda que a maior parte dos votos do Reino Unido tenha sido favorável ao Brexit, não é possível afirmar que a população de todos os países que compõem essa união política tenha concordado com a decisão.

b) Os dados apresentados pela tabela evidenciam que a disputa em torno do Brexit foi pouco acirrada.

c) A diferença entre os votos favoráveis e contrários à permanência do Reino Unido na União Europeia foi sutil em um território ultramarino britânico.

d) Após o referendo do Brexit, por discordância em relação aos resultados, a Escócia deixou de fazer parte do Reino Unido.

e) O País de Gales se apresenta como país que é mais desfavorável à saída do Reino Unido da União Europeia.

Questão 10

Observe o mapa abaixo e leia as afirmações.

Europa: Físico

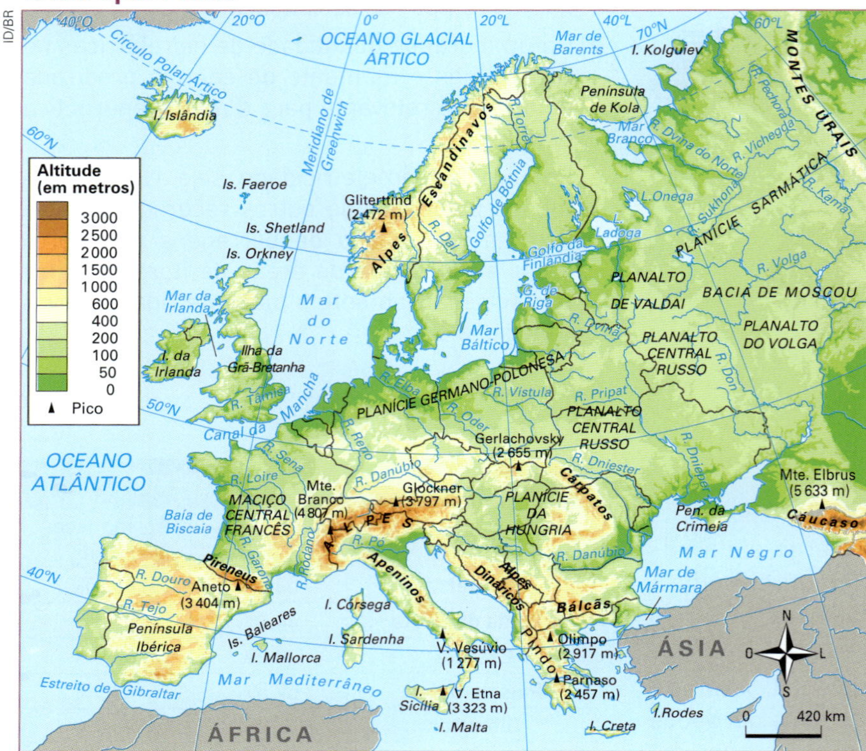

I. As cadeias montanhosas concentram-se apenas no norte do continente europeu.

II. Predominam, na Europa, as altitudes acima de 1 500 metros.

III. No relevo do continente europeu, chama a atenção a ausência de dobramentos modernos.

IV. Na península Ibérica, a única forma de relevo encontrada é a planície.

Quais afirmações são **incorretas**?

a) I e III.
b) I, III e IV.
c) II e III.
d) III.
e) I, II, III e IV.

Fonte de pesquisa: *Atlas geográfico escolar*. 8 ed. Rio de Janeiro: IBGE, 2018. p. 42.

Questão 11

Quantidade de países-membros dentro da União Europeia

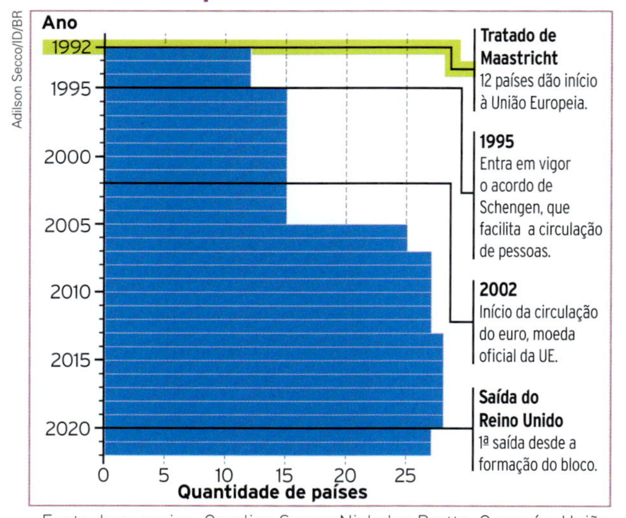

Fonte de pesquisa: Caroline Souza; Nicholas Pretto. O que é a União Europeia e quais países fazem parte dela. *Nexo Jornal*, 3 fev. 2022. Disponível em: https://www.nexojornal.com.br/grafico/2022/02/03/O-que-é-a-União-Europeia-e-quais-países-fazem-parte-dela. Acesso em: 3 fev. 2023.

O gráfico ao lado apresenta informações sobre a União Europeia. A respeito desse bloco econômico, qual afirmação é **incorreta**?

a) A proposta de adoção do euro como moeda comum foi acatada pelos países da União Europeia. A partir de 2002, todos os membros dessa união substituíram suas moedas locais e compuseram a chamada Zona do Euro.

b) Em 1992, com o Tratado de Maastricht, criou-se a União Europeia. Inicialmente, esse bloco era formado por um total de 12 países.

c) Em 2017, o Reino Unido oficializou a decisão de se retirar da União Europeia. Tal posicionamento se estabeleceu após a participação da população britânica em um referendo sobre o tema.

d) A crise econômica de 2008 abalou os países da União Europeia, gerando certa instabilidade política no bloco.

e) O Espaço Schengen, criado para facilitar a circulação de pessoas na União Europeia, acabou sendo afetado pela crise migratória na Europa e pela questão dos refugiados.

Questão 12

Gilmar/Acervo do cartunista

▲ Charge de Gilmar, de 2015.

Que tema é abordado na charge?

a) A impossibilidade do acolhimento dos migrantes pelos países europeus, tendo em vista a falta de espaço físico para recebê-los.

b) O esforço, por parte da União Europeia, de mobilizar os países que compõem o bloco a se posicionarem a respeito da crise migratória.

c) A existência de barreiras, impostas por países de outros continentes, que impedem a Europa de oferecer refúgio aos migrantes.

d) O crescimento e o fortalecimento da intolerância contra os migrantes e refugiados na União Europeia.

e) O auxílio, oferecido pelos países da União Europeia, aos migrantes que desejam retornar a seu país de origem.

Questão 13

Leia o texto a seguir.

Kosovo entrega pedido formal de adesão à União Europeia

Último país dos Bálcãs a se candidatar à União Europeia, o Kosovo formalizou nesta quinta-feira (15 [dez. 2022]) o pedido de adesão ao bloco europeu.

[...] O primeiro-ministro do país, Albin Kurti, apresentou a candidatura oficialmente nesta manhã em Praga, na República Checa, que é atualmente detentora da presidência rotativa da União Europeia.

Kosovo entrega pedido formal de adesão à União Europeia. *G1*, 15 dez. 2022. Disponível em: https://g1.globo.com/mundo/noticia/2022/12/15/kosovo-entrega-pedido-formal-de-adesao-a-uniao-europeia.ghtml. Acesso em: 3 fev. 2023.

Com relação a Kosovo, qual afirmação é a correta?

a) O território de Kosovo faz parte da antiga Iugoslávia. Seu processo de independência foi apoiado, principalmente, pela Sérvia.

b) Kosovo enfrentou e continua enfrentando oposição política a seu processo de independência.

c) A adesão de Kosovo à União Europeia é favorecida pelo fato de que todos os países-membros desse bloco reconhecem sua condição de Estado independente.

d) A área que compunha a Iugoslávia corresponde, atualmente, ao território de três países: Kosovo, Sérvia e Montenegro.

e) Logo após declarar, unilateralmente, sua independência em 2008, Kosovo obteve o reconhecimento de todos os países da ONU.

Questão 14

Julian Stratenschulte/dpa/picture alliance/Getty Images

▲ Robô industrial que opera por meio de inteligência artificial na Alemanha. Foto de 2023.

A imagem evidencia elementos de um setor industrial presente em diversos países europeus. São características dessa indústria:

a) o emprego da tecnologia, a contratação de um número elevado de trabalhadores de menor qualificação e a experimentação.

b) o oferecimento de precárias condições de trabalho e o emprego da mão de obra de trabalhadores migrantes.

c) a associação a universidades e a centros de pesquisa científica, a incorporação de inovações tecnológicas e o emprego de mão de obra de alta qualificação.

d) a lentidão no processo produtivo, a personalização do produto e a ausência de estoques.

e) a eficácia das linhas de montagem, a robotização e o baixo valor agregado das mercadorias produzidas.

Questão 15

Três estudantes - Helena, Carla e Maitê - se preparavam para uma avaliação escolar. Cada uma delas fez algumas afirmações sobre o tema estudado.

- **Helena:** Após a extinção da União Soviética, em 1991, foi criada a Comunidade de Estados Independentes, a CEI. Desde o nascimento da CEI, Estônia, Letônia e Lituânia decidiram não participar dessa organização, afastando-se das demais ex-repúblicas soviéticas.
- **Carla:** Após o fim da União Soviética, diversas alterações geopolíticas aconteceram nessa parte do mundo. A Rússia, por exemplo, não tem força política e econômica para influenciar os demais países da região, que se alinharam definitivamente às demandas estadunidenses.
- **Maitê:** Com o fim da União Soviética, a Rússia passou por um processo de transição para a economia de mercado, abrindo-se ao capital estrangeiro. Essa transição foi acompanhada de uma crise econômica no país.

Quem fez apenas afirmações corretas?

a) Helena.
b) Carla.
c) Helena e Maitê.
d) Carla e Maitê.
e) Maitê.

Questão 16

▲ Charge de Junião, de 2013.

A charge acima aborda um problema enfrentado pela Europa após a crise econômica de 2008. Que problema é esse?

a) Acirramento da crise migratória.
b) Corrosão do setor imobiliário.
c) Evasão cambial.
d) Diminuição das taxas de juros.
e) Desemprego.

Questão 17

Leia o texto.

> São ventos que mudam de direção de acordo com as estações do ano, levando ar úmido do oceano para o continente em uma determinada época e ar seco da terra para o mar em outra. O fenômeno acontece em aproximadamente 25% da área tropical do planeta, mas seus efeitos são mais visíveis no sul e sudeste asiáticos, especialmente em países como Índia, Paquistão e Bangladesh. Por lá, os ventos trazem chuvas torrenciais de junho a agosto, período do verão indiano, mas deixam a região à míngua no inverno, entre dezembro e fevereiro [...]
>
> O que são monções? *Superinteressante*, 4 jul. 2018. Disponível em: https://super.abril.com.br/mundo-estranho/o-que-sao-moncoes/. Acesso em: 3 fev. 2023.

O fenômeno climático descrito no trecho acima impacta diretamente:

a) a pecuária extensiva nas planícies alagadas da Ásia.
b) a existência de desertos no sul da Índia.
c) a agricultura nas porções sul e sudeste da Ásia, sobretudo o cultivo do arroz.
d) o derretimento das banquisas polares.
e) a extração de carvão mineral na porção central do continente asiático.

Questão 18

A respeito dos países da Ásia Meridional, qual alternativa está **incorreta**?

a) O Sri Lanka está situado ao sul da Índia, tendo conquistado sua independência no final da década de 1940.
b) O Nepal apresenta elevado desenvolvimento econômico, com a maioria de sua população vivendo em áreas urbanas.
c) O Butão é uma monarquia, além de ser um país cuja atividade turística está em crescimento.
d) O Nepal e o Butão estão situados na cordilheira do Himalaia, enquanto o Sri Lanka é um país insular.
e) Conflitos étnicos são uma característica do Sri Lanka, fator que compromete a vida da população desse país.

Questão 19

Mundo: Densidade demográfica (2020)

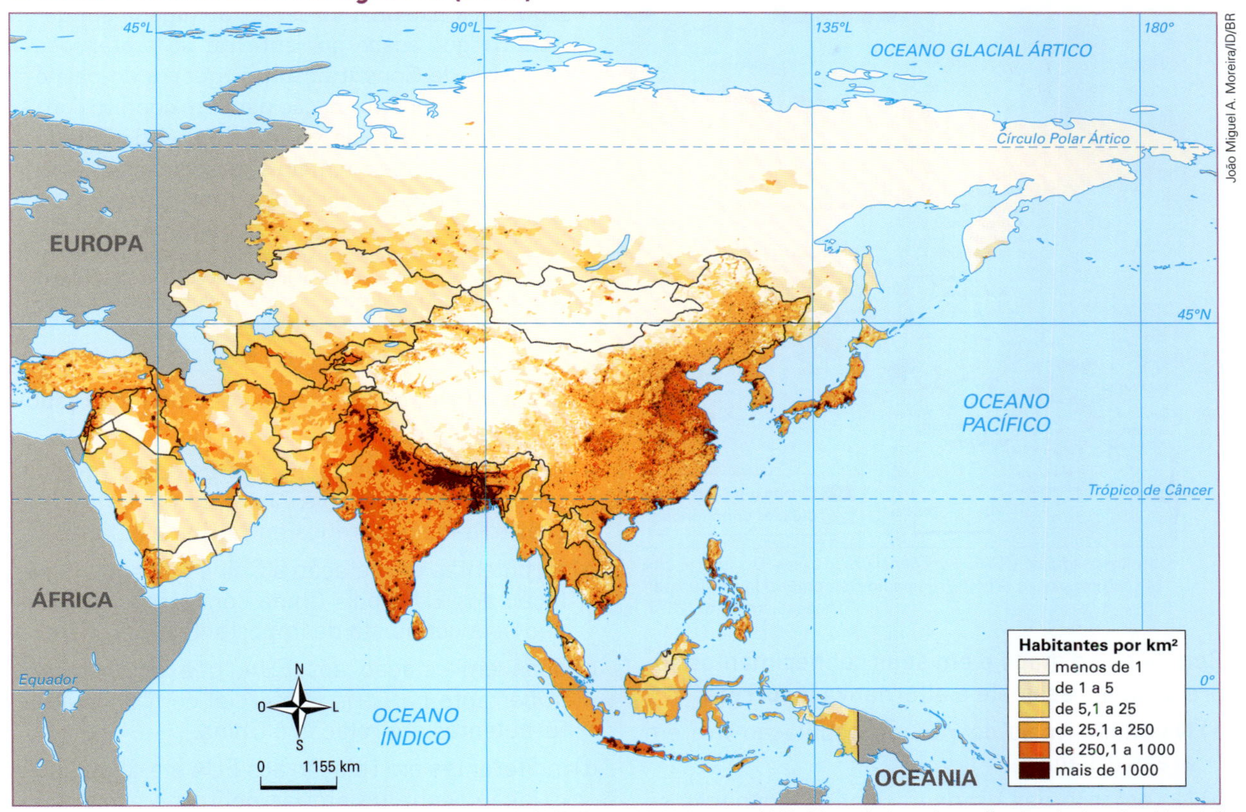

Fonte de pesquisa: CIESIN. *Population Density*, v.4.11, 2020. Columbia University: 2018. Disponível em: https://sedac.ciesin.columbia.edu/downloads/maps/gpw-v4/gpw-v4-population-density-rev11/gpw-v4-population-density-rev11-global-2020.jpg. Acesso em: 3 fev. 2023.

Sobre o mapa acima, foram feitas as seguintes afirmações:

I. As maiores densidades populacionais podem ser localizadas ao norte do continente asiático.

II. O povoamento na parte insular do continente asiático é muito baixo.

III. Há grandes concentrações populacionais na Índia e na porção leste da China.

IV. A Índia, país asiático, possui baixa densidade demográfico em todo seu território.

É verdadeiro o que se afirma em:

a) I e III.
b) I e IV.
c) II e III.
d) III, apenas.
e) IV, apenas.

Questão 20

Sobre o Oriente Médio, qual afirmação está **incorreta**?

a) No Oriente Médio localizava-se a antiga Mesopotâmia, região onde surgiram algumas das primeiras civilizações que praticaram a agricultura e a escrita.

b) O Oriente Médio é a região asiática que se localiza na confluência de três continentes: Europa, África e Ásia.

c) O Oriente Médio é uma região economicamente estratégica, pois concentra mais da metade do petróleo mundial.

d) É uma região que, desde o início do século XXI, encontra-se livre de conflitos territoriais.

e) No Oriente Médio, surgiram três importantes religiões monoteístas do mundo: judaísmo, cristianismo e islamismo.

Questão 1

Japão: Áreas urbanas (2022)

Fonte de pesquisa: OCDE. *Functional urban areas*. Disponível em: https://www.oecd.org/cfe/regionaldevelopment/Japan-fua.pdf. Acesso em: 6 fev. 2023.

Com base no mapa e em seus conhecimentos sobre o Japão, assinale a alternativa **incorreta**.

a) No Japão, mais de 90% da população vive em áreas urbanas.

b) No entorno das grandes cidades japonesas se formaram "cidades-dormitórios", onde moram pessoas que se deslocam diariamente para trabalhar nos núcleos urbanos principais.

c) Por ser formado de planícies, as áreas urbanas estão concentradas no interior do país.

d) Tóquio, capital do país, é uma das maiores aglomerações urbanas do mundo.

e) Osaka e Nagoya são importantes centros urbanos do Japão.

Questão 2

Premiê do Japão vai a Biden mostrar união em meio a crescente militarização da Ásia

Em meio à crescente militarização no leste da Ásia, o primeiro-ministro do Japão, Fumio Kishida, foi a Washington nesta sexta-feira (13 [jan. 2023]) para se encontrar com o presidente dos EUA, Joe Biden.

Trata-se do primeiro encontro dos dois líderes desde o anúncio da nova estratégia de segurança nacional do Japão, divulgada em dezembro, que acaba por enterrar as pretensões pacifistas da Constituição pós-guerra do país e na prática prepara a nação para um conflito contínuo. A mudança de visão do papel de Tóquio no mundo ocorre em meio às preocupações com ambições expansionistas da China na região.

Thiago Amâncio. Premiê do Japão vai a Biden mostrar união em meio a crescente militarização da Ásia. *Folha de S.Paulo*, 13 jan. 2023. Disponível em: https://www1.folha.uol.com.br/mundo/2023/01/premie-do-japao-visita-biden-em-meio-a-crescente-militarizacao-da-asia.shtml. Acesso em: 3 fev. 2023.

Pode-se afirmar que as relações políticas japonesas são:

a) distanciadas em relação aos Estados Unidos e pacíficas em relação à China, tendo em vista a proximidade geográfica entre China e Japão.

b) turbulentas em relação à China e hostis em relação aos EUA, pois China concorre com o Japão pela conquista de importantes mercados.

c) boas em relação aos EUA, que estabelecem importante parceria comercial com o Japão, e turbulentas em relação à China.

d) indiferentes em relação aos EUA e à China, pois o Japão segue trajetórias política e econômica incomuns.

e) temerosas em relação aos EUA, haja vista o conflito iminente, e amistosas em relação à China.

Questão 3

Como a recuperação da China levou ao *boom* do minério de ferro

[...] O crescimento da indústria chinesa aumentou a demanda por aço, que, por sua vez, elevou significativamente as compras de minério de ferro. Segundo dados da Associação Mundial do Aço, a produção na China em outubro de 2020 foi 12,7% maior que no mesmo mês de 2019. [...]

71,6% foi a participação da China nas exportações brasileiras de minério de ferro nos dez primeiros meses de 2020. [...]

Marcelo Roubicek. Como a recuperação da China levou ao *boom* do minério de ferro. *Nexo Jornal*, 3 dez. 2020. Disponível em: https://www.nexojornal.com.br/expresso/2020/12/03/Como-a-recuperação-da-China-levou-ao-boom-do-minério-de-ferro. Acesso em: 3 fev. 2023.

Com base no texto, assinale a alternativa correta.

a) A China é um importante parceiro comercial do Brasil, e a demanda chinesa por minério de ferro impacta diretamente a balança comercial brasileira.

b) O minério de ferro não é uma *commodity* comercializada pelo Brasil; portanto, o aumento das compras desse minério pela China não afeta a economia brasileira.

c) Apesar de ser um país cujo setor industrial é pouco relevante, a China estabelece relações comerciais intensas com o Brasil.

d) O Brasil não tem interesse em comercializar minério de ferro com a China, pois há discordâncias políticas significativas entre os dois países.

e) Já não há mais, no Brasil, locais em que é possível realizar a exploração do minério de ferro.

Questão 4

Sobre a economia chinesa, qual afirmação a seguir está **incorreta**?

a) O processo de industrialização da China foi impulsionado pelo governo de Mao Tsé-Tung, com a instalação de indústrias de base e o investimento na produção agrícola.

b) A urbanização da China se intensificou nas últimas décadas, e, atualmente, a população do país é majoritariamente urbana.

c) O crescimento da indústria chinesa fez com que esse país se tornasse um grande produtor e um grande consumidor de energia.

d) Como a industrialização chinesa foi acompanhada por especialistas desde o início, atualmente a China é um dos poucos países que não enfrenta problemas ambientais.

e) A abertura econômica da China foi liderada por Deng Xiaoping. Um dos passos dados por esse governante foi a criação de Zonas Econômicas Especiais (ZEE).

Questão 5

Coreia do Sul se posiciona como um gigante cultural no mundo

A Coreia é hoje uma das mais prósperas nações do mundo em razão do desenvolvimento tecnológico e da presença de suas empresas ao redor do mundo.

[...] O que é novidade para muitos é a expansão cultural da Coreia do Sul. Hallyu é o nome da onda cultural coreana que se espalha ao redor do mundo, com o apoio do KOCIS, Serviço de Cultura e Informação da Coreia, braço do Ministério da Cultura, Esporte e Turismo do país. A Coreia do Sul está cada vez mais se posicionando como um fenômeno extraordinário de cultura e entretenimento, exportando músicas, seriados de TV, *cartoons*, dramas transmitidos pela internet, filmes exibidos em cinemas tradicionais, jogos digitais e coreografias. Só em 2018, essa onda cultural garantiu uma renda para o país superior a US$ 7,4 bilhões.

Muitos desses componentes do mundo cultural coreano já chegaram ao Brasil. Existem faixas de adolescentes e jovens brasileiros fanáticos pelo K-Pop, um dos integrantes principais da onda coreana, e pelo K-Drama, seriados exibidos na TV e na internet. [...]

José Romildo. Coreia do Sul se posiciona como um gigante cultural no mundo. *Agência Brasil*, Brasília, 6 nov. 2019. Disponível em: https://agenciabrasil.ebc.com.br/internacional/noticia/2019-11/coreia-do-sul-se-posiciona-como-um-gigante-cultural-no-mundo. Acesso em: 3 fev. 2023.

O texto acima chama a atenção do leitor para:

a) os investimentos da Coreia do Sul na indústria de eletrônicos, sobretudo computadores e *smartphones*, cuja demanda é elevada no mercado mundial.

b) a crescente incorporação de tecnologias ao processo produtivo, por meio da realização de transações comerciais virtuais com outros países.

c) a robotização intensiva das indústrias, que vem acompanhada da perda de numerosos postos de trabalho pelos trabalhadores coreanos.

d) o crescimento da indústria cultural coreana, cujos produtos têm sido consumidos por jovens brasileiros e se popularizado ao redor do mundo.

e) a desvalorização, por parte do governo coreano, de elementos culturais provenientes de outros países do mundo.

Questão 6

> Território situado na Ásia Meridional, objeto de disputa entre dois países situados na Ásia Meridional e cujas disputas estão pautadas em questões étnicas e religiosas e, também, em questões como o controle de recursos hídricos, uma vez que compreende a nascente de rios importantes, como o Ganges e o Indo. Durante os anos de 1947 e 1971, três guerras ocorreram entre os países mencionados, fator que desencadeou a divisão dessa região entre ambos, após a assinatura do acordo de Simla, em 1972.

A que região o texto acima se refere?

a) Região da Caxemira, disputada pela Índia e pelo Paquistão desde o final da década de 1940.
b) Região da Caxemira, disputada pelo Afeganistão e pela China após a desintegração do Império Britânico.
c) Região do planalto do Decã, disputada pela Índia, pela China e pelo Paquistão.
d) Cordilheira do Himalaia, atualmente administrada pela China e pela Índia.
e) Planície do rio Ganges, disputada pelo Paquistão, mas controlada pela Índia.

Questão 7

Leia o texto a seguir.

> Em seu país natal, Gandhi desenvolveu ainda mais suas ideias. Segundo ele, a Índia chegaria ao *swaraj* (autonomia) quando conquistasse quatro coisas: uma aliança entre muçulmanos e hindus, o fim da casta dos intocáveis, a aceitação da disciplina da não violência como um modo de vida e a produção local de fios e roupas. [...]
>
> Duda Teixeira. Se Gandhi era da paz, por que foi para a guerra? *Veja*, atual. 30 jul. 2020. Disponível em: https://veja.abril.com.br/coluna/duvidas-universais/se-gandhi-era-da-paz-por-que-foi-para-a-guerra/. Acesso em: 3 fev. 2023.

Qual das características a seguir **não** pode ser atribuída à Índia?

a) Possui histórico de colonização inglesa. Seu processo de independência teve líderes como Jawaharlal Nehru e Mahatma Gandhi.
b) A industrialização do país acompanhou a rápida diminuição da desigualdade social, que, gradativamente, deixou de ser um problema relevante.
c) O sistema de castas, mesmo depois de extinto da Constituição do país, ainda é praticado, determinando as posições sociais dos indivíduos.
d) Trata-se de um país marcado por profundos contrastes sociais, os quais encontram raízes no passado colonial.
e) É um país em que a maior parte da população pratica o hinduísmo. O islamismo figura como a segunda religião com maior número de adeptos.

Questão 8

> **Anistia acusa EUA de cometer crimes de guerra com drones no Paquistão**
>
> ONG [Anistia Internacional] denuncia que aviões não tripulados americanos violam direitos humanos e internacionais e critica "promessas vazias" de Obama [ex-presidente dos Estados Unidos], que se comprometeu a dar maior transparência ao programa militar.
>
> [...] O emprego de drones pelos EUA contra radicais muçulmanos no Paquistão tem provocado tensão entre Washington e o governo em Islamabad. O Paquistão acusa os EUA de causarem um número excessivo de mortes entre civis nos bombardeios.
>
> Anistia acusa EUA de cometer crimes de guerra com drones no Paquistão. *DW*, 22 out. 2013. Disponível em: https://www.dw.com/pt-br/anistia-acusa-eua-de-cometer-crimes-de-guerra-com-drones-no-paquistão-17175394. Acesso em: 3 fev. 2023.

De acordo com o texto, a ação militar dos Estados Unidos no Paquistão tem caráter:

a) conciliatório, por amenizar os conflitos étnicos da região.
b) apaziguador, por fundamentar-se em razões humanitárias.
c) violento, por atingir e matar civis durante operações de bombardeio.
d) estratégico, por conter o avanço do terrorismo sobre o território paquistanês.
e) legítimo, por representar o esforço de derrubada do regime ditatorial paquistanês.

Questão 9

A Ásia Central é uma região estratégica para a geopolítica internacional. Sobre esse tema, leia as afirmações a seguir.

I. A Ásia Central é estratégica, porque países da região permitiram a instalação de bases militares estadunidenses para combater, por exemplo, grupos hostis no Afeganistão.

II. A Ásia Central é importante por se caracterizar como a principal região produtora e exportadora de minerais metálicos.

III. Os países da Ásia Central têm reservas significativas de petróleo e gás natural, que despertam o interesse de grandes potências mundiais, como Estados Unidos, Rússia e China.

Está(ão) correta(s) a(s) afirmação(ões):

a) I, II e III.
b) I.
c) II e III.
d) III.
e) I e III.

Questão 10

Leia o texto a seguir.

Bangladesh a Berlim: o preço da globalização em uma camiseta

Apenas 0,6% do preço final de uma camiseta vendida na Alemanha foi para o bolso do trabalhador que a fabricou em Bangladesh.

Uma camiseta vendida por 29 euros em uma loja na Alemanha rendeu apenas 18 centavos para o trabalhador que a produziu em uma fábrica em Bangladesh. [...]

Bangladesh tem a segunda maior indústria têxtil exportadora do mundo, atrás apenas da China, e anunciou recentemente que quer dobrar seus números para US$ 50 bilhões até 2021.

No entanto, sua força de trabalho do setor (formada por 85% de mulheres) ganha apenas 14% do que seria considerado um salário de subsistência – capaz de sustentar o indivíduo e mais um adulto ou duas crianças. [...]

João Pedro Caleiro. Bangladesh a Berlim: o preço da globalização em uma camiseta. *Exame*, 18 ago. 2015. Disponível em: https://exame.com/economia/bangladesh-a-berlim-o-preco-da-globalizacao-em-uma-camiseta/. Acesso em: 3 fev. 2023.

A respeito do tema abordado no texto, foram feitas as seguintes afirmações:

I. A indústria de Bangladesh se concentra, principalmente, no setor de alta tecnologia, robótica e eletrônicos.

II. O texto revela uma característica da globalização: muitos trabalhadores de países menos desenvolvidos não conseguem obter o mínimo para o sustento de suas famílias.

III. O texto revela a demanda da indústria têxtil por mão de obra altamente qualificada em Bangladesh.

Quais afirmações são verdadeiras?

a) I e III.
b) III, apenas.
c) II e III.
d) II e IV.
e) II, apenas.

Questão 11

Sobre a Palestina, qual afirmação é **incorreta**?

a) Com a criação do Estado de Israel, em 1948, mais de 700 mil palestinos foram expulsos das áreas em que viviam e passaram a viver como refugiados.
b) O ano de 1967 foi marcado pela Guerra dos Seis Dias, período em que Israel anexou e ocupou a faixa de Gaza.
c) Após o reconhecimento da Palestina como membro da Unesco, em 2011, Israel cessou os ataques à Faixa de Gaza.
d) A história da Palestina é marcada por revoltas populares contra a ocupação israelense, conhecidas como intifadas.
e) A criação da Autoridade Nacional Palestina (ANP) foi uma das determinações promovidas pelos Acordos de Oslo.

Questão 12

Sobre a Revolução islâmica, ocorrida no Irã em 1979, é possível afirmar que houve:

a) ruptura com o mundo ocidental, realização de novas eleições democráticas e elaboração de uma Constituição.
b) ascensão de um governo cujas leis se subordinavam ao Corão, aversão aos costumes ocidentais e restrição dos direitos das mulheres iranianas.
c) intensificação do conservadorismo, ressignificação dos papéis de gênero e adesão à cultura estadunidense.
d) substituição temporária da monarquia e instalação de conselhos participativos formados pelas mulheres do Irã.
e) alteração gradual da moda iraniana e ampliação do direito à educação para as mulheres.

Questão 13

O Oriente Médio é uma região estratégica e geopoliticamente importante, pois está localizado entre a Europa, a África e a Ásia e conta com grandes reservas de petróleo.

Qual dos países a seguir não possui importantes reservas de petróleo?

a) Arábia Saudita.
b) Israel.
c) Irã.
d) Iraque.
e) Kuwait.

Questão 14

Leia o texto a seguir.

> Existem mais de 5,5 milhões de refugiados sírios registrados e mais de seis milhões de pessoas deslocadas dentro da Síria. A Síria é o país que gera o maior número de pessoas deslocadas à força no mundo e mais da metade de sua população foi forçada a fugir.
>
> David Azia. Sete fatos sobre a crise na Síria. *UNHCR/ACNUR*, 12 set. 2018. Disponível em: https://www.acnur.org/portugues/2018/09/12/sete-fatos-sobre-a-crise-na-siria/. Acesso em: 3 fev. 2023.

A respeito dos conflitos na Síria, qual afirmação está correta?

a) Em 2011, iniciou-se no país uma longa guerra civil. Como consequência da Primavera Árabe, movimentos tentaram derrubar o presidente Bashar al-Assad, demandando a democratização da política.
b) Apesar de seu histórico de participação nos conflitos do Oriente Médio, os Estados Unidos optaram por não se envolver na guerra civil na Síria.
c) Em 2022, grupos rebeldes depuseram Bashar al-Assad e, no final desse ano, foram realizadas eleições democráticas no país.
d) Apesar do conflito, os refugiados sírios, em sua maioria, usufruem de boa qualidade de vida nos países a que se destinam.
e) A guerra civil na Síria, iniciada em 2011, foi motivada pela tentativa de instauração de um Estado islâmico por grupos rebeldes.

Questão 15

> Organização internacional fundada em 1960 por Arábia Saudita, Venezuela, Irã, Iraque e Kuwait, com sede em Viena; reúne países que se destacam pela presença de reservas de petróleo em seus territórios e pela produção de petróleo; tem como função coordenar políticas relacionadas ao petróleo, buscando garantir a estabilidade dos mercados desse produto.

O texto acima faz menção à:

a) Otan.
b) OMC.
c) OCDE.
d) Opep.
e) ONU.

Questão 16

Alguns parlamentares da Nova Zelândia estão propondo a realização de um referendo para consultar a população sobre a proposta de mudança do nome do país para "Aotearoa": o termo, na língua maori, refere-se a nuvens que, de acordo com histórias contadas pelos maori, teriam ajudado os primeiros polinésios a chegar à ilha que hoje é a Nova Zelândia. O atual nome do país está relacionado à colonização da região por holandeses e britânicos. Considerando essas informações, assinale a afirmação correta.

a) Os maori são um povo nativo da Nova Zelândia, completamente exterminado durante o processo de colonização europeia.
b) Centenas de anos após a colonização europeia, a cultura maori se esvaziou e deu lugar à cultura ocidental, de forma permanente.
c) Não há sentido em alterar o nome da Nova Zelândia, pois a história europeia na Oceania é mais abundante do que a história dos povos nativos.
d) Como a Nova Zelândia continua a ser colônia britânica, a disputa pela mudança de nome será muito difícil para os representantes dos maori no parlamento do país.
e) A língua é um importante elemento da cultura de um povo, e a proposta de mudança de nome intenciona valorizar a cultura de um povo nativo da Oceania.

Questão 17

UE adiciona Anguila, Bahamas e ilhas Turcas e Caicos à lista de paraísos fiscais

[...] Da lista de paraísos fiscais da UE fazem, então, parte: Samoa Americana, Anguila, Bahamas, Fiji, Guam, Palau, Panamá, Samoa, Trindade e Tobago, Ilhas Turcas e Caicos, Ilhas Virgens Americanas e Vanuatu. [...]

Lusa. UE adiciona Anguila, Bahamas e ilhas Turcas e Caicos à lista de paraísos fiscais. *Jornal de Negócios*, 4 out. 2022. Disponível em: https://www.jornaldenegocios.pt/economia/detalhe/ue-adiciona-anguila-bahamas-e-ilhas-turcas-e-caicos-a-lista-de-paraisos-fiscais. Acesso em: 3 fev. 2023.

Na lista de paraísos fiscais, descrita pela União Europeia, figuram algumas ilhas da Oceania. O que são paraísos fiscais?

a) Locais onde as instituições financeiras podem realizar transações sem identificar ou compartilhar informações dos envolvidos, além de oferecerem regimes de tributação privilegiados.

b) Áreas em que toda atividade econômica ligada ao turismo, como agências de viagens, companhias aéreas e restaurantes, realiza-se sem a necessidade de pagamento de impostos.

c) Destinos turísticos considerados paradisíacos devido às principais mídias relacionadas a viagens e que recebem, portanto, certificação internacional.

d) Lugares onde o subdesenvolvimento gera altas taxas inflacionárias e a quantidade de impostos a serem pagos inviabiliza uma boa qualidade de vida para a maior parte da população.

e) Lugares em que a rede de serviços públicos é ampla e eficiente, de modo que o pagamento de impostos, pela população, ainda que em quantidade elevada, tem contrapartida favorável.

Questão 18

Observe a infográfico a seguir.

Adilson Secco/ID/BR

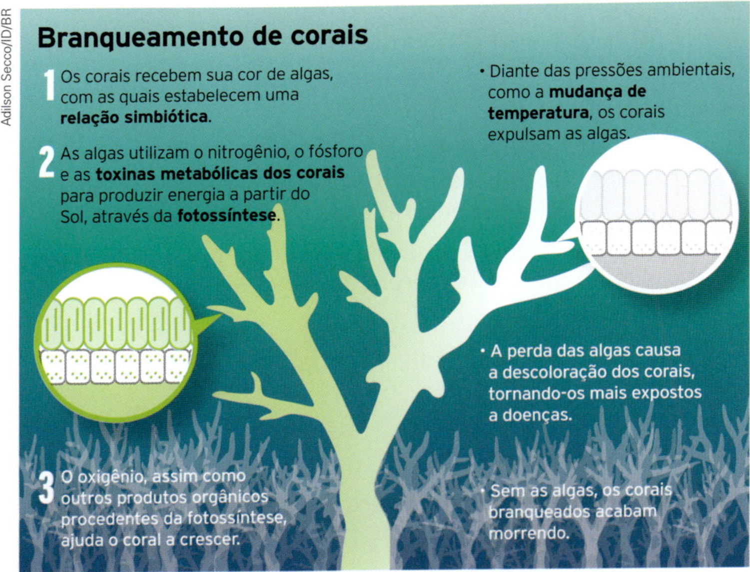

Fonte de pesquisa: Branqueamento já atinge 98% da Grande Barreira de Coral, diz estudo. *Istoé Dinheiro*, 4 nov. 2021. Disponível em: https://www.istoedinheiro.com.br/branqueamento-ja-atinge-98-da-grande-barreira-de-coral-diz-estudo/. Acesso em: 6 fev. 2023.

O branqueamento é um fenômeno que tem sido observado na Grande Barreira de Corais australiana. Sobre esse processo, qual afirmação está **incorreta**?

a) A Grande Barreira de Corais australiana apresenta grande biodiversidade em sua extensão, e poucas espécies são passíveis de ser afetadas pelo branqueamento.

b) As algas não apenas colorem os corais, mas também fornecem compostos que são utilizados em seu processo de crescimento.

c) O aquecimento global tem um papel decisivo no processo de branqueamento dos corais.

d) A morte das algas afeta diretamente as espécies que utilizam seus nutrientes para sobreviver, ocasionando impacto sobre a cadeia alimentar marinha.

e) As algas e os corais se beneficiam mutuamente na relação que estabelecem entre si.

Questão 19

Austrália: Turismo internacional

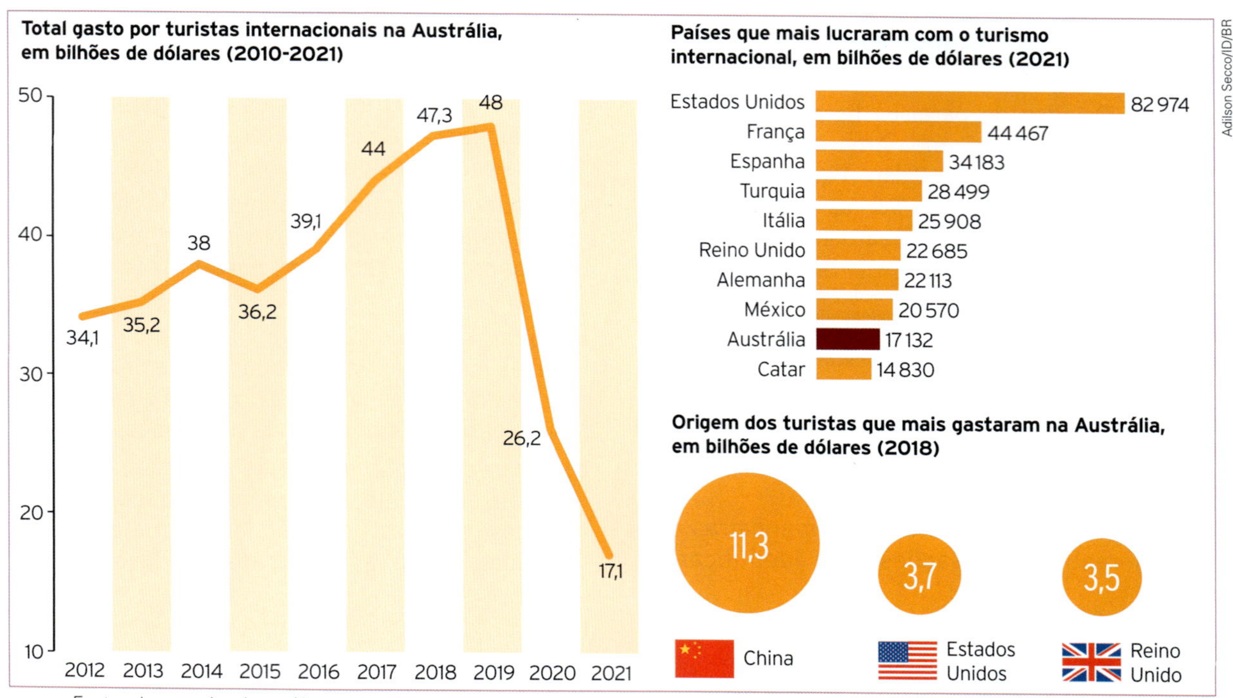

Fontes de pesquisa dos gráficos: UNWTO. 145 Key tourism statistics. Spain: Madrid, 2021. Disponível em: https://www.unwto.org/tourism-statistics/key-tourism-statistics; Australia to Welcome Ten Million Visitors in 2019. Statista. Disponível em: https://www.statista.com/statistics/827641/total-trip-spend-international-visitors-australia/. Acessos em: 6 fev. 2023.

Sobre o infográfico acima, foram feitas as seguintes afirmações:

I. O turismo tem participação importante na economia da Austrália.

II. A nação que colonizou a Austrália está entre as destacadas como as que mais gastam no território australiano.

III. Em meio aos sete países elencados como os que obtiveram maiores ganhos com o turismo internacional, apenas um pertence à Oceania.

IV. Desde 2012, os ganhos da Austrália com o turismo só cresceram continuamente.

São verdadeiras as afirmativas:

a) I e II.

b) II e III.

c) I, II e III.

d) I e III.

e) I e IV.

Questão 20

Sobre a distribuição da população da Oceania e os povos tradicionais dos países do continente, qual afirmativa está correta?

a) A maior parte do território da Austrália corresponde a reservas ocupadas pela população aborígene e está entre as porções mais densamente povoadas do país.

b) A maior parte do território australiano é composta de regiões de baixa densidade demográfica.

c) A Nova Zelândia é um país densamente povoado. Sua população está concentrada nas áreas litorâneas.

d) As áreas mais populosas da Austrália estão na porção central do país, e as populações descendentes dos povos aborígenes vivem nas áreas litorâneas.

e) Há áreas de reserva destinadas à população aborígene em todos os países da Oceania.

ARAÚJO, I. L. *Introdução à filosofia da ciência*. Curitiba: Ed. da UFPR, 2003.

Trata-se de uma apresentação das raízes filosóficas da ciência que mobiliza categorias do pensamento filosófico para enquadrar um dado objeto como objeto científico. A proposta do trabalho é situar uma continuidade entre o pensamento vulgar e o pensamento científico. O primeiro implica a curiosidade por um dado fenômeno, ao passo que o segundo implica a busca pelas lógicas desse fenômeno. Essa busca indica a passagem do senso comum – em termos de representação do mundo – para o conhecimento científico.

BOBBIO, N. *et al. Dicionário de política*. 12. ed. Brasília: Ed. da UnB, 2004.

Essa obra clássica é um vasto dicionário de política, em dois volumes, voltado ao público geral. Os verbetes são dispostos em ordem alfabética e esquemática, escritos por especialistas em ciência política e sociologia política de diferentes instituições e campos de estudo.

BRASIL. Ministério da Educação. Secretaria de Educação Básica. *Base nacional comum curricular*: educação é a base. Brasília: MEC/SEB, 2018.

A Base Nacional Comum Curricular (BNCC) normatiza as etapas de aprendizagem da educação básica e assegura o direito à aprendizagem, previsto pelo Plano Nacional de Educação (PNE), em conformidade com a Lei de Diretrizes e Bases da Educação Nacional (LDB), Lei n. 9 394/1996.

BRASIL. Ministério da Educação e Cultura. Secretaria de Educação Básica. Departamento de Políticas de Educação Infantil e Ensino Fundamental. *Ensino Fundamental de nove anos*: orientações gerais. Brasília: MEC/SEB, 2004. Disponível em: http://portal.mec.gov.br/seb/arquivos/pdf/Ensfund/noveanorienger.pdf. Acesso em: 30 jan. 2023.

Esse documento da Secretaria de Educação Básica (SEB), do Departamento de Políticas de Educação Infantil e Ensino Fundamental (DPE) e da Coordenação Geral do Ensino Fundamental (COEF) apresenta normas, dados e estudos que orientam a ampliação do Ensino Fundamental para nove anos. Essa ampliação foi discutida em 2004 e implementada a partir de 2005.

CALLAI, H. C. O ensino de geografia: recortes espaciais para análise. *In*: CASTROGIOVANNI, A. C. *et al.* (org.). *Geografia em sala de aula*: práticas e reflexões. Porto Alegre: Ed. da UFRGS/AGB, 2003.

Artigo de Helena Copetti Callai em que a autora apresenta resultados de sua tese de doutorado e discute o contexto escolar com base no conceito de "lugar" em Henri Lefebvre.

CARLOS, A. F. A. (org.). *A geografia na sala de aula*. 9. ed. São Paulo: Contexto, 2018.

A obra apresenta um debate entre nove geógrafos sobre como abordar a Geografia em sala de aula com base em temas como: cartografia, cidadania, cinema, televisão, metrópole, educação e compromissos sociais.

CASTROGIOVANNI, A. C. *et al.* (org.). *Geografia em sala de aula*: práticas e reflexões. Porto Alegre: Ed. da UFRGS/AGB, 2003.

Essa obra discute as práticas da disciplina de Geografia no espaço escolar, sobretudo quanto à formação do estudante como cidadão participativo. Os autores propõem que, em sala de aula, o espaço seja construído pelas diferentes vivências e experiências que o conformam, em vez de receber uma organização meramente normativa.

CAVALCANTI, L. de S. Cotidiano, mediação pedagógica e formação de conceitos: uma contribuição de Vygotsky ao ensino de geografia. *Cadernos Cedes*, Campinas, v. 25, n. 66, p. 185-207, maio/ago. 2005. Disponível em: https://www.scielo.br/j/ccedes/a/WnXnVgTRQHZttxBQR44gt9x/?format=pdf&lang=pt. Acesso em: 30 jan. 2023.

Esse artigo aborda a teoria vygotskyana sobre o desenvolvimento dos processos psicológicos superiores com base nos conceitos de internalização, mediação semiótica, zona de desenvolvimento proximal, conceitos cotidianos e conceitos científicos. A autora propõe contribuições dessa teoria para o ensino de Geografia em sala de aula com base no repertório conceitual da disciplina.

CAVALCANTI, L. de S. *Geografia, escola e construção de conhecimentos*. Campinas: Papirus, 2000.

A obra discute a complexidade do mundo contemporâneo do ponto de vista da espacialidade, debatendo o ensino de Geografia em termos do "pensar geográfico" como forma de pensamento crítico, voltado à construção da cidadania participativa.

CHESNAIS, F. *A mundialização do capital*. São Paulo: Xamã, 1996.

Obra clássica do economista François Chesnais. Aborda o processo de desenvolvimento do capital financeiro como o desdobramento da "mundialização do capital", que se estrutura a partir de sistemas de conexão de mercados ao redor do mundo. Desse modo, o capital financeiro reorganiza a geopolítica e os interesses em disputa por meio de lógicas financeiras do chamado oligopólio mundial.

CHIAVENATO, J. J. *O massacre da natureza*. 2. ed. São Paulo: Moderna, 2005.

Nessa obra, Chiavenato propõe uma reflexão sobre o sentido da destruição do meio ambiente, destacando dados sobre a interferência da ação humana. O debate é orientado por postulados filosóficos existencialistas, os quais são mobilizados em torno da questão da angústia e da própria perspectiva de futuro diante da destruição.

CLARKE, R.; KING, J. *O atlas da água*. São Paulo: Publifolha, 2006.

Trata-se de uma tradução do atlas ambiental de Robin Clarke e Jannet King. A obra reúne informações de 168 países e mapas com a distribuição dos recursos hídricos em todo o mundo. Mapas sobre o contexto hídrico brasileiro foram acrescidos a essa edição.

FRIGOTTO, G. Os delírios da razão: crise do capital e metamorfose conceitual no campo educacional. *In*: GENTILI, P. (org.). *Pedagogia da exclusão*: crítica ao neoliberalismo em educação. 7. ed. Petrópolis: Vozes, 2000.

Nesse artigo, o filósofo Gaudêncio Frigotto debate o sentido liberal que orienta a sociedade do conhecimento e a tendência ao aumento da escolaridade. Essa tendência se contrapõe, paradoxalmente, ao desemprego e à precarização do trabalho.

GOMES, P. C. da C. O conceito de região e sua discussão. *In*: CASTRO, I. E. de; GOMES, P. C. da C.; CORRÊA, R. L. (org.). *Geografia*: conceitos e temas. Rio de Janeiro: Bertrand Brasil, 2005.

Artigo que apresenta uma genealogia do termo "espaço" e sua concepção em diferentes contextos históricos. Espaço e poder aparecem como termos correspondentes, a partir dos quais a Geografia organiza seu repertório conceitual.

GOMES, P. C. da C. *Geografia e modernidade*. Rio de Janeiro: Bertrand Brasil, 1996.

Um debate sobre a dimensão epistemológica do conceito de modernidade em relação à Geografia. Nesse sentido, há duas dimensões em questão: a ciência como algo moderno e racional, e as lógicas próprias do espaço em relação às técnicas e aos conceitos científicos. A crítica de Gomes propõe que a Geografia não deve sobrepor seu repertório conceitual às lógicas do espaço em si.

HAESBAERT, R. Morte e vida da região: antigos paradigmas e novas perspectivas da geografia regional. *In*: SPOSITO, E. (org.). *Produção do espaço e redefinições regionais*: a construção de uma temática. Presidente Prudente: Unesp/FCT/Gasperr, 2005.

Esse artigo é uma leitura crítica da história do pensamento geográfico, feita, sobretudo, com base no conceito de região como construção científica e social. Nesse sentido, a noção de região abrange diferentes perspectivas de diversos sujeitos, identidades e instituições que a produzem.

HARVEY, D. *A produção capitalista do espaço*. São Paulo: Annablume, 2006.

Essa obra traz um debate sobre o trabalho do geógrafo inglês David Harvey, retomando as condições capitalistas de produção do espaço. Apresenta, também, uma coletânea de textos publicados pelo autor desde os anos 1970 até a virada do século e uma entrevista com o autor.

HARVEY, D. *Condição pós-moderna*: uma pesquisa sobre as origens da mudança cultural. 17. ed. São Paulo: Loyola, 2008.

Trata-se de uma obra muito importante de Harvey, em que o autor debate a dimensão cultural, estética e filosófica do que chama de "condição pós-moderna". Nesse sentido, a pós-modernidade não está relacionada à fragmentação das teorias pós-modernas, mas surge como sintoma da própria crise do capitalismo e de suas formas de produção e acumulação.

HELDS, D.; MCGREW, A. *Prós e contras da globalização*. Rio de Janeiro: Jorge Zahar, 2001.

Livro que esclarece o debate entre globalistas e céticos da globalização. Discute questões sobre a organização do Estado e a dinâmica sociocultural, econômica e ambiental no contexto da globalização.

INSTITUTO BRASILEIRO DE GEOGRAFIA E ESTATÍSTICA (IBGE). *Atlas geográfico escolar*. 8. ed. Rio de Janeiro: IBGE, 2018.

Atlas voltado ao Ensino Fundamental e Médio. Além dos mapas físicos, políticos e temáticos do Brasil e do mundo, apresenta textos didáticos sobre o que é um atlas, nosso lugar no universo e a formação dos continentes. Traz também uma introdução à cartografia e um glossário geográfico ao final do atlas.

KAERCHER, N. A. Desafios e utopias no ensino de geografia. *In*: CASTROGIOVANNI, A. C. *et al.* (org.). *Geografia em sala de aula*: práticas e reflexões. Porto Alegre: Ed. da UFRGS/AGB, 1999.

Nesse trabalho, o autor apresenta uma reflexão sobre ser professor e seu papel no ensino da Geografia. Esse papel está intimamente ligado à construção da cidadania com base nas perspectivas e nos sentidos que os próprios estudantes constroem em relação ao espaço.

KATUTA, A. M. A linguagem cartográfica no ensino superior e básico. *In*: PONTUSCHKA, N. N.; OLIVEIRA, A. U. (org.). *Geografia em perspectiva*. São Paulo: Contexto, 2002.

Nesse artigo, a autora debate o uso da linguagem cartográfica como instrumento de aprendizagem, que deve ser contextualizado com base na dimensão social que o produz.

OLIVEIRA, H. A. de; LESSA, A. C. (org.). *Política internacional contemporânea*: mundo em transformação. São Paulo: Saraiva, 2006.

A obra aborda o contexto de fortalecimento das democracias após a dissolução da União Soviética. Os artigos focalizam as novas dinâmicas geopolíticas a partir da segunda metade do século XX, como: o processo de globalização e seus desdobramentos, o aumento do terrorismo e as crises econômicas.

PONTUSCHKA, N.; OLIVEIRA, A. U. (org.). *Geografia em perspectiva*: ensino e pesquisa. São Paulo: Contexto, 2002.

Essa obra debate as mudanças metodológicas da pesquisa e do ensino em Geografia, as quais se impõem, para os autores, pelas dinâmicas da modernidade. O trabalho apresenta pesquisas de geógrafos e suas análises sobre o ensino de Geografia, a interdisciplinaridade e a formação de professores, além de ações pedagógicas de ensino-aprendizagem.

SANCHEZ, I. *Para entender a internacionalização da economia*. 2. ed. São Paulo: Senac, 2001.

Essa obra aborda a economia política por meio de seu processo de mundialização. O autor apresenta amplo repertório conceitual mobilizado para a compreensão do processo de internacionalização financeira, seus modos de integração e de operação.

SANDRONI, P. *Novíssimo dicionário de economia*. São Paulo: Best Seller, 2001.

Dicionário geral de termos de macroeconomia e microeconomia, com breves biografias de autores clássicos do pensamento econômico e referências a reconhecidos nomes do campo econômico brasileiro das últimas décadas.

SANTOS, M. *Metamorfoses do espaço habitado*: fundamentos teóricos e metodológicos da geografia. 6. ed. São Paulo: Edusp, 2011.

Milton Santos situa a Geografia no contexto mundial partindo de reflexões históricas e metodológicas sobre as metamorfoses do espaço habitado. A obra problematiza também a dicotomia entre Geografia física e Geografia humana.

SANTOS, M. *A natureza do espaço*. 4. ed. São Paulo: Edusp, 2014.

Milton Santos apresenta elementos conceituais e técnicos para a compreensão do espaço geográfico. Sua análise parte da globalização e de uma leitura interdisciplinar desse processo, em que o espaço é entendido como sistemas de objetos e ações, o que inclui um debate sobre as questões sociais que constroem o espaço e dão sentido a ele.

SANTOS, M. *Por uma outra globalização*: do pensamento único à consciência universal. 19. ed. Rio de Janeiro: Record, 2011.

Milton Santos propõe, nesse livro, uma abordagem interdisciplinar sobre o tema da globalização, destacando os limites ideológicos do discurso produzido acerca do progresso técnico e contrapondo esse discurso ao contexto social.

SANTOS, M. *Técnica, espaço, tempo*: globalização e meio técnico-científico informacional. 5. ed. São Paulo: Edusp, 2008.

Uma coletânea de ensaios de método sobre as dinâmicas sociais do espaço geográfico. Essas dinâmicas são marcadas por contradições no campo e na cidade, e ocorrem no contexto da globalização, que é ideologicamente orientado ao progresso tecnológico.

SILVA, K. V.; SILVA, M. H. *Dicionário de conceitos históricos*. São Paulo: Contexto, 2009.

Essa obra apresenta os principais conceitos e debates do campo da História e da Historiografia, compilados em verbetes organizados em ordem alfabética e acompanhados de sugestões bibliográficas.

SOUZA, M. J. L. O território: sobre espaço e poder, autonomia e desenvolvimento. *In*: CASTRO, I. E. de; GOMES, P. C. da C.; CORRÊA, R. L. (org.). *Geografia*: conceitos e temas. Rio de Janeiro: Bertrand Brasil, 1995.

Nesse texto, o autor debate o conceito de território. As relações entre território e Estado são aprofundadas pela perspectiva histórica de construção da identidade nacional. Assim, o território apresenta-se como uma forma de espaço organizado pelo Estado, onde se identificam relações assimétricas de exercício do poder.